普 通 高 等 教 育 教 材

生物安全：理论与实践
Biosecurity: Theory and Practice

张卫文　宋馨宇　王方忠　王蕾凡　编著

化学工业出版社

·北京·

内容简介

本书围绕《中华人民共和国生物安全法》明确定义的生物安全的七个主要领域，系统、全面地介绍了生物安全相关的基础知识、法律法规以及实际案例等。全书共分为十一章，内容涵盖绪论、传染病、两用生物技术、生物实验室安全、生物遗传资源安全、生物入侵、微生物耐药、生物武器与生物恐怖、生物安全的国内治理、生物安全全球治理、案例研讨等多个方面。

本书由天津大学生物安全战略研究中心团队撰写，编写成员具有生物学和法学多种学科背景。本书具有较好的广度和深度，可读性较强，可作为生物安全相关专业，如生物、化学、计算机、管理学、法学等相关专业本科生和研究生的教材，也可供生物教师及科研人员参考。

图书在版编目（CIP）数据

生物安全：理论与实践 / 张卫文等编著. -- 北京：
化学工业出版社，2025. 3. -- ISBN 978-7-122-47210-6

Ⅰ. Q81

中国国家版本馆CIP数据核字第2025G4E625号

责任编辑：王　琰　　　　　　　　　文字编辑：张熙然
责任校对：田睿涵　　　　　　　　　装帧设计：韩　飞

出版发行：化学工业出版社
　　　　　（北京市东城区青年湖南街13号　邮政编码100011）
印　　装：北京科印技术咨询服务有限公司数码印刷分部
787mm×1092mm　1/16　印张19¼　字数470千字
2025年3月北京第1版第1次印刷

购书咨询：010-64518888　　　　　售后服务：010-64518899
网　　址：http://www.cip.com.cn
凡购买本书，如有缺损质量问题，本社销售中心负责调换。

定　　价：79.00元　　　　　　　　　版权所有　违者必究

前　言

　　生物科技的蓬勃发展与全球化步伐的持续加速，为人类社会带来诸多福祉，也带来了一系列生物安全隐患，引发世界性的生物安全问题。随着国际形势的日趋复杂，生物安全这一非传统安全问题已成为国家安全体系的重要组成部分。2020 年 10 月 17 日，我国正式通过《中华人民共和国生物安全法》（以下简称《生物安全法》），并于 2021 年 4 月 15 日起施行。制定《生物安全法》的宗旨在于，维护国家安全，防范和应对生物安全风险，保障人民生命健康，保护生物资源和生态环境，促进生物技术健康发展，推动构建人类命运共同体，实现人与自然和谐共生。这是我国生物安全领域第一部基础性、综合性的法律，既体现了生物安全风险防范对落实总体国家安全观的重要意义，又对生物安全多个领域的重要规定进行了重申、修改或补充，弥补了此前生物安全领域法律缺失的漏洞。

　　随着生物技术快速发展、生物技术产业化进程不断推进，前沿生物技术被滥用和误用的风险加大，生物安全作为国家安全体系中的一门基本学科，对生物安全创新型人才培养提出了新的要求。我国"十四五"时期加大生物科技产业布局，力争成为世界生物科学技术中心和生物产业创新高地、生物技术高端人才创新创业的重要聚集地，这也为新型生物科技人才的教育培养提出了更高的标准。生物安全是国家安全的重要组成部分，生物安全教育体系的建设与完善，也是建立健全国家安全学科建设的重要保障。随着"国家安全学"一级学科的建立，培养和储备高水平生物安全人才已成为贯彻落实国家安全发展战略的重要抓手。

　　生物安全学是一门具有交叉学科性质的新兴学科，专业人才需要在熟知生物技术与生物伦理等专业问题的基础上融合危机治理、风险管理、信息技术等学科知识。我国在生物安全领域的专业人才储备仍然存在缺口。此前，天津大学为了更好地普及生物安全知识、挖掘潜在的生物安全专业人才，面向全校本科生开设生物安全相关的通识选修课。令人欣慰的是，课程受到学生的广泛欢迎，选课学生覆盖了生物、建筑、计算机、管理学、法学、英语等多学科背景。授课过程中，发现我国在生物安全领域的教材和专著还比较匮乏，目前常用的教材以传染病、生物入侵、转基因等内容为主，尤其缺少围绕《生物安全法》系统反映国家生物安全内容的专用教材。

天津大学生物安全战略研究中心（以下简称"中心"），是国内最早系统开展生物安全战略研究的学术单位，也是国内第一家在联合国生物安全国际组织注册的非政府组织（NGO）。中心牵头制定的《科学家生物安全行为准则天津指南》（以下简称《天津指南》）2022 年被世界卫生组织（WHO）认定为生物安全领域的高级别原则。与此同时，中心自 2020 年 3 月开始，在天津大学首次针对各种学科背景的本科生和研究生开设了生物安全相关课程，积累了相关的教学经验。为了进一步满足生物安全高等教育和普及教育的需求，充实我国生物安全领域的教材储备，我们团队的核心成员牵头启动了《生物安全：理论与实践》书籍的撰写。本书囊括了《生物安全法》中 7 个典型领域，分为十一个章节，即绪论、传染病、两用生物技术、生物实验室安全、生物遗传资源安全、生物入侵、微生物耐药、生物武器与生物恐怖、生物安全的国内治理、生物安全全球治理、案例研讨。同时，介绍国内外在生物安全领域相关的法律规制，并结合案例分析生物安全问题以及相应的法律规制。

生物安全学是一门新兴学科，具有鲜明的交叉学科属性。虽然作者具有生物学和法学不同学科背景，但由于知识范畴与能力有限，书中难免有不足之处，敬请各位读者批评指正。

主　编

2025 年 2 月

目　录

第一章　绪论 —————————————————————————— 001

第一节　生物安全概述 ————————————————————— 001

一、基本概念 ————————————————————————— 001

二、生物安全的内容 ————————————————————— 002

三、生物安全特征 ————————————————————— 005

第二节　生物安全的发展历程与法律规制 ————————— 006

一、生物安全的发展历程 ————————————————— 006

二、生物安全领域法律规制 ————————————————— 011

第三节　生物安全学的基本属性 ————————————— 020

一、生物安全学的学科任务、研究对象和学科基础 ————— 020

二、生物安全学教学实践 ————————————————— 021

参考文献 ——————————————————————————— 023

第二章　传染病 —————————————————————————— 025

第一节　人类历史上重要传染病事件 ——————————— 025

一、雅典瘟疫 ————————————————————————— 025

二、鼠疫 ——————————————————————————— 026

三、天花 ——————————————————————————— 029

四、霍乱 ——————————————————————————— 030

五、流感 ——————————————————————————— 031

六、黄热病 —————————————————— 031

七、疟疾 ————————————————————— 032

八、肺结核 —————————————————— 032

九、流行性斑疹伤寒 ——————————— 033

十、脊髓灰质炎 ————————————— 033

十一、艾滋病 ——————————————— 033

第二节 传染病防控体系 ————————— 034

一、传染病传播途径及危害 ————— 034

二、当前面临的主要风险因素 ———— 035

三、传染病监测预警 ————————— 036

四、传染病风险评估 ————————— 038

五、传染病防控策略 ————————— 040

第三节 公共卫生应急管理体系 ———— 042

一、传染病应急响应 ————————— 042

二、不同国家公共卫生应急管理体系 — 044

第四节 传染病防控国际合作 ————— 049

一、世界卫生组织和世界动物卫生组织 — 049

二、国际组织制定主要条例及指导原则 — 052

三、国家和组织传染病防控的国际合作情况 — 055

第五节 展望 ————————————————— 057

参考文献 ———————————————————— 058

第三章 两用生物技术 ——————————— 059

第一节 生物科技的发展历程概述 ———— 059

一、生物科技的发展概况 —————— 059

二、生物科技的研究领域与热点话题 — 066

三、生物科技研究的应用 —————— 067

四、生物科技研究的相关技术 ———— 068

五、核心生物技术的研发与应用 ——— 071

第二节　两用生物技术研究的界定 —————————— 075

　　一、界定两用性研究的历史背景 —————————— 075

　　二、两用性研究界定的意义与挑战 ———————— 076

第三节　合成生物学的发展与研究进展 —————— 077

　　一、合成生物学的起源与内涵 —————————— 077

　　二、合成生物学的应用 ————————————— 078

第四节　基因组编辑的发展与研究进展 —————— 079

　　一、基因组编辑的概念与内涵 —————————— 079

　　二、基因组编辑的类型 ————————————— 080

　　三、基因组编辑的应用 ————————————— 081

第五节　基因驱动的发展与研究内容 ——————— 082

　　一、基因驱动的概念与起源 —————————— 082

　　二、基因驱动的类型 —————————————— 083

　　三、基因驱动的应用 —————————————— 084

第六节　两用生物技术的潜在风险 ———————— 085

　　一、前沿生物技术的误用滥用风险不断涌现 ——— 085

　　二、前沿生物技术被武器化的风险加剧 ————— 086

　　三、两用生物技术引发的伦理学问题 ————— 088

参考文献 ————————————————————— 090

第四章　生物实验室安全 ————————————— 095

第一节　实验室生物安全概述 —————————— 095

　　一、病原微生物实验室事故 —————————— 095

　　二、病原微生物分类及实验室生物安全等级划分 — 097

　　三、生物安全实验室防护和操作规范 ————— 098

　　四、生物安全实验室关键设备 ————————— 100

　　五、生物安全实验室管理体系 ————————— 104

第二节　生物安全实验室的总体概况 ——————— 104

　　一、我国生物安全实验室发展历程 —————— 105

二、西方国家生物安全实验室发展状况 ┄┄┄┄ 106

三、我国生物安全实验室发展状况 ┄┄┄┄┄┄ 107

四、生物安全实验室国际合作 ┄┄┄┄┄┄┄ 107

第三节 生物安全实验室法律法规 ┄┄┄┄┄┄┄ 109

一、《实验室生物安全手册》 ┄┄┄┄┄┄┄ 109

二、《生物风险管理：实验室生物安保指南》 ┄┄ 109

三、《感染性物质运输指南》 ┄┄┄┄┄┄┄ 110

四、《世界动物卫生组织陆生动物卫生法典》 ┄┄ 110

五、《陆生动物诊断试验和疫苗标准手册》 ┄┄┄ 111

六、《关于动物医学研究两用技术的使用，风险识别、评估

和管理指导原则》 ┄┄┄┄┄┄┄┄┄ 111

七、《医学实验室-安全要求》 ┄┄┄┄┄┄┄ 112

八、各国生物安全实验室法律法规 ┄┄┄┄┄ 112

第四节 生物安全实验室发展瓶颈及未来发展方向 ┄ 115

参考文献 ┄┄┄┄┄┄┄┄┄┄┄┄┄┄┄ 117

第五章 生物遗传资源安全 ━━━━━ 118

第一节 遗传资源的界定 ┄┄┄┄┄┄┄┄┄ 118

一、国际条约对遗传资源的定义 ┄┄┄┄┄┄ 118

二、有关国家对遗传资源的定义 ┄┄┄┄┄┄ 118

三、我国对遗传资源的定义 ┄┄┄┄┄┄┄┄ 119

第二节 遗传资源的类型、特点与重要性 ┄┄┄┄ 119

一、遗传资源的类型与特点 ┄┄┄┄┄┄┄┄ 119

二、保护遗传资源的战略意义 ┄┄┄┄┄┄┄ 120

第三节 作物遗传资源的保护与利用现状 ┄┄┄┄ 120

一、我国作物遗传资源概况 ┄┄┄┄┄┄┄┄ 120

二、作物遗传资源的保存方法 ┄┄┄┄┄┄┄ 121

三、作物遗传资源的利用 ┄┄┄┄┄┄┄┄┄ 122

四、植物遗传资源管理与可持续农业 ┄┄┄┄ 123

五、栽培物种的起源和作物多样性的地理分布 ┈┈┈┈┈┈┈┈┈┈ 124

第四节 水生生物遗传资源保护与利用现状 ┈┈┈┈┈┈┈┈┈┈ 130

一、水生生物遗传资源保护与利用概况 ┈┈┈┈┈┈┈┈┈┈ 130

二、海洋遗传资源的保护 ┈┈┈┈┈┈┈┈┈┈ 132

三、藻类推动海洋遗传资源可持续发展 ┈┈┈┈┈┈┈┈┈┈ 136

第五节 野生动物资源的保护与利用现状 ┈┈┈┈┈┈┈┈┈┈ 139

一、我国野生动物遗传资源概况 ┈┈┈┈┈┈┈┈┈┈ 139

二、保护野生动物遗传资源的重要性 ┈┈┈┈┈┈┈┈┈┈ 139

三、保护野生动物遗传资源的措施 ┈┈┈┈┈┈┈┈┈┈ 140

参考文献 ┈┈┈┈┈┈┈┈┈┈ 141

第六章 生物入侵 ┈┈┈┈┈┈┈┈┈┈ 144

第一节 生物入侵概述 ┈┈┈┈┈┈┈┈┈┈ 144

一、生物入侵的基本概念 ┈┈┈┈┈┈┈┈┈┈ 144

二、生物入侵的研究历史与现状 ┈┈┈┈┈┈┈┈┈┈ 145

三、生物入侵对我国经济、生态和社会的影响 ┈┈┈┈┈┈┈┈┈┈ 148

四、生物入侵对全球经济的影响 ┈┈┈┈┈┈┈┈┈┈ 148

第二节 入侵种的特征与入侵过程 ┈┈┈┈┈┈┈┈┈┈ 149

一、入侵植物的生物学特征 ┈┈┈┈┈┈┈┈┈┈ 149

二、入侵动物的生物学特征 ┈┈┈┈┈┈┈┈┈┈ 151

三、入侵种的入侵过程 ┈┈┈┈┈┈┈┈┈┈ 152

第三节 入侵种的种间关系 ┈┈┈┈┈┈┈┈┈┈ 156

一、竞争 ┈┈┈┈┈┈┈┈┈┈ 156

二、寄生/捕食 ┈┈┈┈┈┈┈┈┈┈ 157

三、互利共生 ┈┈┈┈┈┈┈┈┈┈ 158

四、入侵植物的化感作用 ┈┈┈┈┈┈┈┈┈┈ 159

第四节 生物入侵的预防与控制 ┈┈┈┈┈┈┈┈┈┈ 160

一、生物入侵的早期预警 ┈┈┈┈┈┈┈┈┈┈ 160

二、外来种的口岸检疫 ┈┈┈┈┈┈┈┈┈┈ 160

三、入侵生物的国内检疫 ……………………… 161

四、入侵生物的控制方法 ……………………… 162

五、生物入侵的基因组学 ……………………… 163

第五节　新兴传染病与生物入侵 …………………… 164

一、共同点 …………………………………… 165

二、有用的差异点：协同的机会 ……………… 167

三、未来的研究方向 ………………………… 170

参考文献 ……………………………………… 171

第七章　微生物耐药 ———————————————— 173

第一节　微生物耐药简介 …………………………… 173

一、微生物耐药的基本概念 …………………… 173

二、微生物耐药的历史 ………………………… 173

三、抗生素研发的现状与困境 ………………… 175

四、抗生素新药的开发前景 …………………… 176

第二节　微生物耐药机制 …………………………… 176

一、抗生素的耐药性与持久性 ………………… 176

二、革兰氏阳性菌与革兰氏阴性菌 …………… 176

三、耐药性的来源 …………………………… 177

四、抵御抗生素的耐药机制 …………………… 178

五、环境对微生物耐药的影响 ………………… 181

六、微生物耐药的危害 ………………………… 184

第三节　微生物耐药现状及应对措施 ……………… 186

一、全球微生物耐药现状 …………………… 186

二、我国微生物耐药现状 …………………… 189

三、世界卫生组织应对微生物耐药 …………… 191

参考文献 ……………………………………… 193

第八章　生物武器与生物恐怖 ———————————— 196

第一节　基本概念与特征 …………………………… 196

一、基本概念 ————————————————— 196

二、生物武器的种类 ———————————— 197

三、生物恐怖袭击的特点 ———————— 198

四、生物恐怖袭击的危害 ———————— 198

五、医务人员应对生物恐怖袭击 ———— 199

第二节 生物战剂的类型与特点 ———————— 200

一、潜在的生物战剂 ———————————— 200

二、新型生物武器威胁 ———————————— 207

第三节 生物军控和履约 ——————————— 208

一、生物军控及履约相关背景介绍 ———— 208

二、军控履约主要进程和重点事件 ———— 209

三、《科学家生物安全行为准则天津指南》的发展历程 ———— 210

参考文献 ————————————————————— 213

第九章 生物安全的国内治理 ——————— 214

第一节 生物安全风险防控体系 ———————— 215

一、国家生物安全工作协调机制 ————— 215

二、国家生物安全风险监测预警制度 —— 216

三、国家生物安全信息共享制度 ————— 216

四、国家生物安全信息发布制度 ————— 216

五、国家生物安全名录和清单制度 ———— 216

六、国家生物安全标准制度 ———————— 216

七、国家生物安全审查制度 ———————— 217

八、国家生物安全应急制度 ———————— 217

九、国家生物安全事件调查溯源制度 —— 217

十、国家生物安全进出口准入制度 ———— 217

十一、境外重大生物安全事件应对制度 —— 217

第二节 重点领域的生物安全治理 ————— 218

一、防控重大传染病疫情 ———————— 218

二、生物技术研究、开发与应用安全 —— 223

三、病原微生物实验室安全 ———————————— 224

四、人类遗传资源和生物资源安全 ———————— 226

五、防范生物恐怖与生物武器 ————————————— 228

六、国家生物能力建设 ———————————————— 229

第三节 违反《生物安全法》的法律责任 ——————— 230

第四节 生物安全与科技伦理 ———————————— 231

一、科技伦理治理基本要求与原则 ———————— 232

二、科技伦理治理社会组织体系 —————————— 232

三、科技伦理审查和监管 ————————————— 233

四、科技伦理教育和宣传 ————————————— 233

参考文献 ———————————————————— 234

第十章　生物安全全球治理 ———————————— 235

第一节 全球生物安全风险 ———————————— 236

一、全球生物安全风险概述 ———————————— 236

二、生物安全风险管控的价值与原则 ——————— 238

三、全球生物风险的管控机制 —————————— 240

第二节 重要领域的全球治理 —————————— 241

一、全球公共卫生安全 —————————————— 241

二、禁止生化武器 ———————————————— 245

三、保护生物多样性 ——————————————— 253

第三节 全球生物安全的软法治理 ———————— 259

一、世界卫生组织 ———————————————— 259

二、联合国教科文组织 —————————————— 259

三、世界动物卫生组织 —————————————— 260

四、红十字国际委员会（ICRC） ————————— 261

五、世界银行 —————————————————— 261

六、国际风险管理理事会 ————————————— 261

第四节 美欧生物安全治理 ———————————— 262

一、美国 262

二、欧盟 265

参考文献 267

第十一章 案例研讨 ——————————————————— 268

第一节 DNA合成病毒研究 268

一、案例情景 268

二、识别及评估风险 269

三、利益攸关人应关切的问题 269

四、研究应遵循的价值与原则 270

五、管控风险的工具与机制 271

第二节 危险病原体研究 272

一、案例情景 272

二、识别与评估风险 273

三、利益攸关人应关切的问题 273

四、研究应遵循的价值与原则 276

五、管控风险的工具和机制 277

第三节 国际合作研究的风险管理 278

一、案例情形 278

二、识别与评估风险 279

三、利益攸关人应关切的问题 279

四、国际合作应遵循的价值与原则 279

五、管控风险的工具与机制 280

第四节 基因驱动应用 280

一、案例情形 281

二、识别与评估风险 281

三、利益关系人应关切的问题 282

四、研究应遵循的价值与原则 282

五、管控风险的工具与机制 283

第五节　人类遗传资源研究 ………………………………………… 284

一、案例情景 ……………………………………………………… 285

二、识别与评估风险 ……………………………………………… 286

三、利益攸关人应关切的问题 …………………………………… 286

四、研究应遵循的价值与原则 …………………………………… 286

五、管控风险的工具与机制 ……………………………………… 287

参考文献 ……………………………………………………………… 287

附录

附录一：《病原微生物实验室生物安全通用准则》相关要求 ……… 288

附录二：我国对危险病原体研究的规范性要求 …………………… 291

附录三：我国对人类遗传资源管理的相关规定 …………………… 293

第一章

绪　论

进入 21 世纪，随着人口急剧增长、全球气候变化加剧以及前沿新兴生物学技术的快速、颠覆性发展，生物安全已经成为全人类面临的重大安全问题之一，也是国际社会、各国政府、科学家和民众共同关心的热点。

本章主要介绍生物安全基本概念、内容和特征，然后梳理生物安全发展历程及国内外相关法律法规，最后介绍生物安全学的基本属性等。

第一节　生物安全概述

一、基本概念

生物安全：指国家有效防范和应对危险生物因子及相关因素威胁，生物技术能够稳定健康发展，人民生命健康和生态系统相对处于没有危险和不受威胁的状态，生物领域具备维护国家安全和持续发展的能力。此概念来源于 2021 年 4 月 15 日起施行的《中华人民共和国生物安全法》。生物安全是国家安全的重要组成部分，维护生物安全应当贯彻总体国家安全观，统筹发展和安全，坚持以人为本、风险预防、分类管理、协同配合的原则。

以英语为母语的国家提及生物安全经常使用两个词"biosafety"和"biosecurity"，翻译成中文分别为"生物安全"和"生物安保"。两者有本质的差别，不能混淆使用。biosafety 是指在生物医学环境工作时，避免出现职业感染的控制原则、设施设计及实践和程序。biosafety 关注工作过程中人生命健康和生态稳定，防止有害事件发生，避免出现职业暴露感染，实验室微生物释放到自然环境中有时也使用 biosafety。biosecurity 是指防止故意或恶意使用潜在危险生物制剂或生物技术（包括开发、生产、储存或者使用生物武器），对人、社会及生态环境造成生物威胁，包括新出现的流行病造成的生物安全风险。

其他生物安全相关概念简要介绍如下。

生物武器：通常包括生物战剂、释放装置及运载工具等三个部分，是指不用于和平用途的任何来源的微生物剂、生物毒素或其他生物剂；或将相关生物剂改造成为用于敌对目的或者武装冲突而设计的武器。

生物恐怖：恐怖主义的一种形式，故意使用危险生物剂来损害人类或动植物健康，造成社会恐慌以达到特定政治目的的行为。

生物防御：包括预防和应对自然发生的新发突发传染病、生物技术误用或滥用以及免受生物武器和生物恐怖袭击所采取的行动总称。

生物事件：指对生命体、非生命体、自然环境以及国家安全可能造成严重损害的事件总称。

生物入侵：指有意或无意引入特定生态环境的外来物种，并对本地的经济、生态或社会产生消极影响的过程。

微生物耐药：是指进化或者变异导致微生物对某些抗生素或者药物产生抗性，导致相关抗生素和药物失效的现象。

病原微生物：是指可以侵入人、动物引起感染或人个体之间传染的微生物或病毒，包括病毒、细菌、真菌、寄生虫等。

人类遗传资源：包括人类遗传资源材料和人类遗传资源信息。人类遗传资源材料是指含有人体基因组、基因等遗传物质的器官、组织、细胞等遗传材料。人类遗传资源信息是指利用人类遗传资源材料产生的数据等信息资料。

生物资源：指对人类有潜在价值的动植物、微生物资源，包括基因、物种以及生态系统三个层次。

生物多样性：生物（动物、植物、微生物）与环境形成的生态复合体以及与此相关的各种生态过程的总和，包括生态系统、物种和基因三个层次。

重大新发突发传染病：是指我国境内首次出现或者已经宣布消灭的传染病再次发生，或者突然发生，造成或者可能造成公众健康和生命安全严重损害，引起社会恐慌，影响社会稳定的传染病。

重大新发突发动植物疫情：是指我国境内首次发生或者已经宣布消灭的动植物疫病再次发生，或者发病率、死亡率较高的潜伏动植物疫病突然发生并迅速传播，给养殖业或者农作物、林木等植物造成严重威胁、危害，以及可能对公众健康和生命安全造成危害的情形。

二、生物安全的内容

在《生物安全法》出台之前，生物安全主要包括"四防两保"：防御生物武器攻击、防范生物恐怖袭击、防止生物技术误用和滥用、防控传染病疫情、保护生物遗传资源与生物多样性、保障生物实验室安全。

《生物安全法》指出生物安全范畴有：防控重大新发突发传染病、动植物疫情；生物技术研究、开发与应用；病原微生物实验室生物安全管理；人类遗传资源与生物资源安全管理；防范外来物种入侵与保护生物多样性；应对微生物耐药；防范生物恐怖袭击与防御生物武器威胁；其他与生物安全相关的活动。

防控重大新发突发传染病、动植物疫情。进入 21 世纪，世界经济快速发展，人口数量大幅增加，科技取得巨大进步，人们生活和交通方式改变，人们之间的联系越加紧密，但也应注意到加剧了病毒和细菌的传播，使得全球性传染病风险日益增加。传染病疫情呈现常态化的趋势。过去二十多年，全球自然发生的重大新发突发传染病不断增加，如非典型病原体肺炎病毒（SARS）等（图1-1）。平均1~2年出现一次传染病重大疫情，部分高致病性、高死亡率、人群易感，严重威胁经济发展和社会稳定。

		手足口病	血小板伴发热综合征		埃博拉出血热					
SARS	H_5N_1	非洲猪瘟	H_1N_1		MERS	H_7N_9 $H_{10}N_8$		H_5N_6	寨卡热	COVID-19
2003	2004 2005	2006 2007 2008	2009 2010 2011	2012	2013	2014	2015	2016	2019

图1-1 进入21世纪后暴发的新发突发传染病

生物技术研究、开发与应用。随着基因组编辑技术、合成生物学等生物技术取得突破性进展，可人工定向合成或改造出新型病原体、致病微生物或者短时间改变生物体性状，改变种群特定基因遗传速率，破坏生态平衡。例如，可通过合成生物技术，设计合成致病力和传播力更强的新型病原体。包括脊髓灰质炎病毒、1918年西班牙流感病毒、马痘病毒、新型冠状病毒都已经被合成（图1-2）。基因驱动技术，自从2003年由伦敦帝国理工学院进化遗传学家 Austin Burt 提出后，备受关注，基因驱动技术有有利的方面，也有滥用的潜在风险。在正常的遗传中，基因会在子细胞中平均分配，然而，通过基因驱动技术，特定的基因可以在种群中富集，在这种情况下，所有的子细胞都会携带基因。依赖于基因的功能，这种活动会对某些物种造成损害，或者在自然界，破坏生态系统的自然平衡。该技术已在酵母、果蝇、蚊和鼠中试验成功。2017年，《科学》杂志发文称，基因驱动技术或可被恐怖分子利用研制生物武器。因此，生物技术的两用性受到国际社会广泛关注。2016年，美国公布的一项全球威胁评估把"基因组编辑"列为六大大规模杀伤性武器之一。2017年，美国国防部明确将合成生物学带来的新威胁也列入到大规模杀伤性武器中。

病原微生物实验室生物安全管理。数十年来，病原体逃逸实验室事件屡见不鲜，甚至包括天花、SARS等致命病毒。这说明实验室生物安全监管系统仍然存在一定的疏漏。病原体

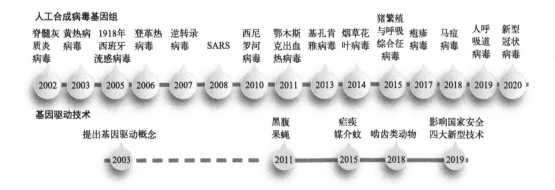

图1-2 人工合成病毒基因组和基因驱动技术发展时间表

逃逸的主要客观和主观原因包括实验室防护设施老化导致防护失效或防范措施不到位、实验室人员未按要求执行管理规章或因疏忽大意导致违规操作等。这带来的后果是损害工作人员健康，可能会引起疾病在人间大流行，危及群众生命健康安全。加强实验室生物安全和修复风险管理中存在的漏洞是至关重要的。

人类遗传资源与生物资源安全管理。随着生物技术的迅猛发展，作为生物技术制药产业源头的人类遗传资源日益成为各家生物技术公司争夺的对象。而发达国家科技水平较高，人类遗传资源的开发和使用者则主要是发达国家的大公司。自 20 世纪 90 年代以来，个别国外制药企业以临床试验名义收集我国人类遗传资源材料，用于进行与药物临床试验无关的商业开发活动；在国际合作中，特别是在国际期刊发表以国人基因样本为数据支撑的学术论文，威胁国家生物安全和基因数据安全。例如，美国哈佛大学在中国安徽农村进行的长达 10 多年、多达 15 项人体遗传资源研究，存在严重的违规行为。随着人类遗传学研究不断深入，基于人种遗传资源信息开发种族基因武器成为可能。因此，对于发展中国家来讲，如何有效地保护好自己的人类遗传资源成为一项紧迫的任务，各国也都纷纷对其展开研究。生物资源包括基因、物种以及生态系统三个层次，对人类具有一定的现实和潜在价值，它们是地球上生物多样性的物质体现，在人类的生活中占有非常重要的地位，它们还能提供工业原料以及维持自然生态系统稳定。工业革命以后，由于人类过度开采自然资源，导致每年大约有 10000 个物种消失，灭绝的速度是史前时期的 100 到 1000 倍。

防范外来物种入侵与保护生物多样性。全球经济一体化、国际贸易、国际旅游等的飞速发展，为外来有害生物的跨境传播与扩散提供了极为便利的条件。生物入侵导致生物、环境、资源、社会、文化、国防等一系列多方位的非传统安全威胁与灾难，呈现出多发性、突发性与难以预测性，对经济发展、社会稳定与生态文明建设构成持续威胁，经济损失巨大、生态灾难难以逆转。据初步估计，美国、南非、印度每年因遭受生物入侵导致的经济损失分别多达 1380 亿、1200 亿和 980 亿美元；我国是遭受外来物种入侵最严重的国家之一，几乎所有类型的生态系统均存在外来有害生物。世界自然保护联盟列出全球 100 种最具威胁的入侵物种中，入侵到我国的已达 50 种，并且呈现出蔓延速度快、危害面广的特征，且对农林渔牧业造成巨大经济损失。我国不完全统计的经济损失每年高达 2000 亿元。目前，我国的外来入侵生物已达 640 余种，农业入侵生物约占 50%；重大入侵生物 120 余种，其中农业入侵生物约占 76.2%。每年造成直接经济损失逾 2000 亿元，其中农业占 61.5%。生物多样性直接影响人类生存环境、社会经济可持续发展以及人类生态和粮食安全。因此，1992 年 6 月 5 日，在巴西里约热内卢召开的联合国环境与发展大会上，正式通过《生物多样性公约》，公约于 1993 年 12 月 29 日正式生效。常设秘书处设在加拿大的蒙特利尔。这是国际社会所达成的有关自然保护方面的最重要的公约之一，其目标是保护生物多样性及实现对资源持续利用，以及促进各国公平合理分享由自然资源产生的利益。

2019 年 2 月 13 日，中国生物多样性保护国家委员会会议确定《生物多样性公约》第十五次缔约方大会的举办地为云南省昆明市。本届大会主题为"生态文明：共建地球生命共同体"，这是联合国环境公约缔约方大会首次将"生态文明"作为大会主题。会议通过了新的《昆明 - 蒙特利尔全球生物多样性框架》指导国际生物多样性保护工作，目的是到 2050 年能够实现与自然和谐相处。

应对微生物耐药。抗生素可以杀死细菌或抑制它们的生长，而如果细菌出现变异，令原本有效的抗生素变为无效，导致药物不再发挥作用，被称为抗生素耐药性。有些细菌同时对几种主要抗生素失去敏感性，这类细菌称为多重耐药菌。一项新研究表明，2019 年，全球有100 多万人死于抗生素耐药性细菌感染，比疟疾或艾滋病死亡病例多数十万人。2017 年，世界卫生组织公布了首份急需新型抗感染药物的 12 种重点病原体清单，其中碳青霉烯耐药性的鲍曼不动杆菌、铜绿假单胞菌、大肠埃希菌，高度耐药性的粪肠球菌、金黄色葡萄球菌、弯曲杆菌、沙门菌、淋球菌是最值得关注的病原体。

防范生物恐怖袭击与防御生物武器威胁。与其他恐怖形式相比，生物恐怖具有隐蔽性和多样性的特点，并且能够引起更大规模的社会性恐慌和严重的灾难性后果。生物恐怖袭击主要是通过气溶胶、媒介或者污染食品和水源等方式将病原微生物或者毒素传播开来，造成有机体发病或者中毒。由于各个国家的生物安全管控，传统病原体等仅仅在有资质的少数国家研究机构才有保存，恐怖分子对于材料的获取已经非常困难。但新型两用生物技术突破，使得恐怖分子更容易获得以上材料。病原微生物全基因组序列和 DNA 合成方案等关键信息也已经在相关网站上公布，并有实验室已经实现在实验室内部合成大量具有感染活性的病毒活体。此外，技术成本的急剧下降，基因测序的成本从 2001 年的 5292 美元 / 百万碱基下降到 2016 年的 1.5 美分 / 百万碱基，基因合成成本从 2000 年的每对碱基 10 美元下降到 2016 年的每对碱基 15 美分。最后，生物技术的普及率提升、各国生物黑客规模的迅速扩大，使寻找和培养具有相关专业知识的技术人员，恶意使用病毒及相关遗传材料变得非常容易。历史上著名的事件是 2001 年美国炭疽邮件事件，这是世界生物安全防御的分水岭，也为世界各国敲响了警钟，使得生物恐怖已经成为一种全球现实威胁。

一直以来，国际社会一直反对进攻性生物武器研发和生产。1925 年 6 月 17 日，美国、英国、法国、德国、日本等 37 个国家签署《禁止在战争中使用窒息性、毒性或其他气体和细菌作战方法的议定书》（《日内瓦议定书》），于 1928 年 2 月 8 日起生效，无限期有效。强调禁止使用毒物和有毒武器；禁止使用产生不必要痛苦（指超过使战斗员丧失战斗力、造成极度痛苦甚至死亡）的武器、投射物或物质。但是某些国家在战争中屡次违反这一准则。例如，日本侵略中国时，731 部队以中国平民和战俘进行细菌试验；美国在朝鲜战争期间使用过细菌武器和毒气等。1971 年 9 月 28 日，美国、英国、苏联等 12 个国家向第 26 届联合国大会联合提出了关于全面禁止生物武器的草案。《禁止生物武器公约》1975 年 3 月 26 日正式生效。此公约较好弥补了《日内瓦议定书》缺陷，认识到因生物技术发展增加生物战剂危险性的可能性。但也有自身缺陷，例如没有反对研发生物防御性武器，并且没有常设的履约执行机构等。

三、生物安全特征

生物安全兼顾传统安全和非传统安全。新发突发传染病出现频率增加，导致生物安全防御具有常态化趋势。随着生物技术发展，其他潜在新型生物安全威胁日益显现，因此生物安全又呈现不断发展变化的特征。

生物安全兼具传统安全和非传统安全特点。例如，防范生物恐怖袭击与防御生物武器威胁属于传统安全，人类遗传资源与生物资源安全管理、防范外来物种入侵与生物多样性等属于非传统安全。

几次全球大流行事件证明，世界仍处在生物威胁暴发的边缘，这些威胁可能在短时间内摧毁某处的繁华。新冠病毒大流行是世界百年未遇的大瘟疫，使整个世界的公共卫生体系重塑，疫情防控进入常态化阶段。唯有全球团结合作，完善全球公共卫生安全治理，才能应对未来可能暴发的生物安全风险。

生物技术不断创新和演化，发展的同时也带来潜在威胁。早在 20 世纪 70 年代，已兴起分子生物学技术，以及日后的组学、系统生物学技术等，成为引领世界经济发展的科技力量，但与此同时要深刻认识到生物技术其两用性特征，即我们享受技术发展带来的便捷时，也要深刻认识到其负面结果和安全事故。例如，2001 年 2 月，澳大利亚科学家将鼠类的白细胞介素 -4 基因插入鼠痘病毒的基因组中，原来计划是研制老鼠避孕疫苗，但意外获得毒力更强的基因工程鼠痘病毒。1975 年，在美国加州会议上，首次讨论基因工程生物安全问题，并于次年发布《重组 DNA 分子研究准则》，成为国际本领域共同行为指南，至今仍然发挥作用。随着 DNA 合成技术的突破，合成生物学使得病毒合成技术层次无障碍，小病毒全基因组合成成为当前最紧迫的风险源。因此，美国国立卫生研究院根据安全形势变化，修改其为《重组或者合成 DNA 分子研究准则》。以上案例说明生物安全呈现不断变化的特征。

第二节　生物安全的发展历程与法律规制

一、生物安全的发展历程

1. 防控重大新发突发传染病、动植物疫情

我国，在商代，已有"瘟疫"暴发的记载。秦朝就设立了麻风病人隔离区。《汉书》就有瘟疫处理办法的相关记载，东汉时期，为军队成员修建了一所专门治疗传染病的医院，名为庵庐。到南北朝时，病患隔离已经发展成一个系统，并在唐代达到新的高度。在此时期，人们意识到饮食、接触能够导致传染病传播。自北宋末年以来，乱葬的制度在各地得到了广泛的管理，减少了尸体滋生病毒和细菌的可能性。到了明代人们认识到传染病通过口或鼻、通过空气或直接接触感染者获得。明朝末年，吴有性系统论述了传染病的发生、发展、演变规律，形成流传至今的旷世作品《温疫论》。吴有性通过细致观察、深入思考及严格实践，阐述了所谓"杂气"的概念、性质与致病特点等，创立了"杂气"学说，对传染病病因提出新见解。

自 19 世纪初，现代医学和流行病学逐渐从西方传入中国。例如牛痘疫苗接种。1863 年清政府海事总督成立海关检疫机构，负责港口的检疫和医疗工作，这是我国近代最早的检疫机构。1873 年 7 月，上海海关颁布了近代中国第一部港口检疫法，制定了检疫措施，并对检疫区内船舶检疫作出了详细规定。同济医院、上海德文医学堂等都在此时成立，这些机构在成立的早期免费为患者提供治疗，西医逐渐进入普通民众的生活。此时，清政府也逐渐开始成立医学院，例如，北洋军医学堂。清廷京师警察总厅下设卫生处，分为巡警部、防疫、医学和医务四科，负责管理北京城的公共卫生事务。这种模式逐渐从北京向全国推广，如浙江成立卫生科，组建卫生警队，负责街道清洁、救助灾民等事宜。这些标志着我国建立近代传染病预防和控制系统。

近代中国传染病防控开创者——伍连德博士是首位获得英国剑桥大学医学博士学位的华人，对近代中国传染病防控做出杰出贡献。最著名事件是 1910 年防控东北鼠疫事件。1910 年 10 月，东北暴发疫情，随后沿着中东铁路，仅几个月时间蔓延到东北全境，造成近 5 万人死亡。伍连德临危受命奔赴东北负责统筹疫情防控工作。通过调查和人体解剖实验，确定感染病为黑死病，病毒为鼠疫杆菌，但不是常见的腺鼠疫，而是一种新型的芽孢杆菌。伍连德还推翻西方国家坚持的老鼠之间传播的腺鼠疫，认为是可以通过飞沫传染的肺鼠疫，发明了一种简单便捷的口罩（被认为是 N95 口罩的鼻祖之一），这个口罩有效解决了医护人员的感染问题，此外，将疫区分区隔离，控制人口流动，并对疑似病例或者密切接触者进行 7 天隔离，火化患者尸体等，于 1911 年 3 月控制住疫情。在 1911 年 4 月举行的万国鼠疫研究会上，伍连德博士被推荐为主席，他系统总结了本次疫情传染源、传染途径、具体的病理学分析及中国防治措施等。这是一次伟大的胜利，也是第一次采用科学手段控制大城市传染病传播的案例。此后，伍连德开始专注我国防疫体系建设，在全国成立 20 多所医学卫生机构，先后扑灭了 1920 年、1926 年、1932 年在上海、东北等地暴发的鼠疫。1935 年，伍连德获得诺贝尔生理学或医学奖提名。伍连德推动建立常设医疗卫生机构，如东三省防疫事务总处和全国海港检疫管理处，促进了近代中国医疗现代化和公共卫生体系的建立。

新中国成立以来，我国政府一直高度重视传染病的预防和控制。主要的工作内容有：提出"面向工农兵，预防为主，团结中西医，卫生工作和群众运动相结合"的卫生工作策略；建立了三级卫生防御体系——卫生防御、妇幼保健、爱国卫生。到 1980 年，相关医疗人员包括 51 万正规医生、146 万赤脚医生、236 万卫生员以及 63 万接生员。20 世纪 60 年代，中国第一个宣布消灭了天花，之后又控制住霍乱、鼠疫等疾病，到 1980 年人均寿命达到 69 岁。在 20 世纪 60 年代末到 70 年代初，由于各种原因，各个公共卫生机构被打乱，传染病的报告系统全面瘫痪，卫生防疫体系受到严重影响。虽然后来拨乱反正，但由于经费投入较少，导致公共卫生事业发展受限。此外，20 世纪 80 年代改革调整了政府与卫生事业单位关系，卫生事业单位成为独立法人，政府的职能从主持卫生事业转变为管理卫生事业，卫生事业引入市场机制，成立了疾病控制机构和卫生监督机构。由于重视程度、应急体制机制、经费、人员配置等问题，大部分疾控中心没有正常运转，为后续发生重大新发突发传染病埋下隐患。

国外，古希腊著名《空气、水和地域》论著中，提出不健康状态或者疾病是人与环境不平衡的结果。各种烈性传染病席卷欧洲，一方面冲击欧洲政治、经济和社会稳定，另一方面引发人们对宗教信仰的怀疑，逐渐展开思想启蒙运动，欧洲开始从蒙昧走向理性，思想启蒙运动逐渐开始。欧洲中世纪流行的鼠疫造成了巨大伤害。公元 6 世纪发生在拜占廷帝国（东罗马帝国）的鼠疫，每天造成万人死亡，导致了拜占廷帝国衰落，800 年后欧洲再次暴发的鼠疫，几乎毁灭了当时欧洲四分之一的人口，当时人们没有防治手段，唯一能信服的是"神父"。神父将疾病归咎于"上帝对人类的惩罚"，让人们忏悔，后又归结于犹太人和异教徒。但人们发现并没有带来好转，相反，神父和传教士也相继倒下。人们开始思考现实问题而非死后天堂，一定程度上推动了文艺复兴。鼠疫等传染病间接促进了新兴技术的发展。欧洲人口大幅度减少，农业遭受严重破坏，对人力需求较少的畜牧业和依赖机器的工业逐渐兴起，为后来的工业革命出现做铺垫。鼠疫等传染病促使了医疗卫生系统不断完善，医学成为一门日渐系统化科学化的学科。中世纪，人们放弃了宗教疗法，开始转向解决现实存在的问题。具体措施有：设立隔离与检疫制度，在 14 世纪，意大利的威尼斯建立了世界上第一个检疫站，并颁布了第一部检疫规章，未经检疫许可的船只和旅客不允许进岸。抗生素的发现，如 1927 年发现杀死链球菌的药物百浪多息和 1929 年英国科学家弗莱明发现了青霉素。疫苗的发明与功效，1796年，英国人詹纳发明牛痘接种法以预防天花，1979 年，世界卫生组织宣布天花在全球范围内被消除，世界卫生组织发起的根除麻疹、百日咳、脊髓灰质炎计划也基本获得成功。

为防止疫情的传播蔓延，人们开始寻求国际合作。1851 年在巴黎召开第一届国际卫生会议，开始制定世界第一个地区性卫生公约——《国际卫生公约》，这次大会是国际卫生方面第一次较大范围的合作，是一个良好的开端。到 20 世纪初，1912 年，第 12 次国际卫生会议形成了《国际卫生公约》正式文本，将霍乱、鼠疫和黄热病列为国际检疫传染病；1926 年，巴黎举行第 13 届国际卫生会议，此会议正式通过《国际卫生公约》，这是第二次世界大战之前比较完整、比较全面、涉及国家最多的一个国际卫生公约。1933 年，22 个国家在荷兰海牙签订了第一个《国际航空卫生公约》，明确提出了对航空器、机场实行卫生检疫，并规定对鼠疫、霍乱、黄热病、斑疹伤寒和天花等疾病进行管制。1948 年，世界卫生组织建立，1951 年第 4 届世界卫生大会通过了《国际公共卫生条例》。这是一部较完善、较全面的国际卫生法规，包括 6 种传染病以及历来行之有效的各项检疫措施，该条例需要世界各国批准，凡批准的国家都要受到约束，以后的修改也要经各国批准，以适应新运输方式日益增长的需求。1969 年，第 22 届世界卫生大会对《国际公共卫生条例》进行了大幅度修改，从检疫传染病中删除了斑疹伤寒和回归热，并决定从 1971 年增加五种国际监测传染病，同时还决定把国际检疫委员会扩大为国际传染病监测委员会。1973 年和 1981 年，分别修改了关于霍乱的条款和删除了天花内容。但在 20 世纪 90 年代初期，一些未列入报告清单的重大传染病再次出现，同时发现了许多传染病。1995 年第 48 届世界卫生大会又修改了相关决定。2005年 5 月 23 日通过世界卫生组织 58.3 号决议，接受了新的国际卫生条例，即《国际卫生条例（2005）》，并于 2007 年 6 月 15 日生效。新条例充分吸收了 30 多年来的实践经验，修改、增删了一些定义，确定了一些新的原则和制度，在很大程度上弥补了旧条例的不足，主要体现在以下几个方面：国际关注的突发公共卫生事件通报的范围扩大，之前仅是通报单一的传染病，现改为由生物、化学和核放射物质引起的公共卫生事件；传染病防控理念发生改变，指出各缔约国应发展、加强和保持快速和有效应对公共卫生事件能力，规定了国家核心能力要求；建立联络协调机制，缔约国应建立一个国家归口单位和卫生措施当局，进行联络和疫情通报；成立突发事件委员会和专家审查委员会以增加条款的灵活性。国际公共卫生紧急事件是本次修改的一项重大修改，一旦被确定为国际公共卫生紧急事件将会对世界各方面造成巨大影响，国际卫生组织总干事对于国际公共卫生紧急事件决策方面起决定性作用。

2. 生物技术研究、开发与应用

这里指的生物技术是指两用生物技术，两用含义是"善用"和"误/滥用"，而非军用和民用。

重组 DNA 技术使得生物学研究进入分子生物学时代。1975 年在美国召开的阿西洛马会议上，科学家讨论关于重组 DNA 风险问题，提出"实施自愿原则，以减少生物技术风险"。目标是消除重组 DNA 技术带来的危害，会议期间，制定了指导如何安全地使用该技术进行实验的建议原则，一是需要在实验设计阶段考虑潜在风险的遏制因素；二是遏制因素的有效性应该与有效风险评估尽量匹配。会议同样建议使用生物屏障去限制重组 DNA 传播，相关屏障包括不能在自然环境中存活的宿主、质粒、噬菌体和病毒。会议还提倡使用额外的安全因素，例如，物理遏制，使用通风橱或在适用的情况下限制进入或负压实验室；严格遵守良好的微生物学规范,这将避免生物体从实验环境中逃逸;教育和培训所有参与实验的人员。

比较典型的两用生物技术是功能获得性实验、基因组编辑工具和合成生物学技术。功能获得性实验是指以增强基因产物生物学功能的方式对生物体进行基因改造,包括改变发病机制、传播能力或宿主范围,益的方面可更好地预测新出现的传染病并开发疫苗和疗法,误 / 滥用方面可增强病毒毒性或者实现跨物种传播等。2010 年以后,以基因组编辑、合成生物学为代表的生物科技迅猛发展,创造出新的发展机遇。同时生物技术日趋易于操作,能够实现病原体感染能力、扩散能力、致死能力和逃逸能力的快速提高,两用生物技术潜在风险问题日益严峻。2010 年世界卫生组织颁布了一个指导性文件《关注生命科学研究中两用生物技术》。2012 年 3 月美国基于世界卫生组织指导文件,颁布《美国政府对关注的生命科学双用途研究的监管政策》,目的是建立监督机构对美国政府资助的两用生物技术研究进行定期审查,2014 年,颁布《美国政府政策用于对关注的生命科学两用研究机构监管》,目的是在机构层面上,发现生物技术的两用风险及相关减缓措施。2016 年 5 月,美国国家生物安全科学咨询委员会发布了"对功能获得性研究进行评估和监督的建议"。2017 年 1 月 9 日,美国发布了"关于部门制定潜在大流行病原体护理和监督审查机制的建议政策指南",阐述了应如何监管、资助、储存和研究"大流行病的潜在病原体",以尽量减少对公众健康和安全的威胁。2017 年 12 月 19 日,美国国立卫生研究院取消了禁令,因为功能获得性研究被认为"对于帮助我们识别、理解和制定战略和有效对策以应对对公众健康构成威胁的快速进化的病原体很重要"。

3. 生物武器

在人类战争历史中,发生过多次设法让疾病在敌方阵地传染以削弱敌方战斗力甚至导致更严重后果的事件。1347 年,蒙古人围攻克里米亚半岛贸易要塞——卡法。久攻不下的蒙古人将鼠疫患者尸体抛向城内,不久鼠疫在城内流行,卡法不攻自破,鼠疫因此向欧洲各地传播,不到两年时间,整个欧洲有 30% 人口死于鼠疫。到了 19 世纪中期,德国科学家发明了细菌培养技术,后又陆续发现了许多传染病病原体,人们逐渐掌握了提炼人工制造微生物和毒剂方法。第一次世界大战中,德国用病原体袭击协约国;第二次世界大战,日本组建 731 部队,研发生物武器;朝鲜战争中,美国也使用了生物武器。1925 年,在国际会议上,波兰代表最先提出,在考虑限制和禁止化学和有毒气体武器时,应考虑细菌武器问题。1926 年 6 月 17 日,在瑞士日内瓦召开"管制武器、军火和战争工具国际贸易会议",会议审议和通过了《禁止在战争中使用窒息性、毒性或其他气体和细菌作战方法的议定书》,议定书中明确禁止使用细菌作战方法。1929 年 8 月,国民党政府代表中国加入了《日内瓦议定书》。新中国成立后,认为《日内瓦议定书》有利于巩固国际和平与安全,符合人道主义原则,1952 年正式承认该议定书。到了冷战时期,美苏两个超级大国都执行包括炭疽、天花、鼠疫等生物战剂计划。1969 年 7 月,英国首次向十八国裁军委员会提出一项单独禁止生物武器公约的草案。1969 年 11 月 25 日,尼克松发表《关于化生防御政策与项目的声明》,正式宣布美国无条件终止所有进攻性生物武器项目,命令销毁美国保存的全部生物武器,只进行防御性研发。1971 年,西方国家与苏联达成协议,并于 9 月 28 日,在联合国大会上通过关于全面禁止生物武器的草案。1972 年 4 月 10 日开放供各国签署。《公约》规定,生效后每满五年时,在瑞士日内瓦举行公约缔约国会议,审查《公约》实施情况。1986 年,第二次审议大会确定建立"信任措施"机制,防止或者减少发生不明、困惑、猜疑的情况,促使和平研究微生物领域的国际合作,信任机制并非强制性,不具有法律约束力。1991 年第三次审议大会上成立特设政府专家小组，负责从科学和技术角度确定和研究可能的核查措施。虽然议定书的谈判已经持续几十年，但在 2001 年 7 月，美国拒绝在议定书上签字，导致几十年努力付之东流。2006 年，第六次审议大会决定设立履约支持机构。由 3 名专职人员组成，设在联合国日内瓦办事处，目的是帮助、协调、加大缔约国执行力度，来"帮助缔约国自助"。2016 年，第八次审议大会上，由中国政府联合巴基斯坦政府，向大会联合提交《生物科学家行为准则范本》，该倡议获得缔约国广泛支持与好评。在《生物科学家行为准则范本》基础上，广泛征集了全球 20 多个国家生物科学家的意见和建议，由中国天津大学生物安全战略研究中心、美国约翰斯·霍普金斯大学、国际科学院共同牵头，向大会提交《科学家生物安全行为准则天津指南》，这是全球生物安全治理领域首个以中国地名命名，以中国倡议为主要内容的国际倡议，受到公约缔约国广泛关注和支持，这有助于充分释放生物科技红利，避免误用和滥用。

4. 生物恐怖

区别于生物武器，生物恐怖一般指非国家行为体利用细菌、毒素等工具，为了达到政治、宗教或特定社会目标实施的行为，受害者不仅包括直接目标，还包括更大范围的社会。代表性事件有 1984 年，美国俄勒冈州，Bhagwan Shree Rajneesh 的追随者试图通过使当地居民失去能力来控制地方选举。他们用鼠伤寒沙门菌污染了俄勒冈州达尔斯市的公共区域。这次袭击导致 751 人严重食物中毒，没有人员伤亡。1993 年，奥姆真理教宗教团体计划在东京释放炭疽病。目击者说有一股恶臭。这次袭击是失败的，因为它没有感染一个人。2001 年，美国发生了七个信封事件，有人故意将含有炭疽的信封寄送美国国会和新闻媒体办公室，造成 5 人死亡。2013 年，美国国会大厦位于华盛顿特区的异地邮件设施截获了一个初步检测呈蓖麻毒素阳性的信封。据报道，该信封寄往密西西比州共和党参议员罗杰·威克的办公室。

5. 病原微生物实验安全管理

第一个三级生物安全柜是 1943 年由美国马里兰州德特里克堡陆军传染病实验室建立。1955 年和 1957 年，分别召开了相关会议，探讨战争中生物安全、化学、辐射和工业安全等方面的知识和经验，1967 年，逐渐有大学、私人实验室、医院和工业园区的代表参与讨论。1984 年，美国疾控中心和美国国家自然科学基金委员会出版《微生物和生物医学实验室的生物安全》，规定了 4 个级别的安全实践、设备、设施和工程防护，划分了 1、2、3、4 级生物安全防护。进入 21 世纪，随着人口增长及传染病在世界范围内广泛传播，促进了生物安全实验室在全球的建立和投入使用，2017 年 12 月，全球 23 个国家已经建成和在建各类生物安全四级（BSL-4）实验室共计 54 个。美国 12 个，英国 5 个，我国 1 个，印度 2 个，日本 2 个，韩国、俄罗斯各有 1 个。

6. 生物多样性

地球表面最初有 76 亿 hm^2 森林覆盖，但是在 1862 年，森林面积降到 55 亿 hm^2，1963 年为 38 亿 hm^2，1972 年为 28 亿 hm^2，森林大幅度减少，带来物种灭绝的浪潮。自进入 20 世纪以后，平均每 8 个月灭绝一种生物，在我国，在过去的数十年乃至一两百年中，生物多样性遭到严重破坏，大面积森林被砍伐，使得野生动物栖息环境丧失而遭灭绝。1972 年，在斯德哥尔摩召开联合国人类环境会议决定建立联合国环境规划署，各国签署若干地区性和国际协议以解决环境保护和濒危物种等议题。1987 年联合国环境规划署执行委员会组成一个特别工作小组，致力于保护生物多样性。在 1988 年第一次会议上，特别工作小组认识到需要制定一个全球性的法律文件。1990 年初，特别工作小组认识到迫切需要一个新的全球生物多样性保护公约，并应该包括：野生与家养动物的就地和迁地保护；生物资源的持续利用；遗传资源的获取以及相应的技术，包括生物技术的利用和由这些技术得到的惠益的分配，与经遗传修饰的生物有关的各种活动的安全性，以及新的财政支持渠道。1992 年 6 月 3 日到 14 日在巴西里约热内卢召开的"联合国环境与发展大会"有 170 多个联合国成员国的代表团、102 位国家元首和政府首脑以及联合国国际组织代表参加会议，从而被誉为联合国成立以来规模最大、级别最高、人数最多、筹备时间最长、影响最深远的一次国际会议，会议通过了《里约环境与发展宣言》《21 世纪议程》《关于森林问题的原则声明》等三个文件和两个公约：《气候变化框架公约》和《生物多样性公约》。1992 年 6 月，我国在《生物多样性公约》签字。这份文件是生物多样性保护与持续利用进程中具有划时代意义文件：一是包含生物多样性各个方面；二是遗传多样性第一次被包括在国际公约中；三是生物多样性保护第一次受到全人类的共同关注。公约的最高权力机构是缔约方大会，它由批准公约的各国政府（含地区经济一体化组织）组成，这个机构检查公约的进展，为成员国确定新的优先保护重点，制定工作计划。

《生物多样性公约》第十五次缔约方大会于 2021 年在云南昆明举办。会议通过了《昆明宣言》。《昆明宣言》承诺加快并加强制定、更新本国生物多样性保护战略与行动计划；优化和建立有效的保护地体系；积极完善全球环境法律框架；增加为发展中国家提供实施"2020年后全球生物多样性框架"所需的资金、技术和能力建设支持；进一步加强与《气候变化框架公约》等现有多边环境协定的合作与协调行动，以推动陆地、淡水和海洋生物多样性的保护和恢复；确保制定、通过和实施一个有效的"2020 年后全球生物多样性框架"，以扭转当前生物多样性丧失，并确保最迟在 2030 年使生物多样性走上恢复之路，进而全面实现"人与自然和谐共生"的 2050 年愿景。

二、生物安全领域法律规制

1. 中国

在《中华人民共和国生物安全法》还未出台之前，在我国宪法、刑法和其他基本法规中可以找到相关的监管规定。在《中华人民共和国宪法》（以下简称《宪法》）制定过程中，纳入了生物安全主题，特别关注生物资源保护。1954 年《宪法》第 6 条规定，森林和荒地等为国家所有，第 93 条规定，社会保障、社会救助和公共卫生事业单位由国家管理；1978 年《宪法》第 11 条指出，国家将采取措施保护环境和自然资源，预防和管理污染和其他公共危害，第 50 条首次提及公共卫生服务、合作医疗等此类主题；1982 年《宪法》第 9 条对国有自然资源作出了更详细的定义，规定任何组织和个人不得侵占、破坏自然资源，第 21 条规定，国家配置资源发展医疗服务，支持城乡基层组织和国有企业建设和经营面向社会的医疗设施，第 26 条规定，国家将采取措施保护和改善人居自然环境，控制污染和其他公害，2004年《宪法修正案》第 32 条历史上首次提及"生态文明"。

全国人民代表大会颁布的刑法中，多次强调生物安全问题。2001 年 12 月颁布的《刑法修正案（三）》将"投毒"定义为投放毒害性、放射性、传染病病原体等物质的行为。第 120 条规定了组织、领导、积极参加或者以其他方式参加恐怖组织行为的量刑标准，第 125 条扩大为"非法制造、买卖、运输、储存毒害性、放射性、传染病病原体等物质"。第127条在量刑标准中增加了"盗窃抢夺毒害性、放射性、传染病病原体等物质"。在第291条中，增加"投放虚假的爆炸性、毒害性、放射性、传染病病原体等物质，或者编造爆炸威胁、生物威胁、放射威胁等恐怖信息，或者明知是编造的恐怖信息而故意传播"的内容。《刑法修正案（七）》扩大到"违反有关动植物防疫、检疫的规定，引起重大动植物疫情的，或者有引起重大动植物疫情危险"。2011年，《刑法修正案（八）》第五十条关于改判死刑缓期执行的标准，针对"因故意杀人、强奸、抢劫、绑架、放火、爆炸、投放危险物质或者有组织的暴力性犯罪被判处死刑缓期执行的犯罪分子"。2015年，《刑法修正案（九）》第120条对组织领导恐怖组织的处罚在原处罚的基础上增加了"没收财产"处罚，对于积极参加恐怖活动的并处罚金，对被认定其他参加恐怖活动的可以并处罚金。此外，还增加了5条规定，对"参与恐怖活动"进行了更明确的定义和更严厉的处罚。《刑法修正案（九）》第291条增加第二款："编造虚假的险情、疫情、灾情、警情，在信息网络或者其他媒体上传播"的相关处罚。其他未提及或新增法规可参考第九章生物安全的国内治理内容。

传染病防治法。1955年颁布《传染病管理办法》，首次将传染病分为甲、乙类，次年建立了乙类传染病报告和检疫制度。1978年颁布《中华人民共和国急性传染病管理条例》，规定了传染病报告时间和含有病原微生物废物的无害化处理流程。1989年，颁布了《中华人民共和国传染病防治法》，2004年进行修订，特别强调要建立传染病监测和传染病预警系统。2003年前后相继出台了《突发公共卫生事件应急条例》等一系列法律法规，初步形成传染病防治体系，对传染病预防与准备、疫情报告、沟通与信息公开、疫情防控与应急处置、医疗救治、监管等制度进行了详细规定。2020年10月2日，发布了《中华人民共和国传染病防治法》（修订草案征求意见稿），将传染病分为甲乙丙三类。甲类传染病是指鼠疫、霍乱。乙类传染病是指传染性非典型肺炎、艾滋病、病毒性肝炎、脊髓灰质炎、人感染高致病性禽流感、麻疹、流行性出血热、狂犬病、流行性乙型脑炎、登革热、炭疽、细菌性和阿米巴性痢疾、肺结核、伤寒和副伤寒、流行性脑脊髓膜炎、百日咳、白喉、新生儿破伤风、猩红热、布鲁氏菌病、淋病、梅毒、钩端螺旋体病、血吸虫病、疟疾。丙类传染病是指流行性感冒、流行性腮腺炎、风疹、急性出血性结膜炎、麻风病、流行性和地方性斑疹伤寒、黑热病、包虫病、丝虫病，除霍乱、细菌性和阿米巴性痢疾、伤寒和副伤寒以外的感染性腹泻病。

外来物种入侵。目前，还没有专门针对外来物种入侵管理的国家级法律法规。相关规定分散在《出入境人员携带物检疫管理办法》《中华人民共和国海洋环境保护法》《中华人民共和国进出境动植物检疫法》《中华人民共和国野生动物保护法》等法律。相关行政法规包括《中华人民共和国陆生野生动物保护实施条例》《植物检疫条例》《中华人民共和国野生植物保护条例》《中华人民共和国进出境动植物检疫法实施条例》《中华人民共和国货物进出口管理条例》《农业转基因生物安全管理条例》《家畜家禽防疫条例》及其实施细则。

两用生物技术。两用生物技术是指既可以用于有益目的也可以被滥用于有害目的的生物技术。最近十几年，合成生物学技术和基因组编辑技术突飞猛进，一方面促使科学技术快速发展，但同时也可能被用来生产更多致命病原体，进而产生新型生物武器。基因组编辑技术是一项突出的两用生物技术。我国有关人类基因组编辑的立法主要依据伦理原则，采取行政措施和发布规范性文件等，诸如《基因工程安全管理办法》《人类遗传资源管理暂行办法》《中华人民共和国人类遗传资源管理条例》《人类辅助生殖技术管理办法》《人类辅助生殖技术和人类精子库伦理原则》《人胚胎干细胞研究伦理指导原则》《干细胞临床研究管理办法（试行)》《干细胞制剂质量控制及临床前研究指导原则（试行）》《涉及人的生物医学研究伦理审查办法》等。为规范生物技术研究开发活动，促进和保障生物技术研究开发活动健康有序发展，有效维护国家生物安全，科技部于 2017 年 7 月制定了《生物技术研究开发安全管理办法》。生物技术研究开发安全管理实行分级管理。按照生物技术研究开发活动潜在风险程度，分为高风险等级、较高风险等级和一般风险等级。高风险等级，指能够导致人或者动物出现非常严重或严重疾病或对重要农林作物、中药材以及环境造成严重危害的生物技术研究开发活动所具有的潜在风险程度。较高风险等级，指能够导致人或者动物疾病，但一般情况下对人、动物、重要农林作物、中药材或环境不构成严重危害的生物技术研究开发活动所具有的潜在风险程度。一般风险等级，指通常情况下对人、动物、重要农林作物、中药材或环境不构成危害的生物技术研究开发活动所具有的潜在风险程度。2018 年的"基因组编辑婴儿"事件，导致将以非法实施以生殖为目的的人类胚胎基因组编辑和生殖医疗活动列入刑法。2021年 3 月 1 日实施《中华人民共和国刑法修正案（十一）》，明确"将基因组编辑、克隆的人类胚胎植入人体或者动物体内，或者将基因组编辑、克隆的动物胚胎植入人体内，情节严重的，处三年以下有期徒刑或者拘役，并处罚金；情节特别严重的，处三年以上七年以下有期徒刑，并处罚金"。

2021 年 4 月 15 日起实施的《中华人民共和国生物安全法》科学界定了生物安全的内涵要求，明确了生物安全的重要地位和原则，建立了国家生物安全领导体制，完善了生物安全风险防控基本制度。针对重大新发突发传染病、动植物疫情，生物技术研究、开发与应用，病原微生物实验室生物安全，人类遗传资源和生物资源安全，生物恐怖袭击和生物武器威胁等生物安全风险，分章说明并作出针对性规定。还规定加强生物安全能力建设，包括建立生物安全风险监测预警制度、风险调查评估制度、信息共享制度、信息发布制度、名录和清单制度、标准制度、生物安全审查制度、应急制度、调查溯源制度、国家准入制度和境外重大生物安全事件应对制度等 11 项基本制度，同时，健全了各类具体风险防范和应对制度。

2. 美国

顶层战略报告，2002 年 9 月美国发布《国家安全战略报告》，确立了美国国家安全最主要的任务：打击恐怖主义和防止大规模毁灭性武器的扩散，并指出"当生、化和核武器随着弹道导弹技术一起扩散时，即使弱国和小的团体也能够获得对大国进行灾难性打击的能力"。2002 年 12 月，美国公布《抗击大规模杀伤性武器的国家战略》，作为 2002 年《国家安全战略报告》中一部分，报告指出"敌对的国家和恐怖分子所拥有的大规模杀伤性武器——核武器、生物武器和化学武器是摆在美国面前的最大安全挑战之一。美国必须寻求制定一项全面的战略，以便从这一威胁的所有方面加以对抗"。2004 年 4 月，美国发布《21 世纪生物防御》，报告指出"美国将继续使用一切必要手段来防止、防范和减轻对我们的家园和我们的全球利益所进行的生物武器袭击。防御生物武器攻击需要我们进一步加强我们的政策、协调和计划，以整合联邦、州、地方和私营部门各级的生物防御能力。我们必须进一步加强国际层面合作，寻求与朋友和盟友进行密切的国际合作和协调，以最大限度地发挥我们共同防御生物武器威胁的能力"。2006 年 3 月，美国布什总统发布《美国国家安全战略报告》，报告认为，要抵制生物武器传播，需要以改进其监测和提高应对生物进攻的能力、防止病原体的传播和限制对生物武器有用的材料的传播为中心战略，美国正在同它结成伙伴关系的国家和机构合作来加强全球生物武器监视能力。2009 年，美国发布《应对生物威胁的国家战略》，提出国家或非国家组织拥有和使用生物武器及生物威胁的扩散形势对美国安全构成了重大挑战，报告指出，风险正在以不可预知的方式继续发展，技术发展的成果将继续成为全球性资源，伴随着专业技术门槛和成本费用的降低，对防止生物技术滥用要予以高度重视，必须采取行动减少滥用的风险以确保生命科学的进步惠及所有国家的人民。2012 年 7 月，美国政府发布《生物监测国家战略》，其提出的目标是"建立一个高效整合的国家生物监测系统，为各级决策提供重要信息"。将"生物监测"定义为"收集、整合、解读、通报与全谱性威胁相关的重要信息或与人和动植物疾病变化相关的重要信息，实现生物威胁的早期发现预警和突发卫生事件的整体态势感知，以便更好地做出决策"。提出四项指导原则。一是调动现有能力，充分利用现有资源，如拓展卫生信息电子报告系统，通过社会媒体等普及手段实现信息的快速共享等；二是发动广泛参与，通过全社会广泛参与，强化发现、追踪、分析突发事件的能力；三是惠及各个层面，寻求在社会各个层面实现一系列重要核心功能；四是立足全球视野，着眼全球卫生安全，加强国际联系，促进全球生物监测网络持续发展。四项核心功能。一是搜索并洞悉环境威胁，高度关注影响健康和安全的各种因素，对所获得的信息进行快速评估；二是确认并整合重要信息，首先要及时发现潜在威胁的早期征象，其次是进行特征分析并确认威胁，最后是跟踪威胁的发展，并实现实时态势感知；三是预警并报告决策人员，在信息提供方和决策方之间达成适当的平衡；四是预测并判断可能影响，对突发事件的发展轨迹、持续时间和强度大小进行准确预测。明确提出通过以下 4 项措施，保障"战略"顺利实施。一是整合能力，采用创新性手段整合各种生物监测能力，打破传统的地域和组织界限，充分发挥社会媒体的"倍增器"作用；二是增强实力，打造跨学科的专业人才队伍；三是培育创新，加强科技创新，包括新型特征识别和信息交换手段，鼓励有关人员进行预测方法学研究；四是加强合作，在联邦、州、地方、地区、私营部门、非政府组织、学术机构等各参与方之间分享信息，加强国家生物监测活动的协作。2016 年 2 月美国国家情报局局长 James Clapper 在向美国参议院的报告中明确了以成簇规律间隔短回文重复（CRISPR）为代表的基因工程技术可被用于制造基因武器，具有极大的两用性风险，2017 年的《年度全球威胁评估报告》中，将基因组编辑技术列为大规模杀伤性武器。美国白宫也在政府研究机构内部启动针对基因驱动技术的生物实验室风险监管评估。2017 年 3 月 23 日在一场国防部内部讨论会上，美国国防部明确将合成生物学带来的新威胁也列入到大规模杀伤性武器中，并委托美国国家科学院开展跨部门联合研究，为应对合成生物学新威胁提供对策建议。2018 年 6 月，美国国家科学院发布《合成生物学时代的生物防御》的报告，该报告由 13 名领域内的权威科学家共同撰写。报告中强调，近几年迅速崛起的合成生物学正在带来新一代的生物武器威胁，其中，基因组编辑工具的发展使恶意的生物信息编辑变得更为广泛易得且快速，很可能会成为新的国际安全隐患。

法律法规。2001 年，美国总统颁布《爱国者法案》，这个法案扩大了美国警察机关的权限。根据该法案，警察机关有权搜索电话、电子邮件、医疗、财务和其他种类的记录；减少对于美国本土外国情报单位的限制；扩大美国财政部长的权限以控制、管理金融方面的流通活动，特别是针对与外国人士或政治体有关的金融活动；并加大警察和移民管理单位拘留、驱逐被怀疑与恐怖主义有关的外籍人士的权力。这个法案也延伸了恐怖主义的定义，包括国内恐怖主义，扩大了警察机关可管理的活动范围。按照法案第 215 节，警察可以秘密监视公民的私人信息，美国政府可以查看任意实体文件，只要为抵御国际恐怖主义和间谍活动所用。2011 年 5 月颁布《2011 年爱国者日落延长法案》，延长了该法的三项关键条款：巡视窃听，搜查商业记录，并对"孤独狼"进行监视——涉嫌恐怖主义活动的个人与恐怖主义团体。2002年6月，为了鼓励公司研发应对天花和其他生物恐怖的制剂，美国政府通过《公共卫生安全和生物恐怖准备反应法案》，为各级政府，包括联邦、州和地方政府提供经费支持，用来开展评价和做好公共卫生应急准备。该行动同时也包括提供手段以研发应对生物恐怖的措施，同时控制生物剂和毒素。涉及危险病原体的实验同样要服从此法案监管，研究涉及危险病原体的实验室需要在美国疾控中心或美国农业部动植物卫生检验局登记，接受上述两个部门的监管。2002年9月，针对2001年9月11日在美国发起的袭击而制定的《国家安全法案》发布，它是一部广泛的反恐法案，赋予联邦法律执法机构广泛的权力来阻止美国境内的恐怖袭击。2004年，美国国会通过《生物盾牌法案》，它是一个全面发展药品和疫苗来应对生物和化学武器袭击的法案，实施期限十年。2005年，签署《生物防御和大流行性疫苗与药物开发法案》，旨在缩短新疫苗和药物研发过程并明确疫苗制造商和制药业的责任和义务。拟议的法案将创建一个新的联邦机构，即生物医学高级研究与发展机构，该机构将促进药物和疫苗的研究和开发，以应对生物恐怖主义和自然疾病暴发。2005年12月美国国会通过由美国总统布什签署成为法律的《公众准备和应急准备法案》，旨在宣布的突发公共卫生事件中保护疫苗制造商免于经济风险。根据政府行政部门的判断，该法案可以豁免制药商对禽流感疫苗临床试验潜在财务责任，为大流行性流感防范提供了38亿美元资金，用于在暴发大流行性疾病的情况下保护公众健康。2006年，颁布《大流行和全危险准备法》，促使政府提供财政支持开展一些具有高风险的项目，通过减少与早期生物盾牌计划有关的问题，同时获得制药公司更广泛的加入支持，来应对疾病大流行。2013年，美国国会通过《大流行和所有危险物准备再授权法案》，这是建立在美国卫生部门为促进国家健康安全而开展的工作上。这些措施包括授权资助公共卫生和医疗准备计划，如医院准备计划和公共卫生应急准备合作协议，修订《公共卫生服务法》，授予国家卫生部门极大的灵活性，专门用于满足灾难中关键社区需求，并增加生物盾牌计划的灵活性，以支持潜在医疗对策的先进研究和开发。

监管条例。美国颁布《微生物学和生物医学实验室生物安全手册》（2009年出版第5版），这是美国政府关于传染性物质及危险材料相关生命科学研究的生物安全和污染事件的指导文件，拥有管制制剂的实验室必须遵守此手册规定，同时也是国际生物安全实验室的一个标准。最新版新增的内容主要涉及职业卫生与免疫防护、消毒与灭菌、实验室生物安保与风险评估、部分农业病原体的简介、生物毒素等。新版对分类选择性微生物的概述做了更新，对1918年流感病毒毒株进行反向遗传操作所需要的防护装置进行改进，并对风险评估做了调整，针对生物恐怖，增加了关于病原微生物和毒素的安全原则等内容。美国国立卫生研究院《国立卫生研究院对于涉及重组或合成核酸分子的研究指导方针》（2016年最新修订），是美国政府对重组或合成性核酸分子相关的生物安全和污染研究的监管指南，任何合成核酸分子的研究都必须有美国国立卫生研究院或者其他有适当的管辖权机构的许可。美国国立卫生研究院规定受控的DNA研究活动如下：向微生物中转入某种抗药特性，这种特性在自然条件下无法获得，且可能危害到控制人类、动物和植物疾病的用药效果；涉及对半数致死量小于100ng/kg体重毒素进行克隆的研究活动。流程是研究者必须先向美国国立卫生研究院生物技术办公室提交关于实验室情况的申请资料，DNA重组咨询委员会的审查通过和美国国立卫生研究院院长同意，才能进行相关活动。缺陷是，此指南只适用于美国国立卫生研究院资助的研究活动，其他采取自愿的原则。美国疾病控制与预防中心发布的《生物安全实验室能力指导方针》（2011年出版）规定生物安全实验室培训的具体要求及相关工作人员在 BSL 2～4 实验室工作所必需的能力和知识。美国国家环境保护局颁布《生物安全实验室标准操作流程》（2006 年发布并于 2011 年修改），是微生物实验室进行微生物实验所必需的安全措施，描述了微生物学实验室分支机构对每位员工的教育和培训的要求，以确保由合格人员进行实验。本流程中描述的培训和授权要求适用于微生物实验室的所有职位。《联邦管制制剂项目》由美国卫生与公共服务部和农业部制定，列出可能威胁到国家安全的管制制剂和毒物清单，并阻止"受限人员"分类、使用或者转移管制制剂和毒物，相关监督指南《管制制剂规定》为高危试剂 / 有毒药品的使用及转移的相关生物安全风险提供必要的监管遵循原则，此文件是开源性文件，接受反馈和评论并及时修订。美国国立卫生研究院组织编写《生物安全三级（BSL-3）实验室认证要求》，旨在系统地评估与实验室有关的所有安全措施和程序，制定 BSL-3 实验室标准化的初始认证和年度认证程序。2013 年 2 月，美国发布了《美国政府生命科学两用性研究的监管政策》，监管的主要病原体或毒素包括禽流感病毒、炭疽芽孢杆菌、肉毒毒素、鼻疽伯克霍尔德菌、类鼻疽伯克霍尔德菌、埃博拉病毒、手足口病病毒、土拉热弗朗西斯菌、马尔堡病毒、重新构建的具有复制能力的 1918 H_1N_1 流感病毒、牛瘟病毒、肉毒梭状芽孢杆菌产毒株、天花病毒、类天花病毒、鼠疫耶尔森菌。监管的主要研究工作包括：提高病原体或毒素的致病性；影响针对病原体或毒素的免疫性；使病原体或毒素抵抗现有的预防、治疗或诊断措施；增强病原体的稳定性、传播性或播散能力；改变病原体或毒素的宿主范围或趋向性；提高病原体或毒素对人群的敏感性；产生或重构已经灭绝的病原体、毒素。2013 年 2 月，美国国立卫生研究院（NIH）发布了《加强 H_5N_1 禽流感病毒功能获得性研究项目经费支持审批的指导意见》。该指导意见列出 7 条标准，必须同时具备所有的标准才可以获得美国卫生与公共服务部（HHS）的经费资助。这些标准包括这种病毒可以通过自然进化过程产生；这项研究所解决的科学问题对公共卫生具有重要的意义；该研究涉及的科学问题没有其他风险更低的解决方法；实验室人员及公共场所的生物安全风险可以足够地消除或控制；生物安全风险可以被足够地消除和控制；研究成果可以被广泛地分享，使全球人类健康受益；研究工作可以容易地进行监管。

3. 俄罗斯

俄罗斯较早部署了化学和生物安全领域的规划，有两份重要文件。第一份《俄 2009—2013 年生化安全国家系统》联邦专项计划。主要目的是加强对病原体研究单位及疫苗生产单位的监管，包括：对生物研究单位的技术设备和保障系统进行现代化改造，提高其安全系数；建立研发一、二类传染病预防药物、疫苗以及新型抗生素的国家体系；建立烈性传染病病原体的高效、灵活、快速诊断和鉴定手段，以及其耐药性监测分析系统；为保障一、二类传染病研究人员的安全，对从事生物免疫制剂生产的企业提供稳定的财政拨款；为国防部、联邦兽医和植物卫生监督局下属的烈性传染病监测和诊断中心提供支持；特别关注人和动植物致病微生物的收藏与保管问题，防止出现疏漏；研制推广先进的消毒技术，保证能在高、低温下对交通运输工具、房屋、设施进行消毒，保障边境检疫安全，特别重视突发公共卫生事件中的救援工作；建立"联邦国家生化安全系统"。第二份《2020 年前俄罗斯联邦国家安全战略》提出，生物科技快速发展的同时尽量避免对国家利益造成不利影响。第四章"保障国家安全"明确将遏制传染病流行作为国家政策宗旨。《俄罗斯联邦公民卫生流行病防疫法》是俄罗斯公共卫生立法的总纲，明确国家政府在流行病卫生防疫的职责，加强相关科研攻关和财政投入，也明确了"危害居民健康、卫生防疫安全和社会公德的行政违法行为"的处罚措施。近年来，生物科技发展使得俄罗斯警觉意识到自身面临的重要生物安全威胁，为此颁布《俄罗斯生物安全法》，确立了俄罗斯联邦生物安全领域的国家监管框架和相关措施，开发了用于预防、诊断和治疗传染病的方法，建立病原微生物清单、生物领域危险技术获得的监测系统，开展国际合作。

4. 日本

日本政府在传染病防控方面坚持立法先行，注重发挥法律法规在健康危机应对中的作用，具有完备的法律体系。日本政府出台了专项的法律和制度规程，将包括各方责任、必要措施、财政保障、违规罚则等在内的关键内容以法律形式固定下来，增强了权威性、强制性和严肃性，为相关工作的顺利实施提供了强有力的支持与保障。1897 年明治时期，就制定了《传染病预防法》，经济重建时期为防范和应对突发公共卫生事件发挥了重要作用。1998年 10 月，《传染病预防法》被新的《传染病预防与传染病患者医疗法》（简称《传染病法》）所取代，并在 2007 年 4 月与 1951 年制定的《结核预防法》相统合，最终修订时间为 2014年 11 月。《传染病预防与传染病患者医疗法》是日本传染病防控最重要的法律依据，规范了从中央到地方的传染病防控政策。该法按照疾病的危害和传染性程度高低，将传染病分为五个大类，分别制定了针对性措施。为了加大对新型传染病的防控力度，日本政府可根据防控需要对传染病目录进行动态调整与更新。例如，2003 年 10 月将 SARS 列入了二类传染病，2008 年 5 月新增了"新型流感等传染病"大类条目，2014 年 8 月将埃博拉出血热列入了一类传染病。正是因为日本政府能够适时依法采取有效措施，即使在 SARS 病毒肆虐全球之时，日本仍然创下了零感染率的纪录，并且近二十年来日本国内未发生重大生物安全威胁事件。免疫接种是预防控制传染病重要手段，因此日本 1948 年制定了《预防接种法》，以法律形式强化政府责任和不良反应补偿机制，明确由国家承担免疫接种任务，由都道府县知事和市町村长直接组织实施。对于预防接种引起的不良反应，规定由国家承担相关治疗、康复和救济等一切费用。日本国民的免疫接种率多年来一直保持较高水平，疫苗相对应传染病的发病率与死亡率持续下降。其他相关法律法规还包括控制动物传染病的《家畜传染病预防法》，预防人为恐怖活动的《武力攻击事态应对法》《重大恐怖活动等发生时的政府初期措施》《对于紧急事态政府初期的应对体制》等。20 世纪 90 年代，日本发生了多次生物安全威胁事件。使得日本厚生劳动省认识到必须加强与有关省厅的横向合作，特别要统筹整合省内各部门的人力物力资源，建立更加协调统一的健康危机管理体制。1997 年 1 月，制定了《健康危机管理基本指针》，2000 年出台了《地域健康危机管理基本方针》，明确了地方健康危机管理的作用和职能。目前，日本各都道府县市都制定了包括传染病防控在内的健康危机管理的实施要领和细则，形成了以厚生劳动省为核心、地方自治体为基干、各相关部门相互配合的健康危机管理体制。《健康危机管理基本指针》主体内容分为以下三个方面：一是界定了健康危机管理的相关概念和工作范畴，明确厚生劳动省承担管理职责；二是对健康危机管理部门的应对措施做了详细规定，包括信息收集、决策制定、对策本部的设置、研究班和审议会的研讨以及信息提供等，为制定不同健康危机的对策实施要点提供了基本框架；三是规定厚生劳动省设立健康危机管理调整会议，并明确了会议的目的、组织形式和业务范围。除了《健康危机管理基本指针》，日本厚生劳动省还出台《传染病健康危机管理实施要领》《食物中毒健康危机管理实施要领》《饮用水健康危机管理实施要领》和《地方卫生（支）局健康危机管理实施要领》四部法律。《传染病健康危机管理实施要领》是基于"健康危机管理基本指南"

制定的传染病防控实施方案，分为日常和紧急应对两种情形。日常，国立传染病研究所收集与分析传染病信息，主要工作包括将来自地方公共团体、检疫所、世界卫生组织、国内外研究机构的传染病信息定期向厚生劳动省健康局结核传染病课报告，由厚生劳动省通过风险评估判断是否需要紧急应对。紧急状态，按照应对需要，具体实施向内阁情报集约中心通报、举行厚生劳动省健康危机管理调整会议并设置厚生劳动省对策本部、向事发地派遣人员、向相关省厅提请合作等措施，并根据传染病的类别，启动制定传染病制度、新发传染病制度或新型流感制度，同时向世界卫生组织通报有关情况。《传染病预防及传染病患者医疗法》还对病原体分类和管理进行规定，对于可能被用于生物恐怖的病原体依据其危害程度与传染能力进行了一至四类的划分，并针对各类病原体的保管、使用、搬运、输入输出等出台了关于病原体使用设施、保管技术、审查手续等一系列相关规章制度，例如《病原体保管的技术基准》《一～四类病原体持有者法律上的义务和惩罚规则》《二～四类病原体审查等手续》《特定病原体等安全搬运手册》《传染病发生预防规程的制定指针》《国立传染病研究所病原体等安全管理规程》等。

随着近年来新型流感病毒频发，加之其变异性强、具有跨物种传播的能力、防控难度大等特点，日本政府越发重视新型流感可能对国民健康和国家安全所带来的威胁。2013 年 6 月颁布《新型流感等对策特别措施法》，其中的第四章详细规定了新型流感发生时的紧急事态措施，包括都道府县对策本部的设置（对策本部长由知事担当，相当于我国市长）、新型流感紧急事态确认宣布、信息的收集与通告、新型流感蔓延的防控、医疗的提供与确保体制、安定国民生活和经济相关措施等。在《传染病健康危机管理实施要领》和《新型流感等对策特别措施法》基础上，日本政府于 2013 年 6 月制定了"新型流感等对策政府行动计划"，2014 年 3 月制定了《新型流感等应对的中央省厅业务继续指南》，进一步对政府在危机不同阶段所需采取的具体行动予以明确。并根据上述计划进一步出台了《新型流感等应对指南》（2017 年 3 月最终修订）、《新型流感等发生时的初期应对要领》（2017 年 8 月最终修订），将流感疫情分为五个阶段：发生之前、国外发生期、国内发生初期、国内蔓延期、平稳期。规定了每个阶段的判定标准、政府应对政策措施等。每项措施规定十分细致具体，并均明确了责任部门，具有很强的实用性和可操作性，在新型流感应急准备和应急处置过程中发挥了十分重要的指导作用。另外，日本防卫省还针对新型流感，于 2016 年出台了《防卫省新型流感等对策计划》和《防卫省新型流感等应对业务继续计划》，明确了防卫省和自卫队在新型流感发生时进行支援、防控和人员物资运输方面的措施，并规定了防卫医科大学校医院和自卫队医院在诊断和治疗方面的职责。

日本科学委员会，是二战后日本首相成立的代表日本国内外科学家的专业学术团体。2011 年举办了一次会议，会议主题"生命科学发展过程中出现的新风险和科学家职责"，会后制定"科学家行为准则"。2012 年成立关于科学与技术发展中两用性问题的临时应急委员会，其职责是报告生命科学技术的两用性问题，制定科学家关于两用性问题的行为准则。2013 年，将两用性问题加入科学家行为准则中，补充修订的内容：在科研成果的两用性使用方面，明确科学家的责任，科学家应认识到他们的研究结果有可能与自己的意图相反，用于破坏性行动，科学家应选择社会允许的、合适的方式和方法进行科学研究工作和发布研究结果；建立良好的研究环境和教育启示，保证研究工作的完整性，科学家应认识到其重要职责之一是建立和维持公正的研究环境并进行负责任的研究，科学家应该继续努力提高科学界和他们自己的研究机构的研究环境质量，同时进行教育启蒙以及防止不端行为发生。2014 年，日本科学委员会制定和公布"病原体研究过程中的两用性问题"的提案。这项提案的目的：明确研究人员和技术人员的责任；明确研究人员和技术人员的行动原则；展开教育和研究机构的教育和管理；指明学术团体的作用；明确日本科学委员会作用。该提案的具体内容：研究者认识到研究工作中潜在危险并努力降低危险。研究人员和技术人员正确认识研究工作必要性并经常考虑美国国家生物安全科学顾问委员会提及的具有两用性的研究工作。首席研究者应努力减少科学研究中的危险。首席研究者应当确认从事此项研究的研究者具备相关的特殊知识和技能来正确规避风险。研究者和工程师必须对病原体的性质有很好的了解，正确识别其风险，具备特殊的知识和技能来正确规避风险，而且自愿努力获得相关技能，相关研究所应该给每位研究者提供合适的教育机会来使其获得相关特殊的知识和技能。要形成一个讨论具体危险的气氛，以及什么样的措施最有效地避免所有的危险。教育和研究机构的教育和管理。每一个教育和研究机构，应当告知如何识别病原体研究的风险。除了在研究初期培训阶段进行科技应用不确定性教育外，还应为已经从事研究和开发的研究人员和工程师提供有关这一问题的教育机会。关于如何教育学生识别病原体研究的风险，不仅要使学生理解微生物的本质，而且要有亲自动手的实践经历，同时要纳入正规课程，可开设一门生物伦理教育和工程伦理教育课。对已经从事研究和开发的研究人员和工程师，针对更高级病原体定期进行安全教育。此外，将会审查研究计划并建立检测系统，目的是有效防范研究单位潜在风险。在审查病原体研究工作时，要基于首席研究者提供的研究计划，除了考虑传统的检测项目，还要考虑使用模糊性的认知危险性。进行判断时，既要利用内部的学术委员会，也要和研究机构外部的专家进行合作。内部的学术委员会应当确认病原体研究工作的安全性，特别是已经批准了正在执行的计划但具有应用不确定性的研究工作。学术团体的作用。学术团体应为研究人员和工程师提供教育机会使其正确解决相关问题，促进公共关系活动，判断论文系统中具有应用不确定性的研究工作。换句话说，关注生物安保问题，根据国际期刊提供的参考案例判断研究工作的风险和收益。这里的风险指的是"能够有效识别风险但不能很好解释"，"不能识别为假设的生物安保风险并努力降低风险"，"没有必要采取有效的措施去改善研究结果"。收益指的是"可期待的公众健康福利"和"科学和技术的新知识"。此外，学术团体应与不具有处理此类相关问题能力的研究机构展开合作，以提高相关机构人员对病原微生物、致病因子及其基因的使用模糊性的认识。国际合作和日本科学委员会的作用。国际对科学技术不确定性的讨论非常活跃，有许多地方可供日本参考。

5. 英国

战略层面，英国将生物安全战略规划及战略部署整合到应对大规模杀伤性武器相关的核化生体系之中，并成立了危险病原体咨询委员会进行战略规划建议。一是能力计划，是英国政府构建和发展应对突发事件必要能力的核心内容，主要包括：第一，构建国家、区域和地方的应对常规和非常规突发事件能力；第二，提供食物、水、燃料、交通、医疗、金融服务等重要保障；第三，评估各种突发事件的风险和结果，其中包括化学、生物、放射性等武器的应对，人类、动植物等传染病的防治，大规模人员伤亡的救治、人群疏散、现场清理，以及面向社会公众发布警告和信息。二是核化生放应对计划是英国内政部提出的组成一个化学、生物、放射性或核武器的专家库，并建立各方协同应对突发事件的快速和有效机制。该计划中，应对CBRN（化学、生物、放射和核）事件的相关措施包括：确定威胁的来源；向民众提供相关咨询和建议；为受伤人员提供紧急的医疗救治；对现场环境进行消毒和处理。三是核化生放科学与技术计划，由英国内政部提出，重点是建立一个固定的科学基金会，以提高英国应对核化生放武器的能力，具体内容包括：开发先进的科学技术手段，提高英国政府在战略和技术层面上应对 CBRN 威胁的能力；研究更好的数学模型，预测 CBRN 事件造成的影响，以便采取更为有效的应对措施；构建科学的数据库，为制定政策和规划提供决策支持；制定和改进突发事件应对流程，建立更加安全有效的应对机制。

6. 法国

生物毒素计划是法国应对生物安全的主要框架指南，主要目的是应对生物恐怖，包括：预防生物恐怖；可能被用作生物武器的主要战剂；疫苗、抗生素及抗毒剂的战略储备；监测及预警机制；关于传染病信息的强制性交流；建立微生物及毒理学实验室网络；各部门处置突发事件的职责。

7. 德国

为应对生物恐怖等新威胁，德国于 2002 年 5 月出台了《保护德国人民的新战略》，该战略设计分为国家和州两个层面。国家层面的职责是保护平民安全；16 个州的职责是平时灾害的应急准备，其核心是确定在传染病流行及生物恐怖事件发生时各部门的职责及如何进行有效合作，包括成立平民保护及灾害支持联邦办公室，并在办公室领导下建立了德国应急准备信息系统、德国联合信息及事态中心、基于卫星的应急系统。

第三节　生物安全学的基本属性

随着新冠病毒疫情的蔓延，世界各国都越发重视生物安全。生物安全教育势在必行。生物安全学是新兴学科，也是一门交叉学科。具有明显的自然科学和社会科学的属性。并且随着科技发展，人们对生物安全的范畴有了新的认识。例如，最近逐步火热的网络生物安全。一方面包括各种生物信息的数据库的信息安全，另一方面也包括在 DNA 合成、存储和解码过程中，通过引入计算机病毒控制相关设备从而达到引爆整个网络目的等。因此，生物安全学是不断变化发展的。

相比其他国家，我国生物安全教育起步较晚，目前缺乏的是既懂技术、又通晓国际规则，既熟悉产业、又擅长外交的人才。此外，生物安全的科普及全民的生物安全意识还有待提高。因此，亟需发展生物安全学科，在更广泛的高水平大学设立生物安全专业，开设生物安全必修课和选修课，积极储备生物安全领域优秀人才。

一、生物安全学的学科任务、研究对象和学科基础

生物安全学学科任务是以维护总体国家安全观为要求，结合自然科学和社会科学等科学

技术方法，研究评估潜在生物威胁因子对生命体、非生命体和环境造成的可能伤害及其对应减缓措施，培养生物安全领域国际一流人才，提升生物安全从业人员职业能力，并为生物安全科学知识普及作出贡献。

其研究对象包括防控新发突发传染病、动植物疫情，防止生物技术误用、滥用和谬用，病原微生物实验室生物安全，人类遗传资源与生物资源安全管理，防范外来物种入侵与保护生物多样性，应对微生物耐药，防范生物恐怖袭击与防御生物武器威胁等领域中生物安全风险监测预警、风险调查评估、信息共享与发布、制定名录清单、标准制度以及紧急事件处理和相关国际合作机制。

主要学科基础包括：生物学，是研究生物体的结构、功能、发生和发展规律的科学。生物安全学大部分是由生物因素引起的安全问题，因此，生物学是生物安全主要的学科基础；公共卫生学，公共卫生关系到一个国家或地区人民健康，包括重大传染病的预防、监测和防治，对食品、药品、公共环境卫生的监管制度以及相关的卫生宣传，健康教育、免疫接种等。防控新发突发传染病是生物安全核心问题，因此，公共卫生学是生物安全重要基础学科；兽医学，跨物种传播引发的人畜共患病是当前新发突发传染病的重要来源。兽医学除了对家畜、伴随动物、经济野生动物等的保健和疾病防治工作外，目前还涉及人畜共患病、食品生产、医药工程等学科，因此，兽医学在生物安全中的作用值得重视；公共管理，是指公共行政中重视公共组织或非营利组织实施管理的技术和方法、重视公共项目与绩效管理、重视公共政策执行的理论派别与分支学科，生物安全给人民生命健康、财产安全等造成损伤，但更重要是会造成严重的社会恐慌，谣言四起。疫情引发的"信息疫情"次生危机也非常可怕。因此，公共管理也是当前生物安全的重要领域；生态学，是研究有机体与环境之间相互关系及其作用机理的科学。由于世界人口快速增长和人类活动干扰对环境与资源造成极大压力，人类迫切需要协调社会经济和生态环境关系，促进可持续发展。此外，生物入侵也对某些地方生态环境造成严重伤害。会打乱原有生物地理分布，打乱生态系统原有结构与功能，给农林牧渔带来严重伤害。生物安全研究范畴内包含生物资源保护、防范外来物种入侵与保护生物多样性等领域。属于生态学研究范畴。法学，很多不确定因素（自然发生或者人为）会引发相应的生物安全威胁，这些行为一是事前预防，规范各种行为，将威胁扼杀在萌芽；二是事中规避，等危险发生后，要规避一些不正确做法，将威胁降到最低；三是事后总结，事件结束后，要及时总结相关经验教训，防止类似事件发生。在整个事件过程中，法学扮演着重要作用。因此，法学为生物安全保驾护航。计算机科学与技术，生物安全发展过程中产生大量的信息，需要收集整理这些信息，发现其中的规律探究背后隐藏的信息。此外，随着人工智能技术、网络安全、DNA 存储技术等领域的兴起，计算机科学又引起新型生物安全威胁，值得警惕。政治学，作为政治学一个重要分支，国际关系研究国际社会之间的外交事务和关系，如国际、政府国际组织、非政府组织、跨国公司等。生物安全威胁不局限于某个国家和疆域，实现全球合作是防范生物安全威胁的保障。此外，我国参与国际生物安全有关条约谈判及履约的力度越来越大，因此，政治学也是生物安全重要领域。

二、生物安全学教学实践

西方国家。西方国家众多院校和研究机构都设立了生物安全研究生教育体系，开设了大量的课程。如美国马里兰大学、宾夕法尼亚大学和英国的布拉德福德大学等。病原微生物的管理一直被西方国家重视，并且制定了各种规章制度，以保证正确处理危险病原体。如美国疾病控制和预防中心出台的《微生物学和生物医学实验室的生物安全》，将病原微生物和实验室活动分为四级，并着重描述了微生物实验室标准操作、实验室设计和安全设备的不同组合，形成 1～4 级的实验室生物安全防护等级，并依据微生物对人的危险程度分为四级危险组，在实验室实际操作中加以应用。但是大学本科教学实验室中的微生物生物安全处理往往被忽略，没有形成一套统一、易于遵循的生物安全指南。个别教育工作者和机构只能自己制定实验室实践操作指南，这导致了机构间缺乏一致性。美国疾病控制和预防中心分析了 2010 年 8 月至 2011 年 6 月期间，感染鼠伤寒沙门菌的人与相关教学工作的关联。发现大多数感染者在感染前一周曾在临床或微生物学教学实验室工作，或者是曾在此类实验室工作的人的家庭接触者。因此，美国微生物学会教育委员会委托一个工作组制定一套统一的生物安全指南，这些指南代表了安全处理教学实验室微生物的最佳实践，这些实践包括在生物安全级别 1 和生物安全级别 2（BSL2）下安全处理微生物的指南。该指南分为六个部分：个人防护要求、实验室物理空间要求、种群培养要求、标准实验室实践、培训实践和文件实践。任务委员会还制定了一个广泛的附录，以增强和扩展指南。附录中的一些主题包括解释性说明和实施指南的实用建议、如何安全处理从环境中培养的未知微生物，以及有关生物安全柜、消毒溢出物和高压灭菌器的详细信息。此外，附录包含常用微生物及其常用 BSL、样本表格和资源以获取更多信息。这些指南对于本科实验室或者社区大学进行微生物教学的教育工作和相关学生的安全至关重要。

在我国高水平研究大学和研究院均开设了生物安全相关课程，但侧重点不同。军事医学研究院侧重于围绕国家和军队生物安全战略、生物武器防御、防止生物恐怖、重大疫情防控等方向。中国农业科学院侧重于防止外来物种入侵和种质资源保护，建立了一批国家级或区域级生物入侵科研平台，形成了一批专门从事生物入侵研究队伍。中国科学院武汉病毒研究所依托武汉国家生物安全实验室，从事开展高致病性病原微生物实验活动，如埃博拉、尼帕病毒研究。武汉国家生物安全实验室建立了高等级别实验室人员培训体系，根据具体工作内容和性质，将武汉高等级别实验室工作人员分为三种类型：实验室管理人员或生物安全专员、实验室运行与设备维护人员、科学研究人员或实验技术人员。针对三类岗位人员的差异性，该团队对培训内容进行了分类设定，并将人员培训流程定为五个阶段：培训前评估、理论培训、实践培训、培训后评估与资格评定。并对人员资格及其相应权限进行等级划分和设置（绿色、橙色和红色三种等级）。这套人员培训体系的建立将为生物安全实验室人才队伍建设提供保障，为实验室管理体系的完善和实验室高效、安全、稳定运行提供技术支撑，并为国内外高等级生物安全实验室人员培训提供参考。兰州大学与中国农业科学院兰州兽医研究所于 2021 年 6 月成立动物医学与生物安全学院，大力推进兽医学、生物学、基础医学、化学等多学科交叉融合，着力在动物医学和生物安全两大学科领域开展高水平基础研究与应用研究。其中动物医学重点研究方向有：重大动物烈性传染病防治、人畜共患病防治、生物制品研发；生物安全重点研究方向有：新发突发传染病防控、生物防控与风险评估、生物技术应用与生物多样性、生物安全政策及治理体系研究（智库），为我国生物安全、动物医学等领域和行业培养高层次创新人才。天津大学生物安全战略研究中心是在教育部、科学技术部和外交部的指导下于 2016 年正式成立，中心聚焦两用生物技术开发与生物安全研究、国际政策与应对、国家生物安全体系建构三个方向，为国家政策的制定与完善、公约会议的研判与应对提出决策建议，发挥智囊团、专家库的作用，此外开设了国内首个侧重两用生物技术的生物安全课程，填补了我国在此方面的空白。

目前我国高校生物安全人才培养体系建设存在的问题有：①生物安全人才培养体系不完善，体现在培养体系缺乏系统性、学科建设投入不足、缺少专业的教材和专业课老师等；②教学过程理论联系实际不够，目前为数不多的生物安全课程还停留在课堂教育阶段，缺乏与企业、跨专业的交流合作；③课程教育覆盖面不够广泛，当前生物技术与其他学科快速融合，但教学课程目前仍然维持在少数专业中，现有的人才培养体系难以满足现今科学交叉融合态势；④学生就业渠道不明朗，预计未来将有大量学校投入人力和财力来设立生物安全研究方向，但没有形成完善的就业渠道，将会影响学生选择生物安全专业的意愿，引发资源分配不均衡等问题。

思考题

① 如何理解生物安全兼备传统安全和非传统安全属性？
② 生物安全学科基础是什么？
③ 生物安全在历史进程中发挥什么作用？

参考文献

[1] 中华人民共和国生物安全法 .

[2] 郑涛 . 生物安全学 [M]. 北京：科学出版社，2014.

[3] Liang H G，Xiang X W，Huang C，et al. A brief history of the development of infectious disease prevention，control，and biosafety programs in China [J]. Journal of Biosafety and Biosecurity，2020，2（1）：23-26.

[4] 王德 . 中国现代医学开创者 - 伍连德博士 [J]. 中国医学人文，2015，10：2.

[5] 傅维康 . 中国近代杰出的医学家 - 伍连德博士 [J]. 中国医史，2008，9：53-54.

[6] 潘峰 . 新中国 70 年传染病防控成就举世瞩目—访中国科学院院士，中国疾病预防控制中心主任高福教授 [J]. 中国医药导报，2019，16：6.

[7] Paul B，David B，Sydney B，et al. Summary：statement of the Asilomar Conference on Recombinant DNA Molecules[J]. Proceeding of the National Academy of Sciences of the United States of America，1975，72：1981-1984.

[8] World Health Organization. Report of the WHO informal consultation on dual use research of Concern [EB/OL]. [2023-05-05]. https：//www.who.int/publications/m/item/report-of-the-who-informal-consultation-on-dual-use-research-of-concern.

[9] University of California. Dual use research of concern [EB/OL]. [2023-05-05]. https：//policy.ucop.edu/doc/2500637/DURC.

[10] Office of Science Technology and Policy. Recommended policy guidance for departmental development of review mechanisms for potential pandemic pathogen care and oversight（P3CO）[EB/OL]. [2023-05-05]. https：//www.phe.gov/s3/dualuse/Documents/P3CO-FinalGuidanceStatement.pdf.

[11] National Institues of Health. NIH lifts funding pause on gain-of-function research [EB/OL]. [2023-05-05]. https：//www.nih.gov/about-nih/who-we-are/nih-director/statements/nih-lifts-funding-pause-gain-function-research.

[12] 郭思楚 . 何谓《禁止生物武器公约》[J]. 世界知识，1984（20）：19.

[13] 薛杨，王景林 .《禁止生物武器公约》形势分析及中国未来履约对策研究 [J]. 军事医学，2017，41：11.

[14] 黄翠，汤华山，梁慧刚，等 . 全球生物安全与生物安全实验室的起源和发展 [J]. 中国家禽，2021，43（9）：7.

[15] 广东省林业局 . COP15：让全世界形成共识　逆转生物多样性丧失 [EB/OL]. [2021-10-19]. http：//lyj.gd.gov.cn/gkmlpt/content/3/3580/post_3580099.html#2441.

[16] 方铭迪 . 里约联合国环境与发展大会的往事踪影 [J]. 民主与科学，2013（3）：3.

[17] Chamberlain A T，Burnett L C，King J P，et al. Biosafety training and incident-reporting practices in the United States：A 2008 survey of biosafety professionals[J]. Applied Biosafety，2009，14，135-143.

[18] 宋馨宇，宋洁，张卫文 . 新工科背景下高校生物安全人才培养体系建设 [J]. 生物工程学报，2022，38：2003-2011.

▶ 第二章

传 染 病

　　诺贝尔奖得主莱德伯格博士曾说过，病毒是人类在这个星球上继续生存的最大威胁。进入 21 世纪，全球多地暴发流行性疾病、动物源疫情，对经济稳定、社会安全造成严重破坏。我国也多次暴发新发突发传染病。2020 年 3 月 26 日，二十国集团领导人应对新冠肺炎特别峰会声明，各国要团结合作，采取透明、有力、协调、大规模基于科学的全球行动抗击疫情。各国在各自职责范围保护生命，保障人们的工作和收入，重振信心、维护金融稳定、恢复并实现更强劲的增长；向所有需要的国家提供帮助；协调公共卫生和财政措施。

第一节　人类历史上重要传染病事件

一、雅典瘟疫

　　雅典瘟疫是世界历史上最著名瘟疫之一。雅典是当时整个爱琴海商贸活动霸主，许多希腊城邦将其推举为提洛同盟的领袖。但这直接触犯了以农业起家的斯巴达利益。公元前 431 年，伯罗奔尼撒战争终于爆发。当时雅典海军相当强盛，陆军不如勇猛的斯巴达人，因此采用"陆地坚壁清野、海上围追堵截"战略。这个战略取得较大成功，但也有一个重大风险隐患——瘟疫传播。

　　本次疫情暴发的可能原因：此次传染病最早出现在埃塞俄比亚南部。随后经埃及传入波斯，又通过爱琴海商路传入欧洲，在战争初期，从比雷埃夫斯港口蔓延到雅典。雅典采取的战争策略加剧疫情扩散。在这场战争之前，雅典城邦的人口数量大约 20 万。历史上流行过的疫病总是发生在人口稠密的大都市，这里也不例外。战争爆发后，更多的临时人口和外来人口涌入雅典，紧接着来的还有他们的牲畜，长期和牲畜生活在一起会导致生活环境变差，大规模人口和牲畜聚拢到狭小空间，造成污水、废物和排泄物大量污染。高于 39～40℃热浪席卷全城。盛夏，炎热、湿润的天气必然造成细菌滋生，而外来战争的压力会导致人体免疫力降低，一旦出现感染，必然造成瘟疫扩大化，甚至出现毁灭性灾难。公共卫生防护习惯极差。短时间内大规模人口增加必然会对城市的卫生状况造成巨大压力，加上城市排水系统效率不高，导致公共用水困难，人畜共用现象明显。此外，患者往往有高烧等症状，并且随着病情恶化，会出现腹部疼痛、呕吐和痉挛，甚至出现肠道严重溃烂与腹泻。由于患者感到火热，只想跳入冷水中降温，这一过程加剧了公共水源污染。此外，雅典没有隔离意识。雅典城建造缺乏严格而科学的规划标准，难以进行大规模整改，任何地方出现疫情，很难就地隔离，并且雅典人认为离开自己城邦，就会被视为野兽或者鬼神，所以宁可继续住在危险的疫区，也不会大规模疏散。雅典人习惯在公共场合交流、运动、学习，这些习惯完全不利于疾病防控，很多人因为在神庙祈祷而死于神庙，给防疫造成了巨大的困难。

希腊名医希波克拉底不顾自身安危到重灾区，通过对城内已感染患者进行周密调查，发现所有的被传染患者均是雅典封城以来的密接者，并且发现那些与火接触的铁匠们都未被感染。因此，他认为火的燃烧或许能起到净化空气和隔绝污染的作用。因此，希波克拉底赶忙在雅典城及附近组织人员，在传染病高发区和街道附近空旷地带点燃大火，并用一些特定的植物做成香油，让市民喷洒在屋内。病毒渐渐除掉，这场瘟疫在雅典城的蔓延趋势终于被遏制。希波克拉底被医疗界从业者传颂至今，人们普遍愿意称其为"医学之父"。 后世解释这场瘟疫的元凶包括鼠疫、麻疹、流感、天花、呼吸道疾病或斑疹伤寒等，但没有一个令人信服的结论。雅典疫情导致了近 1/4 居民死亡，即使因为免疫力存活下来的人，也失去了手指、脚趾等成为生活困难的残疾人，雅典最高执政官伯里克利和一众优秀领袖不幸染病去世。雅典政权快速走向衰落，迫使雅典丧失对爱琴海霸权，雅典时代由此开始转向希腊时代。这场瘟疫成为时代变革的催化剂。

二、鼠疫

鼠疫是由鼠疫耶尔森菌引起的传染病。中间宿主是跳蚤、鼠或者其他啮齿动物。鼠疫在 1500 年历史中夺走了 2 亿人生命，由于患者的可怕症状，也被称为黑死病，很多人认为这是世界末日的来临。人类历史上经历过许多次鼠疫。比较著名的有查士丁尼瘟疫、欧洲中世纪大瘟疫、明朝末期鼠疫和清末期鼠疫。

1.查士丁尼瘟疫

公元 541 年，一场可怕的瘟疫横扫了整个地中海地区，从东岸的黎凡特到遥远的伊比利亚，在叙利亚和巴勒斯坦的一些村镇居民甚至死绝。公元 542 年春季，君士坦丁堡暴发瘟疫，持续了四个月，高发期持续了近三个月时间。当时的人认为，瘟疫总是先出现在沿海城市和军营，紧接着沿着交通线向内陆扩散。这场瘟疫反反复复，持续将近 2 个世纪。从公元 541 年到公元 748 年，大大小小瘟疫层出不穷。相关记录资料显示，六世纪有 31 次，七世纪有 23 次，八世纪有 25 次。

引发此疫情的原因可能是当时的气候环境、落后的医疗水平以及大城市糟糕的卫生环境（特别是老鼠横行）。根据流传下来的疾病特征记录，基本确定疫情的主体类型为鼠疫。由于年代久远、资料匮乏、出土文物少等多种不利因素等限制，人们对查氏丁尼瘟疫起源一直有争议。通常认为有三个假设源头，喜马拉雅山南麓印度、中非附近的大湖地区和欧亚大草原。查氏丁尼大瘟疫是地中海地区第一次大规模暴发鼠疫，突如其来的灾难造成极其严重的损失，正常经济秩序也受到严重扰乱。在接下来百年时间中，瘟疫的周期性暴发不但持续摧残了东罗马帝国（拜占廷帝国），还对地中海世界乃至欧洲历史造成深远影响。在人口与经济方面，疫情使东罗马帝国人口在公元 541 年至 600 年间下降了 40%～50%，瘟疫在君士坦丁堡一地的流行高发期平均每天就有五千余人死亡，最高期达到一万以上。东罗马帝国财政收入主要部分是税收和农业，人口死亡导致帝国严重的财政危机。在军事方面，长期的国库空虚，导致士兵薪饷减少了四分之一，边境出现大量的叛乱。帝国的边境因此被打开，公元 540 年至公元 543 年波斯帝国轻而易举突破了东罗马帝国边境。在社会与文化方面，查氏丁尼统治时期，基督教气氛浓厚，培养了一大批虔诚的基督教徒。虔诚的信仰并不能帮助人们摆脱瘟疫，信徒们开始怀疑上帝。而且由于痛苦折磨，出现了短暂恢复对其他异教徒神灵崇拜，更甚者各式骗子横行。这导致了人们信仰体系出现了裂痕。总之，这场瘟疫使东罗马帝国皇帝查士丁尼一世的伟大构想迅速化为泡影。

2. 欧洲中世纪大瘟疫

十四世纪四五十年代的欧洲中世纪大瘟疫被认为是人类对抗传染病历史上最悲壮阶段。六年内造成约 2500 万欧洲人死亡，占欧洲总人口 1/3。第二次世界大战，整个欧洲死于战火的人口数也不过只占总人口数的 5%，这场瘟疫给欧洲人民带来的灾难何等可怕。源头被认为是黑死病。黑死病的传染源是鼠类和其他啮齿动物身上所携带的鼠疫耶尔森菌。起源众说纷纭，比较可信的一个说法是造成黑死病的鼠疫耶尔森菌来源于沙鼠，而最早的黑死病病原携带者是钦察汗国战士。1347 年，钦察汗国大军开始攻打黑海港口城市卡法。蒙古人下令用投石机将患病尸体抛入城中，让卡法城内的军民染上了瘟疫，没过多久，卡法沦陷。卡法沦陷后，城里的意大利人纷纷选择返回家乡。1347 年 9 月黑死病传到了欧洲第一站——意大利南部西西里岛墨西拿，11 月到意大利北部热那亚和法国地中海港口城市——马赛，1348 年 1 月到达威尼斯和比萨，3 月到达佛罗伦萨。然后黑死病从意大利北部经布伦纳山口到蒂罗尔、克恩腾、施泰尔马克到维也纳。在法国，横扫了整个国家。1348 年夏，黑死病通过多塞特郡港口进入英国，不到一年时间席卷英国。黑死病又远征北欧、转向东欧，最终来到俄罗斯，结束整个征程。受灾最严重的国家有意大利和法国。波兰、比利时基本没有受影响。约 80% 的佛罗伦萨人死亡，与佛罗伦萨相比，米兰和布拉格这样的大城市却不受影响。黑死病超强的致死性导致大批易感人群被淘汰，新的病原携带人数越来越少。没患病的人群由于自身免疫性不容易感染此病毒，黑死病杀死自己所有宿主后，自身也逐渐消亡。此次事件可能的原因如下。卫生习惯差。当时欧洲人认为"洗澡会让全身毛孔开放，从而导致疾病入侵"，于是常年不洗澡甚至不沾水。在此后的几百年里，欧洲上至皇帝贵族下至贩夫走卒，皆不讲卫生。城市环境极差。城市里的生活环境非常恶劣，大街小巷污秽遍地，整个城市都弥漫着令人作呕的恶臭。这种情况对人类来说当然是非常糟糕的，可对瘟疫病毒来说却是肆意蔓延的温床。黑死病就在这种环境下迅速传播开来。欧洲教会专制，不相信科学。天主教信徒开始走上神秘主义和狂热主义极端，德国莱茵兰地区就出现了所谓的"鞭笞者"：他们在街上游行，鞭打自己，并呼吁罪人悔改，以便上帝可以解除这可怕的惩罚。然而，这依然不可能有任何作用，并且大量的神职人员也染病身亡就是赤裸裸地打了教会的脸，圣水、圣骨、十字架还有各种圣物，也没有一个能治病。贸易活动加剧疾病传播。虽然疾病的传播源头是鼠类，但商业活动才是黑死病扩散的重要推手。无论海上的船只还是地上的车队，都容易将相当数量的受感染者带到下一个滋生温床。

此次黑死病被认为是欧洲社会转型和发展的一个契机，被认为是中世纪结束的标志。黑死病对中世纪欧洲造成了剧烈冲击。社会方面，人口锐减加剧社会动荡，破坏了各种族之间的关系，丧失法治、道德与信仰。黑死病的高传染性使得城市等聚集区成为高危险地区，降低了人们群居的安全性，使得集体生产力大幅度下降。在极度压抑和死亡的阴影下，人们的信仰与道德逐渐崩溃，人们开始寻找"替罪羊"，针对猫类、犹太人和巫师的迫害与屠杀相继发生。文化方面，最初人们认为只要按照教会的旨意向上帝祈祷就会得到其原谅，但面对现实死亡威胁，人们逐渐产生了对上帝信仰的质疑，欧洲历史开始从中世纪转而走向了文艺复兴。同时，由于人均寿命不断缩减，人们开始注重及时享乐，注重生命本身的价值和对现实幸福的追求，使得社会主流价值观发生改变。经济方面，人口死亡和生育率下降带来劳动力短缺，使得整个社会经济根基受到影响。封建社会庄园经济难以维持下去，城市中手工业者和商业也因商贸的阻断和工匠缺乏而陷入停滞，城市内部经济停顿。这导致上层阶级一是要提高农民待遇和收入，吸引农民耕地，使城市的消费得以恢复和发展，促进商业经济发展。二是对科技的日益重视。相比人力，机器具有成本低、易于维护、生产效率高等特点，其使用效益远超过人力，资本主义的萌芽逐渐形成。政治方面，教廷和权力并存是中世纪欧洲社会的特点，而这场瘟疫成为了欧洲向新阶段迈进的一个推手，由于面对现实的死亡，人们发现并没有神来解救大众，人们对上帝产生了怀疑和动摇，教廷日益衰落。人们对宗教的信仰怀疑开始转变为对整个社会不公平制度的痛恨与反抗。最后，封建领主地位下降。政教合一的体制激发了农民起义和社会动荡，大大消耗了封建领主们的力量。由于资本主义萌芽与诞生，新的阶级掌控了大量财富和先进生产模式，资本主义开始掌握政权。

3. 明末清初鼠疫

明末清初暴发鼠疫的原因有生态系统破坏、气候异常、农民起义等。明末，草原大面积牧场被开垦为农田，牧场生态系统被破坏，生活在草原上的老鼠生存空间被压缩，人与鼠接触机会增加。明末，我国进入"小冰河时代"，中国遭到了持续干旱和低温的侵袭。干旱造成大量难民，与此同时，老鼠也在找食物，较大数量的老鼠进入人的居住地，造成国民体质下降和卫生条件极度恶化。农民起义，明末万历年间，政府赋役越来越重，更多的农民起义爆发，形成大量流民，流民的迁徙造成疫情在全中国范围内传播。据不完全统计，各省人口大约为1亿，但几次鼠疫过后，全国人口数量损失达40%，间接导致了明朝灭亡。但在此时，我国对瘟疫的认识却上升了一个新高度。著名医学家吴有性的著作《温疫论》指出鼠疫可通过空气传播，这与现代医学发现鼠疫耶尔森菌可通过呼吸道飞沫传播相似。

4. 清末期鼠疫

著名的抗疫斗士伍连德博士为这场战役做出巨大贡献。1935年，伍连德博士获得诺贝尔奖提名，成为正式的候选人。伍连德博士的主要贡献有：发现飞沫可以引起鼠疫传播；建立规范的防疫体系；被推举为万国鼠疫研究会的主席；创建了中华医学会、检疫所等；夺回海关检疫权，创立首个全国海港检疫处。在那个风雨飘摇的中国，伍连德博士严谨的科学精神、无私奉献的爱国情怀值得每个中国人牢牢谨记。

三、天花

其他瘟疫迅速夺去很多人的生命后，会在短时间内消失，但天花是在第一次暴发夺去大量人的生命后，成为局部流行病，每年固定导致大约 30% 的新感染者死亡。这种情况从古代一直延续到 20 世纪中期，直到全人类共同努力，接种疫苗，才导致天花在自然界中不复存在。一旦人类感染了天花病毒，大概会有平均 12d 的潜伏期。感染后的初期症状是发热、头痛和背痛，大概 2~3d 后，就开始密密麻麻在患者的脸部、四肢、躯干上出现，然后开始化脓，之后的 3~4 周，疹子开始结痂，然后慢慢脱落。良性天花，一般只有 1% 的患者会有生命危险，而恶性的天花，会造成患者全身大出血，大概在两周内会导致死亡，死亡率在 30% 左右。鼠疫在全世界范围内大约导致 7500 万人死亡，但天花累计夺去了全世界至少3 亿人的生命，仅 18 世纪，欧洲因为天花就死去了超过 1 亿人。在人类与天花作战历程中，比较典型的事件有安东尼瘟疫和大航海探险造成非洲、美洲和大洋洲天花的流行。

1. 安东尼瘟疫

公元 162 年，罗马人与帕提亚人之间的一场军事冲突，导致罗马帝国长达一个世纪的衰落。这场战争虽然以罗马人获胜结束，但罗马士兵也感染了一种出血性天花。天花一进入罗马帝国，就沿着贸易路线传播，造成了数以万计的人死亡。在接下来的 100 年左右，天花导致多达 700 万人死亡。这场灾难最直接的后果是人口锐减，从而使得军队数量锐减以及经济衰退，罗马帝国逐渐衰亡。基督教在此时期逐渐壮大并成为罗马帝国的官方宗教。

2. 天花入侵

大航海探险是欧洲人的一场冒险之旅，但也为欧洲人带来了无尽的宝贵自然资源。欧洲人也犯下累累罪行，他们用最先进的武器和致命的流行病，系统屠杀了整个土著文明。特别是天花，在某些地方消灭了 90% 以上土著人口。15、16 世纪，欧洲人探险到达非洲，由于缺乏相应历史资料，无法判断造成的具体影响，但确实在离开非洲的船只上发现了天花病毒。进入 19 世纪，天花在苏丹、乌干达、安哥拉等地大规模暴发，并沿着贸易商队和非洲奴隶贸易路线传播，在某些情况下，死亡率达到 80%。天花对非洲的影响是致命的，如果没有天花，非洲人可能会更有效地抵御欧洲人入侵，大量的资源可能会留在非洲，非洲或许更加繁荣昌盛。在美洲，1518 年，天花第一次出现在海地岛，随后蔓延到古巴和波多黎各，造成了当地 50% 的土著居民死亡。欧洲人开始入侵墨西哥，墨西哥不像其他美洲各国，当地土著居民——阿兹特克人能够有效抵御欧洲人进攻，但一名来自古巴的非洲奴隶无意把天花传染给当地居民，导致阿兹特克人群中暴发天花疫情，这场疫情迫使阿兹特克帝国成为西班牙帝国一部分，当地土著的文化、语言、宗教和整个生活方式被西班牙人彻底摧毁。入侵北美洲的英国人甚至将携带天花的毯子送给土著印第安人，天花在俄亥俄河谷的部落中大暴发，屠杀了接近 50 万人，这便是最早期的生物武器形式。大洋洲应是最晚接触天花。18 世纪晚期，英国入侵大洋洲并建立殖民地，在仅入侵一年内，一场大规模天花暴发，导致 50%的土著居民死亡。虽然非洲、美洲和大洋洲等人口、文化、宗教和环境等方面有巨大差异，但天花对当地土著造成的灾难惊人相似。假如没有天花，欧洲通过军事力量和外交等手段不可能在短时间内完成殖民统治，也不会榨取如此巨大的财富。

3. 我国天花感染情况

相比其他国家，我国是第一个阻止"天花灭绝人类"计划得逞的国家。据记载，天花在我国西汉时代传入我国，东晋《肘后备急方》中，已经有所记载。中国古人认识到只要得过天花，就能获得免疫力，因此发明了"人痘接种术"。所以在中国长达2千年的封建社会，天花并没有造成诸如其他大洲一样的影响。天花造成最大影响的朝代是清朝。天花病毒由于在低温条件下活性降低，因此长城以北的女真族（今称满族）并没有感染天花，也没有免疫力。在1649年左右，天花在清朝暴发，汉族人感染天花比例不到3成，死亡率也在30%以下，但满族人感染率达到90%，死亡率达到90%。康熙皇帝大力提倡"人痘接种术"，并要求在皇族内率先试行，并且命人编写了《医宗金鉴》等大型医学丛书。这种免疫方法传到俄罗斯、法国、朝鲜和日本等国，有效遏制了天花传播。但是即使接种"人痘"，仍然有2%～3%死亡率。主要原因是不能确定从患者身上取下的"人痘病毒"是否真的"灭活了"，因此，人痘只是在疫情严重地区小规模使用。牛痘病毒不同，它属于天花病毒的"亚种"，并且毒性小，往往只会让人发热或者淋巴结肿大，几天后痊愈。但由于各种政治、文化等因素影响，牛痘并没有广泛推广，一直到第一次鸦片战争后，各省才建立"种痘所"，开始正面应对天花。

四、霍乱

霍乱是一种由霍乱弧菌引起的传染病，在卫生条件差的地区，霍乱弧菌可自发在温暖水体中生长和复制，既可以在水中独立生长，也可以寄居在浮游动物中。霍乱弧菌致病机制是在人体肠道中产生一种霍乱毒素，迫使细胞外膜蛋白质通道打开，并释放大量氯离子，钠离子、水和氯离子一起被排出体外，导致人大量脱水，造成严重的肌肉痉挛、心律不齐等症状，如果不及时补充电解质将会导致患者休克、昏迷甚至死亡。

在人类历史上一共出现了七次霍乱大流行事件，其中六次出现在印度恒河三角洲，第七次1961年暴发于印度尼西亚。主要是因为印度特有的宗教文化。1817年，印度在恒河举办大壶节，数以万计的教徒去恒河沐浴和朝圣，且1817年雨水特别多，恒河细菌数目大幅度增加，霍乱弧菌便随着教徒足迹传播到整个印度。随后被殖民者传播至亚洲、中东、非洲和俄罗斯等地。疫情持续了将近7年，破坏极其严重。第二次霍乱依旧暴发于印度恒河三角洲，并且第一次传播到西欧和美洲。这场霍乱持续了近20年，夺走了数十万人的生命。此时，由于工业革命和城市化进程，社会财富分配出现显著不均衡，巨额财富集中在中上层，工人阶级甚至连温饱都不能解决。因此，当霍乱传播时，就像一团火苗点燃一颗定时炸弹，社会出现大量暴乱事件，出现大量暴乱事件的国家是俄罗斯和英国。霍乱能够在全球内大流行主要原因一是宗教朝圣导致细菌传播，二是英国人为了自身经济利益极力阻止试图管制霍乱暴发的政策执行。印度的恒河常被认为是霍乱的中心。为了控制霍乱传播，1851年，欧洲各国召开第一次国际卫生大会，讨论如何在不影响贸易条件下控制霍乱，但没达成长远共识。在以后的几届国际卫生大会上，虽然对霍乱是由朝圣者传播导致的达成共识，但英国人为了自身财富，对朝圣活动不加干涉，并强烈反对任何形式的国际法规或者检疫，但主张各国和港口自己决定如何控制朝圣者。一直到1894年巴黎国际卫生大会上，英国才最终承认并同意遵守相关建议。霍乱在西欧传播带来两个有利影响是城市建立了广泛的、结构健全的排水系统和水处理系统；开创了医学上的静脉注射，大大提高了各种疾病患者存活率。1875 年，英国议会通过一项新的《公共卫生法案》赋予了联邦政府更多的权利并强制地方遵守，并将国家划分为特定的卫生区域，要求每个区域建立自己的卫生委员会，规定了一套统一的政策标准，通过这些政策，英国各大城市建立了巨大的地下污水隧道系统和广泛的结构健全的淡水系统，使得不再发生大型水源性疾病。这些措施得到欧洲和美国各大城市的模仿，卫生革命使得人寿命延长了 40 岁。一位年轻的爱尔兰医生威廉·布鲁克·奥肖内西研究霍乱发现，可为患者"静脉注射与正常血压盐浓度相同的温水"治疗霍乱并在狗身上实验成功。另一位医生托马斯·拉塔在霍乱晚期患者身上实验成功。但由于各种原因，静脉注射并没有被大多数医疗机构认可，一直到 60 年后才被德国科学家重新发现。

五、流感

区别其他传染病，流感病毒是 RNA 而不是 DNA 组成。RNA 容易突变，导致下一代流感病毒会出现新的突变位点，当突变位点足够多时，将会出现新的突变毒株，以至于我们的免疫系统不再识别它。

主要流感事件有 1889 年流感、1918 年大流感、1957 年的亚洲流感和 1968 年香港流感。1889 年流感第一次成为全球性威胁，在俄罗斯暴发，并迅速传播到亚欧美洲。3 年内约造成 100 万人死亡。1918 年大流感是最著名和最致命的流感，这也是人类所遭受的最严重的流行病。起源于美国堪萨斯州并随着第一次世界大战由美军传播给欧洲，然后通过欧洲又迅速传播到世界其他地方。该病感染了世界 1/3 的人口。仅在 1 年内就夺走了约 5000 万人的生命。它夺去了全球近 5% 的人口生命。人的预期寿命缩短了 10 岁以上，是同年结束的第一次世界大战造成的伤亡人口总数的 3 倍。1918 年大流感在致死方式和感染人群方面与任何一次都不同，感染者迅速发展为肺炎以及鼻、口、眼、耳和肛门出血。出现反常的原因主要是会引起免疫风暴导致过度免疫，才会夺去数百万年轻、健康成年人的生命。1918 年大流感只持续了 1 年，就再也没有复发，这与其他传染病流行方式不一样。此外，此次流感发生于第一次世界大战期间，人们将其视为战争副产品。因此，当 1918 年大流感结束后，世界各国公共卫生政策并没有重大改变。人类真正开始重视流感是现代医学研究时代。1948 年流感专家建立全球流感中心，在世界各国建立了国家和地区流感实验室网络，在各自的特定区域独立研究和跟踪流感，以便及时发现新的流感毒株并报告任何异常的临床表现。然而即使有现代医学和先进技术帮助，人类还是遭遇了前所未有的流感病毒。1957 年从东南亚开始的流感大流行在世界范围内造成了 100 万～200 万人死亡。

六、黄热病

黄热病导致死亡的人数比其他疾病要少得很多。但 15%～20% 的人会在病情好转后出现恶化，并且症状恐怖，甚至会导致全身器官衰竭。黄热病由黄热病毒引起，其同源病毒有寨卡病毒、登革热病毒等。中间宿主主要是节肢动物如蚊和臭虫等。埃及伊蚊是历史上大流行期间主要传播蚊种。从 17 世纪 40 年代到当代，黄热病仍然反复暴发，造成数百万人死亡。

黄热病可能是 16 世纪从贩卖的奴隶中传染到美洲。首先登陆加勒比海的各个岛屿，然后于 1648 年进入北美大陆。1793 年，逃离加勒比海的难民和奴隶船只到达美国费城。但难民中可能有人患有黄热病，导致黄热病在整个城市蔓延。由于费城政府刚成立，无法有效应对公共卫生危机，大约有 2 万人离开费城，总人口的 10% 死于黄热病。该病一直持续到 11 月由于蚊数量减少而逐渐消退。但在 1797 年、1798 年和 1799 年，黄热病重返费城。此次瘟疫最直接的影响是建立了永久性的检疫医院，目的是接待所有进入费城的移民，在确定其"无病"后才让其进入城市。这种模式彻底改变了美国接待和处理移民的方式。使美国其他城市免受伤寒、霍乱、天花和黄热病等影响。与费城等地相比，美国南部持续温暖潮湿的环境使得黄热病更容易流行。1853 年，黄热病在新奥尔良夺走了约 7800 人生命，该城市 40% 人患病。由于单个城市无法有效预防和管理黄热病，许多地区、州和联邦卫生局诞生。负责收集和传播当地疫情相关数据，制定适当措施。1879 年美国国会成立美国国家卫生局，负责监督和建议当地的卫生委员会，调查疫情信息，负责分配资源和规范检疫流程，这就是美国卫生与公共服务部的前身。

七、疟疾

疟疾被世界卫生组织认定为世界上致死率最高的疾病之一，每年大约有 3 亿人感染疟疾，其中大约 43 万人死亡。疟疾是由疟原虫引起的，中间宿主包括 30~40 种蚊及人类。主要攻击人类的肝细胞和红细胞。有关疟疾的报道，在公元前 4700 年我国古代资料中有所记载，公元前 3500 多年的埃及和印度史料中也有其记载，因此被认为是古老的杀手。除了引起死亡外，疟疾最重要的影响是延缓殖民非洲进程。非洲土著居民对疟疾有一定的抵抗力，但入侵非洲的欧洲人却对疟疾易感，特别是冈比亚疟蚊和不吉按蚊，由于繁殖能力特别强，可有效传播恶性疟原虫。因此，非洲一度被称为"白人的坟墓"。但由于奎宁这种救命药的发现，使得非洲逐渐变为欧洲人富含机遇与财富之地。非洲遭到了残酷的迫害，大部分财富被掠夺。目前，在疟疾造成的死亡人数上，非洲仍然居首位。

八、肺结核

肺结核可被认为是历史上最古老、最可怕、最致命的疾病。肺结核主要是由结核分枝杆菌引起的。结核分枝杆菌引起炎症反应，然后引发持续的肺炎、咳嗽、盗汗等症状。在人类历史上对肺结核基本上束手无策，得了肺结核基本等于绝症，并且结核分枝杆菌复制较慢，疾病进程很缓慢，使得患者在身体和精神上受到残酷的折磨。肺结核在历史上杀害了 20 亿人。结核病由于在人类历史上存在时间太久，并且病情发展缓慢，很难引起关注。但工业革命却导致肺结核病出现大流行。据保守估计，工业革命期间，肺结核导致的死亡率增加了 2~3 倍，造成了西欧约 1/4 人死亡。十分讽刺的是肺结核患者的外貌与当时的审美一致，患者被认为是幸运的。结核病历史上第一个里程碑是发现结核分枝杆菌，发现者是著名的诺贝尔奖得主罗伯特·科赫医生，也标志了医学微生物学诞生；第二个里程碑是卡介苗应用，1924 年卡介苗正式公之于众，到 1928 年法国有 5 万儿童接种，结核感染率下降了 80%；第三个里程碑事件是链霉素的使用，其被认为是第一个有效治疗肺结核的药物。在当代，肺结核之所以被认为是当今世界上最大的健康威胁之一，主要是因为出现抗药的结核分枝杆菌以及结核分枝杆菌与艾滋病毒合并感染。

九、流行性斑疹伤寒

流行性斑疹伤寒是由普氏立克次体细菌感染所致，其宿主是虱。虱通过叮咬人后产生瘙痒，人抓破皮肤造成普氏立克次体进入人体进行繁殖。临床表现是起疹子、持续高烧以及血压急剧下降，造成器官损伤和四肢坏死。流行性斑疹伤寒死亡率高达40%。

第一次世界大战。除了1918年大流感外，1914年秋，斑疹伤寒在塞尔维亚东部战线也造成巨大创伤。斑疹伤寒在塞尔维亚军队中扩散，并向南扩展到其他周边城市。随着气温降低，斑疹伤寒疫情变得更为严重，每天6000多人病倒，本次疫情导致20多万人死亡，被称为历史上最严重的一次流行性斑疹伤寒疾病。一战结束后，斑疹伤寒在东欧暴发，特别是在俄罗斯造成的伤害最严重，间接促进了俄罗斯革命爆发及共产党走上历史舞台。据估计，1918—1922年，俄罗斯大约有2500万人感染斑疹伤寒，300万人死亡。

十、脊髓灰质炎

人类脊髓灰质炎病毒引发传染病。脊髓灰质炎暴露发生于摄入被粪便污染的食物或水之后。病毒进入脊髓后，会损害运动神经元或者导致脑膜炎，最终会使得四肢出现不同程度的不对称性瘫痪。脊髓灰质炎不像其他疾病一样致死率很高，但它带来的心理恐慌，让人不寒而栗。它摧毁了人类未来的希望，攻击一个家庭最珍贵的东西。它并没有杀死多少人，但仿佛摧毁了数以万计人生活的希望。19世纪90年代，就有关于脊髓灰质炎病毒暴发的事件出现。美国波士顿、佛蒙特州等地开始出现大规模暴发并造成严重伤害。1916年，脊髓灰质炎首次广泛流行，在美国纽约布鲁克林区，感染了2.7万人，导致6000人死亡。在20世纪30年代至50年代一直流行。据估计，在整个20世纪，脊髓灰质炎病毒导致约100万人死亡，多达2000万人患有残疾。美国总统罗斯福就是脊髓灰质炎病毒患者，他在一次游泳中，不幸染上脊髓灰质炎病毒，之后只能在轮椅上度过。

十一、艾滋病

艾滋病是由人类免疫缺陷病毒引起的。传播途径是不洁性行为、输血和母乳等。艾滋病会通过攻击人体T细胞导致免疫系统严重衰竭，患者会感染其他各种真菌、细菌和病毒性疾病，从而导致人体患上一种或者多种癌症。艾滋病是自然界传播的关键证据是1959年在中非男子遗骸中发现了艾滋病毒。而第一次在人类中报道是1981年6月加利福尼亚大学洛杉矶分校和雪松西奈医疗中心在《发病率和死亡率周报》发表相关文章。艾滋病可能来自1910年甚至更早的喀麦隆南部的黑猩猩，猎人通过捕杀黑猩猩被感染，然后沿着贸易路线传染到世界各地。

艾滋病大流行地是中非最大城市金沙萨。造成金沙萨出现大流行的可能原因是不洁净的注射。具有讽刺意味的是，殖民地为了预防天花等其他病毒传播而进行疫苗或者抗生素注射，但由于共用注射器导致艾滋病在人群中广泛传播。在接下来几年内，病毒进入整个撒哈拉沙漠以南的非洲村庄和城市。到20世纪70年代，成为非洲大流行病。历史上艾滋病另一个传播点是拉丁美洲海地，并通过海地传播到美洲等地，并最终在发达国家和发展中国家站稳脚跟。遭受艾滋病影响最严重的地方是非洲。在被发现仅仅35年的时间内，就夺去了非洲 2000 多万人的生命，寿命预期减少了 20～25 岁。南非被认为是世界上艾滋病疫情最严重的国家。艾滋病造成的最直接的影响是经济普遍衰退，使得本身在贫困区的个人和家庭又雪上加霜。更甚者，由于人们对艾滋病患者的歧视和排斥，他们失业率和犯罪率都高。其中一个极端例子是对海地人及后裔的歧视。1983 年 3 月，美国疾病控制与预防中心总结了艾滋病高危人群为同性恋者、血友病者、吸食鸦片的人和海地人。这份名单被美国报纸大肆宣传，海地一直被认为是艾滋病源头。这对海地来说是灾难性的。原本开始复苏的经济一下子跌入低谷，该国陷入 30 年混乱。目前海地在世界上最贫困的国家中排名第 20 位。更有甚者，在美国的海地人也受到歧视。

第二节　传染病防控体系

通过回顾历史事件可以看出，人类历史就是与传染病斗争的历史，鼠疫、天花、疟疾、霍乱等疾病在特殊历史时期均导致大量人口死亡，严重影响经济发展和社会稳定，甚至威胁国家政权稳定，被认为是人类命运变革的催化剂。《中华人民共和国传染病防治法》第五条指出"各级人民政府领导传染病防治工作。县级以上人民政府制定传染病防治规划并组织实施，建立健全传染病防治的疾病预防控制、医疗救治和监督管理体系"。因此，传染病防控体系建设是从古至今世界各国重视的领域，也是生物安全重中之重。

一、传染病传播途径及危害

与自然环境和气候逐渐恶化相比，传染病的发生既有渐进性也有突发性，并且可预测性比较差。传染病传播途径主要有：直接接触传播，通过人与人、人与动物、动物与动物之间的直接接触传播传染性细菌和病毒；媒介传播，某些病原体必须接触另外一种生物作为媒介实现传播，典型代表是疟疾，疟原虫的中间宿主是蚊，疟原虫首先在蚊肠道中进行有性繁殖，继而入侵肠道细胞，疟原虫在肠道细胞中进一步复制后，释放疟原虫子孢子，子孢子会扩散到蚊的唾液腺中，一旦落入人身上，蚊迅速叮咬人皮肤，将唾液注射进去同时疟原虫子孢子便会进入新宿主的血液，并迅速转移到肝脏，入侵人的肝细胞；通过空气或粉尘传播，病毒携带者可通过唾沫或者喷嚏等液体悬浮，在人群或动物中传播病毒；通过食物或者饮水感染传播，大多数肠道性细菌疾病、寄生虫病等都是被污染的水或食物传播。

传染病直接危害人类健康。新发突发传染病能在短时间内造成大量易感人群患病和死亡，使得国家人口锐减，改变人口流动、分布和结构，引发严重的国家公共卫生安全。进入 21 世纪，现代医学蓬勃发展，但 2005 年世界卫生组织宣布，世界上每时每刻都有 140 万人感染传染病，每天因传染病而死亡的儿童数量达 4384 人，特别在发展中国家如非洲和东南亚等。

对经济影响的表现。直接经济损耗，主要表现在直接影响经济作物；公共卫生措施干预费用，主要包括医疗物资消耗、设备运转费用。间接经济损失。经济一体化导致各个部门不可避免受到损失，特别是第三产业的旅游、交通运输、餐饮、酒店、娱乐和外贸投资等产业，这些产业造成影响将指数级扩大，损失不可估计。

出现"信息疫情"。容易造成公众心理恐慌和政府信任危机。互联网每天支持数十亿用户共享和交换数据信息，颠覆了传统媒体的传播模式，碎片化阅读成为大众习惯，特别是最近自媒体的发展，瞬间形成"舆论风波"。

政治军事安全。重大传染病疫情对国家政治造成的影响有：造成非战斗减员，摧毁其战斗意志，改变战争进程，威胁军事安全；威胁领袖生命安全，造成政局动荡。1889年流感，感染了英国下议院和上议院的大约70名成员。

二、当前面临的主要风险因素

进入21世纪，平均1到2年时间暴发一次新发突发传染病，呈现高发态势。造成此现状的原因是自然环境、人类社会环境和病原体变异等多种因素相互交叉，其中自然环境因素是最重要的一个方面。

我国古代人很早就认识到气候和疫情有显著的相关性，如《黄帝内经》《伤寒杂病论》认为重大疫情暴发与流行的年份、节气、气候等因素相关联。工业革命后，人类开始大量使用化石燃料，大气层和水圈中二氧化碳、甲烷等温室气体迅速增加，全球变暖已成为不争的事实。此外还导致雪山面积不断减少，海平面上升，出现更多的极端天气等自然灾害。自然气候的改变扩大了病原体繁殖的时空范围。原本热带是寄生虫病和病毒性传染病的主要发源地，但随着全球变暖，温带甚至是寒带均能适宜热带传染病病原体繁殖。例如疟疾，之前只分布在冬季最低气温16℃以上区域，但现在在拉丁美洲、非洲、亚洲以及中东等高纬度地区出现扩散。中间宿主也因为温度变化，适宜的繁殖环境时空范围扩大，例如啮齿动物，春季和冬季变暖，使得其繁殖速率增加，过多的啮齿动物会到人类居住环境中觅食，增加了啮齿动物和人接触概率，提升传播风险。自然气候的改变加快病原体进化速度及存活时间。全球变暖会加快病毒进化速度，产生新型病毒威胁人类健康。此外，温度湿度等提升会促进昆虫新陈代谢，产卵数增加，缩短了病毒在宿主中潜伏期，病毒繁殖速度增加，变异概率增加。例如登革热病毒，气候变暖造成埃及伊蚊幼虫的身体不断改变，为了更好产卵，成虫体积变小，觅食次数增多，在有限的时间内，叮咬人的次数增加，导致病毒在人群中传播速度增加，变异概率增大。自然气候的改变扩大病原体传播途径。全球变暖会对地球水系统产生巨大影响，人类患水源性传染病风险大大增加。全球变暖，青藏高原等地雪山融化，很多古老病毒随雪山融化进入人类社会。气温上升将增大非洲及东南亚等地洁净水缺口，增加人体患水源性疾病概率。海平面上升，引起海中浮游动物快速生长繁殖，从而为病原体提供理想的繁殖场所。最后，气候变化会导致某些地区粮食减产，人们为了生存不得不狩猎野生动物或者食用野生植物，这会导致某些动物源病毒经由动物传播给人类，人畜共患病概率增加。极端天气诱导传染病疫情日益增多。异常天气导致蚊、鼠等动物繁殖能力增加，如1992年美国长期干旱导致啮齿动物数量增加了10倍，直接导致了汉坦病毒的暴发。大灾之后必有大疫。1975年8月，河南驻马店暴发了严重洪灾，造成了不同程度的人员伤亡。洪水过后，灾区又暴发了疾病如痢疾、肠炎、流感、外伤等。1998年我国长江大洪水后，血吸虫暴发，特别是在长江中下游等地。出现疫情的主要原因有：人畜粪便、动物尸体向外传播扩散，卫生条件变差，滋生蚊蝇传播疾病；水源被污染，人类常用的饮水设备被污染，引发伤寒、痢疾、霍乱等肠道传染病；为自然源疾病如钩端螺旋体病、血吸虫病等传播提供契机，这些病原菌可通过口腔黏膜进入人体，患者出现发热、肌肉酸痛等症状。

人类社会因素。主要因人类活动造成的传染病扩散，特别是在全球化进程中，人口和物资等密集流动，传染病传染速度和途径更为复杂化，这为传染病防控提出新挑战。具体包括：①过度开发自然资源，提升患人畜共患病概率。人类在索取自然资源的同时破坏了原有生态平衡，导致野生动物栖息地缩小，野生动物不得已在人类活动范围内觅食，动物源传染病有可能从动物实现跨物种传播到人身上。例如，尼帕病毒性脑炎的发生与流行。由于森林砍伐，热带雨林面积缩小，食物匮乏，尼帕病毒性脑炎自然宿主果蝠等，被迫到农场果园觅食，使得家猪被感染病毒，再由家猪传染人类。全球化进程导致人口、动植物产品在短时间内实现快速移动，某一地方暴发的疫情，在短时间内蔓延到全球各地。例如，2009 年墨西哥暴发 H_1N_1 疫情，几个月内全球多个国家暴发疫情。②食用野生动物等不良生活习惯。埃博拉病毒、中东呼吸综合征等都与野生动物密切相关，而滥食野生动物是人感染病毒的主要途径之一。③不洁生活习惯。例如，吸食毒品和私生活混乱，均可导致艾滋病等疾病传播。④病原体变异。病原体变异会增强病原体致病性、扩大病原体宿主范围和增加病原体耐药性等。病毒致病性，引起人类患病的很多病毒都是 RNA 病毒，RNA 病毒由于本身复制过程中，聚合酶保真性比较差，容易出现变异。病原体耐药性是指因人类过度使用抗生素，加快了病原体进化速度，导致某些抗生素无法杀死病原体。这会加快药物更新迭代速度造成重大经济负担，例如非洲疟疾越来越严重的原因是疟原虫对奎宁等药物耐药性不断扩大，当地居民无法支付昂贵的药物费用。

针对以上问题，迫切需要加强针对病原体的基础研究。包括病原体分子流行病学和进化规律研究，阐明病原体的分子变异和进化规律，增加对其在群体感染中进化趋势的了解，预判病毒对人类威胁和危害；病毒跨物种传播的分子基础，动物源病毒跨物种传播是当前人畜共患病研究的关键，需要了解病原体哪些变异会引起致病性，寻找导致跨物种传播的关键决定因子或病毒对宿主细胞识别机制等问题。需要认识到，当前新发突发传染病呈高峰态势是多种因素造成的，这些因素间关系错综复杂并且呈现动态变化趋势。应对这些挑战，需要从公共卫生投入、生态环境改善、监测预警等方面入手，以最大程度减少传染病给人类健康、社会经济发展造成的损失。

三、传染病监测预警

传染病监测预警是利用获得的传染病有关数据，主动及早发现传染病发生的先兆，提前预判感知疫情整体发展态势，为应急决策提供指导。主要内容包括疾病监测、死因监测、医院感染监测、症状监测、行为监测和环境监测等内容。提高对传染病早期监测预警能力是当前各国生物安全能力建设的核心之一。

根据《国际卫生条例（2005）》和《中华人民共和国传染病防治法》等相关规定，任何情况下任何人凡发现法定传染病病例，必须及时通报当地的疾病预防控制中心，此外随着人身体健康改变，疾病监测的范围也扩展到慢性非传染病，以配合不同国家和地区人民健康实施计划。医院感染监测，根据长时间收集分析医院人群感染情况，判断医院流行病、细菌耐药等趋向，为预防和管理医院感染提供科学依据。行为及行为危险因素监测指的是与公共卫生事件起因有关的行为，包括一般行为和特异行为。一般行为包括没有确定与特定疾病存在因果关系；特异行为指与特定疾病有关联的行为，并能对公共卫生事件的发生进行预测。环境监测。通过对自然环境中的大气、水、土壤、生活居住环境等进行定期或者连续的数据采集，掌握这些环境因素的变化，并分析这些因素对传染病暴发的影响。

目前已经形成共识，传染病是人类社会面临的共同挑战，需要建立全球性的防御机制。1948 年第一届世界卫生大会以后，世界卫生组织一直将控制传染病的国际传播作为其核心职能之一，将向全球提供疾病预警和应对援助作为根本核心责任，取得了根除天花病毒等优异成绩。1997 年世界卫生组织提出"全球警惕、采取行动、防范新出现的传染病"，传染病监测预警网络分别在各个国家建立。21 世纪初，世界卫生组织的作用越来越重要，新出现的疾病和重新流行的易感疾病继续威胁国际社会的健康和经济发展。此外，由于信息技术的发展，人们对传染病暴发及其对健康的影响有了更高的关注。2000 年 4 月，世界卫生组织提出需要采取协调一致的方法应对 21 世纪初新发突发疾病的挑战，即建立一个全球合作伙伴网络——全球传染病突发预警和应对网络，以便对易流行和新型传染病暴发做出国际协调反应。全球传染病突发预警和应对网络职能是支持世界卫生组织在快速疫情识别和传播方面的工作，确保疫情预警和应对的协调机制，特别是在突发事件中的疫情警报和响应方面。会议还商定，该网络将由 20 名代表组成指导委员会和业务支持小组维护网络运营。指导委员会通过监督网络工作计划的执行情况、成立技术工作组和批准网络中的新成员机构，为网络提供指导。早期，指导委员会监测了外地特派团的运作和成果，并利用这些审查为今后的部署提供重要建议。随着特派团数量的增加，财政压力使会议频率难以维持，指导委员会主要侧重于就网络的发展提供咨询意见。此外，与世卫组织合作，开发了一些基本组件，以支持在现场部署人员和改进协调，包括与世卫组织流行病事件管理系统的联系，开发现场后勤能力，包括现场工具包和移动通信系统等。

在过去十几年中，该网络的技术合作伙伴日益增加，在之前的 153 个机构和 37 个额外的网络基础上，又增加了 355 个成员。合作伙伴包括政府机构、大学、研究机构、培训计划和网络、非政府组织、国际组织和一系列相关的专家网络，尤其是实验室调查、感染预防和控制、临床管理和世卫组织化学品管理网络、环境和食品安全活动。该网络通过提供技术、多学科专业知识，在重大疫情应对方面树立了良好的声誉，并获得了越来越多的认可。通过外部的独立审查和评估，全球传染病突发预警和应对网络已被证明是一个有能力和有效的机制，通过改进现场协调，并在需要时迅速部署专家，对疾病暴发作出多边反应。该网络是世卫组织的一项重要资产，支持世卫组织履行其职责，协助成员国遏制和控制易感流行病和新出现的疾病，并提供一个应对机制，以协助其应对其他公共卫生紧急情况。近年来全球传染病突发预警和应对网络，通过让更多国家和地区的技术伙伴参与进来，确保该网络的组成尽可能广泛。这既符合尽可能快地利用最接近的资源的原则，也符合利用网络活动发展和利用伙伴机构能力的原则。

1. 美国传染病监测网络

美国传染病监测网络是美国生物威胁监测的一部分。2001 年，美国发布了《国家生物监测战略》，2013 年 6 月，美国发布《国家生物监测科学和技术路线图》，聚焦于全面加强和升级国家生物监测预警体系，建立了覆盖面广、功能齐全的生物威胁实验室应对网络，设置了多项生物威胁监测项目。在联邦机构中建立多个生物威胁监测系统形成密集的监测预警信息，如美国卫生与公共服务部牵头的国家环境公共卫生监控网络，国防部牵头的疾病暴发监测系统和生物威胁预警系统。2013 年发布的《国家生物监测科学和技术路线图》是美国生物威胁监测体系的重要战略举措。《路线图》建议美国应该建立国家生物监测整合系统、国家生态观测系统、国家动物健康监测系统、野生动物和人类病原体扩散全球监测网络、国防部下一代诊断系统、国防部流行病电子监测系统等，最后，除了收集相关监测信息外，美国还开发了多款生物监测预警管理平台，对数据进行深度加工处理以提取有效信息。

2. 我国传染病监测系统

我国相继出台一系列法律法规和规范性文件，推动传染病监测预警制度完善。2004 年 8 月，根据修订的《中华人民共和国传染病防治法》明确提出建立国家传染病监测预警制度。这些法律法规对信息监测、风险评估、预警发布以及实施保障等进行了详细规定。2008 年 4 月，国家传染病自动预警系统运行，可以实现自动分析法定传染病监测数据，实时发送预警信号，实时跟踪响应结果，实时在线直报法定传染病等功能，形成了标准化数据保存交换协议。经过努力，我国建立了国家传染病报告信息管理系统、国家传染病网络直报系统和致病菌传播监测网络，传染病监测系统信息化水平也不断提高，对传染病风险评估等组织形式和评估内容做了原则性规定，建立了传染病预警制度等。

在新颁布的《中华人民共和国生物安全法》第三章第二十七条提出，国务院卫生健康、农业农村、林业草原、海关、生态环境主管部门应当建立新发突发传染病、动植物疫情、进出境检疫、生物技术环境安全监测网络，组织监测站点布局、建设，完善监测信息报告系统，开展主动监测和病原检测，并纳入国家生物安全风险监测预警体系。第二十八条提出，疾病预防控制机构、动物疫病预防控制机构、植物病虫害预防控制机构（以下统称专业机构）应当对传染病、动植物疫病和列入监测范围的不明原因疾病开展主动监测，收集、分析、报告监测信息，预测新发突发传染病、动植物疫病的发生、流行趋势。这表明我国要进一步改进传染病监测预警体系，全面提升疫情监测预警能力。

四、传染病风险评估

传染病风险评估是指采用科学的技术方法，组织流行病专家、公共卫生专家、数据分析专家、管理学专家、生物学专家及决策者在疫情发生前后，对国家安全及社会经济稳定可能构成的威胁进行量化评估，为决策者提供参考。

传染病风险评估指导性文件是《突发公共卫生事件快速风险评估（2012）》。《国际卫生条例（2005）》规定，缔约国应在国家层面上，针对"对人类构成或可能构成严重危害的疾病或其他问题"，具备监测和应对能力。各国应根据风险评估结果，评估是否向世界卫生组织通报。具体评估步骤如下。

1. 组建风险评估团队

风险评估的质量很大程度上由风险评估团队组成决定。一般包括，公共卫生专家、流行病学专家、环境卫生专家、数据分析专家、决策者、公共卫生管理者等，如果发生不明原因危害、动物源传染病或者食品和化学及辐射污染事故，应当还包括毒理学专家、动物医学专家、食品卫生学专家及辐射防护专家等。

2. 确定风险问题

通过文献综述、流行病学调查、加强监测、专家咨询等确定需要回答的主要风险问题，从而界定风险评估范围、确保全面收集风险评估所需信息。需要考虑的因素有：可能受影响的人群、暴露于危害的可能性、产生的不良后果等。风险评估团队应首先确定需要立即解决的关键问题，如"事件的公共卫生风险是什么""如果不采取控制措施，暴露于危害的可能性有多大""如果某事件发生，造成的公共卫生后果是什么"。此外，还应该确定后续风险评估的频度、各问题的优先性及每次风险评估的完成时限等。

3. 开展风险评估

包括危害评估、暴露评估和背景评估三部分，根据三部分评估结果，描述风险水平。三部分评估是同时进行的，但评估所用信息可能在这三部分重叠。危害评估，识别导致事件的危害程度，包括识别可能导致事件发生危害、把握潜在危害的关键信息、根据危害发生的可能性大小进行排序。大多数情况下，危害并不明确，应基于事件的初步描述、受影响社区的已有危害类型分别列出一系列可能危害。暴露评估，是指对个体或群体暴露可能危害的评估，主要考虑因素：已暴露或者可能暴露于危害的个人或群体数量，暴露个体或群体中易感者的数量，传播模式，剂量 - 反应关系，潜伏期，病死率，传播能力的评估，暴露人群的免疫接种情况。对于动物源疾病，还需收集传播媒介和动物宿主信息。背景评估，是指对事件发生的环境进行评估，包括对自然环境、人群健康状况、基础设施、文化和信仰等各种因素的评估。需要考虑的所有可能的相关因素，包括社会、科技、经济、环境、伦理以及政策与政治因素。需要解决的关键问题：环境、健康状态、行为、社会和背景、基础医疗设施、政策及法律等相关因素中，哪些可能增加人群的脆弱性；哪些存在可降低人群暴露风险；所有疑似病例均被发现的可能性；有效治疗措施的可用性和可接受程度。

4. 风险描述

完成危害、暴露和背景评估后，依据评估结果确定风险水平。风险描述分为定量和定性描述两部分。定量描述是依据定量模型进行，定性描述基于专家团队判断进行。常用的工具是风险矩阵。风险矩阵是基于发生的可能性和后果严重性宽泛的定性描述，也可用于评价和记录采取控制措施前后风险的变化。大多数公共卫生事件的风险评估是定性评估，评估过程中，还需要考虑预期发病率、死亡率和与事件直接相关的长期健康损害。

5. 风险评估的可信度

取决于评估所用信息的可靠性及完整性，以及基于危害、暴露、背景资料做出的基本假设。这些信息和证据越多，可信度越高。需要强调的是，可信度低的风险评估并不代表是低质量的风险评估，其反映了进行评估时可用的信息有限。

6. 定量风险评估

风险评估中的定量程度受到多重因素影响，尽管风险评估历时多年，但很难保证在评估的各个步骤都可以应用定量指标进行评估。在实际工作中，多数风险评估都是采用定性和定量相结合的方法进行。需要注意的是，用质量差的数据或错误的方法所进行的定量风险评估所得出的结果，远不及一个设计良好的定性风险评估的结果科学。

风险评估是风险管理重要方面，风险管理还包括控制措施、风险评价和风险沟通。控制措施是指针对风险评估结果，确定可能的控制措施，以防止危害进一步扩散或传播的可能性等级以及实施导致不良后果的等级升高。控制措施实施不良后果包括等级有极低、低、中等、高和极高。一般情况下，控制效果为"肯定有效"且不良影响为"低 - 中等"水平控制措施最容易被接受。而可信度较低或者导致不良后果风险极高的措施，需要额外采取策略进行预防。风险评价指的是对事件进行持续跟踪评估，风险评价有助于判断采取措施对于控制某种危害风险是否恰当，帮助评估小组说服决策者采取最适当控制措施。风险沟通，获取各方利益相关者的理解和支持。包含两个同等重要的部分，业务沟通和公众沟通。相关策略有：以一定的形式将风险评估定期反馈；明确风险沟通中的角色和职责；以何种形式将相关信息传递给利益相关者和大众。最后，每次的评估结论应记录在案，对事件进行总结回顾，以便进行后续的监督和评估，以发现突发公共卫生事件管理中需要改进之处。

传染病风险评估具体方法如下。专家会谈，通过相关领域专家讨论，确定风险的危害程度和等级。这是一种经典的、定性的评估方法，也是不明传染源下，首选的方法。例如，新冠疫情暴发时，我国疾病控制中心就采用此方法构建了相关风险评估指标体系。德尔菲法，通过使用一系列结构化的问卷调查，进行多轮专家评估，经过反复征询、归纳和修改，最后专家达成共识。层次分析法是结合定性和定量多准则决策方法。它将复杂问题划分为多个层次，成对比较每一个层次中不同元素的重要程度，建立判断矩阵，通过计算矩阵特征根和向量得出各层元素的权重，根据权重进行决策。风险矩阵法，先由专家对风险因素发生可能性和后果进行量化评分，判断风险等级。以上方法一般不会单用，都会交叉使用。例如，可采用专家会谈法、德尔菲法建立传染病风险评估指标体系，并对风险发生可能性和后果严重性进行定量评分，然后用风险矩阵法依据设定的风险评价准则，对风险等级做出评价。这些是经典方法，还包括新的传染病风险评估方法如数学或概率模型，将各种数学方法融入传染病预测方法中，用于对传染病进行更加及时的监测和预警。地理信息系统和多元大数据应用，指采集、存储、管理空间数据，与计算机技术相结合，进行统计分析展示，直观展示传染病流行病学特点，或者模拟传染病输入风险，为防控传染病输入提供建议。

人们还开发了一些重点传染病风险评估工具。2010 年美国疾病控制与预防中心开发的流感风险评估工具，由病毒、人群、病毒生态学和流行病学等 10 条标准组成。专家根据以上标准评估新型流感病毒是否可能构成大流行风险。2011 年，世界卫生组织与美国疾病控制与预防中心开发了脊髓灰质炎输入后暴发风险评估工具。根据人群易感性、侦查能力、其他可能影响毒株暴露和传播的人群特异性因素等进行定性评估。根据重要性和既往经验确定风险指标的权重，计算各类指标分数的加权总和得出得分，然后根据阈值确定风险等级。2020 年世界卫生组织开发了麻疹风险评估工具，指专家对人群免疫力、监测质量、免疫计划绩效和微信评估 4 个主要类别的指标分别进行计算得分总和。根据总体风险评分，将风险划分为低、中、高或者非常高等风险指标和数据。

五、传染病防控策略

"预防为主的方针，防治结合，分类管理、依靠科学、依靠群众"是我国对传染病防控总体原则。预防为主指采用各种防治措施，防止传染病再次发生。防治结合是指结合预防和治疗等措施，实现疾病治疗。分类管理，在充分了解疾病特性基础上，采取科学管理的方式。依靠科学是指依靠科学技术，预防和治疗相关疾病。依靠群众是指发动群众，在群众的配合下完成传染病防治工作。

传染病防控三大措施：管理传染源、切断传播途径和保护易感人群。管理传染源。尽早发现、诊断、报告、隔离和治疗相关病人，控制传染源。同时隔离病人，及时将其与易感人群分离，防止传染病在人群中传播蔓延。需要隔离情况有：甲类或者乙类传染病，甲类管理的疑似病例需要在指定场所单独治疗隔离；其他如乙类和丙类根据病情采用必要措施。有些传染病携带者的职业和行为受到一定的限制。例如，久治不愈的伤寒或病毒性肝炎携带者不得从事餐饮行业；艾滋病和乙型病毒性肝炎病原携带者严禁献血。对密接和次密接者应在指定场所进行必要的留观。切断传播途径。有效杀死污染环境中病原体。常用措施包括预防性消毒和疫源地消毒。保护易感人群。预防接种，通过预防接种提高机体免疫力，降低人群易感性，达到预防传染病的效果。药物预防，采用特异传染病的特效性药物对易感人群进行保护。个人防护，采用一定的物理防护措施保护易感者。预防接种，人类历史上第一个通过预防接种消灭的病原体是天花病毒。19 世纪英国乡村医生爱德华·詹纳开发了世界上第一种安全的天花疫苗。爱德华·詹纳在年轻时与挤奶的女工交流，发现她们感染了牛痘的病毒后，便不再担心天花病毒，也就是感染牛痘可以终身预防天花。然后，他用牛痘脓包液体感染他健康的 8 岁儿子。在接种 7～9 天后，他的儿子出现了类似流感的轻微症状，但两周内完全康复。他在随后的 6 周内对其儿子感染天花病毒，发现没有出现任何症状，并有免疫力，他又在另外 9 个人身上重复了同样的实验，取得了同样的结果。随后，一篇划时代文章《关于牛痘疫苗的原因和影响的调查：一种发现于英国西部郡县，特别是格洛斯特郡，被称为牛痘的疾病》公布爱德华·詹纳医生的发现。这项发现大大减少了因为感染天花而死亡的人数。美国总统托马斯·杰斐逊在给爱德华·詹纳回信中说："医学从来没有产生过任何一种如此有用的进步，就好像你从人类苦难的日历上将其中最大的苦难抹去一样。"牛痘的发现还有另一重要意义是，找到能模拟自然感染的无害物质，将其注射到人体中，启动人的免疫系统。但是对于人类大多数传染病并没有对应的无害动物版本为人类提供交叉保护。减毒疫苗又是另一个里程碑发现，人类可以人为消减减毒危害性，使其成为安全的疫苗。

新冠病毒疫苗目前有四种技术路线：灭活疫苗、重组蛋白亚单位疫苗、mRNA 疫苗以及腺病毒载体疫苗。灭活疫苗，把整个新冠病毒杀死，再注射到人体内，引起免疫反应，人体免疫系统被激活产生抗体，抗体攻击抗原，记忆 B 细胞记住抗原，等下一次遇到类似的抗原就会产生相应的抗体。重组蛋白亚单位疫苗，异源表达新冠病毒 S 蛋白受体结合区，注射进入人体产生相应抗体。腺病毒载体疫苗，将新冠病毒 S 蛋白基因连接到腺病毒载体上，腺病毒载体在人体内表达 S 蛋白，产生免疫应答。减毒流感病毒载体疫苗，通过驯化病毒，降低其毒性但保留其免疫原性，注射进入人体进行免疫。mRNA 类疫苗，注射病毒 mRNA 进入细胞被抗原呈递细胞内吞，mRNA 立即翻译成蛋白质抗原，抗原被蛋白酶复合体分解成较小的片段，小片段刺激免疫反应系统产生抗体。mRNA 疫苗本身不具有感染性，但能进入宿主细胞中，完成蛋白的翻译会自发降解，不存在感染风险；mRNA 不需要进入细胞核，仅需完成一次跨膜，使抗原的表达更加迅速；最后，mRNA 设计合成简单，产业化周期短，可在体外大规模生产。

第三节　公共卫生应急管理体系

从工业革命开始，全球城市化进程加快，有数据表明到 2030 年，全球城市人口将超过农村人口。城市是人员、资源高度聚集的场所，人口数量大、密度高，流动性强，一旦暴发传染病威胁，将会给国民健康和社会经济发展造成严重威胁。传染病一直伴随着人类城市化进程，18—19 世纪工业革命，促使伦敦等地发展为大城市。但由于人口密度大，公共卫生条件差，肮脏及疾病蔓延在城市的任何角落，最终导致暴发诸如霍乱等传染病，促使城市管理者彻底认识到公共卫生必要性，产生了一大批现代公共卫生机构，如环境卫生、下水道及清洁水等。虽然当前世界整个卫生体系建设日趋完善，但在 2014 年，西非暴发的埃博拉病毒传播了三个国家的首都城市，这三个首都城市皆人口密度高、管理混乱。因此，需要构建和完善城市应急管理体系。特别是最近，随着特大 / 超大城市及城市群的兴起，由于其防控人口基数庞大、"人物同防"任务艰巨、防控空间持续延伸和多元价值观冲突等问题，造成疫情防控复杂性较中小城市呈几何级数递增。

《中华人民共和国传染病防治法》规定，当传染病暴发时，疾控中心应该立即逐级上报，当地政府立即制定控制方案进行防治，此外疾控中心配合其他专业机构开展传染病溯源、现场处置、预测传染病流行趋势、组织实施免疫接种、控制病原微生物危害等措施。

世界卫生组织在新修订的《国际卫生条例（2005）》规定了如何向世界卫生组织报告疾病暴发的决策流程：如果事件的原因已知，这种疾病在列表中没有，则立即向世界卫生组织报告。如果不知事件原因并且在疾病列表中没有事件原因，则需要判断该事件对公共卫生的影响是否严重。如果严重并且是小概率事件，则立即报告世界卫生组织。如果不是罕见事件并且存在国际传播风险，则立即通报世界卫生组织。如果不是罕见事件、无国际传播风险，但对国际交流有显著影响，则立即通报世界卫生组织。如果不是罕见事件、无国际传播风险、对国际交流无显著影响，则进行进一步评估。

一、传染病应急响应

分为四个阶段：预防、准备、反应和恢复。

（1）预防　在人口聚集的公共场所建立传染病监测哨点，加强主动监测能力建设，可针对可能的风险进行研判分析、预警决策，建立健全传染病风险监测预警机制。加强与各大科研院校合作，开发针对不同病原体的实时智能化巡检新系统，实现水（生活排水）、地（生活垃圾）、空（空气传播微生物）等三方位实时监测，将其嵌入环境监测设备，定期抽查人群密集场所环境情况，达到快速发现、判定危险病原体数量及位置的目的；医疗卫生服务体系保存大量人群血液样品，是判定人类社会是否暴发新发突发传染病最直接、最快速的证据。社区医院的血液样本一般使用完后隔夜丢弃，三级甲等医院也仅保留七天，这显然不能满足主动监测传染病疫情的要求，需要加强各种病毒变异体特异性抗体的研发，定期抽查保藏在医疗系统中人群血清样本，及时发现疫情感染和扩散情况；加快健康产业软硬件基础投入，加大引入检测、诊疗等现代化先进设备，提升疾病检测日规模及资源调配等综合能力，加大各种传染病自测试剂盒开发力度，作为核酸检测的补充，实现人口高风险聚集地点的快速筛查、日常个人自测、健康中心或急救人员的检查；扩充专业采样、检测和流调队伍，应对未来的新发突发传染病威胁挑战，并提供长期稳定财政支持；构建集成预警监测平台、应急指挥平台在内的人工智能中枢，实现城市指挥数据化、可视化，展开危险病原体长期监测计划，将大数据、人工智能技术与病原体监测技术相结合，整合进我国现有应急管理体系中，利用区块链激励机制，实现全国监控。

（2）准备 是指应对传染病的各种支撑保障机制，主要包括法制、预案和资源保障等。法律保障是指在应急响应下，约束政府、社会和公众行为，维护社会秩序、保障个人和社会利益的体系。虽然我国颁布《突发公共卫生事件应急条例》，但还需要将不同应急响应等级细化，建立各项应急响应环节的具体、规范和制度化标准。预案保障，做好应急状态下各种方案，保障正常化、规范化、制度化。建立动态调整预案，定期进行综合演练、桌面推演、部门预案，根据科技发展和生物安全形势，进行情景模拟演练，建立应急预案考核和监督机制，提高预案质量。资源保障，保障城市具备充分的人员调配、资金支持、物资保障等应急资源保障。优化城市医院应急准备资源配置。要结合"平疫结合"建设理念，建立公共卫生事件突发时应对预案，实现快速改造和功能转换。平时各个医院独立运转，一旦有紧急情况，马上以传染病医院为主体，征用普通医院作为病房。在城市核心区之外，预留应急医疗基础设施建设用地，并配套各种医疗机构，以保障城市瘫痪时，能够正常运转。完善城市应急医疗物资储备中心建设，完善应急储备资金的配套经费机制，完善应急物资快速调用机制，建立应急物资快速调用和联动机制，确保在重大公共卫生事件暴发时能及时调动各种资源。

（3）反应 是指城市暴发新发突发传染病，要快速应急响应处理，包含内容有风险评估决策、应急处置、医疗救治、信息管理、科技支撑及舆情控制等方面。政府应充分考虑流行病学专家、公共卫生专家、生物学专家、城市管理专家、政府领导等意见，考虑公众、个人等利益，作出准确的风险评估和决策。要建立风险决策容错机制，由于疫情的突发性、复杂性和不确定性等情况，部分风险评估和决策可能缺乏严密的科学考量，难免出现决策失当和误判，因此要明确容错和怠工的界限，允许犯错。应急处置，指政府/公立医院为主导，各个城市卫生健康机构配合，社区和街道层面全力配合的上下联动机制。要求各种医疗卫生体系高度协调配合，强化城市医疗机构公共卫生职能，在紧急情况下，赋予疾控中心传染病疫情紧急控制、医疗监督、处置和统筹权利。另外，加快建立新发突发传染病应急指挥中心，提高城市应急响应速度，将疫情信息、医疗资源、人口流动等纳入大数据，利用大数据支持疫情风险研判与决策论证。医疗救治。优化医疗资源布局，建立分级诊疗制度，加大医院投入，特别是基层社区医院机构能力建设，健全分级分层分流的医疗救治机制，杜绝出现医疗资源挤兑。信息管理。在突发疫情条件下，社会信任度遭受严峻考验，给整个社会秩序带来大量不稳定因素，社会舆情敏感性和脆弱性变强，需要建立风险沟通、分级管控传染病舆情控制机制。要及时收集、汇总疫情信息，统一信息收集标准和发布口径，首先交给公共卫生部门对信息进行研判，确定哪些信息需要专家组知道、哪些信息政府部门了解、哪些信息对公众发布，健全常态化疫情定期披露机制，建立信息定期发布制度，防止公众恐慌。加强对媒体准入、审核和信息发布制度，要对发布不实信息的行为进行打击，从源头上杜绝虚假、恐慌信息。科技支撑。加强病毒溯源及传播监测工作。需要及时全面排查潜在问题和隐患，确定优先发展领域，着眼于未来，建立长期全谱系病原体溯源及传播路径预测体系。建立针对病原体溯源传播监测工作小组，应对未来新发突发传染病威胁挑战，并提供长期稳定财政支持。要着力解决病毒暴发多样性和突发性、前期很难获得可靠数据问题，现有的各种数学模型预测过于简单；着力解决病原体独特致病机制及与宿主之间相互作用等科学问题，探讨病原体克服物种屏障的传播机制；着力解决病原体起源和传播的驱动因素，病原体进化和功能遗传决定因素，社会变量对流行病暴发的增长和未来进程，可能的措施对疫情暴发走向等科学问题。加大疫苗产业扶持、基础设施建设以及疫苗前沿技术领域国家财政投入。一是围绕病毒复制、转录、组装、入侵等宿主免疫应答等基础科学问题，进行专项支持；二是创新疫苗研发路线，大力开发 mRNA 疫苗平台，提高mRNA 疫苗免疫原性、稳定性和通用性；三是积极推进我国疫苗通过世界卫生组织预认证，通过世卫组织预认证，国产疫苗就会使用世卫供应链和服务链，大大减少后续疫苗出口维护成本。此外，要使企业在疫苗生产用细胞株、菌种、原材料、配方设计、生产工艺与质量标准方面与世卫组织标准接轨，积极提交预认证意向书，提升企业与世界卫生组织沟通能力。

（4）恢复　是指传染病疫情过后，世界恢复原来秩序。需要注意，社会发展不可避免会出现一系列危机，疫情来临会加速这些危机变化，疫情是社会变革的催化剂，会对社会经济、地缘政治重构、环境保护、科技进步及人性塑造等方面产生深刻影响。当疫情过后，世界将永远不可能恢复到疫情之前的状态。经济层面，在经济全球化之前，疫情对当地的贸易有重要影响，从疫区驶出的货物需要在港口或者车站停靠三个月，确定没病原体后才能进入非疫区，这必然会对疫区经济造成严重伤害。进入全球化时代，某一地方的一次小危机就会引发蝴蝶效应，迫使全球供应链承受巨大压力。新冠疫情期间，全球供给小于需求，造成价格暴涨，与此同时原材料的价格也一直暴涨，直接压缩中间利润。此外，运输成本也水涨船高，进一步压缩成本。因此，西方各国试图朝向全球供应链本土化、区域化、多元化方向发展。疫情也必然促进社会生产方式变革。黑死病后，人口大幅度减少，迫使人们开始追求更节省人力的方法进行生产，工业革命出现。新冠疫情之后也出现相类似的结果，机器更大规模使用，特别是自动化技术，会成为新的生产模式。此外，远程办公、无人机配送、远程医疗、移动支付也会是一种新的时尚模式，逐渐被大家所接受。地缘政治。疫情加快了社会变革。第一次世界大战期间，正值流行 1918 大流感、霍乱等严重流行疾病，疫情加速一战的结束，带着流感、霍乱等疾病战士返回俄罗斯，引发俄罗斯社会暴发传染病，加上沙皇的横征暴敛，最终导致十月革命的暴发，俄罗斯社会进入苏联时代。环境保护，人类历史暴发的多次传染病，大多数是人类破坏生态环境和生物多样性导致的，使得病毒可以实现跨物种传播或者找到更合适的生存环境。因此，疫情后，人们开始更加关注公共卫生环境，城市的各种公共基础设施逐步完善，人类开始尊重环境和生态平衡。

二、不同国家公共卫生应急管理体系

1. 我国公共卫生应急管理体系

新中国成立之初，成立中央防疫总队，在全国还设立了多个疾病防治所和寄生虫防治所。1953 年，在第一届卫生防疫站工作大会上，建立了卫生防疫队伍。文化大革命对我国公共卫生应急管理体系造成巨大冲击，拨乱反正后，于 1989 年颁布《中华人民共和国传染病防治法》，标志我国传染病管理和公共卫生进入新阶段。改革开放后，又颁布了《中华人民共和国急性传染病管理条例》，对传染病预防、报告、处理等进行了详细具体规定。1997 年，颁布《中共中央、国务院关于卫生改革与发展的决定》，我国开始全面改革卫生体制。2001 年，颁布《关于疾病预防控制体制改革的指导意见》，开始组建我国疾病预防控制中心管理体系，明确各级疾控中心职能与任务。2005 年，成立国务院应急管理办公室。2007 年，颁布《中华人民共和国突发事件应对法》，开始积极主动预防、及时有效处置各类突发事件。2018 年，建立应急管理部。在新冠疫情期间，应急管理部积极承担涉疫地区救助任务，主动服务防疫重点单位，把人民群众生命安全和身体健康放在第一位。

在应对新型冠状病毒疫情过程中，在总书记和党中央领导下，我们在传染病危机管理方面积累了很多宝贵的经验与创新举措，这为未来应对重大突发公共卫生事件起到宝贵的借鉴作用。国家卫生健康委组织了 37 支国家级卫生应急救援队，遴选出 19 支支援湖北，集中精锐的人员及医疗资源，收治病人，做到该治就治，该报就报，一个不漏，逐渐使疫情好转。建立方舱医院。武汉急缺万张床位时，中央立即将全国 23 家方舱医院中的 20 家调往武汉，并在武汉建立了 13 家方舱医院，可提供万余床位供轻症患者治疗。

2. 新加坡应急管理体系

新加坡被认为是最有能力应对重大公共卫生危机亚洲国家之一。疫情暴发后，新加坡在疫情危机管理方面表现较好，甚至在很长一段时间内，新加坡的抗疫能力排名第一。这主要依赖发达的疫情危机监测、应对、响应和管理系统。新加坡设有多层次国家传染病综合监测系统，涵盖社区、实验室、医院、兽医、境外监测。疫情响应分为 3 个阶段：预警、控制和缓解。当疫情在境外，进入预警阶段，边境采取措施，阻断病例输入。当疫情在新加坡出现，进入控制阶段，应广泛追踪密接者，限制传播。当疫情在社区广泛传播，启动系列应急措施，降低影响，采取以社区为基础的公共卫生措施。应对。新加坡开发了一个通用的任何传染病疾病暴发应对系统。按照对公共卫生影响程度，疾病暴发应对系统分为 4 个等级：绿色、黄色、橙色和红色。每个等级包含公共卫生影响、疾病特点、对日常生活影响以及公共建议。公众可根据疾病暴发应对系统采取措施，如果疫情更严重，政府会强制公众响应更多要求。管理。设立国土危机管理系统，由内政部长主持国土危机处理部长级委员会，主持危机应对和战略决策，下设危机处理执行小组，由各相关部门负责。当新型病原体被监测到，触发疫情监测系统，危机处理执行小组收集实时疫情信息，一是评估疫情对公共卫生的影响，提供病例管理和防疫控制必要指导；二是启动疾病暴发应对系统。如果疫情特别严重，国土危机处理部长级委员会启动，协调各部门共同应对疫情。

新加坡有多项关于传染病监测预警及应对公共卫生危机方面的法律，主要有《传染病法》《环境公共卫生法》《传染病检疫条例》及《传染病报告实施细则》等，其中《传染病法》是最重要的法律，其他均基于此进行细化。《传染病法》基于时代发展，多次修订并且及时与世界卫生组织颁布的相关条例接轨。最新版本是 2020 年 2 月 28 日生效，此次修订中将新型冠状病毒感染纳入传染病名单。赋予一线人员在实际操作中强制执行的权利，并且在执法过程中对卫生人员免予起诉。对犯罪行为描述和处罚规定描述详细对应，处罚细则和力度大，震慑力强。最后，重视风险沟通，政府多渠道、主动及时向公众发布消息，积极疏导网络舆论，避免谣言流传和攻击政府，最大限度减少疫情引发的恐慌。

3. 日本应急管理体系

作为自然灾害频发、人口密集的岛国，日本向来将国家安全和危机管理作为政府工作的重心之一。20世纪90年代之后，为应对新型传染病疫情、大规模环境污染等重大突发事件的接连发生，日本政府逐步建立的新型健康危机管理体系，由于具有功能完备、结构严谨、科学高效、运行灵活等特点，已成为世界各国学习和仿效的样板之一。这一体系主要由法律法规、危机管理体系和应急防控机制组成。法律法规。日本政府在传染病防控方面坚持立法先行，注重发挥法律法规在健康危机应对中的作用，具有完备的法律体系。早在1897年的明治时期，就制定了用于应对霍乱、鼠疫、猩红热等疾病的《传染病预防法》，为经济重建时期防范和应对突发公共卫生事件发挥了重要作用。1998年10月，《传染病预防法》被新的《传染病预防与传染病患者医疗法》（简称《传染病法》）所取代，并在2007年4月与1951年制定的《结核预防法》相统合，最终修订时间为2014年11月。《传染病预防与传染病患者医疗法》详细规定了传染病暴发时各种细节措施，如信息收集、患者治疗、场所消毒等，也是日本最重要的法律依据。该法按照疾病的危害和传染性程度高低，将传染病分为五个大类，分别制定了针对性措施。为了加大对新型传染病的防控力度，日本政府可根据防控需要对传染病目录进行动态调整与更新。免疫接种是预防控制传染病暴发的重要手段。日本1948年制定了《预防接种法》，以法律形式强化政府责任和不良反应补偿机制，明确由国家承担免疫接种任务，由都道府县知事和市町村长直接组织实施。随着近年来新型流感病毒频发，加之其变异性强、具有跨物种传播的能力、防控难度大等特点，日本政府越发重视新型流感可能对国民健康和国家安全所带来的威胁。2013年颁布《新型流感等对策特别措施法》，其中第四章详细规定了新型流感发生时的紧急事态措施，包括都道府县对策本部的设置（对策本部长由知事担当，相当于我国市长）、新型流感紧急事态确认宣布、信息的收集与通告、新型流感蔓延的防控、医疗的提供与确保体制、安定国民生活和经济相关措施等。

日本的传染病应急管理体系是国家应急管理体系重要部分。国家应急管理体系最高指挥官是内阁总理大臣，内阁官房整体负责，厚生劳动省、防卫省等部门负责具体实施。其组织体系分中央、都道府县和市町村三级，管理机构包括常设机构和临时机构两类：常设机构有内阁的危机管理专门机构和各级防灾会议，临时机构主要是针对不同危机成立的对策本部。这种集中统一的政府危机管理体系，有利于充分调动各方力量实现快速反应，提高了健康危机的应对效率与处置效能。当紧急事态爆发时，首先由设在首相官邸的内阁情报集约中心迅速收集和确认情报，并在第一时间报告给内阁总理大臣、内阁官房长官、内阁官房副长官和内阁危机管理总监。接到报告后，危机管理总监立即进入官邸地下危机管理中心，主要任务是召集有关省厅的局长成立官邸对策室，确定紧急事态的类型，提出政府的应对方案。之后，根据发生事态的范围和程度来判断是否继续召开"相关省厅阁僚会议"（内阁总理大臣、官房长官以及相关阁僚参加）、"安全保障会议"（内阁总理大臣担任议长）、"临时内阁会议"或设置由内阁总理大臣担任部长的"政府对策本部"。应对紧急突发事件中的两个关键机构，分别是内阁情报集约中心和危机管理中心。内阁情报集约中心设立于1996年5月11日，主要负责在发生大规模灾害或突发事件时，通过相关省厅、国内外通讯社以及民间公共机构收集相关情报，并直接向首相等政府要员汇报。中心安装有直接接收来自危机现场的音像图片及多功能的卫星转播通信设备，可以看到从警察厅、防卫厅、消防厅等部门传来的由直升飞机拍摄的受灾现场影像，也可以看到内阁府、国土交通厅等部门利用定点摄像机拍摄的受灾图像。1996年4月设立于首相官邸地下的危机管理中心，直接听从内阁总理大臣的指示，是一个由内阁危机管理总监具体领导，以内阁官房副长官助理等为主要成员的政府级紧急事态应对机构。该中心具有长期应对紧急事态的机能，装有最先进的通信系统，安全系数极高，配备了专用电力和空调系统，耐震性、抗灾害能力极强。日本的传染病防控管理网络包括纵向和横向两部分。纵向包括中央、都道府县、市町村三级卫生行政主管部门及其所属机构进行分地区管理，横向包括8个派驻地区分局、13家检疫所、47家医学系和附属医院、62家国立医院、125家国立疗养所、5家国立研究所进行行业系统管理。厚生劳动省负责传染病防控相关的危机管理部门的工作机制是国内外的健康危险通过不同渠道汇总到厚生劳动省的相关部门（如健康局、医药食品局、医政局等），国立传染病研究所的传染病流行病疫学中心及各个地方卫生研究所对传染病信息进行收集与分析，并定期汇报。对于所获得信息，进一步由厚生科学课进行分析与评估，通过举行"健康危机管理调整会议"进行对策的制定和调整。会议由大臣官房厚生科学课课长担任主任（召集人），成员包括省内各部局及国立研究机构的负责人等，办事机构设在大臣官房厚生科学课健康危机管理对策室。会议每月召开两次，主要任务是组织讨论健康危机管理各项政策制度的制定、实施及修改，听取健康危机管理工作情况汇报并提出意见建议，为健康危机管理人员提供培训等。当发生或者可能发生重大健康危机时，经厚生劳动省大臣批准，可在厚生劳动省设立相关健康危机对策本部，统一协调指挥应对工作。并由厚生科学课负责与内阁官房等相关省厅进行信息的交换和意见的咨询，并向全国国民、都道府县的保健所、地方厚生局、国立医疗研究机构、海外相关机构，发布诸如突发传染病、大规模食品安全问题等健康危机信息。传染病应急防控机制。主要包括信息监测与评估、分析决策与实施、信息发布与沟通。信息监测与评估。对生物安全风险诱因实施动态监测，并对其变化趋向及时做出评估判断，是生物安全应急管理的前提和基础。日本政府高度重视健康危机应对准备和监测预警工作，建立了发达的公共卫生基础数据监测网络，可快速指出突发公共卫生事件的预防和控制，在最短时间内将相关危害和影响降至最小范围内。日本传染病的监测工作主要由国立传染病研究所的疫学情报中心负责，进行日本国内传染病疫情监测（包括群体性疾病、不明原因的疾病等）、传染病信息收集和分析、病原体诊断和防控等工作。对于《传染病法》规定的一到四类传染病，基层保健所还需向各都道府县的知事（相当于我国市长）汇报，进而由知事向厚生劳动大臣报告。都道府县知事为防止新型传染病的蔓延，必要时可强制对可疑者进行健康检查并到特定传染病指定医疗机构住院接受观察、治疗，确认患者已无传染的可能时方可出院。国立传染病研究所疫学情报中心还负责对外合作，一是调查研究世界各地传染病动向，二是与世界卫生组织和美国合作，每周将收集分析信息向厚生劳动省汇报。除此之外，日本政府可通过各部门广泛收集相关信息，汇聚到厚生劳动省进行统一分析汇总上报。厚生劳动省大臣官房科学课根据监测系统收集的信息，对各类风险因素的严重程度、危害规模以及有无治疗方法等情况进行综合研判，并及时向厚生劳动大臣和内阁首相汇报，提出发布危机预警的建议。当严重的健康危机集中发生在某个特定区域时，中央政府还将派出专业人员，与地方政府合作收集相关信息。分析决策与实施。日本政府针对传染病的防控制定了对应的指南和实施要点，规定详尽具体、可操作性强，随着形势发展变化不断进行更新与完善，做到有备无患，保证在危机真正来临时能够有序、有力处置。厚生劳动省获得信息后，立即对疫情进行研判，判断疫情等级，然后提出具体政策建议。在确认发生或可能发生达到三级以上的疫情时，法规规定要采取紧急应对体制。首先，厚生劳动省内召开健康危机管理调整会议并设立对策本部，对策本部由省内外相关部门、地方政府和研究机构的人员组成，负责制定危机应对方案并指挥危机应对工作。对于特别重大的健康危机事件，厚生劳动省须在第一时间向内阁报告，内阁危机管理总监将根据事态严重程度和应对需要设立不同的信息联络与指挥机构。如需要，则启动中央灾害应对机制，在首相官邸成立相应的灾害对策本部，由内阁防灾主管大臣或总理大臣直接协调指挥危机应对工作。信息发布与风险沟通。为提高健康危机应对工作的公开性和透明度，保证广大公众的知情权与参与权，日本建立了及时、多渠道的健康危机的信息发布与风险沟通机制。首先，通过各个传播渠道向公众广泛宣传国内外相关疫情信息，并向直接参与应对人员和机构提供指导信息。其次，厚生劳动省定期在网上通报疫情信息。包括健康危机管理部门可以利用"厚生劳动省行政综合系统"向地方厚生局、都道府县、保健所、地方卫生研究所、国立医疗机构下属的各个医院，提供相关措施等；利用大众媒体定期发布有关危机应对的相关信息。此外，健康危机管理部门还与国际卫生组织、人道主义救援机构、相关国家政府保持密切沟通，及时交流有关信息。

4. 美国应急管理体系

组织体制。以总统和国家安全委员会的应急办公室为核心，国土安全部和应急管理局组成核心领导层，提供应急管理的指挥与支持，制定各种应急预案。此外已经建立了 5 级的应急管理响应机构（联邦 - 州 - 县 - 市 - 社区），基本覆盖了全美各个角落。基于发达的网络系统建立应急响应运作机制。网络机制包括纵、横向两部分。纵向为联邦疾控系统、州立医院应急准备系统和城市医疗应急系统。横向为全国公共卫生信息系统和实验室快速诊断应急网络系统、全国大都市医学应急网络系统、全国医药器械应急物品救援快速反应系统和现场流行病调查机动队。具体运作机制是当接收到基层哨兵医院疫情信息后，疾病控制与预防系统立即启动向联邦政府报告，联邦政府紧急召开内阁会议，商讨对策，提升医院和卫生系统应对能力，启动全国性应急响应。公共卫生应急法律体系。针对生物恐怖：《公共卫生安全和生物恐怖准备反应法案》；针对高危试剂 / 有毒药品：《管制制剂规定》；针对药品和疫苗研发的：《生物盾牌法案》《生物防御和大流行性疫苗与药物开发法案》；针对流感病毒：《大流行和全危险准备法》《大流行和所有危险物准备再授权法案》《公众准备和应急准备法案》；针对两用生物材料：《微生物学和生物医学实验室生物安全手册》《NIH 对于涉及重组或合成核酸分子的研究指导方针》《美国政府生命科学两用性研究的监管政策》。后勤保障体系。美国公共卫生物资、资金和信息保障十分完备。物资保障。建立以全国药品储备核心，辐射到全国各地的药品存放地，保证有突发公共卫生事件时，药品准时到位。资金保障以国家紧急拨款和医疗保险相配合保障救灾工作进行。信息保障主要是采用法律形式保障信息发布，规定什么信息由联邦发布、什么信息由救援部门相互交流、什么信息只能由最高部门参考等。

5. 欧洲国家的公共卫生应急管理体系

英国，公共应急管理体系核心是"国民健康服务系统突发事件应对计划"。英国卫生安全执行局是公共卫生应急管理的核心政府机构，已逐渐形成以国民健康服务系统为中心、各基本医疗委托机构互相配合的应急网络。为应对突发生物安全威胁，德国制定"保护德国人民的新战略"。战略的核心是确定在流行病流行及恐怖事件等大规模灾害发生时各部门的职责及如何进行有效合作。在实施过程中，建立了平民保护及灾害支持联邦办公室，建立了德国应急管理信息系统、德国联合信息及事态中心。日常设立生物安全中央委员会，负责提供与安全事务相关的专家意见，特别是对有关活动的控制等级划分和释放的风险评估提供咨询。

这些国家应急管理体系特点是：一是层级分明、权责明晰、高度集中统一的决策指挥体系。当应对重大公共卫生危机时，直接由最高领导人牵头成立中央政府应对小组，履行应急决策指挥职能。这种体制，有利于在危机发生时实现快速反应，提高处置效能。特别是政府首脑在发生重大危机的关键时刻亲自出任总指挥，在提升决策指挥效率和实际效果上有了保证。二是形成了条块结合、健全的应急组织体系。纵向看，从中央到地方都设有紧急应对机制，在危机防范和应对方面很好地发挥了统筹规划和综合协调作用，能够广泛动员和合理调配各方资源。横向看，以卫生部为核心，与其他部门形成互相合作，共同组成了卫生应急网络，实现了信息共享和协调联动，有利于形成工作合力、提高应对效率。三是发达的信息系统和灵敏的公共卫生基础数据监测网络，提供了有力支撑。四是紧急应对物资、资金、人员等保障充分，能在最短时间内迅速行动。无论美国还是日本，特别重视后备资源的储备，以疾病控制中心为基础，能在最短时间将应急物资送到疫情一线，有力保障救灾工作进行。

第四节　传染病防控国际合作

传染病不是一个国家、一个地区的事宜，是整个人类社会面临的共同问题，需要建立全球性的威胁准备与应对体系，降低跨国疾病传播到本国风险及减少流行病暴发后本国单独提供大规模援助情况。随着经济全球化深入发展，当前国际社会已经形成相互依存的局面，每个国家要实现自身利益必须维护这种纽带关系。此外，整个人类社会面临共同的危机问题，如粮食危机、资源短缺、气候变化、环境污染、传染病流行等非传统安全问题，人类已经处在同一个命运中。习近平总书记提出"人类命运共同体"理念，正是在该背景下最好的思想体现。我国在国际关系中，积极践行人类命运共同体理念。一是支持多边主义，捍卫联合国权威；二是维护世界和平发展，应对百年大局；三是参与全球治理，提供更多全球公共产品。

2007年，美国兽医协会提出"One health"理念，具体指从"人类 - 动物 - 环境"健康的整体视角解决复杂健康问题，在收集到的各方信息基础上，通过多方面协同合作，构建传染病防控网络，实现及时预警、防控和应对新发突发传染病，提高公共卫生治理整体效能。后得到了联合国各个国际组织认可。我国中山大学、上海交通大学、华南农业大学及中国人民解放军军事科学院军事医学研究院等单位积极推进"One health"在我国相关区域等研究合作与实践，共同应对人类、动物和环境在新形势下面临的新挑战，并成功举办第一届、第二届"One health"国际研讨会。2019年，上海交通大学与爱丁堡大学联合成立全健康研究中心，与我国国家热带病研究中心联合成立全球健康学院。目前，"One health"被更多国际组织和国家在健康治理过程中实践和应用。

一、世界卫生组织和世界动物卫生组织

世界卫生组织发展历程。最初在没有有效的传染病医药和治疗技术的时候，有效的隔离

措施是治疗传染病的唯一方法。1377年，意大利规定来自鼠疫区的人员必须在指定港口外停留40天，如果没有发病，才能获准入港。各国逐渐认识到隔离对于传染病防控的重要性，为了防止不公平的贸易限制，各个国家需要制定统一的隔离政策、互通信息、报告疫情。1851年，第一届国际卫生大会在法国巴黎召开，对港口检疫和隔离措施进行了进一步统一。随着流行病学、细菌学等出现，人类终于可以对抗各种传染病。20世纪初期，国际社会对传染病防控理念开始出现改变，认识到需要加强合作。第一次世界大战，各国饱受大流感、霍乱等威胁，开始逐渐认识到建立全球传染病威胁和应对反应网络的重要性，成员国应采取积极措施，加强对疾病防治和控制的合作。国际联盟随后成立健康委员会，负责定期发布传染病病情报告、改善传染病的统计方法和数据收集、调查和统计等工作。第二次世界大战之后于1948年4月成立世界卫生组织。世界卫生组织在成立后展开一系列行动，鼓舞人们战胜传染病。例如全球范围内消灭天花、小儿麻痹症和疟疾等多种传染病。20世纪80年代，世界卫生组织工作重心转移到促进全球公共健康的国际合作方面，逐渐形成了一个多层次全球公共健康合作框架。世界银行、世界贸易组织和国际民用航空组织等国际组织也开始关注公共健康，在各自领域中加入世界卫生组织防疫规定和标准，经过几十年发展，世界卫生组织已成为联合国系统内国际卫生问题的指导和协调机构，在全球范围内共有6个区域办事处、150个国家办事处、7000多名工作人员。主要工作领域包括：基于所有人都应享有最高标准健康原则，针对卫生系统、促进健康、传染病和非传染病防范、监测和应对等领域，制定国际参考资料和提出建议保护世界各地人民健康，如针对国家卫生系统所需关键药物、空气和水的全球标准、安全有效的疫苗和药物、儿童身高和体重图表等全球标准的制定。

每年5月在瑞士日内瓦举行的世界卫生大会，是世界卫生组织最高级别会议。世界卫生大会的主要职能是决定世卫组织的政策，任命总干事，监督财政政策，以及审查和批准规划预算方案。执行委员会由34名卫生专门技术方面委员组成。执委会主要会议于1月举行，商定即将召开的卫生大会议程和通过呈交卫生大会的决议，主要职能是执行卫生大会的决定和政策，向其提供建议并促进其工作。总干事是世卫组织首席技术和行政官员，可以连任一次。世卫组织主要资金来源：会员国缴纳评定会费和会员国及其他伙伴自愿捐款。世卫组织的预算主要包括四个部分：基本预算，是最大的组成部分，其范围涵盖所有战略重点和促进职能发展，由国家办事处、区域办事处和总部负责；特别规划，包括与其他治理机构合作开展的工作，如与世界银行开展的热带病研究与培训特别规划以及大流行性流感防范框架；全球消灭脊髓灰质炎行动，世界卫生组织（世卫组织）、国际扶轮社、美国疾病控制与预防中心、联合国儿童基金会（儿基会）、比尔和梅琳达·盖茨基金会以及全球疫苗免疫联盟共同领导的一项公私伙伴关系，其目标是在全世界消灭脊髓灰质炎；紧急行动和呼吁，旨在应对具有公共卫生后果的任何危害导致的紧急和长期突发事件和灾害。

世界卫生组织官网发布1945—2023年世界历年公共卫生里程碑事件。①1945年，筹建世界卫生组织；②1946年，国际卫生会议起草《世界卫生组织宪章》，随后获得批准；③1947年，建立第一个全球疾病追踪服务机构；④1948年，《世界卫生组织宪章》于4月7日生效；⑤1950年，发现抗生素，世界卫生组织向各国提供抗生素使用咨询；⑥1952年，发现并研发了注射灭活脊髓灰质炎疫苗；⑦1961年，研发了口服脊髓灰质炎减毒疫苗；⑧1969年，制订首个《国际卫生条例》；⑨1972年，设立人类生殖研究、发展与科研培训特别规划署；⑩1974年，建立扩大免疫规划，为全世界儿童提供拯救生命的疫苗；⑪1975年，主持热带病研究和培训特别规划；⑫1977年，列出首份基本卫生系统所需药品的《基本药物清单》；⑬1978 年，确定了"人人享有健康"的理想目标；⑭1980 年，在世界卫生组织领导的为期 12 年的全球疫苗接种运动之后，天花被根除；⑮1981 年，颁布《国际母乳代用品销售守则》，规定了婴儿配方奶粉的营销规则；⑯1983 年，发现艾滋病病毒；⑰1988 年，正式启动"全球根除脊髓灰质炎倡议"；⑱1994 年，在埃及开罗举行的国际人口与发展会议上，各国同意通过生殖健康的全面定义，并承认生殖权利，推进性别平等，消除对妇女的暴力，确保妇女有能力控制自己的生育能力；⑲1995 年，发起儿童疾病综合管理战略；⑳1998 年，确认了左炔诺孕酮在紧急避孕的有效性，并将其列入基本药物清单；㉑1999 年，成立全球疫苗免疫联盟；㉒1999 年，发布第一个预防和控制非传染性疾病的全球战略；㉓2000 年，通过了《联合国千年宣言》，承诺各国建立新的全球伙伴关系，包括卫生方面的具体目标；㉔2001 年，颁布了《关于艾滋病毒 / 艾滋病问题的承诺宣言》；㉕2001 年，创立并主持全球抗击艾滋病、结核病和疟疾基金；㉖2003 年，发起"3×5"计划，目的是 2005 年为 300 万艾滋病病毒感染者提供治疗；㉗2004 年，全球预警和应对卫生紧急情况的世界卫生组织战略卫生行动中心首次被用于协调应急反应支持；㉘2005 年，修订《国际卫生条例》，启动了隔离和遏制威胁的反应系统；㉙2006 年，五岁前死亡的儿童人数首次降至 1000 万以下；㉚2008 年，提出心脏病和中风成为"世界头号杀手"；㉛ 2009 年，出现新型 H_1N_1 流感病毒；㉜2010 年，发布了一份筹集充足资源和消除财政障碍的备选方案清单；㉝2011 年，通过了《大流行性流感防范框架》；㉞2012 年，首次制定了预防和控制心脏病、糖尿病、癌症、慢性肺部疾病和其他疾病的全球目标；㉟ 2012 年，通过了关于孕产妇和婴幼儿营养的实施计划；㊱2013 年，第一个全球精神卫生综合行动计划获得批准；㊲2014 年，宣布西非暴发规模最大的一次埃博拉疫情，成为国际关注的公共卫生紧急情况；㊳2015 年，艾滋病治疗覆盖率全面提升；㊴2015 年，世界卫生组织验证消除了艾滋病病毒和梅毒母婴传播的国家；㊵2015 年，世界卫生组织宣布欧洲区域成为世界上第一个实现阻断本地疟疾传播的区域；㊶2015 年，首次推出抗结核药物的儿童友好型配方，即水分散片；㊷2015 年，在联合国通过的《2030 年可持续发展议程》提出促进所有年龄段人群福祉；㊸2016 年，通过了关于抗生素耐药性宣言；㊹2016 年，寨卡病毒被宣布为国际关注的公共卫生紧急情况；㊺2017 年，首次发布耐抗生素"优先病原体"名单，其中包括对人类健康构成最大威胁的 12 种细菌；㊻2019 年，世界各国领导人通过了一项关于全民健康保险的高级别联合国政治宣言；㊼2020 年，新型冠状病毒成为国际关注的公共卫生紧急事件；㊽2020 年，第一个用于治疗耐多药结核病的口服方案确立；㊾2020 年，启动"获取抗击 COVID-19 工具加速计划"；㊿2021 年，广泛使用抗逆转录病毒治疗方案，2021 年底，75% 艾滋病感染者接受抗逆转录病毒治疗；51 2022 年，国际组织签署一项"关于人类、动物、植物和环境健康的合作协议"，加强合作，可持续地平衡和优化人类、动物、植物和环境健康。

世界动物卫生组织的发展历程如下。1872 年，欧洲暴发大面积动物疫情，欧洲各国在维也纳召开了一个国际会议，协商各国为控制此次动物疫情采取统一行动。1924 年 1 月，世界各国聚集在巴黎，并且签署《关于在巴黎建立世界动物卫生组织的国际协议》和《世界动物卫生组织组织法》，从此，世界动物卫生组织成立。世界动物组织代表大会选出总干事和国际委员会，总干事负责日常运转，总部设在巴黎。国际委员会下设立理事会和地区委员会。理事会负责技术和行政事务审查，特别是提交大会的工作方案和预算，由大会主席、副主席、前任主席和代表所有区域的六名代表组成。下设五个地区委员会，解决世界不同地区面临的具体问题。五个地区委员会包括非洲，美洲，亚洲、远东和大洋洲，欧洲，中东。每个地区委员会每两年在该地区的一个国家组织一次会议。这些会议专门讨论动物疾病控制方面的技术项目和区域合作，制定区域方案，以加强对主要动物疾病的监测和控制，特别是在世界动物卫生组织保持区域或次区域代表性的地区。世界动物卫生组织管理一个庞大的动物疫情信息系统，负责制定有关动物和动物产品贸易的卫生标准，主要任务是：收集并向各国通报全世界动物疫病的发生发展情况，以及相应的控制措施；促进并协调各成员国加强对动物疫情监测和控制的研究；协调各成员国之间动物及动物产品贸易的规定。主要发展目标：为各成员国提供危及人畜安全的动物疫情的发生和发展进程；实现国际贸易中动物及其产品的国际贸易动物卫生安全；为各成员国提供动物卫生专业知识。

二、国际组织制定主要条例及指导原则

1.《国际卫生条例》发展历程

世界卫生大会于 1951 年发布《国际卫生条例》，1969 年大幅度修改《国际卫生条例》，主要涵盖 6 种检疫疾病，霍乱、鼠疫、黄热病、天花、回归热和斑疹伤寒。1973 年和 1981 年世界卫生组织对其进行修订，把需要通报的疾病数从 6 种减到 3 种，包括黄热病、鼠疫和霍乱。20 世纪 90 年代初期，一些未列入报告清单的重大传染病暴发，第四十八届世界卫生大会在 1995 年要求对 1969 年《国际卫生条例》进行重大修订。2003 年 SARS 疫情，促进了《国际卫生条例》进一步快速修订，2003 年世界卫生大会建立了一个面向所有会员国开放的政府工作小组对《国际卫生条例》进行起草和修订。2005 年第五十八届世界卫生大会通过《国际卫生条例（2005）》，经过多轮修订并经过所有会员国一致通过，目前版本即为 2024 年修订版本。

自从 2007 年颁布《国际卫生条例（2005）》，世界卫生组织一共宣布 7 次国际突发公共卫生事件：2009 年的甲型 H_1N_1 流感；2014 年的脊髓灰质炎疫情；2014 年西非的埃博拉疫情；2016 年的寨卡疫情；2018 年埃博拉疫情；2020 年新型冠状病毒疫情；2022 年猴痘疫情。世界卫生组织总干事认定某个事件是国际突发公共卫生事件需要考虑的因素有：成员国提供信息；相关决策文件；组成的突发事件委员会建议；现有的科学依据原则；对人类健康危害程度；疾病国际传播风险以及对国际交通干扰程度。

流感病毒的频发与变异正逐渐威胁人类健康，为了有效应对流感病毒，在世界卫生组织倡议、组织和指导下，开始关注大流行流感议题。分别在第五十六届和第六十届世界卫生大会通过《预防和控制流感的大流行和年度流行》和《大流行性流感的防范：共享流感病毒以及获得疫苗和其他利益》，第六十二、六十三、六十四届世界卫生大会通过《大流行性流感的防范：共享流感病毒以及获得疫苗和其他利益》决议、标准材料转让协议以及其他相关问题。全球各国开始着手协同合作、主动积极防范大流感。

2.《大流行性流感的防范：共享流感病毒以及获得疫苗和其他利益》(简称《大流行性流感防范框架》)

其目标是改进大流行性流感的防范和应对，改善和加强世界卫生组织全球流感监测和应对系统，实现共享 H_5N_1 及其他可能引起人间大流行的流感病毒和获得疫苗并共享其他利益。惠益分享机制、疫苗分担机制和病毒共享机制是《大流行性流感防范框架》提出建立的三大

机制。病毒共享机制是指会员国应当迅速、系统和及时将 H_5N_1 及其他可能引起人间大流行的流感病毒所有生物材料转给世界卫生组织以及同意进一步转让给机构、组织和实体并由它们利用。相关生物材料包括：流感病毒提取的核糖核酸和脱氧核糖核酸，活性材料还附带有流感病毒追踪机制中商定的信息以及风险评估所需的其他临床和流行病学信息。会员国也可根据相关协议直接将相关材料转交给任何其他机构。此外，世界卫生组织建立一个实时跟踪相关材料在世界卫生组织中流动情况的追踪机制，世界卫生组织应及时提供实验室分析总结报告。惠益分享机制是指世界卫生组织应向所有会员国提供有关大流行监测、风险评估和预警服务等信息。在一定范围内，向会员国提供大流行监测、风险评估和预警服务能力建设。优先向发展中国家，特别是受灾严重国家、无能力自己生产抗病毒药物或者流感病毒疫苗的国家提供。通过技术援助、技术和知识转让以及扩大流感疫苗生产，逐步帮助接受国建立这方面的能力。疫苗分担机制。总干事根据专家建议进行流感疫苗及相关设备的储备。根据战略咨询专家组的指导建议，储备疫苗优先分配受灾严重国家和无法获得流感疫苗的国家。会员国要求流感疫苗供应商优先考虑并满足世界卫生组织疫苗储备要求，捐赠足够的疫苗。如果捐赠量不足，总干事和会员国一起努力开发筹资机制，满足疫苗储备要求。总干事和会员国审查有无可能在大流行之前在受灾国家使用储备疫苗。会员国要求流感疫苗生产商在每个生产周期将一部分疫苗留给发展中国家进行储备／使用。总干事将与会员国和咨询小组协商，召开一个专家小组会议讨论生产和分发流感疫苗的国际机制。会员国应当继续相互合作并与总干事和流感疫苗生产商合作，对发展中国家和发达国家采用分层定价政策，分层定价应要求生产商考虑有关国家的收入水平。总干事与相关疫苗生产商和会员国商议，在发展中国家或工业化国家建设新生产设施以及技术转让或知识储备。

由于世界卫生组织本身没有执法权力，导致《大流行性流感防范框架》在具体实施过程中存在一定困境。具体表现如下。第一，各个国家间毒株共享和利益分配矛盾。具有共同利益的国家必然会积极响应，但是如果存在利益冲突，即使一个阵营的国家也会由于病毒主权、最低参与约束条件和疫苗分担等方面的分歧，不愿意公开病毒基因序列、早期流行病学等关键信息；第二，科学技术发展的不平衡，导致各个国家互相猜忌。发达国家已经掌握除疫苗合成技术外，其他增强病原体致病力和传播力的新型科学技术，然而很多发展中国家和欠发达的国家，只能进行病毒分离，缺乏疫苗研发和生产能力，因此不愿意共享分离的全部毒株。

3.《兽医研究负责任行为指南》

生命科学研究对于动物、人类和植物的健康至关重要，是兽医、农业和人类公共卫生的基础，其中对动物疾病的研究对全球粮食安全、动物和人类健康至关重要，也能对各国动物产品生产和安全贸易做出巨大贡献。虽然这项研究有益地方，但也可能因意外或恶意意图而对动物健康或人类健康造成重大负面影响。因此，世界动物卫生组织制定了《兽医研究负责任行为指南》，目的是提高对动物研究的双重用途潜力的认识，支持动物研究研究人员和其他利益相关者有效识别、评估和管理双重用途的影响。需要注意，这些指导方针不是规定性的；它们没有提供关于该做什么的详细信息，而是旨在鼓励各国和各机构在努力实施各自的两用指南时进行反思。风险审查流程。研究人员和机构应将双重用途风险评估纳入现有标准风险评估程序中，这也是负责任科学家行为的一部分。应对研究的所有阶段，从项目启动到数据发布进行持续、详细的风险分析。研究机构应该有一个审查机构，负责审查所有生命科学研究过程中两用生物研究，应该包括生物安全和生物安保方面的考虑，并且建立正确的风险评估流程。研究人员应当权衡研究过程中收益和风险，发现其中两用生物的内涵。

　　风险评估体系。风险识别。研究通常涉及具有重大双重用途潜力的材料和知识，甚至涉及危险病原体改造，需要从研究项目的设计、实验过程再到研究结果发表中了解两用生物技术研究的双重用途。特别注意风险可能来源于实验过程阶段或者风险发生变化。要注意区分基础研究和应用研究风险。基础研究是应用研究的基础，是为了了解某一具体科学问题，所以两用生物技术风险评估更适用于应用研究。风险评估。可以用多种标准和分析工具进行风险评估，运用批判思维，记录过程和结论，引发对研究的预期和潜在意外后果的批判性思考。需要考虑的因素还不仅局限于以下标准。研究结果是否会发生变化；能否产生具有有害影响的毒素、生物或微生物的新特性（例如致病性、毒力、传染性、稳定性、宿主范围）？该研究能否改变有害环境中动植物物种的分布？研究能否产生新的或重新产生病原体或毒素？研究是否会导致宿主免疫力降低、宿主易感性增加和/或宿主倾向性改变？该研究能否促进或诱导对治疗或预防措施的抵抗？研究是否会干扰微生物或毒素的检测或诊断？该研究能否改变具有有害影响的动物饲料或植物饲料的性质？研究发表或以其他方式传播的背景或方式是否会助长滥用？风险管理指识别、选择和实施可降低风险水平的措施过程。如果确定的风险被评估为超过了潜在收益，则应考虑是否以及如何改进研究以减轻风险，在某些情况下，研究是否应该继续进行。除了良好的风险评估，风险管理还要求研究人员和机构都有意愿和权力采取适当的措施。

　　认识到研究的双重用途是一项负责的科学研究不可缺少的部分，负责任行为包括与安全、安保和道德有关的考虑。整个研究过程中，识别、评估和管理双重用途风险的责任在很大程度上取决于利益相关者多少。包括研究人员、研究机构、基金支持者、公司、教育者、科学出版商、科学杂志外的交流、公众参与。研究人员在风险评估中承担主要责任，负责识别、评估和管理双重用途，并与机构进行适当沟通，需要为其员工提供负责任的研究指导。研究机构，协助研究人员规划和执行缓解风险的措施，确保所有人员接受培训，建立公众参与咨询过程机制，并在整个过程保持透明，但涉及个人因素及知识产权应遵守保密协议规定。基金支持者。作为资助者，虽然在评估研究方面发挥重要作用，但不是最直接影响，资助者有责任确保基金接受者有适当的程序来识别、评估和管理研究的潜在两用影响。但合同支持者在研究设计中发挥更直接作用，因此，他们与研究者和研究机构共同承担识别、评估和管理双重用途影响的责任。公司，除了法律和财务责任外，公司应对安全、可持续的研究行为负责，并且工业界有责任保护社会免受其产品和研究的意外滥用风险，应当对可预见的故意滥用威胁努力采取适当的风险缓解措施。教育者在各个层面都需要负有责任，从开始上学到持续性职业教育，都需要培养一种负责任的行为意识。教育工作者在帮助塑造年轻科学家的态度、实践和道德指南方面发挥着至关重要的作用，并应将负责任的行为作为研究文化的一个固有组成部分灌输给他们。科学出版商应确保同行审查过程在评估和展示科学研究时考虑双重用途的影响。除了评估这些影响之外，科学出版商还应该以避免夸张的方式展示研究成果。科学领域以外的其他传播者，在传播科学成果时需要负责任参与。此外，保证公众参与是所有利益相关者的责任。应向公众提供并传达有关研究的整体效益以及风险审查流程要素的信息。除了在机构方面，还需要在国家层面，采用法律监管框架管理某些研究机构和企业，以保护社会免受研究带来的不可预见和不良影响，并为研究人员和机构明确清晰的法律责任和义务。该法律监管框架应是全面的，涵盖了所有考虑因素，并直接授权负责监督的机构。

三、国家和组织传染病防控的国际合作情况

1. 美国

2015 年美国发布的《国家安全战略》提出要改善全球卫生安全状况的目标。在国内加强预防疾病暴发的能力和迅速应对生物能力，在国外建立全球卫生合作系统，预防并监测大流行病暴发，引领解决抗生素耐药性等健康问题，对全球卫生事件做出更迅速有效的反应。2017 年联合国大会上，特朗普声称美国将继续在人道主义方面领导世界，通过"总统防治艾滋病紧急救援计划"、"总统疟疾倡议"和"全球卫生安全议程"，在全球卫生领域投资，创造了促进全球健康的机会。2018 年特朗普在《国家生物防御战略》提及"哪怕是发生在世界上最偏远地方的传染病暴发事件，也会快速地扩散到各个大洲大洋，直接影响到美国人民的健康、安全和繁荣"。奥巴马政府发起了"全球卫生安全议程"，拨款 10 亿美元，在 49 个国家通过为期五年的"全球卫生安全议程"开展全球卫生活动。特朗普继承了奥巴马的"全球卫生安全议程"并继续推进。其主要战略目标是提升伙伴国家的传染病监测和应对能力，力图将传染病前线外移；其他国家、组织应分担全球卫生安全责任；提升国内应对全球卫生威胁能力和韧性。

2. 欧盟

疫情对欧洲造成严重伤害，其卫生治理引起广泛关注。由于其在应对方面的不力，欧盟卫生治理在各个方面进行了改变。一是加强对疫情严重的欧盟成员国医疗物资、人员调配、医药技术研发创新等方面的支持；二是增加为应对疫情召开的会议次数，应对此次突发卫生危机。2020 年 2 月欧洲理事会主席宣布全面启动综合性政治危机机制，商讨应对之策。2020 年 4 月，欧洲理事会提供 31 亿欧元专项资金用于购买医疗用品、增产检测试剂盒、建立户外医院以及将病患转移至其他成员国治疗等。三是加强欧洲各国在卫生防疫方面协调一致的作用。法德成立"疫苗联盟"。欧盟下设"卫生和食品安全委员会"，协调欧盟的公共卫生与安全事务，扩大传染病监测网络范围以及特定的网络，如欧洲艾滋病流行病学监测中心、疫苗可预防监测社区网络等。建立预警和反应系统和疾病预防控制中心等整体监管机构，用于发出警报并与成员国沟通，评估新发突发传染病对人类健康造成的威胁，促进成员国之间的卫生资源共享。

3. 日本

日本在传染病防控国际合作方面卓有成效。分别加入包括"耐药性相关的联合规划倡议"和"传染病预防全球研究合作"等国际组织，并与美国国立卫生研究院、新加坡科技研究局和英国医学研究委员会签署了生物医学相关领域合作研究的谅解备忘录。推进了很多传

染病防控国际合作，例如应对地球规模课题的国际科学技术合作项目、国际共同研究战略项目、国际科学技术战略合作项目、应对非洲热带疾病的国际共同研究项目、日美医学合作计划、传染病研究国际战略开展项目。合作的国家包括中国，印度，东南亚的越南、泰国、缅甸、菲律宾和印度尼西亚，西非的加纳，以及非洲南部的赞比亚。研究重点在流感、登革热、耐药菌和腹泻传染病这四个领域。日本国际合作机构。日本的独立行政法人国际合作机构是于 2003 年根据《独立行政法人国际协力机构法》重新组建的，主要通过关注发展中国家和地区的经济开发与复兴、经济社会稳定等方面，为本国和国际社会经济的健康发展做贡献。日本政府对部分国家，在传染病方面进行了长期的援助。例如，日本于 1966 年就与非洲的加纳开展了医疗合作，1969 年日本国际协力机构（JICA）开始向加纳大学医学部派遣专家，1979 年依托日本政府提供的无偿援助资金开始建设野口纪念医学研究所，并于 1999 年建设了 BSL-3（生物安全等级 3）实验楼，于 2000 年建设了动物实验楼和培训楼。日本对越南国产疫苗制造能力的强化进行支援。2003—2006 年，日本政府提供了 21.4 亿日元的无偿援助资金启动《麻疹疫苗制造设施建设计划》，2006—2010 年进行了麻疹疫苗制造基础技术转移项目的技术援助，2013—2018 年继续提供麻疹风疹混合疫苗制造技术转移项目的技术援助，具体技术支持单位为日本北里第一三共疫苗股份有限公司（原为北里研究所生物制剂研究所）。此外，JICA 近年来开始向海外派遣传染病专家，开展当地传染病防控等方面的研究工作。2014 年之前，日本在海外传染病合作方面主要采用物资支援的形式，分别在 2009 年向玻利维亚、墨西哥和巴布亚新几内亚提供援助物资，2010 年向海地提供援助物资。2014 年，非洲暴发了埃博拉出血热，日本政府一方面以物资援助形式对利比里亚、塞拉利昂、几内亚、马里进行支援，另一方面向塞拉利昂、利比里亚派遣了传染病专家。随后在 2016 年，为应对刚果的黄热病，日本首次组建并向刚果派遣了国际紧急救援队之传染病对策小组。

4. 中国

中国积极参加并推动了全球公共卫生治理。新中国成立初期，中国卫生外交的对象是社会主义国家。1963 年，刚刚摆脱殖民统治的阿尔及利亚急需医疗援助，我国派出 13 名优秀的医疗专家奔赴阿尔及利亚，受到当地好评，这是我国第一次向国际社会派出医疗队。20 世纪 60 年代至 70 年代，先后向非洲等地发展中国家派出多个医疗队，但主要以医疗援助为主，这些医疗援助对于我国恢复在联合国一切合法权利起到重要作用。我国公共卫生国际合作里程碑是 1978 年与世界卫生组织签订《卫生技术合作谅解备忘录》。2003 年，SARS 疫情暴发，更加坚定我国在全球化背景中全方位展开国际合作的信心。2003 年，第 58 届联合国大会通过我国提交的《加强全球公共卫生能力建设》的决议草案。2006 年 1 月 31 日，中国倡议成立"国家级公共卫生机构国际联盟"，致力于通过政策倡导、技术合作、资源共享等，促进公共卫生机构合作发展。2006—2007 年，分别与英德法等大国在公共卫生领域展开合作，特别是中法两国建立中国第一个 P4 生物安全实验室。2014 年，中国成建制参与援助非洲抗击埃博拉病毒，这是我国派出人数最多、持续时间最长的一次。2020 年，新冠疫情肆虐全球，2020 年 5 月在世界卫生大会上，为实现疫苗在发展中国家可及性和可负担性，习近平总书记发表《团结合作战胜疫情，共同构建人类卫生健康共同体》，宣布将中国研发的新冠疫苗作为全球公共产品。这体现了中国积极支持和推动全球公共卫生领域发展并做出重要贡献。

第五节 展 望

传染病固然可怕，但在当今人类社会十大死因中，传染病目前仅占 3 种。这得益于人类科技的进步，特别是微生物学兴起和公共卫生治理领域的进步。然而这并不意味着我们可以对新发突发传染病放松警惕。根据美国联邦政府研究预测，大约有 50 万种能够感染人的病毒尚未被发现，喜马拉雅山系的冰川融化，超过 28 种上亿年历史的古代病毒已经苏醒。近 20 年来，SARS、甲型 H_1N_1 流感、埃博拉病毒病以及中东呼吸综合征等全球性大流行疾病也是一次次预警，下一场大流行疾病可能在未来的某一天到来。此外，虽然发达国家在传染病监测预警、医疗救治等领域领先全世界，但真正决定传染病病毒变异或者新病毒出现的是发展中国家，特别是贫穷的国家公共卫生治理状况。如何在联合国框架下，建立传染病全球威胁应对和响应机制，实现监测预警、病毒毒株和特异药物和疫苗惠益共享、共同分享，值得注意和深思。

加强全球传染病威胁协调应对，提升发展中国家公共卫生治理能力。首先，加强对《国际卫生条例（2005）》和世界卫生组织改革，创建一个具有法律效力的文件和组织，赋予其对国际突发公共卫生事件独立调查和强制推行相关国际条例的权力，保障充足的运转资金，并对违反《国际卫生条例（2005）》的国家进行惩戒。其次，扩充流感监测和应对网络。虽然大流行性流感防范框架取得不错工作成绩，但仍要扩大到影响人类健康的各种危险病原体。其次，加强全球传染病监测战略布局，力争从被动监测转化为主动监测预警。增加成员国国家级监测中心、地方性监测中心以及世界卫生组织必要管制实验室和参考实验室数量。大力帮助发展中国家建设传染病防控专业技术机构体系，包括明确与世界卫生组织联络点，以及病原体采集、分析实验建设。最后，建立由多个缔约国参与协调机构，强化传染病监测预警。建议成立一个流行病预测和预报科学技术工作组，协调各国参与传染病预警、病原体溯源及传播监测工作，推动建立全球重要病原体传播机制及路径预测模型，旨在预测病原体暴发和疾病传播进程。

加强基础科学研究，大力开发强效安全广谱疫苗和药物。疫苗和药物是传染病防控的核心，所以开发强效安全广谱疫苗和药物是传染病防控的重点。需要攻克一些基本共性的关键核心技术和基础科学问题。关键核心技术如保护性抗原高效筛选与理性设计、活载体抗原高效表达与递送。基础科学问题如病毒复制、转录、组装、入侵及宿主免疫应答机制和抗体介导的机体免疫保护机制。创新疫苗研发路线。改良腺病毒载体，解决对人体的预存免疫性问题，大力开发 mRNA 疫苗平台，提高 mRNA 疫苗抗原性、稳定性、靶向性和通用性。针对药物，要特别注意耐受性问题，要严格控制医生、公众和生产商使用抗生素。加强对病原体致病机制研究，找到共性靶点并针对性开发药物。开发新型抗生素合成路径，摆脱主要依赖天然产物化学改造的路线。

思考题

① 传染病在生物安全学科中处于何种地位？对推动学科发展发挥哪些作用？

② 如何区分病原微生物实验室生物安全分类和生物防御分类？

③ 为应对下一次新发突发传染病我们应该做好哪些准备？

参考文献

[1] 程东海，钟南山 . 从 SARS 事件看政府危机管理 [J]. 国际医药卫生导报，2004（9）：24-26..

[2] 新华社 . 二十国集团领导人应对新冠肺炎特别峰会声明 [EB/OL].（2020-03-27）. http：//www. xinhuanet.com/world/2020-03/27/c_1125773916.htm.

[3] 约书亚 · S 卢米斯 . Epidemics：The Impact of Germs and Their Power Over Humanity[M]. 北京：社会科学文献出版社，2021.

[4] 程丛杰 . 清末民初公共卫生体系发展视域下的伍连德抗击东北肺鼠疫再探究 [J]. 河北大学学报（哲学社会科学版），2021，46（3）：55-62.

[5] 陈启军，陈越，杜生明 . 论传染病的危害及我国的防治策略 [J]. 中国基础科学，2005，7（6）：19-30.

[6] 杨玉艾，江波，孙永科 . 我国新发人畜共患传染病及其防控策略 [J]. 中国动物传染病学报，2009，17（4）：77-80.

[7] 詹思延 . 流行病学：第 8 版 [M]. 北京：人民卫生出版社，2017.

[8] 世界卫生组织 . 国际卫生条例（2005）[Z]. 2016.

[9] 黄淑琼，蔡晶，张鹏，等 . 新型冠状病毒肺炎疫情下的传染病信息报告管理工作及反思 [J]. 2020，31（4）：1-4.

[10] 全国人民代表大会 . 中华人民共和国生物安全法 [EB/OL]. [2023-05-01] http：//research.sysu.edu.cn/ sites/default/files/2024-07/ 中华人民共和国生物安全法 .pdf.

[11] World Health Organization. Rapid risk assessment of acute public health events [Z]. 2012.

[12] 张晓玲 . 新中国成立以来我国突发公共卫生事件应急管理的发展历程 [J]. 中国应急管理科学，2020（10）：7.

[13] 张泽滈，刘宏 . 渐进决策与治理能力 - 以新加坡对抗新冠疫情为例 [J]. 湖北社会科学，2020（8）：10.

[14] 郑涛 . 生物安全学 [M]. 北京：科学出版社，2014.

[15] Marcos C，Theodore M B，Elizabeth F. The world health organization a history[M]. Cambridge：Cambridge University Press，2019.

[16] World Health Organization. Public health miestones through the years[EB/OL]. [2023-05-05].

[17] World Organisation for Animal Health[EB/OL].[2023-05-05].

[18] World Organisation for Animal Health[EB/OL]. [2023-05-05].

[19] International Health Regulatoins[EB/OL]. [2023-05-05].

[20] Abdinasir A，Amgad E，Amal B, et al. Pandemic influenza preparedness（PIP）framework：Progress challenges in improving influenza preparedness response capacities in the Eastern Mediterranean Region，2014-2017 [J]. Journal of Infection and Public Health，2020，13（3）：446-450.

[21] World Health Organization. Pandemic Influenze Preparedness Framework[EB/OL].[2023-05-05].

[22] World Organisation for Animal Health. Guidelines for responsible conduct in veterinary research[EB/OL]. [2023-04-19]

第三章

两用生物技术

第一节　生物科技的发展历程概述

一、生物科技的发展概况

1.生物技术定义的形成

生物技术也可称为生物科技、生物工程。从广义上讲，生物技术可以定义为以人类使用为目的的生物工程，也可以定义为通过改造生命系统或影响自然过程，获得产品、新系统以及帮助人类发展所需的各种技能的组合。目前，生物技术更加强调杂交基因的建立，然后将它们转移到部分或全部基因组缺失的生物体中。

在史前时代，农学家通过异花授粉或杂交育种的方法培育出质量更好的动植物物种，这些方法属于原始形式的生物技术。早期农业集中于生产粮食，生物技术形式包括动物训练和选育、作物种植以及利用微生物生产奶酪、酸奶、面包、啤酒和葡萄酒等产品。原始的生物技术类型是植物的栽培和动物的训练（主要指驯化）。驯化可以追溯到10000多年前，那时我们的祖先也开始将植物作为可靠的食物来源，驯化植物最早的例子是水稻、大麦和小麦，当时还饲养野生动物生产牛奶或肉类。古代人们虽然不懂技术原理但是凭借生活的经验，实现了利用微生物生产奶酪、酸奶和面包。在此期间，首次发现发酵过程，开发了各种发酵食品，例如啤酒、葡萄酒、黄酒、白酒、酱油、泡菜及馒头等。后来，人们发现微生物，例如细菌、酵母或霉菌在缺氧时会水解糖分，从而开启了发酵过程，这个过程使发酵产品（食物和饮料）形成。

发酵技术可能是偶然发现的，因为在更早的时候没有人知道它是如何工作的。在史前时代，一些文明认为发酵是神的礼物。发酵最早的科学证据是路易·巴斯德（Louis Pasteur）在19世纪的研究成果，巴斯德展示了微生物的生存及其对发酵过程的进一步影响。巴斯德的发现对多个科学分支作出了贡献。在早期，一些传统药物被作为生物技术产品，例如蜂蜜，可用于治疗多种呼吸道疾病和作为伤口药膏。由于蜂蜜含有多种抗菌化合物，因此被认为是一种天然抗生素，可用于伤口愈合。同样，早在公元前 600 年的中国，豆腐就被用来治疗疔疮。乌克兰农民曾经使用发霉的奶酪来治疗感染的伤口。后来观察到，存在于此类霉菌中的抗生素可以杀死细菌并避免感染传播。1928 年，亚历山大·弗莱明（Alexander Fleming）从霉菌中提取出了第一种抗生素青霉素。这一发现彻底改变了现有的治疗方法，抗生素比早期的药物具有更大的潜力和更有效的作用。生物技术在作物轮作（包括豆科作物）、疫苗接种和畜力技术方面的发展是在 18 世纪末和 19 世纪初之间实现的。

19 世纪末是生物学的一个里程碑。在此期间，德国生物学家海因里希·赫尔曼·罗伯特·科赫（Heinrich Hermann Robert Koch）因发现炭疽杆菌、结核分枝杆菌和霍乱弧菌而出名，发展出一套用以判断疾病病原体的依据——科赫氏法则。1905 年，因结核病的研究获得诺贝尔生理学或医学奖，以他命名的罗伯特·科赫奖是德国医学最高奖。德国生物学家、植物学家费迪南德·朱利叶斯·科恩（Ferdinand Julius Cohn）依据细菌的外形，将细菌分为球菌、短杆菌、螺旋菌、线状菌四类，并首次将藻类划归为植物，同时定义了其与绿色植物的差异。法国微生物学家巴斯德以生源说否定自然发生说（自生说）、倡导疾病细菌学说（胚种学说），以发明预防接种方法以及巴氏杀菌法而闻名，成为第一个创造狂犬病和炭疽病疫苗的科学家，被世人称颂为"进入科学王国的最完美无缺的人"。他和科恩以及科赫一起开创了细菌学，被认为是微生物学的奠基者之一，常被称为"微生物学之父"。1865 年，英国外科医生、皇家学会会长约瑟夫·李斯特（Joseph Lister），首先提出缺乏消毒是手术后发生感染的主要原因。当年 8 月，他为一位断腿病人实施手术，选用苯酚作为消毒剂，并实行了一系列的改进措施，包括：医生应穿白大褂、手术器具要高温处理、手术前医生和护士必须洗手、病人的伤口要在消毒后绑上绷带等，这位病人很快痊愈。1864 年 4 月，巴斯德发现微生物的存在，为李斯特的设想提供了理论上的依据。1867 年，李斯特又将消毒手段应用到输血和输液中，降低了败血症的发病率。这一系列措施立即降低了手术术后感染的发病率，大大提高了手术成功率，术后死亡率自 45% 下降到 15%，使得外科手术成为了一种有效、安全的治疗手段。奥地利科学家格雷戈尔·孟德尔（Gregor Mendel），被誉为"遗传学之父"。在 1856 年至 1863 年之间，孟德尔通过研究豌豆的七大特征，包括植物高度、豆荚的形状及颜色、种子的形状及颜色，以及花的位置和颜色，总结出遗传规则——孟德尔遗传规律。以种子的颜色为例，孟德尔表示当一个真实遗传的黄豌豆种子和一个真实遗传的绿豌豆种子杂交时，它们的后代一定是黄色种子，但是在下一代中，豌豆种子以 1 绿色对 3 黄色的比例重新出现。为了解释这种现象，孟德尔针对这些特征创造了"隐性"和"显性"两个术语。孟德尔在 1866 年出版了他的论文，说明某种看不见的因素（也就是基因）可预测并确定生物体的性状。民间传言，因为孟德尔的实验，孟德尔所在修道院的修女与修士们与孟德尔一起吃了很多年的豌豆。孟德尔的重大研究直到 20 世纪初（超过三十年）才被科学家们重新提起。孟德尔也从事过植物嫁接、养蜂以及气象监测等方面的研究。他生前是维也纳动植物学会会员，并且是布吕恩自然科学研究协会和奥地利气象学会的创始人之一。

20 世纪 20 年代开始通过生物过程生产有用的化学品，继 1861 年巴斯德首次发现细菌能够产生丁醇之后，1912 年，哈伊姆·魏茨曼（Chaim Azriel Weizmann）发现了一种梭菌丙酮丁醇梭菌（*Clostridium acetobutylicum*）能够将淀粉转化为丙酮、丁醇及乙醇，由此产生的丙酮在第一次世界大战期间被作为炸药的重要成分。此生物过程在第一次世界大战期间得到推广。在 20 世纪 30 年代，生物技术过程更多地转向利用剩余农产品供应工业，以替代进口或石化产品。苏格兰生物学家、药学家、植物学家亚历山大·弗莱明（Alexander Fleming），发现了青霉素，使用微生物生产抗生素成为可能。他 1923 年发现溶菌酶，1928 年发现青霉素，这一系列发现开创了抗生素领域，也使他闻名于世。1945 年，弗莱明与弗洛里和钱恩因为对青霉素的研究活动获诺贝尔生理学或医学奖。青霉素后来从特异青霉（*Penicillium notatum*）培养物中大规模生产，生产的青霉素在二战期间被证明对治疗受伤士兵有重要贡献。此后，生物技术的重点转向了制药，冷战期间主要是研究用于制备生物制品的微生物以及抗生素和发酵过程。

生物技术发展至今已经被用于许多学科，包括生物修复、能源生产和食品加工产业。DNA 指纹识别通常用于法医学。胰岛素生产和其他基于生物技术的药物（生物制药）是通过克隆具有感兴趣基因（GOI）的载体来生产的。免疫测定在医学上经常用于药物效率和妊娠测试。此外，农民还利用免疫测定来检测农作物和动物产品中的杀虫剂、除草剂和毒素的危险水平。这些测试还提供快速现场测试，用于测定工业化学品，特别是地下水、沉积物和土壤中的化学品。生物技术在农业领域也有广阔的应用前景，可用于研发抗昆虫、杂草和病害的植物。这可以通过使用基因工程引入 GOI 来实现。过去在不了解生物技术基本概念的情况下进行动植物选育。在这个过程中，允许具有理想特性的生物交配，以进一步增强其后代的这些特性。结果表明，选择性育种可以提高产量和生产力。在此期间，农民并没有意识到选择性育种创新者正在改变生物体的基因构成。一个突出的例子是玉米，它为植物育种者提供了一个平台来开发更多的杂交品种。关于动物，狗是选择性繁殖的另一个例子。促进不同狗之间的繁殖以改善性状，例如大小、敏捷性、形状和颜色，产生从小型吉娃娃到大丹犬的品种。 1865 年，孟德尔开创了生物技术的另一项革命性发展，开启了遗传学时代，他认为基因是遗传的单位。又花了将近 90 年的研究才确定基因是由 DNA 组成的。这一突破是现代生物技术的开端。生物技术的最新发展导致其复杂性、范围和适用性的扩展。如上所述，定义生物技术的最简单方法是将这个词拆分为两个组成部分（生物技术 = 生物学 + 技术）。通过考虑这两个关键词，我们可以将生物技术定义为一组用于操纵生物体或利用生物制剂或其成分来生产有用产品 / 服务的技术。

生物技术的广泛性质常常使对这一主体的详细定义变得相当困难，在此，我们对目前已有的对新时期生物技术的定义进行列举。

① 生物技术是指任何使用生物系统、生物体或其衍生物的科学应用，以生产或改变特定用途的产品或过程。

② 活生物体、系统或过程的利用构成了生物技术。

③ 根据《柯林斯英语词典》，生物技术是利用活生物体、它们的部分或过程来开发活性和有用的产品并提供服务，例如：废物处理。该术语表示范围广泛的过程，从使用蚯蚓作为蛋白质来源到对细菌进行基因改造以提供人类基因产品，例如生长激素。

④ 生物技术包括"生物制剂的受控使用，例如微生物或细胞成分，以供有利使用"。

⑤ 生物技术具有典型的"两用性"。一方面，我们知道该技术允许修改 DNA，以便基因可以从一个生物体转移到另一个生物体。另一方面，它也需要相对较新的技术，其结果未经测试，应谨慎对待。

⑥ 生物技术是"微生物学、生物化学和工程科学在生产或服务运营中的综合应用"。

⑦ 生物技术是微生物、活植物和动物细胞的商业应用，以创造对人类有益的物质或效果。它包括抗生素、维生素、疫苗、塑料等的生产。生物技术概念中"生物"指的是生命，

"技术"指的是将信息应用于实际用途，即应用生物体来创造或改进产品。它涉及生物体或其产品的工业应用，这需要对其 DNA 分子进行有意的操作。这可能意味着让活细胞以可预测和可控的方式执行特定任务。

⑧ 生物技术一词偶尔也适用于在严格控制的环境条件下培养酵母和细菌等微生物的过程。因此，发酵有时被称为最古老的生物技术形式。基因工程技术经常（但并非总是）用于生物技术。

⑨《大学出版社生物学词典》将生物技术定义为"将技术应用于工业、农业和医疗目的的生物过程"。

⑩《牛津生物学词典》将生物技术定义为"将生物过程应用于医药和工业材料生产的技术开发"。

从以上定义可以明显看出，生物技术包括依赖于现代生物化学、细胞生物学和分子生物学发现所获得信息的不同技术。这些技术已经对生活的各个领域产生了巨大影响，包括农业、食品加工、医疗技术和废物处理。与此同时，生物技术的两用性特征也受到了国际各界的关注。上述生物技术的不同定义在方法、内容和侧重点上有所不同，但它们有两个共同的主要特征。首先，生物技术涉及利用生物实体（即微生物、高等生物的细胞——无论是活的还是死的）、它们的成分或产物（如酶），从而产生一些功能性产品或服务。其次，该产品或服务应旨在改善人类福祉。

总之，生物技术是"工程和生物科学理论的应用，以从生物来源的原材料中生产新产品，例如疫苗或食品"，或者换句话说，它也可以定义为"利用生物体或其产品来改变或改善人类健康和人类环境"。

2. 生物技术发展过程中的典型事件

如上所述，生物技术并不新鲜，因为几千年来人类文明一直在利用生物体来解决问题和改善我们的生活方式。畜牧业、农业、园艺等涉及的生产技术和过程利用植物和动物生产有用的产品。然而，这些技术不被视为生物技术，因为它们本身就是公认的和完善的学科。如今，利用体外培养的动植物细胞及其成分来生产产品 / 服务已成为生物技术不可或缺的一部分。随着生物技术的不断发展，生物技术与人类生活更加密切。

生物技术的发展可分为广泛的阶段或类别，包括：

① 古代生物技术阶段：与食物和住所相关的早期历史；包括驯化动物。

② 传统生物技术阶段：建立在古代生物技术之上；发酵生产食品和医药。

③ 遗传学快速发展阶段：遗传学理论萌芽和发展的主要时期。

④ 分子生物学深入研究阶段：扩大了 DNA 研究的范围，DNA 结构的发现终于引起了分子生物学和遗传学研究的爆发，为生物技术发展提供资源。

⑤ 现代生物技术阶段：操纵器官中的遗传信息；基因工程；各种技术使我们能够提高农业作物产量和食品质量，并在工业中生产更广泛的产品。

⑥ 颠覆性创新发展阶段：以合成生物学和基因组编辑为代表的颠覆性技术相关工具及应用快速发展阶段。

随着生物技术不断创新发展，很多工具被建立和开发，借助这些工具，大多数基本概念都得到了阐明，从而加快了通往重要科学发现的道路，相关研究和发现具有无限的意义和应用，以下对不同历史时期的主要事件进行列举。

（1）古代生物技术阶段

公元前 6000 年，苏美尔人和巴比伦人利用酵母酿造啤酒；

公元前 4000 年，埃及人发现用酵母制作发酵面包的方法；

公元前 420 年，希腊哲学家苏格拉底假设父母和他们的后代具有相似的特征；

公元前 320 年，希腊哲学家亚里士多德提出所有继承都源于父亲的理论；

公元 1000 年，印度教徒认识到有些疾病可能会"家族遗传"，非生源论得到发展；

1630 年，威廉·哈维认为植物和动物的繁殖方式相似；

1660—1675 年，马尔比基使用显微镜观察毛细血管，发现大脑通过形成神经系统的纤维束与脊髓相连；

1673 年，安东尼·列文虎克解释原生动物和细菌等微生物，确定这些微生物对发酵有贡献。

（2）传统生物技术阶段

1809 年，尼古拉·阿佩尔发明了利用热量对食物进行灌装和消毒的技术；

1827 年，首次观察到哺乳动物卵子；

1850 年，伊格纳兹·塞麦尔维斯利用流行病学检查提出产褥感染可以通过医生在母亲之间传播的理论；

1856 年，卡尔·路德维希发现在体外保存动物器官使其存活的方法，巴斯德提出微生物发酵；

1859 年，查尔斯·达尔文提出"自然选择"；

1863 年，巴斯德发明巴氏杀菌法；

1865 年，孟德尔提出遗传定律；

1868 年，弗里德里希·米歇尔从脓细胞中分离出核素；

1880 年，巴斯德发现弱化（减毒）的微生物菌株能够预防此类疾病；

1881 年，科赫发明了明胶和琼脂培养细菌技术；巴斯德着手研究狂犬病和炭疽疫苗；

1882 年，华尔瑟·弗莱明提出了有丝分裂；

1884 年，科赫发现伤寒杆菌，巴斯德发明狂犬病疫苗，汉斯·克里斯蒂安·革兰发明革兰氏染色法。

（3）遗传学快速发展阶段

1900 年，孟德尔的研究受到重视，荷兰的雨果·德弗里斯、德国的卡尔·柯灵斯和奥地利的契马克各自独立研究再次发现了这一定律，并将其命名为"孟德尔定律"；

1902 年，萨顿发现染色体（成对的）包含某些元素，这些元素会从一代转移到另一代，标志着人类遗传学诞生；

1905 年，埃德蒙·比彻·威尔逊和内蒂·史蒂文斯证实与性别相关的 X 和 Y 染色体；

1905—1908 年，威廉·贝特森和庞尼特发现几个基因具有改变或修改其他基因的作用；

1906 年，保罗·埃尔利希第一个推出抗菌类化学药物治疗方法，有效治疗梅毒；

1907 年，托马斯·亨特·摩根开始了他对果蝇的研究，结果表明染色体在遗传中具有明确的作用，此外，他还发现了突变理论，加深了对遗传的基本概念和机制的理解；

1909 年，威廉·约翰森（Wilhelm Johannsen）提出了"基因"的概念，还创造了术语"基因型"和"表型"；

1910 年，摩根证明了遗传信息的载体存在于染色体上，为现代遗传学奠定了基础；

1911 年，摩根建立了某些遗传特征的分离，这些特征通常与细胞分裂过程中染色体的分

离 / 断裂有关；

1912 年，威廉·劳伦斯·布拉格发明利用 X 射线测定晶体物质分子结构；

1924 年，美国外交官在优生学运动的鼓励下接受了美国移民法，该法以所谓的基因劣势为由限制接纳来自南欧和东欧的文盲难民；

1926 年，摩根基于孟德尔遗传学（育种调查和光学显微镜）发表了《基因理论》，赫尔曼·约瑟夫·穆勒发现 X 射线导致果蝇发生基因突变的速度比正常条件下快 1500 倍，这项创新为研究人员和科学家提供了一种诱导突变的方法；

1928 年，弗雷德里克·格里菲斯发现存在来自光滑型的神秘"转化元素"时，粗糙型细菌会转化为光滑型；6 年后，奥斯伍尔德·西奥多·埃弗里发现"转化元素"是 DNA；亚历山大·弗莱明研究了一种古老的感染真菌生长的细菌培养物，发现它在培养皿中一片霉菌（真菌）周围的半径范围内没有显示任何细菌生长，这一突破催生了抗生素时代或青霉素时代，15 年后青霉素应用于医疗；

1938 年，通过 X 射线研究蛋白质和 DNA，这是晶体学新时代的曙光，大分子量的复杂蛋白质可以通过 X 射线进行研究，创造了"分子生物学"一词；

1941 年，乔治·威尔斯·比德尔和爱德华·劳里·塔特姆检查了粗糙脉孢菌，这是一种通常侵入面包并在面包上生长的霉菌，并提出了"一个基因，一种酶"理论：每个基因编码或转化为一种酶，以完成生物体内的任务；

1943 年，洛克菲勒基金会（纽约）与墨西哥政府合作启动了墨西哥农业计划，这开启了全球植物育种的第一步；

1943—1953 年，一种孕烷类固醇激素可的松最早大量生产，可的松被认为是第一个生物技术产品；

1945 年，联合国粮食及农业组织成立于加拿大魁北克，旨在鼓励农业实践；

1945—1950 年，首次在实验室收获动物细胞培养物，动物组织培养领域诞生；

1947 年，芭芭拉·麦克林托克首先展示了被称为"跳跃基因"的"转座因子"，它具有从基因组上的一个位点移动（或跳跃）到另一个位点的能力，当时科学界并不在意她的发现所带来的影响；

1950 年，埃尔文·查戈夫发现 DNA 中存在相同水平的腺嘌呤和胸腺嘧啶，鸟嘌呤和胞嘧啶的水平也相同，这些关联后来被命名为"查加夫规则"。后来，查加夫规则成为詹姆斯·沃森和弗朗西斯·克里克测量不同 DNA 结构模型的重要原则。

（4）分子生物学深入研究阶段

1953 年，《自然》杂志发表了沃森和克里克发现 DNA 双螺旋结构的文章，乔治·奥托·盖开发了 HeLa 人类细胞系，并被培养用于开发脊髓灰质炎疫苗；

1957 年，克里克提出中心法则，揭示了 DNA 如何构建蛋白质；

1962 年，沃森和克里克与莫里斯·威尔金斯一起获得诺贝尔生理学或医学奖。令人遗憾的是，实际上为发现 DNA 双螺旋结构作出贡献的罗莎琳德·富兰克林（Rosalind Franklin）在此之前去世了，诺贝尔奖大会不允许追授奖项；

1970 年，病毒学家彼得·杜斯伯格和彼得·沃格特确定了病毒中的第一个致癌基因，研究各种人类癌症；

1972 年，保罗·伯格利用限制酶将 DNA 切割成片段，使用连接酶同时连接两条 DNA 链，形成一个混合环状分子，这是第一个合成的重组 DNA（rDNA）分子；

1972 年，美国国立卫生研究院制定指导方针来批准 DNA 剪接策略；

1975 年，加利福尼亚州阿西洛马举行全球会议，目的是批准规范重组 DNA 实验指南，会议讨论了"安全"细菌和质粒的开发；

1976 年，米高·毕晓普和哈罗德·瓦慕斯证实致癌基因在动物染色体上结构或表达的改变可导致转移性生长，美国国立卫生研究院发布了第一套重组 DNA 实验指南，限制了几种类型的试验。

（5）现代生物技术阶段

1977 年，基因泰克公司首次在细菌中合成人类生长激素，这个成果被认为是现代生物技术时代的开始；

1978 年，赫伯特·博耶通过将胰岛素基因引入大肠埃希菌中合成了合成人胰岛素，这一突破为 DNA 测序和克隆技术的进一步发展打开了大门；

1978 年，基因泰克公司利用重组 DNA 技术实现了人胰岛素的合成；

1985 年，凯利·班克斯·穆利斯建立聚合酶链反应（PCR）在体外扩增 DNA 序列；

1988 年，哈佛大学分子遗传学家菲利普·莱德尔和蒂莫西·斯图尔特获得了第一项基于转基因动物（极易患乳腺癌的小鼠）的专利；

1990 年，加利福尼亚大学旧金山分校和斯坦福大学获得了第 100 个重组 DNA 专利许可；第一个基于基因的治疗出现，针对一名患有腺苷脱氨酶缺乏症的免疫系统疾病的四岁女孩进行；与此同时，围绕基因疗法的伦理问题引起了激烈的争论；启动人类基因组计划，其全球目标是绘制人体中的所有基因，预计成本为 130 亿美元；

1993 年，研究员凯利·穆利斯因发明 PCR 工具而获得诺贝尔化学奖；

1997 年，苏格兰罗斯林研究所的研究人员宣布，从一只成年母羊的细胞中克隆出了一只名叫多莉的绵羊，多莉是第一个通过核移植技术克隆的哺乳动物；

1998 年，日本近畿大学的多位研究人员通过从一头成年牛身上提取的细胞，克隆了八只一模一样的小牛；绘制了一份人类基因组图谱的粗略草图，展示了更多的位点超过 30000 个基因；

2001 年，《科学》和《自然》杂志报道了人类基因组序列，使全世界的研究人员可以开始研究针对具有遗传起源的疾病的创新疗法，例如心脏病、癌症、帕金森病和阿尔茨海默病；

2003 年，人类基因组测序完成；

2004 年，FDA 获准基因泰克公司研发的靶向血管内皮生长因子（VEGF）贝伐珠单抗治疗转移性结直肠癌；FDA 批准了一种 DNA 微阵列分析系统，该系统有助于针对不同情况选择药物，这是朝着改良医学迈出的重要一步；

2006 年，FDA 批准了针对人乳头瘤病毒的重组疫苗，预防宫颈癌；研究人员建立了艾滋病病毒的三维结构；

2008 年，日本化学家开发出第一个几乎完全由人造部分合成的 DNA 分子，这一发现可用于基因治疗领域；

2010 年，FDA 批准了一种改良的前列腺癌药物，可提高患者的免疫细胞以区分和攻击癌细胞；FDA 批准了一种骨质疏松症治疗药物，它是最早基于基因组研究的药物之一。

（6）颠覆性创新发展阶段（2010 年至今，以合成生物学和基因组编辑为代表的颠覆性技术快速发展）

2010 年，美国文特尔研究组首次人工合成了完整的支原体基因组辛西娅；

2011 年，干细胞开发的器官被移植到人类接受者体内，3D 打印技术的进步带来了"皮肤打印"。FDA 批准了第一个用于造血干细胞移植方案的脐带血疗法，用于治疗影响造血系统的疾病；

2012 年，FDA 发布生物类似药法规草案；法国科学家埃玛纽埃勒·沙尔庞捷和美国科学家珍妮弗·道德纳开发出 CRISPR/Cas9 基因组编辑技术；

2013 年，杰伊·凯斯林联合 Amyris 公司利用合成生物学技术成功在转基因酵母中生产出青蒿素合成的前体青蒿酸；

2013 年，李劲松和荷兰汉斯·克莱弗斯研究组利用 CRISPR/Cas9 系统分别校正了小鼠白内障及人干细胞中一种与囊肿性纤维化相关联的基因缺陷；

2014 年，美、英等多国科学家组成的国际科研团队实现了酵母第一条染色体的全合成；

2015 年，黄军就和团队首次修饰人类胚胎 DNA，服务于治疗在中国南方儿童中常见的遗传病——地中海贫血症；

2016 年，David R. Liu 研究组开发了碱基置换编辑方法，并于 2017 年进行了效率优化；

2016 年，克里斯托弗·沃格特等人开发了一种计算机辅助设计系统 Cello，用于在大肠埃希菌中构建逻辑电路；

2016 年，文特尔团队设计并合成了"辛西娅 3.0 版"，仅包括 473 个基因；

2017 年，四国科学家合作完成 5 条酵母染色体的重头设计与全合成，在《科学》杂志发表 7 篇长文，中国完成 4 篇；

2017 年，研究者利用数字信息传输中的喷泉编码实现了平均千分子 DNA 拷贝的数据存储与读取，实现了人造 DNA 存储；

2021 年，研究者应用深度学习来设计高度多样化的腺相关病毒 2 衣壳蛋白变体，这些变体能够有效包装 DNA。

二、生物科技的研究领域与热点话题

1. 生物科技的研究领域

生物技术的研究内容可以进一步分为不同的领域，可以形象化地用不同的颜色来类比，包括红色、绿色、蓝色和白色。

红色生物技术领域，主要指医疗程序，例如利用生物体生产新药或使用干细胞替换／再生受损组织并可能再生整个器官，它可以简单地称为医学生物技术。

绿色生物技术领域，主要是指应用于农业的生物技术，涉及抗虫谷物的开发和抗病动物的加速进化等过程。

蓝色生物技术领域，蓝色特指海洋和水生环境，蓝色生物技术包括海洋和水生环境中的过程，例如控制有毒水生生物的增殖。

白色生物技术领域，白色（也称为灰色），白色生物技术涉及工业过程，例如新化学品的生产或汽车新燃料的开发。

2. "非基因生物技术"和"基因生物技术"之间存在区别

非基因生物技术适用于整个细胞、组织甚至单个生物体，非基因生物技术是更流行的做法，涉及植物组织培养、杂交种子生产、微生物发酵、杂交瘤抗体的产生和免疫化学。基因生物技术过程中涉及处理基因、从一个生物体到另一个生物体的基因和基因工程。

3. 生物技术的滥用风险

与其他先进技术一样，生物技术也有可能被滥用。对此的担忧导致一些团体努力制定限制或禁止某些过程或计划的立法，例如人类克隆和胚胎干细胞研究。还有人担心，如果生物技术过程被怀有恶意的团体使用，最终结果可能是生物战。除了有益的应用之外，生物技术若被恶意使用还具有破坏的潜力，以往发生过的生物威胁事件就是最好的例子。

三、生物科技研究的应用

生物技术是为了有益用途而控制应用生物制剂的科学。生物技术不是一门独立的学科，它与生物化学、分子生物学和微生物学等相关领域的结合，促进了生物制剂的技术应用。因此，现代生物技术已经发展成为一门科学，在从食品加工到人类健康和环境保护的各个领域都具有巨大的人类福祉潜力。以下内容，列举了这门科学在不同领域的重大意义。

1. 生物技术与医学

生物技术的主要领域之一是医疗领域。这是大多数研究正在进行的领域，并且已经取得了一些突破，这也是引发最多道德和法律问题的领域。医学生物技术的范围是利用生命系统中的技术生产治疗性蛋白质，通常称为生物制药或重组蛋白质，生产单克隆抗体、DNA 和 RNA 探针等产品用于诊断各种疾病。此外，已经用细菌合成了蛋白质药物，例如胰岛素和干扰素，用于治疗人类疾病。如前所述，生物技术在医学领域的应用也被称为"红色"生物技术。它涉及人类生活的许多主要和次要方面，从使药物在成本和效率方面更有效，到解决医学中最困难的分支之一，即治疗遗传病。红色生物技术涵盖癌症和艾滋病等疾病的各种潜在药物。它可以分为四个主要领域：生物制药、基因治疗、药物基因组学和基因检测。

红色生物技术涉及药物的生产，这些药物可以是蛋白质（包括抗感染抗体）或核酸（DNA 或 RNA）。生物技术获得的药物来自自然合成它们的微生物，合成过程中没有化学物质的参与。第一个被批准用于治疗的产品是通过重组 DNA 技术制造的生物合成"人"胰岛素。人胰岛素取代了以前使用的猪胰岛素，并成功彻底改变了行业。这种人胰岛素，有时称为 rHI，或商品名 Humulin，由基因泰克公司开发，但授权给礼来公司，后者于 1982 年开始生产和销售该产品。

红色生物技术的第二大领域是基因治疗，主要涉及遗传病和癌症等其他一些疾病的诊断和治疗，这种疗法包括基因操纵和缺陷基因的纠正。在此过程中，基因被插入、删除或修改。最常见的基因治疗形式之一是，将功能基因整合到未指定的基因组位置，以替换突变和功能失调的基因。

药物基因组学和基因检测都使用个体特异性的红色生物技术。在药物基因组学中，个体的遗传信息被推导出来，并开发出可以植入该特定个体的药物，而在基因检测中，在家庭成员中进行不同的测试以确定遗传疾病、性别和携带者筛查，DNA 指纹识别用于识别亲子关系和罪犯。单克隆抗体、DNA 和 RNA 探针被用于各种疾病的诊断，细菌合成了胰岛素、干扰素等有价值的药物用于治疗人类疾病。使用基因工程微生物开发针对人类乙型肝炎等疾病的重组疫苗是显著成就之一。

2. 生物技术与工业

工业生物技术是为利用微生物大规模生产酒精和抗生素而建立的。目前，正在通过基因工程生产各种药物和化学品，如乳酸、甘油等，以提高质量和数量。生物技术为我们提供了一种非常有效和经济的技术来生产各种生物化学品，如固定化酶。蛋白质工程是另一个重要领域，其中现有蛋白质和酶被改造以实现特定功能或提高其功能效率。

3. 生物技术与环境

诸如污染控制、不可再生能源的自然资源枯竭、生物多样性保护等环境问题正在使用生物技术加以解决。例如，细菌被用于工业废水的解毒、防止石油泄漏、污水处理和沼气生产。生物农药为控制害虫和疾病提供了一种环境更安全的化学农药替代品。

4. 生物技术与农业

目前，植物组织培养的潜力被广泛用于果树和林木快速经济的克隆繁殖，用于生产无病毒的遗传库和种植材料，以及用于通过体细胞克隆变异产生新的遗传变异。借助重组 DNA 技术，现在已经可以生产具有所需基因的转基因植物，例如抗除草剂、抗病性、延长保质期等。分子育种等技术已被用于加速作物改良的进程。如限制性片段长度多态性（RFLP）和简单重复序列（SSR）等分子标记为研究基因型多样性提供了潜在工具。

四、生物科技研究的相关技术

1. 生物反应器

几个世纪以来，生物反应器一直被用来酿造葡萄酒和啤酒。生物反应器是生物技术中使用的最重要的单件设备，允许生物过程在最佳条件下发生，这些在受控环境中的反应器将产生大量有用的物质。

2. 细胞融合

该技术涉及将两个细胞融合成一个包含原始细胞所有遗传物质的单个细胞。到目前为止，这项技术已被用于通过融合来自不自然杂交的物种（来自杂交品种）的细胞，然后从融合细胞中生成整株植物来创造新植物。

3. 基于脂质体的递送

脂质体是当脂质在水中形成悬浮液时形成的微观球形结构，这些球形囊泡自行排列，以便在脂质体中心内产生一个微小的空间。这样的空间有可能被用来运送 / 运输另一种物质，例如药物的递送。脂质体在生物技术中具有重要应用，因为它们可以提供将某些药物穿过生物膜输送到身体特定部位的新方法，例如肽可以封装在脂质体中并跨生物膜运输。

4. 细胞或组织培养

细胞或组织培养允许单个细胞在含有激素和生长物质的无菌营养液中生长和分裂。该方法广泛应用于生物实验室，例如癌症研究、植物育种和染色体核型的常规分析。整个过程是在体外环境中进行的，方法是提供一种合适的培养基，该培养基含有固体或液体形式的营养混合物。

5. 基因工程

基因工程的基础是遗传物质的改变或生物体中基因的组合。通过改造有机体，遗传研究人员赋予有机体及其后代不同的特征。这项技术在早期通过培育植物和动物来产生有利的基因组合而得到实践。通过使用这项技术，"基因工程师"培育出了大部分具有重要经济意义的花卉、蔬菜、谷物、牛、马、狗和猫品种。在 20 世纪 70 年代和 80 年代，研究人员建立了分离单个基因并将它们重新引入细胞或植物、动物或其他生物体的方法。

6. DNA 指纹

DNA 指纹识别是一种用于识别特定个体所特有的 DNA 成分（基因材料）的技术，不同个体之间的 DNA 变异的特征可用于识别。生物体 DNA 的这一小部分独特地将特定生物体与所有其他生物体区分开来。这些不同的遗传物质以称为微卫星的 DNA 序列的形式出现，这些序列会重复多次。一个基因每个区域的微卫星 DNA 序列重复次数在不相关的个体之间可能会有很大差异。

7. 克隆

以单个个体生产相同动物、植物或微生物的方法称为克隆。换句话说，它是一个生物体通过非有性繁殖从单亲中衍生出来的过程，例如一些植物、微生物和简单的动物，如珊瑚虫。哺乳动物进行有性繁殖，哺乳动物的后代不是从父母一方，而是从父母双方各继承一半的遗传物质，不能自然克隆。因此，所产生的后代绝不会与其父母中的任何一方完全相同。在自然界中，来自哺乳动物的克隆仅限于产生同卵双胞胎。

8. 人工授精与胚胎移植（ET）技术

胚胎学、泌尿学和泌尿生殖学研究的发展导致了人工授精领域的进步。人工授精允许将精液人工引入雌性动物的生殖道，并广泛用于繁殖动物，例如绵羊和牛。选择具有显性和理想遗传性状 / 特性的雄性进行精液采集。从具有理想性状的雄性动物身上收集的精液可以冷冻并长途运输，使雌性动物受精。人工授精也用于帮助无法正常受孕的女性。

9. 干细胞技术

随着生物技术的进步，现在可以将干细胞的潜力用于有益的目的。干细胞未分化，可以通过有丝分裂产生成熟的功能细胞，例如骨髓干细胞可以产生全范围的免疫系统血细胞。干细胞存在于大多数生物体中，但通常存在于多细胞生物体中。1908 年，亚历山大·马克西莫夫创造了"干细胞"一词，后来的干细胞研究工作在 20 世纪 60 年代由加拿大科学家欧内斯特·麦卡洛克和詹姆斯·蒂尔继续进行。在此期间，发现了两种广泛类型的哺乳动物干细胞：

从胚泡的内细胞团中分离出来的胚胎干细胞，以及在成体组织中发现的成体干细胞。在胚胎发育过程中，干细胞可以分化成所有特化的胚胎组织，而在成体生物体中，干细胞和祖细胞充当身体的修复系统，补充特化细胞，同时维持再生器官的正常更新，例如血液、皮肤或肠道组织。目前的研究利用各种来源（包括脐带血和骨髓）的高度可塑性成体干细胞进行各种医学治疗。治疗性克隆的进步使胚胎细胞系和自体胚胎干细胞的开发更加方便，并为未来的治疗提供了有希望的候选者。

干细胞的经典定义要求它具有两个特性。一是，具备自我更新或经历多次细胞分裂循环的能力，同时保持未分化状态。二是，具备分化成特殊细胞类型的效力或能力。干细胞有全能、多能、寡能、单能干细胞几种类型。

①全能干细胞由卵子和精子细胞融合而成，可以分化成任何类型的细胞，这样的细胞可以构建一个完整的、有活力的生物。

②多能干细胞来自全能细胞，可以分化成几乎所有的细胞，即来自三个胚层中任何一个的细胞。多能成体干细胞很少见且数量通常很少，但可以起源于多种组织，包括脐带血。在小鼠中，多能干细胞直接从成年成纤维细胞培养物中产生。大多数成体干细胞是谱系限制性的，并且通常根据它们的组织来源命名。多能干细胞可以分化成许多细胞，但只能分化成密切相关的细胞家族。多能干细胞也起源于羊水中，这些干细胞非常活跃，可以在没有饲养层的情况下广泛扩增，并且不会致瘤。羊膜干细胞是多能的，可以分化成成骨细胞、肌细胞、内皮细胞、脂肪细胞、肝细胞以及神经细胞系。

③寡能干细胞只能分化为少数几种细胞，例如淋巴样或髓样干细胞。

④单能细胞只能提供一种细胞类型，但它们具有自我更新的特性。

干细胞的潜力可以通过克隆形成分析等方法在体外得到证明，其中单细胞的特征在于它们具有分化和自我更新的能力。此外，可以根据一组独特的细胞表面标记分离干细胞。然而，体外培养条件可以改变细胞的行为，因此不清楚细胞在体内是否会以相似的方式表现。关于一些提议的成体细胞群是否是真正的干细胞，存在相当大的争论。"成体干细胞"是指在具有干细胞特性的发育有机体中发现的任何细胞，也称为成体干细胞和生殖系（产生配子）干细胞，通常存在于儿童和成人体内。多年来，成人干细胞疗法已成功用于通过骨髓移植治疗白血病和相关的骨/血癌，也用于兽医治疗马的肌腱和韧带损伤。干细胞移植的突破是用于血液病的治疗，通常称为骨髓移植。负责产生血细胞的干细胞存在于骨髓中，骨髓是骨腔内的一种特殊组织。血细胞起源于骨髓中的亲代细胞或"干细胞"，造血干细胞像输血一样简单地静脉内输注。干细胞会自动找到回到骨髓的路，它们将替换患者患病的骨髓以提供健康的血细胞。对于捐赠而言，最好的捐赠者是患者的兄弟姐妹或大家庭成员，条件满足时，也可以是没有亲缘关系的捐赠者。

技术是实现各项研究的重要支撑，表3-1列出了一些在生物技术中经常试验以探索周边应用的基本工具。

表3-1　生物科技研究中的基本工具

技术名称	描述
基因工程技术	使用多种酶来操纵DNA；在不相关的生物之间转移DNA
蛋白质工程技术	用于改进现有/创造新的蛋白质以制造有用的产品
反义或RNAi技术	用于阻止或减少某些蛋白质的产生

续表

技术名称	描述
细胞和组织培养技术	在实验室条件下培养细胞/组织以产生完整的生物体或产生新产品
生物信息技术	生物数据的计算分析，例如序列分析大分子结构、高通量数据分析
蛋白质分离鉴定技术	轮廓箝位均匀电场凝胶电泳，琼脂糖凝胶电泳，垂直脉冲场梯度电泳，聚丙烯酰胺凝胶电泳，等电聚焦，二维（2D）凝胶电泳
印迹技术	核酸印迹，Southern印迹，蛋白质印迹，Northern印迹分析，斑点印迹技术，放射自显影
杀菌技术	蒸汽灭菌，紫外线灭菌，火焰灭菌，过滤灭菌，干法灭菌，化学灭菌，酒精灭菌
基于PCR的技术	单核苷酸多态性、靶向 PCR 和测序、序列相关扩增多态性、序列特征扩增区域、序列特异性扩增多态性、微卫星多态位点的选择性扩增、基于反转录转座子的标记、逆转录转座子、微卫星扩增多态性、基于逆转录转座子的插入多态性、随机扩增多态性DNA、随机扩增的微卫星多态性、微卫星定向PCR：非锚定引物、转座子扩增多态性、DNA扩增指纹、切割扩增的多态性序列、任意片段长度多态性
基因转移技术	化学方法：磷酸钙共沉淀、聚阳离子-DMSO（二甲基亚砜）技术、PEG（聚乙二醇）介导的转化、DEAE-葡聚糖程序 物理方法：超声介导的基因转化、碳化硅纤维介导的转化、显微注射、巨量注射、脂质体介导法、电穿孔、基因枪/粒子轰击/微弹、病毒介导的基因转移、细菌介导的基因转移、农杆菌介导的基因转移
其他技术	原生质体融合技术、异源物种中的转座子标记、用于单细胞培养的技术（Bergmann 细胞平板技术）、固定化技术、人工种子技术、染色体消除技术、rDNA 技术、分光光度法（定量、酶动力学）、核酸纯化和分子量测定、细胞分离方法、蛋白质分离和定量、液体闪烁（双标记）计数、放射自显影、限制酶作图、基因表达和寡核苷酸合成

五、核心生物技术的研发与应用

1. 生物技术基础应用

生物技术的应用领域涉及面很多，以下列举了生物技术应用在基础研究中根据应用领域进行分类的情况。

（1）医疗与保健领域　生物技术在医疗保健领域的应用比较广泛，包括生物制药、医疗与诊断、基因克隆、药物设计等。典型的应用场景如下。

生物制药：激素、生长因子、干扰素、酶、重组蛋白、疫苗、血液成分、寡核苷酸、基于转录因子的药物、寡核苷酸的生产、抗生素。

医疗与诊断：抗体、生物传感器、PCR、治疗学、疫苗、医学研究工具、人类基因组研究、开发生物传感器体外受精（IVF）、胚胎移植（ET）、基因治疗、干细胞疗法。

基因克隆：rDNA 技术、基因工程、转基因动物、抗生素、DNA标记、畜牧业、异种移植。

医学生物技术治疗学：来自毛地黄（洋地黄）和红豆杉（紫杉醇）的天然产物用于治疗乳腺癌和卵巢癌；内源性治疗剂，即人体产生的可通过基因工程复制的蛋白质、tPA——组织型纤溶酶原激活物（溶解血块）、生物制药（通过生物技术开发的药物或疫苗）；治疗剂，即用于维持健康或预防疾病的产品；生物制药，即在培养的生物体中生产药物，人类医学所需的某些血液衍生产品可以在山羊奶中生产。

生物聚合物和医疗器械：用作医疗器械的天然物质，透明质酸盐，一种用于治疗关节炎的弹性塑料状物质，防止白内障手术术后疤痕的形成，用于药物输送，替代缝线的黏合剂物质。

设计药物：使用计算机建模设计没有高分辨率蛋白质结构的药物。

进化和生态基因组学：寻找与生态特征和进化多样化相关的基因，共同的目标是健康和生产力。

（2）农业领域　生物技术在农业领域的应用涵盖植物、动物等众多物种，包括动物生物技术、作物生物技术、园艺生物技术、树木生物技术、植物生物技术（光合作用促进剂、生物肥料、抗逆性作物和植物、生物杀虫剂和生物农药）、食品生物技术的应用。典型的应用场景如下。

食物：为使牛奶产量增加、猪肉瘦肉率高、养殖鱼使用生长激素。

药物：经过改造以生产人类蛋白质的动物所用药物，包括胰岛素和疫苗。

育种抗病性：提高作物产量。

健康：将微生物引入饲料中以有益健康、疾病诊断和妊娠检测、经工程改造以产生适合移植到人体的动物器官、用于抑制或减少某些蛋白质的产生。

转基因植物：抗虫害植物，抗旱、抗涝、耐盐 - 转基因作物，固氮能力、耐酸碱度高。

保护种质资源：体外种质资源保存、遗传变异、体外授粉、单倍体诱导、体细胞杂交、遗传转化、杂交种子、人工种子。

（3）工业领域　代谢物生产（丙酮、丁醇、酒精、抗生素、酶、维生素、有机酸）、厌氧消化（用于甲烷生产）、废物处理（有机和工业）、生物防治剂的生产、食品发酵、生物 - 基础燃料和能源、工业微生物学、电镀行业的生物技术、金属和矿物的回收、生物乙醇、将合成气体生物转化为液体燃料（例如甲醇）、使用细菌去除副产品、纸浆和纸张、淀粉中的糖分、动物饲料、食品、纺织品和皮革、药物、酶法生产抗生素。

近几年比较典型的应用领域为清洁型燃料和塑料的开发，包括为传统化石燃料提供清洁和可再生的替代品；森林和绿色植被的再生；生物质的生产力；产生甲烷。

（4）环境领域　生物技术在环境领域的应用主要是针对海洋生态系统和淡水生态系统在内的水体环境的开发、应用及治理。包括水产生物技术、水产养殖、恢复和保护海洋生态系统、提高海产品质量、环境修复、有益于人类健康的海洋副产品、生物材料和生物加工、海洋分子生物技术。具有代表性的应用场景为：

环境监测，通过生物技术诊断环境问题；

废物管理，生物修复是利用微生物分解有机分子或环境污染物；

污染防治，可再生资源、可生物降解产品、替代能源。

2. 克隆技术的应用

克隆可以用来描述许多不同的过程，这些过程可用于产生生物实体的遗传相同副本。复制的材料与原始材料具有相同的基因组成，被称为克隆。

（1）生殖克隆　生殖克隆产生整个动物的副本。这涉及使用其他来源的遗传物质构建卵子，卵子发育成胚胎，被植入雌性宿主的子宫继续发育。

（2）DNA/ 基因克隆　DNA 克隆是一种更简单的方法，即从宿主中提取 DNA，然后使用质粒进行复制。以这种方式甚至可以克隆单个基因。基因克隆产生基因拷贝或 DNA 片段。

（3）治疗性克隆　这种类型的克隆类似于生殖性克隆，不同之处在于干细胞是从胚胎中提取出来并用于治疗宿主的。这种类型的克隆对治疗各种疾病具有许多医学益处，但由于干细胞提取后胚胎遭到破坏而备受争议。治疗性克隆产生胚胎干细胞，用于旨在创建组织以替代受伤或患病组织的实验。内细胞团（ICM）是胚胎干细胞的来源。通过将胚胎分离成单个细胞以收集 ICM 来破坏胚胎。干细胞存在于成人体内，但最有希望用于治疗的干细胞类型是胚胎干细胞。

在细胞替代疗法的背景下，治疗性克隆在从头器官发生和永久治愈帕金森病、杜氏肌营养不良症和糖尿病等方面具有巨大潜力，如体内研究所示。阻碍治疗性克隆进步的主要障碍是致瘤性、表观遗传重编程、线粒体异质性、物种间病原体转移和卵母细胞可用性低。此外，治疗性克隆也常常与基于潜能论证的关于 IVF 胚胎的来源、破坏和道德伦理考虑联系在一起。立法和资金问题也需要解决。未来的考虑将包括在立法中区分治疗性克隆和生殖性克隆。

3.DNA 指纹技术的应用

不同的个体携带不同的等位基因。大多数可用于 DNA 指纹识别的等位基因根据它们包含的重复 DNA 序列的数量而有所不同。如果用限制性内切酶切割 DNA，该内切酶可识别变化区域两侧的位点，则会产生不同大小的 DNA 片段。DNA 指纹是通过分析从基因组中多个不同位点产生的长度不同的 DNA 片段的大小来制作的。特定位点的长度变化越常见，分析的位点数量越多，指纹信息就越多。

用于 DNA 指纹识别的技术也可用于古生物学、考古学、生物学和医学诊断的各个领域。在生物分类中，它可以帮助在分子水平上显示进化变化和关系，并且即使只有非常小的样本（例如来自已灭绝动物保存下来的组织的微小碎片），它也可以使用。在刑事调查中，将嫌疑人的血液或其他身体材料的 DNA 指纹与犯罪现场的证据进行比较，以了解它们的匹配程度。该技术也可用于确定亲子关系。如果操作得当，DNA 指纹识别通常被认为是一种可靠的法医工具，但一些科学家呼吁对人类 DNA 进行更广泛的采样，以确保所分析的片段对所有种族和种族群体来说确实具有高度可变性。可以制作虚假的基因样本并使用它们来误导法医调查人员，但如果这些样本是使用基因扩增技术生产的，则可以将它们与正常的 DNA 证据区分开来，主要应用范围如下。

（1）个人身份证明 这是将每个人的 DNA 作为条形码保存在计算机上的想法。这个概念已经过讨论，并被认为是不切实际且非常昂贵的，成为通用系统的可能性很小。例如，带照片的身份证和社会安全号码是更有效的识别方法，而且不太可能改变。

（2）亲子关系和母性关系

这也是 DNA 指纹识别的一个众所周知的应用。这是用来查明谁是婴儿或孩子的父母亲的测试。每个人都有一个可变数目串联重复序列（VNTR），这是从他们的父母那里继承来的。每个人的序列不同，但相似度足以重建父母的 VNTR。该方法可用于查明儿童的亲生父母或确定合法国籍。在使用这样的测试时，个人应该小心，因为它可能会产生导致痛苦的令人惊讶的结果，造成心理影响。

（3）刑事鉴定和取证 这是一个非常著名的 DNA 指纹领域。它因热播电视剧《CSI》（犯罪现场调查）而广为人知。它是 DNA 指纹识别的一个非常重要的用途，因为它可以证明一个人是无辜的还是有罪的。要使用，必须从犯罪现场获取 DNA 样本，并将其与嫌疑人相匹配。然后通过 VNTR 模式比较这两段 DNA。

（4）遗传性疾病的诊断和治疗 DNA 指纹也可用于检测和治疗遗传疾病。使用 DNA 指纹识别可以检测遗传疾病，例如囊性纤维化、血友病、亨廷顿舞蹈症和许多其他疾病。如果疾病在早期被发现，就可以对其进行治疗，并且有更大的机会可以战胜它。一些携带疾病的夫妇会寻找可以使用 DNA 指纹的遗传咨询师来帮助他们了解生育受影响孩子的风险，并为他们提供信息和帮助。研究人员可以使用指纹来寻找特定疾病的模式，并试图找出治愈这些疾病的方法。

4. 重组 DNA 技术

限制酶是仅在特定序列处切割 DNA 的酶。不同的限制酶具有不同的识别序列。这使得获取各种不同的基因片段成为可能。为了借助重组 DNA 技术的力量，人们将细菌质粒产生的人胰岛素用于复制重组 DNA。质粒是在细菌中发现的 DNA 小环，它们独立于细菌染色体进行复制。可以将外来 DNA 片段添加到质粒中以构建重组质粒。复制通常在每个细胞中产生 50 至 100 个重组质粒拷贝。

近年来，转基因植物引起了人们的极大兴趣。尽管如此，一般公众仍然很大程度上不了解转基因植物的实际含义或该技术的优点和缺点，特别是考虑它的应用范围时。从第一代转基因作物开始，出现了两个主要的关注领域，特别是对环境的危害和对人类健康的危害。由于欧盟正在稳步建立转基因工厂，因此公众对潜在健康问题的关注可能会增加。

5. 干细胞治疗

干细胞是一种未分化的分裂细胞，它会产生与其自身相似的子细胞和成为特化细胞类型的子细胞。干细胞可用于研究发育，即它们可以帮助我们了解复杂的有机体如何从受精卵发育而来。在实验室中，科学家们可以追踪干细胞的分裂过程并发现其变得越来越特化，从而形成皮肤、骨骼、大脑和其他细胞类型。确定决定干细胞是选择继续自我复制还是分化成特定细胞类型的信号和机制，以及分化成哪种细胞类型，将有助于我们了解控制正常发育的因素。一些最严重的疾病，如癌症和出生缺陷，都是由异常的细胞分裂和分化造成的。更好地了解这些过程的遗传和分子机制可能会获得有关此类疾病如何发生的信息，并提出新的治疗策略。这是干细胞研究的一个重要目标。

干细胞具有替换受损细胞和治疗疾病的能力。该特性已用于治疗大面积烧伤，以及恢复白血病和其他血液疾病患者的血液系统。干细胞也可能是替代许多其他目前尚无可持续治疗方法的破坏性疾病中丢失的细胞的关键。今天，捐赠的组织和器官通常用于替换受损组织，但可移植组织和器官的需求远远超过可用供应。干细胞，如果可以被定向分化成特定的细胞类型，则提供了替代细胞和组织的可再生来源的可能性，以治疗包括帕金森病、心脏病和糖尿病在内的疾病。这一前景令人兴奋，但仍然存在重大的技术障碍，只有通过多年的深入研究才能克服。

干细胞可用于研究疾病。在许多情况下，很难获得因疾病受损的细胞并对其进行详细研究。携带疾病基因或经改造后含有疾病基因的干细胞提供了一种可行的替代方法。科学家们可以在实验室中使用干细胞来模拟疾病过程，并更好地了解出了什么问题。

干细胞可用于检验新药。可以检查新药在干细胞系中大量产生的特化细胞的安全性——减少动物实验的需求。各种类型的细胞系已经以这种方式被使用。例如，癌细胞系用于筛选潜在的抗肿瘤药物。在人们使用新研制药物之前，需要检验安全性和有效性，可以用干细胞来测试药物的安全性和质量。为了使新药的测试准确，这些细胞必须被编程以获得药物所靶向的细胞类型的特性。例如，可以使用神经细胞来测试一种治疗神经疾病的新药。

第二节　两用生物技术研究的界定

一、界定两用性研究的历史背景

科学知识同时具有善意和恶意的两用性应用的特征由来已久，且不仅限于生物学领域。任何科学技术都有两用性的特点，但是，生物学研究引发的两用性风险尤为突出。生物武器与其他武器相比存在很大的差异，通常是基于天然的病原体制造而来。天然病原体可以与宿主共同进化，具有高传染性、易于传播和致病性等特性；加之生物技术的发展，开发比天然病原体危险性更高的新型生物武器已不再困难。21世纪初期，美国及其盟友经历的生物战或生物安全事件成为美国国家安全最严重的威胁之一。2001年2月，澳大利亚病毒学家发表的一篇有关鼠痘病毒的研究成为触发全球关注生物技术两用性的典型案例。研究的初衷是利用鼠痘病毒作为载体递送参与免疫系统的白细胞介素-4（IL-4）使小鼠不孕。然而，结果意外发现感染病原体的小鼠死亡，甚至一些已经接种过鼠痘疫苗的小鼠也死亡。由于人类和小鼠具有类似的免疫系统，理论上这一研究也可能产生对人类致命的病原体。这就是说，科学家们无意中创造了一个新的病毒，并且危险性更强。生物学领域的两用性关切更为紧迫，不仅仅是因为高致病性、高传播性病原体被故意释放引发全球灾难性后果，更令人担忧的是，包括病原体在内的生物威胁因子从实验室传播引发全球灾难的时间更短、更直接、更隐蔽。此外，这些能够造成巨大破坏能力的生物剂并不需要大量生产，而且也不需要复杂和昂贵的生产设备和施放系统。2017年，加拿大研究人员David Evans团队为了研制疫苗，重新合成出了马痘病毒。马痘病毒是天花病毒的近亲，天花是世界历史上最致命的疾病之一，为了消灭这种病毒，人类花费了几十年的时间，投入数十亿美元。然而，这个研究相当于把已经消失天花病毒重新复活了。更令人惊叹的是，一个小型的研究团队仅用半年时间、花费10万美元就成功合成了马痘病毒。

自2001年美国遭受"9·11"事件及之后的炭疽邮件事件后，美国民众遭受了大规模伤亡和生物安全事件的威胁，美国政府开始针对应对生物安全展开部署，并对有争议性的研究进行了界定。2001年，美国国防威胁降低局（Defense Threat Reduction Agency，DTRA）Epstein提出了"有争议性研究（contentious research）"的概念，具体为"产生具有直接武器影响的生物体和知识的基础生物学或生物化学研究，引发有关该研究是否应该和如何开展和传播的问题"。澳大利亚鼠痘病毒意外的研究结果无疑成为"有争议性研究"的典型例子，无论研究初衷是否有制造生物武器的意图，其研究过程及成果可能被应用于生物武器生产，这类研究都属于"有争议性研究"界定的范围内。2003年，美国国家科学院（NAS）和美国国家研究理事会（NRC）发布《恐怖主义时代的生物技术研究》，简称Fink报告，成为强调生命科学研究关乎国家安全风险的开创性文件。Fink报告将两用性研究描述为"可能被谬用的合法研究""可产生有害后果的研究""有可能转化为进攻性军事应用而引发关切的研究"等。在军事领域沿用的"两用"术语指的是既能用于和平时期又能在战争时期使用的设备或技术，如核能。两用性研究（dual use research，DUR）是指既能具有有益用途，又可能被恶意谬用。DUR 术语过于宽泛，实用性较差，相当大的一部分生命科学研究内在的具有这种两用属性。生物学具有"普遍两用性"特征，这就意味着生物学知识、方法、材料和技术既能被应用于制造生物武器，又能带来科学、经济、医学和其他益处。2004 年，美国政府成立国家生物安全科学顾问委员会（NSABB）开发值得关注的两用性研究的识别标准。2007 年，NSABB 对两用性研究进行明确界定，即"是指根据目前的理解，生命科学研究所提供的知识、产品或技术可合理预期能直接被误用 / 滥用，对公共健康和安全、农作物和其他植物、动物、环境、材料构成威胁。"

二、两用性研究界定的意义与挑战

NSABB 认为解决两用性研究问题最好的办法是提高科学团体和公众两用性研究问题意识，加强科学团体和公众理解以及责任文化，实施两用性研究监管程序，最大限度地降低两用性研究信息谬用风险。两用性研究界定的目的是推动生命科学信息尽可能地自由和公开交流，并将其作为启动相应的监管程序的指导，通过启动监管程序降低某些生命科学研究知识、产品或技术被谬用于威胁公共卫生安全或者其他国家安全的风险。NSABB 监管涉及两用性研究信息、技术或生物剂谬用 / 误用，而不是科学研究活动本身。大多数生命科学研究具有某种程度的两用性，NSABB 界定一个范围，识别最有可能被谬用于威胁公共卫生或其他国家安全的一部分生命科学研究产生的知识、产品或技术，这部分研究被确定为值得关注的两用性研究。对于科学研究的两用性评估，NSABB 重点将潜在威胁的程度作为关键考量因素，因此识别标准包括对公共卫生或其他国家安全构成的威胁具有广泛的潜在的后果，比如重视对人群而不是个人构成威胁。对于两用性研究的界定，尤为重要的是不能过分强调科学研究的两用性，也就是说，不应该贬低值得关注的两用性研究。科学研究的两用性并不意味着该研究不应该开展，而是在两用性研究开始和整个研究过程中慎重考虑研究如何开展，要充分评估研究对公共卫生安全、实验室生物安全和生物安保措施以及敌对分子潜在的谬用风险。生命科学是一个不断发展的领域，并且和其他多种学科深度交叉融合，因此两用生物技术的界定与监管的意义在于负责任地开展研究和学术交流，而不是限制科学研究的发展。

界定两用性生物研究的目的是监管，但是确定两用性生物研究识别标准的适用范围却是具有主观性和挑战性的任务。大多数用于研制生物武器的设备、材料、病原体信息和专业知识都可以轻松获得，并且应用于科学研究和商业活动中，因此，预防生物武器开发的政策措施常引发科学研究团体、企业和国家安全部门之间的严重分歧。不同群体之间，由于目标、文化和准则不同，对监管措施的利弊评估就存在差异。两用性生物研究界定的范围不能太宽也不能太窄。若太窄，仅侧重于危险性微生物或化学试剂研究，计算机网络破坏、生物信息安全、新兴技术临床应用等具有危险性的研究就可能被忽视。若太宽，就可能会影响到仅有一点潜在生物安全风险的、相对良性的科学研究领域，势必会强加给科学家额外的行政负担，妨碍科学发展和创新，最终导致监管体制无法顺利推行。以下我们将对分别具有典型两用性特征的生物技术，包括合成生物学、基因组编辑和基因驱动的相关进展及潜在两用性风险进行介绍。

第三节 合成生物学的发展与研究进展

一、合成生物学的起源与内涵

几十年来，生物学研究人员一直致力于对细胞的理性设计研究。重组 DNA 技术作为开端，使科学家不仅能够实现对细胞进行工程改造并创造新的生物功能，也有利于加速阐明细胞的生理生化特性。在过去的 10 年中，基因组测序、基因合成等对细胞工程至关重要的关键技术门槛降低、实验操作逐渐便利、相关成本愈加低廉，更容易为世界各地的研究人员所用。基于这些技术突破，合成生物学这一以工程原理为基础的新学科应运而生。合成生物学是近年来发展迅猛的前沿交叉学科，其内涵是在工程学思想指导下，按照特定目标理性设计、改造乃至从头合成生物体系，通过构建人工生物系统来研究生命科学中的基本问题或应对人类面临的重大挑战。

合成生物学的研究内容可以分为两个层次，一是对自然界中不存在的生物元件或者生物系统的设计和组装；二是对现有生物系统的重新设计或者建造。合成生物学的任务是研究工程化改造和从头再造生命体中具有普适性的设计原理、构建技术和安全规范等生物工程的共性问题，即生物学的工程化。一方面，通过设计和改造生命，实现特殊的生物功能和推进生物"使能"技术的开发和利用，即"造物致用"；另一方面，在对生命的改造和再创过程中，揭示新的生物法则和增进对生命体的自身规律的认识，即"造物致知"。总体来说，合成生物学是一门兼顾前沿科学探索又满足民生需求的交叉学科。

合成生物学研究遵循自下而上（bottom up）的原则，部件（part）、装置（device）和系统（system）是合成生物学研究的核心词汇。应用电脑中的等级来类比合成生物学的概念更便于理解，见图 3-1。首先对于电脑来说，一些简单的二极管、电阻等电子元件是组成电脑 part 的最低级单位，而生物学的 part 就是最基本的一些细胞活动的组件，可以是一个简单的 DNA 序列、一类蛋白质、基因中的启动子终止子等。这些 part 可以组成 device，在电脑中就是一些电路板，在生物学中可能就是某种功能或者某种细胞代谢通路，而这些 device 的功能都是由最基本的 part 支撑的。最终由 device 组成一个 system，可以行使人类所特别设定的功

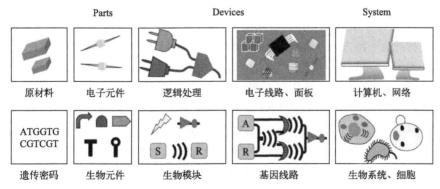

图 3-1 合成生物学与计算机工程的对比

能。在电脑科学里面来说 system 就是一个电脑，在生物学中来说 system 就是一个细胞或更高等的单位，当一个系统被组建成功后就可以行使功能。

二、合成生物学的应用

合成生物学的发展是非常快速的，在应用领域也有着广阔的前景，主要体现在调控工具的开发、生物药物的合成、精准医疗，以及化学品的绿色合成。

1. 调控工具的开发

近几年开发了很多合成生物学工具，用于生物系统的设计与优化。新开发的转录工具，如合成启动子、RNA 转录调控工具，已经被广泛应用于基因表达的精细调控。通过扩展上游侧翼序列和下游核心启动子，并通过增加启动子拷贝数，可以获得预期的转录效率。许多研究表明，mRNA 的翻译起始区，包括核糖体结合位点（ribosome binding site，RBS）和 5′ 非翻译区域（5′-UTR），对特定 mRNA 的翻译效率起到决定作用。在设计合成的 RBS 或 5′-UTR 的过程中，已经开发了用于转录后调控以平衡单个基因表达水平的工具，例如 RBS 和 UTR 计算器。转录后调控工具也被开发，用于最大程度地控制代谢流。一种"密码子协调"算法被开发出来用于改善功能性蛋白质表达。此外，利用蛋白支架策略，可以促进中间代谢物转化，提高效率或重新定向代谢通量。

2. 生物药物的合成

利用微生物作为"细胞工厂"生产高附加值化学品的研究，已有数十年的历史。随着合成生物学的进步，为进一步提高细胞工厂的生产能力提供了新的工具和策略。一个成功的例子是，在酵母中合成青蒿酸的研究。随着分子生物学研究手段的发展，青蒿素生物合成途径逐步得到阐明，大多数代谢步骤的酶基因和部分调控机制得到鉴定。与此同时，利用合成生物学方法生产青蒿素的研究也取得了突破性进展。美国加利福尼亚大学伯克利分校化学工程和生物工程教授杰伊·凯斯林实验室首先通过在大肠埃希菌中表达紫穗槐 -4，11- 二烯合酶（ADS）和来自酵母的甲羟戊酸途径，合成了紫穗槐 -4，11- 二烯；随即他们又在酵母中表达 ADS、与细胞色素 P450 单加氧酶相互作用的细胞色素 P450 氧化还原酶（CPR），实现了青蒿酸的合成。通过减毒病原体开发疫苗的研究策略，也受益于合成生物学。

3. 精准医疗

随着现代社会生活方式、饮食习惯等的转变，人类肠道疾病的发病率呈增长趋势。如何有效治疗肠道疾病，维持肠道健康已成为医学领域关注的重点。与传统的益生菌干预和肠道菌群移植相比，将合成生物技术应用于调控肠道菌群，具有更多维的调控靶标和更好的调控针对性。将合成生物学与肠道疾病的治疗结合起来，可以有效改善机体健康状况。比如，由人体基因变异、肠道菌群失调、饮食结构改变等引起的肠道慢性及复发性炎症，溃疡性结肠炎（ulcerative colitis，UC）。肠道菌群失衡和饮食结构改变导致肠道内抗原成分的变化，宿主基因变异导致肠壁细胞对肠道内抗原成分识别状态的变化，二者共同作用导致宿主机体长期处于炎性状态，从而导致疾病发生。利用合成生物技术设计改造工程菌株，使其能感知饮食成分、肠道菌群组成及肠壁细胞状态的变化，随之启动基因表达，能够帮助代谢肠道营养素、改善肠道菌群、修复受损细胞，有效治疗溃疡性结肠炎，控制其恶化。此外，疾病及肿瘤的诊断治疗，也因为靶向性的缺乏，用药或者化疗等手段在杀死病变细胞的同时，也对健康细胞产生了副作用。利用合成微生物，可以对肠道细胞状态进行快速准确检测。将能被疾病特有信号激活的启动子置于报告分子的上端，就可以在疾病发生的情况下，表达相应的输出信号，进行快速诊断治疗。合成微生物感知的信号，不局限于蛋白质、糖类或其他活性物质，也可对部分环境变化（缺氧）做出反应。将诊断与治疗起来，有效地解决了现阶段医疗中靶向性不足的问题，对患者健康组织起到了很好的保护作用，是更为完善的一种医疗方法。

4. 化学品的绿色合成

化学工业是世界上最大的产业之一，每年生产的产品价值近 5 万亿美元。传统的化学合成，主要以石油、天然气等碳基能源作为原料，在生产过程中，可能会产生大量二氧化碳和有毒有害物质。合成生物技术为制造生物材料或生物燃料带来了巨大转变，利用改造后的工程微生物可以将廉价的材料转化为更广泛的高附加值化学产品。比如，构建的工程菌株可以利用玉米淀粉维持生长，生产高科技面料。在石油化工产品方面，颠覆了传统化工过程对石油、天然气等传统资源的依赖与高污染，利用合成生物技术创建了丁二酸、丙氨酸、苹果酸等一批化学品合成的生物制造路线。我国在国际上率先建成万吨级 L- 丙氨酸生物合成路线，相比化工合成路线，生产成本降低 50%，废水排放和能耗分别降低 90%、40%。此外，利用合成生物技术，用阳光、二氧化碳和水来积累油脂的微藻，也被开发利用为化石燃料替代品。据 McKinsey 统计，生物制造的产品可以覆盖 70% 化学制造的产品，并在继续拓展边界。据 Transparency Market Research 数据，2018 年全球合成生物学市场空间已达到 49.6 亿美元，预计至 2027 年将超过 400 亿美元；据 Data Bridge Market Research 数据，到 2027 年合成生物学市场规模将达到 303 亿美元，复合年增长率为 23.6%。

第四节　基因组编辑的发展与研究进展

一、基因组编辑的概念与内涵

基因组编辑（genome editing），也可称为基因编辑（gene editing），是一类能够利用切割特定 DNA 序列的核酸酶改变目标基因序列的技术，其功能如同生活中常见的文字修改工具，也有人称之为"上帝的剪刀"。正如人们可以根据特定意图使用工具对文字进行插入、删除和改写等操作一样，基因组编辑也可以在细胞内对基因序列进行类似的操作，但其过程要远比编辑文字复杂得多。尽管目前大多数人将"基因组编辑"和"基因编辑"两个概念等同使用，但其实两者还是有区别的。"基因组编辑"比"基因编辑"覆盖的范围更广、更为准确，因为基因组不仅涵盖了所有基因，还包括了本身不表达的 DNA 序列，如内含子等序列。

从广义上讲，任何对在内源表达的基因所做的改动都可以称为基因组编辑。这些改动可以发生在基因的任意部位，包括扰乱、插入、替换、敲除等（图 3-2）。自从 20 世纪 50 年代 DNA 的双螺旋结构被发现以来，人类就开始了对基因组编辑的探索，伴随科技的进步，如今的基因组编辑发展迅猛，从早期的质粒转化和转基因技术，到基因打靶技术、锌指核酸酶（ZFN）技术、转录激活因子样效应物核酸酶（TALEN）技术，以及现在大名鼎鼎的 CRISPR-Cas9 技术，这些技术的发展，使被称为"上帝之手"的基因组编辑越来越贴近我们的生活。现在，基因组编辑技术已经走入工农业、畜牧业、生物学、基础医学及临床医学等多个领域的研究中。

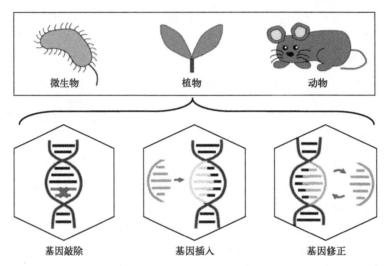

图 3-2　基因组编辑技术的研究内容

二、基因组编辑的类型

1. 基因打靶技术

基因打靶技术的流程大致可以分为两步，第一步需要在小鼠胚胎干（ES）细胞中进行基因组编辑的操作，主要是通过基因打靶载体的构建和利用电击穿孔进行 ES 细胞转染，实现对 ES 细胞的基因打靶。第二步是利用显微镜注射的方法，将筛选出的携带突变基因的 ES 细胞注入小鼠的胚泡（blastocyst）中，等待嵌合体小鼠诞生后通过回交测试 ES 细胞是否分化进入了生殖腺，最终完成基因打靶的操作。总体说来，基因打靶技术的整个实验过程相对漫长，而且对技术的要求也比较高。通常情况下，制作一系列基因敲除小鼠需要一年以上的时间，比较耗时费力。但是基因打靶技术开拓了哺乳动物基因组编辑的先河，为即将出现的多种基因组编辑技术奠定了坚实的技术和理论基础。在研究基因打靶技术过程中发展出来的多种基础实验技术，包括干细胞分离、培养和鉴定技术，电击穿孔转染技术以及显微注射技术，直到现在仍被广泛应用。

2. 锌指核酸酶技术

1980 年，美国华盛顿大学的 Robert Roeder 研究团队报道了一个可以找到基因组 DNA 上的编码 5S RNA 特定序列的转录因子 TF ⅢA，并随后鉴定出了 TF ⅢA 的完整序列。1985 年，英国化学家 Aaron Klug 发现 TF ⅢA 的 DNA 识别模块包括 30 个氨基酸，而这些氨基酸则围绕在锌离子的周围，形成了一个手指模样的立体结构，并提出了锌指结构模型。在这个结构模型中，这根"手指"恰好可以识别一种特定的 DNA 三碱基序列。理论上，如果把多个锌指按顺序组合起来，就可以识别并定位任意 DNA 序列，实现基因组编辑过程中的精准定位。1996 年，美国约翰斯·霍普金斯大学的分子生物学家 Srinivasan Chandrasegaran 利用了限制性内切酶 Fok I 上识别 DNA 的部分和对 DNA 进行切割的部分是完全独立的特性，将锌指酶与 Fok I 的切割模块进行整合，命名为锌指核酸酶（ZFN），开启了精准基因组编辑的时代。

3. 转录激活因子样效应物核酸酶技术

2009 年，德国马丁路德哈勒 - 维腾贝格大学的细菌学家 Ulla Bonas 团队和美国爱荷华州立大学的 Adam Bogdanove 团队几乎同时发现来源于黄单胞菌的转录激活因子样效应物（TALE）可以识别单个 DNA 碱基，研究同时发表在《科学》杂志上。TALE 的中心靶向结构域由 33～35 个氨基酸重复序列组成。这些重复序列中仅有两个氨基酸不同，而这两个氨基酸残基则决定了其可以识别的单核苷酸。全球基因组编辑研究人员密切关注到了利用 TALE 替代 ZFN 中的锌指部分进行改造的可能，这也标志着转录激活因子样效应物核酸酶（TALEN）技术的诞生，每个 TALEN 都对应一个 DNA 碱基。2011 年，国际上多个科研团队，包括 Bogdanove 团队、美国麻省总医院的韩裔美籍科学家 Keith Joung 团队、麻省理工学院 - 哈佛大学博德研究所（Broad Institute）的华裔科学家张锋团队都发表了他们开发的 TALEN 试剂盒。

4. CRISPR 技术

CRISPR 技术是源于对细菌 DNA 上一段重复序列的发现。1987 年，日本大阪大学的分子生物学家石野良纯在研究大肠埃希菌基因组的时候，发现了一些奇怪的重复结构，这些重复序列有 29 个碱基长，反复出现了 5 次，并且两两之间被 32 个碱基组成的杂乱序列分隔。在当时，科学家们对这种现象一头雾水，也没有重视。然而，1993 年类似的重复序列在数种细菌中被多个研究团队发现，包括结核分枝杆菌和地中海富盐菌。在研究这些重复序列的工作中，西班牙科学家 Francisco Mojica 作出了重大的贡献，他利用生物信息学工具在 DNA 数据库中发现了多达 20 种的微生物基因组中包含这种重复序列。在 2001 年，Mojica 和同事 Ruud Jansen 一起，决定把这种重复序列命名为 CRIPSR。2002 年，Ruud Jansen 团队发现了 CRISPR 序列附近总是伴随着一系列同源基因，他们将这些基因命名为 CRISPR-associated system，即 Cas 基因，编码蛋白命名为 Cas 蛋白。至此，CRISPR 与 Cas 被紧紧联系在一起，组成后期被称为颠覆性的技术 CRISPR。直到 2012 年，人们才发现 CRISPR 序列可以被转录成 RNA，而且这些 RNA 可以和细胞中的某些蛋白质相互结合，这些蛋白质就是 Cas 蛋白。如果 CRISPR 转录成的 RNA 序列和细胞内部的某段 DNA 分子完美配对，Cas 蛋白就会毫不留情地切断这段 DNA 分子。在这个过程中，需要多个 Cas 蛋白共同作用，才能够与 CRISPR 转录的 RNA 结合，并发挥切割作用。

三、基因组编辑的应用

1. 在医疗领域的应用

近年来，基于 CRISPR-Cas9 的基因编辑技术在多种疾病领域得到了广泛的应用，如癌症的治疗、遗传性疾病的治疗、神经退行性疾病的治疗等。2020 年 2 月，宾夕法尼亚大学研究人员发现 CRISPR 基因编辑技术，有望预防由数百种不同突变驱动的遗传性肝病的发生，并能改善小鼠的临床疾病症状。半年后，来自哈佛大学医学院等机构的研究者表示，移植经过 CRISPR 基因编辑的人类棕色脂肪细胞或有望治疗肥胖和糖尿病患者。

2. 在食品工业中的应用

利用合成生物学技术建立微生物细胞工厂，生产保健品、调味品等目标产品，已成为食品工业的一大研究方向。利用基因组编辑技术能够进一步优化微生物底盘的生产效率和稳定性。如 Ronda 等利用基因组编辑技术，将类胡萝卜素关键基因在酵母染色体中的整合效率大大提高。乳酸乳球菌（*Lactococcus lactis*）通常作为乳制品的发酵微生物被广泛应用于工业生产中，但其容易受到噬菌体的侵染，进而导致乳制品污染及腐败。近年来，随着对乳酸菌 CRISPR 位点的深入探索，不同菌株中的特异 CRISPR 位点为乳酸菌的防御机制进化提供证据，利用基因组编辑技术也成为解决乳酸菌腐败的重要手段。

3. 在农业生产中的应用

TALEN 技术应用于作物遗传改良最早见于水稻。2012 年，Li 等首次利用 TALEN 技术对水稻白叶枯病感病基因启动子中的效应蛋白结合元件进行定点编辑，有效阻止了水稻白叶枯病菌分泌的效应蛋白表达，从而提高了水稻的白叶枯病抗性。随后，TALEN 技术相继在小麦、大豆和马铃薯等主要作物的重要性状改良上获得成功。CRISPR/Cas9 系统具有构建简单、编辑效率高、容易实现多基因编辑等优势，现已成为应用最广泛的基因组编辑技术，在作物遗传改良和品种培育上具有重大应用潜力。目前，CRISPR/Cas9 技术已成功应用于多种作物如水稻、玉米、小麦、大豆、番茄、柑橘和蘑菇的重要农艺性状遗传改良。

第五节　基因驱动的发展与研究内容

一、基因驱动的概念与起源

1865 年由格雷戈尔·孟德尔（Gregor Mendel）提出孟德尔遗传规律，即同源染色体彼此分离，非同源染色体自由组合，同源染色体上的等位基因进入不同的配子中。人工改良或者自然突变得到显性基因，在种群中的频率会随着群体数量的增加而被稀释。即使在自然选择和遗传漂变朝着有利于某一基因频率增加的方向作用时，等位基因频率升高的速度仍然有限。依孟德尔遗传规律解释，自然选择和遗传漂变决定了等位基因频率。但实际上，自然界中有很多类型的"自私基因"（selfish genes），它们用尽一切手段在生物中保存下来，挑战孟德尔遗传定律。有的自私基因可以拷贝自己，在复制过程中疯狂增加自己的数量，比如转座子；有的自私基因独立于染色体外，独立形成一个残缺的染色体结构进行独立遗传，比如 B 染色体（B chromosomes）；有的虽然等位遗传，但在遗传过程中不知道什么原因抑制了其中一方的表达，导致后代产生了差异，如印记基因。基因驱动便是利用这些自私的基因元件，

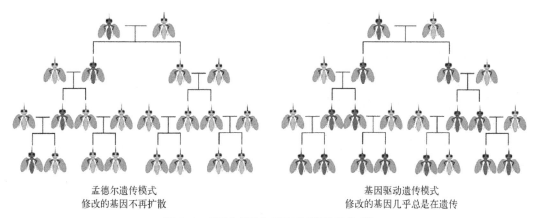

孟德尔遗传模式
修改的基因不再扩散

基因驱动遗传模式
修改的基因几乎总是在遗传

图3-3 孟德尔遗传与基因驱动遗传模式对比

实现目标基因在种群中频率的增加。基因驱动使特定基因以最大的可能比例传播到整个种群，图3-3 总结了孟德尔遗传规律与基因驱动下的遗传之间的差异。

合成生物学以现有技术为基础，利用工程学原理来设计和聚合新生物组分和系统，从而改变现有生物体的 DNA。近年来，由于基因组编辑技术的出现，开发合成基因驱动变得越来越可行。鉴于许多此类系统均为自然发生，合成生物技术的发展为开发新基因驱动提供了灵感。多年来，科学家们一直在观察自然基因驱动机制产生的偏向遗传的例子。2003 年伦敦帝国理工学院进化遗传学家 Austin Burt 首次提出在实验室建立基因驱动的理论。他提出自然界存在的位点特异性的自私基因能将自己复制到目标 DNA 序列中，如果这些基因可以被设计为靶向新的序列，那么它们就可以用来操纵自然种群。至此，基因驱动技术正式由理论走向了现实。

二、基因驱动的类型

1.归巢核酸内切酶基因

归巢核酸内切酶基因（homing endonuclease gene，HEG），由于其偏向遗传，可以作为基因驱动在种群中传播。归巢核酸内切酶基因能够切割一段独特的基因组 DNA，当细胞修复水解的 DNA 时，它被复制到切割位点，导致 HEG 的频率增加并在整个种群中传播。

2.转座子元件

转座子也称为跳跃基因，是存在于染色体 DNA 上可自主复制和位移的基本单位。因驱动可以通过操纵转座子来产生，转座子自我切除并随机插入基因组不同部分，这会导致基因组中出现多个拷贝，以这种方式可以将修饰后的序列快速传播到整个种群。

3.减数分裂驱动

在一个双倍体的细胞核基因组中，因为任一等位基因经过减数分裂的过程后，传递到配子中的机会均等。减数分裂驱动是指基因组内的一个或多个位点会影响减数分裂过程，以此促进一个或多个等位基因在其他基因组上的传递。减数分裂驱动是一种干扰减数分裂过程的基因驱动机制，导致一个基因被传递给后代的概率超过了孟德尔遗传规律预期的 50%。

4. 工程弱势基因驱动

当杂合子的适应度低于两个纯合子时，就会发生给定基因座的遗传不足，即杂合子劣势。弱势种群转变可以被认为是进化的双稳态开关，工作原理是超过阈值频率决定哪个等位基因最终将被固定。弱势是针对杂合子后代的选择，其中纯合子具有更高的适应性并且其中一种纯合子形式可以被驱动到高频，单基因座的弱势本身就代表了一个基因驱动系统。弱势基因驱动系统只有在大量引入时，才可以在种群中迅速传播。这是一种比归巢驱动侵入性更小的基因驱动机制，有望为抗击病媒传播疾病提供新的方法。

5. 致命性母系效应

若母体携带一种称为 Medea（maternal effect dominant embryonic arrest）的基因，会导致子代中不携带此基因的个体，在胚胎或幼虫时期死亡，这种现象即为致命性母系效应。Medea 由毒素和解毒剂组成，利用合成生物技术，能够合成基于工程母体"毒素"和相关胚胎"解毒剂"的基因驱动系统。

6. 细胞质不相容

沃尔巴克氏体是节肢动物体内广泛存在的一种广义上的共生菌（一种细菌），可以通过触发卵子和精子之间的不相容性或通过杀死雄性来在受感染的宿主个体中产生基因驱动。目前关于细胞质不相容基因驱动系统的应用，主要集中在利用携带沃尔巴克氏体的蚊防止寨卡和登革热等病毒的传播。

7. 细胞质雄性不育

细胞质雄性不育是另一种形式的非孟德尔遗传模式，这种情况在高等植物中很普遍，导致植物不能产生功能性花粉，即雄性不育。细胞质雄性不育是由于母系遗传的不育诱导线粒体基因，这在农业中广泛用于产生杂交种子，这些种子通常会产生更大、更有活力的植物。

三、基因驱动的应用

与许多合成生物学应用不同的是，基因驱动旨在用于野生种群，例如携带疾病的昆虫。因此，含有基因驱动的生物体是为了一定目的特意被释放到环境中的，一些基因驱动也被设计成以自我维持的方式在特定的野生种群内传播。也正是这些特征引发了关于该技术的重要国际争论。

1. 人类健康

旨在改善人类健康的基因驱动会以传播疾病的动物为目标。这一领域的众多工作以基因驱动的潜力为重点，以帮助减少感染疟疾人数。在这种情况下，科学家们正在研究减少可传播疟疾的蚊子数量和改变蚊子基因的两种方法，以防止它们携带疟原虫（从而防止它们将疟疾传播给人类）。

2. 生物多样性保护

在自然环境保护领域，基因驱动被作为一种控制或清除入侵物种的方法加以研究。关于入侵物种的众多工作以去除岛屿上威胁地面筑巢鸟类的啮齿动物为重点。这种方法得到了如岛屿保护组织等非营利组织的支持。在这种情况下，与现有的诱捕、猎杀或投毒计划相比，正在加以研究的基因驱动是一种根除啮齿动物的潜在更有效、更人道的方式。基因驱动也被认为是控制其他入侵物种的一种方式，包括新西兰黄蜂和澳大利亚的甘蔗蟾蜍。

3. 农业

科学家已对一处于概念验证阶段的种群转变驱动进行证明，该驱动可在幼虫以樱桃等软果为食的果蝇物种中构成多种种群抑制策略的基础。还对使用种群转变驱动使作物病虫害更容易受到农药和除草剂影响进行了讨论。

第六节　两用生物技术的潜在风险

以合成生物学、基因组编辑为代表的前沿生物技术，在过去二十年中，工业界和学术界与合成生物学相关的开发和研究速度都在增加，在医学（如新疫苗、疗法的提供和治疗）、能源（生物燃料）、环境修复、食品生产和大宗化学品合成（如洗涤剂、黏合剂、香水）领域都有应用。前沿生物技术的快速发展，引发了政府部门、科学界以及大量人群对其研究潜在风险的担忧，生物技术的两用性风险可能比其他科学领域更大。经过改造的细胞不断分裂增殖，并在野外传播，可能会产生深远的影响。一些疫苗开发、病原体鉴定相关研究，研究初衷并不存在生物安全风险，但在操作过程中，很可能由于意外事故给社会安全造成威胁。此外，生物医学相关领域的技术研发，在临床应用方面也存在很大的伦理学争议。

一、前沿生物技术的误用滥用风险不断涌现

20世纪30年代澳大利亚的甘蔗农民遇到了一个问题，农作时发现大象甲虫（别名甘蔗甲虫）正在疯狂地摧毁他们的作物。他们试图利用天然的害虫防治方法，引进天敌——蟾蜍，来控制大象甲虫。不幸的是，引进的蟾蜍变成了一个更大的麻烦，蟾蜍大量繁殖遍布整个大陆，吃掉了很多当地的动物。但具有讽刺意味的是，对于消除大象甲虫却没有效果。虽然现代生物技术解决社会问题的方法比将蟾蜍空投到澳大利亚的方式复杂得多，但可以吸取空投蟾蜍的教训。

自2002年对具有功能的流感病毒实现合成开始，各种原核和真核基因组在近十年来都已被陆续合成。2012年初，在荷兰科学家罗恩·富希耶的实验室中，高致病性禽流感 H_5N_1 病毒历经十个世代的变异，拥有了通过空气在人类之间传播的能力。类似的病毒也在美国威斯康星大学麦迪逊分校河冈义裕教授的实验室中发现。这些实验初衷是通过研究病毒或毒素，以更好地了解它们构成的威胁并试图找到治疗方法，但如果致命物质因人为失误而被释

放或处理不当，这些研究工作可能会引发公共卫生紧急事件。这类研究在揭示传染病机理的同时，也表现出明显的两用性特征。2017 年 8 月，美国华盛顿大学研究人员通过在基因微粒中植入恶意代码，把计算机命令转化成 DNA 测序数据，在计算机处理测序数据时，获得计算机的完全控制权，成功制造了全球首例利用基因攻击计算机软件事件。相关研究人员称，利用动过手脚的血液或唾液样本入侵研究机构的计算机设备，窃取警方法医实验室信息或感染科研工作者的数据库文件，对计算机黑客来说将不再困难。可见，前沿生物技术与相关领域交叉融合，进一步加剧了生物技术的两用性风险。

蚊在生态系统中几乎没有发挥任何生产性功能，还经常成为疾病的携带者，包括寨卡病毒、疟疾和登革热等有害甚至致命的病原体都可以经过蚊传播。因此，研究人员尝试利用生物技术对蚊进行基因控制，抑制蚊的繁殖和扩张。埃及伊蚊是登革热、切昆贡亚热、黄热病和寨卡病毒的主要媒介，并对杀虫剂具有耐药性。2017 年 11 月，美国加利福尼亚大学河滨分校农业与自然科学学院副教授 Omar Akbari 在《美国国家科学院院刊》发表论文，内容是使用 CRISPR 基因组编辑系统干扰埃及伊蚊表皮、翅膀和眼睛的发育，产生黄化、三眼和无翅蚊，目的是利用表达 Cas9 的蚊连同基因驱动技术插入并传播特定基因，抑制蚊发展、避免耐药不断进化。研究可以应用于控制蚊的繁殖与进化，但也引起社会各界对其安全风险的担忧。研究使用的技术为基因驱动，目的是通过有性繁殖在人群中快速传播基因。为了控制蚊，科学家们将经过改造的雄性蚊释放到野外，使其只产生不育后代。尽管研究人员已经进行了风险评估，并设计了安全保障措施。但人造基因驱动从未在野外进行过测试，无法确定蚊灭绝对环境可能产生的影响。此外，一旦在野外释放，基因驱动可能会发生变异，造成未知基因的广泛传播。尽管这种可能性很小，但仍然存在安全风险。

随着新工具的不断发展，被誉为"DNA 剪刀"的 CRISPR/Cas9 基因组编辑技术有望对 AIDS、癌症和许多其他遗传疾病进行简单的基因手术，科学界开始想象近乎无限的可能性。人类免疫缺陷病毒（HIV）感染是一种病毒性传染病，因为它会杀死某些类型的白细胞，可以削弱免疫系统，引起获得性免疫缺陷综合征，即艾滋病（AIDS）。自 1981 年艾滋病被发现以来，已经成为了全世界的重大公共卫生问题和社会问题。研究人员在能够免疫 HIV 病毒的人群中发现，CCR5 的编码区和启动子区发生突变能够增加对 HIV 病毒感染的抵抗力。尽管基因组编辑技术能为很多疾病治疗带来希望，但距离在临床应用还有一段距离。一是，因为 CRISPR/Cas9 基因组编辑工具存在脱靶，造成基因突变发生在非目标基因，可能会加重病情甚至会引发新的疾病和生命危机。二是，针对胚胎进行基因组编辑，产生的突变可能会永久进入基因库，并传递给所有后代。到目前为止，著名科学家和知名期刊都呼吁，在基因组编辑技术在风险、伦理和社会影响等方面的问题都已具有好的应对措施之前，应暂停对可存活胚胎进行基因组编辑。值得指出的是，我国发布的《人胚胎干细胞研究伦理指导原则》（2003）明令禁止进行人胚胎干细胞研究，利用体外受精、体细胞核移植、单性复制技术或遗传修饰获得的囊胚，其体外培养期限自受精或核移植开始不得超过 14 天。

二、前沿生物技术被武器化的风险加剧

生物技术在诸多领域取得突飞猛进的进步，但相关技术也可能被用于恶意目的，如制造危险的病原体、入侵生物或其他破坏性生物制剂。近几年，世界承受了埃博拉病毒、寨卡病

毒和新型冠状病毒等疾病暴发的破坏性影响。这些传染病疫情都是自然疫源，然而，恶意使用生物技术可能意味着未来的突发疾病是蓄意而为。以合成生物学为代表的两用生物技术为新型生物武器的创制提供了可能，利用合成生物技术可以以不同于自然发生的病原体的致病特征的新方式设计、开发和部署致病性生物武器。传统上，只有在环境中自然发现的已知病原体，如炭疽杆菌和鼠疫耶尔森菌，才被开发为生物武器，因为这些生物具有固有的传染性，很容易发展成为武器使用。然而，随着合成生物学的快速发展，其开始具有制造和修改生物武器的能力，这促使对人类、动物、植物和环境的生物安全和生物安全保证的需求越来越大。为应对合成生物学的两用性带来的威胁，需要保证生物安全，预防、检测和确定生物攻击的来源。

无论生物武器的掌控者是国家还是其他组织，生物武器的使用类型是有毒药品还是传染病，对其开发和释放都很难被发现，更难阻止。生物武器大多具有潜伏性强、溯源难度大、攻击范围广、持续影响周期长等特点，致命因子可以在部署后很长时间内继续传播。随着20世纪人类科学技术的进步，尤其是生物和医学的进步带来对抗细菌感染的抗生素后，人类已经能够有效地对抗细菌和细菌战带来的危害。目前生物战争的核心武器已经从传统病菌和毒素，转变为抗生素无效的病毒武器。发达国家，甚至是贫困国家，都拥有生产生物武器的资源和专业知识。高度警惕恐怖分子或其他团体也试图获得生物武器，并不是没有道理的。事实上，已经记录了许多使用化学或生物武器的实例，最为典型的就是美国2011年"9·11"事件后不久发生的炭疽芽孢杆菌生物安全事件，通过邮件邮寄炭疽芽孢杆菌粉末导致死亡。到目前为止，已发生的前沿生物技术用于武器生产的威胁主要是国家主导。然而，随着新兴技术领域的发展，生物技术可能越来越多地被次国家或非国家行为者恶意使用，导致新型生物武器可能成为更为严重的问题。

在新兴生物技术的快速发展时代，传染病引发的安全问题已不再受原材料、设备、空间等传统物理因素的限制。利用合成生物学设计微生物，被改造的微生物可能产生有毒的化合物，造成生物安全威胁。尤为严重的是，使用合成生物技术能够从头开始重建已灭绝或难以获得的病原体，相关研究近几年也频频发生。简单地说，结合公开发布的遗传信息，利用合成生物与基因组编辑技术，不需要太多花费的情况下，就能够人工制造出任何期待获得的病毒，甚至制造出具有巨大杀伤力和传播效应的生物武器。最近备受热议的一项研究，已灭绝的天花病毒的"复活"事件就是很好的印证。2018年1月，加拿大阿尔伯塔大学病毒学家David Evans发表研究论文，他通过订购遗传片段，人工合成了马痘病毒。马痘病毒和天花病毒同属具有高度同源性的正痘病毒家族，David利用新兴生物技术手段获得了灭绝病毒的人工合成版本。据报道，这项研究仅用6个月，消耗10万美元经费。除了技术方面的主观能动性，研究配套的仪器设备、试剂耗材、数据信息化以及研究成本等瓶颈的突破，也为传染病相关研究提供了极大便利。如基因测序的成本从1990年的每个碱基1美元，到2010年已经发展到每百万个碱基1美元的水平，基因合成的成本在2001年每个碱基12美元，到2010年下降到每个碱基40美分。利用两用生物技术，结合传染病的特殊性质，导致生物安全形势更加严峻。令人欣慰的是，科学进步也为应对生物武器威胁提供了新的应对方案，比如，在世界卫生组织宣布寨卡病毒为突发公共卫生事件后不到5个月，研究人员获准让患者参加DNA疫苗试验。重组DNA和生物技术工具加快了新疫苗的研发，这些疫苗可以用来预防包括自然疫源和人为制造的新发突发传染病疫情。

三、两用生物技术引发的伦理学问题

新兴科技对社会发展产生了重要推动作用，同时也带来了一些伦理挑战。生物伦理学通常用于研究新情况下出现的有争议的伦理问题、生物学和医学的进步带来的可能性。在讨论生物科技的伦理学问题之前，先来了解一些生物伦理学是怎样诞生的。生物伦理学这一名词最早出现于美国生物学家波特 1970 年出版的著作《生命伦理学：通向未来的桥梁》，相关研究发生于 20 世纪 70 年代。生物伦理学的诞生并不是偶然的，历史上发生的三大事件推动了生物伦理学的发展，一是第二次世界大战中，在纳粹集中营发生的人体实验，以及广岛原子弹事件中使用原子弹造成的毁灭性后果。这些惨无人道的行为，引发了人们对生命价值的重新思考。第二件大事是 1962 年海洋生物学家蕾切尔·卡逊出版的《寂静的春天》一书所引发的环境保护运动。化学农药不仅对靶标生物具有毒性，某些农药品种对人类也有致死、干扰内分泌或三致效应（致癌、致畸和致突变作用）等毒性作用，因此化学农药的大量使用也会对人类健康产生严重危害。蕾切尔·卡逊运用生态学原理剖析了农药使用带来的生态风险，自此人们开始关注农药使用产生的环境问题。第三件大事是，由于现代生物技术飞速发展产生了前所未有的医学伦理难题，比如试管婴儿、基因工程、克隆技术引发了对如何控制生物技术的普遍思考。这三个大事件促使人们思考，对于科学技术成果的应用以及科学研究行动本身需要有所规范，因此推动了科学技术伦理的发生和发展，生物伦理学也就是在这个大背景下诞生和发展起来的。

在生物伦理学诞生的早期，生物伦理学等同于生物医学伦理学，包括传统医学中的医患关系研究，以及生物医学技术研究和应用中的伦理问题。关注的问题主要是生命维持技术和人类辅助生殖技术的应用，也就是在人的生死两端提出的伦理问题。例如，人工授精、安乐死等技术的应用。后来又纳入了环境生物伦理学或生态生物伦理学的部分内容，涉及生态视域的动植物保护问题。1978 年出版的《生命伦理学百科全书》中，将生物伦理学研究归纳为四个方面，即医学卫生专业中的伦理学问题（如医患关系伦理问题）、生物医学和行为研究中的伦理学问题（如人体实验、行为控制伦理问题）、广泛的社会问题（如公共卫生事业、人口控制的道德问题），以及动物和植物的生命伦理问题（如开展动物实验、植物保护的伦理问题）。

新兴技术层出不穷，技术的创新、研究、开发、应用也提出了意料之外的新的伦理问题。其中，胚胎干细胞相关研究的伦理学问题尤为突出。干细胞具有增殖和分化的特性，干细胞作为"种子"细胞可参与细胞替代和组织再生，给诸多疑难疾病的治疗带来希望，对提高人类的生活质量、解决健康问题具有重大意义。所以干细胞已经成为一种重要的细胞资源，在医学研究和未来的临床应用上具有重要价值。要进行人类胚胎干细胞研究，首先就会遇到胚胎可否实验，无论以何种胚胎为来源取得胚胎干细胞，都要损坏和毁灭胚胎，这就触动了非常敏感的"胚胎道德地位"问题。宗教影响比较大的国家反对进行人的胚胎干细胞研究，他们认为人的胚胎与人具有同等的道德地位，但人胚胎干细胞研究必须涉及人胚胎，并在获取干细胞后毁掉胚胎，在他们看来这就是杀人，因而不能容许。但很多从事医学研究的人员就不赞成这种说法。医学上有自己对"人"的定义，从组织胚胎学上看早期胚胎就是指受精卵到完成植入的 11～12d 中胚泡总称。早期胚胎植入子宫受孕的成功率为 20%～30%（人工授精 20%，正常受精为 30%），未能植入的胚泡流失。假设从受精卵起就是"人"，那么对于这些未能植入而自然流失的胚泡也应该算作"人"，这些应该怎么保护呢？所以，支持胚胎干细胞研究的科学家认为，早期胚胎不能说是"具潜质的人"，或只能说是具有可能发展为人的潜能。人的胚胎干细胞临床应用方面的争论更是一直存在。尽管医学界看好干细胞研究的应用前景，但毕竟相关的研究在目前还处于临床前研究和规范的临床试验阶段，想要真正进入临床转化，目前技术上还未成熟；此外，近几年出现了不规范的干细胞临床试验，甚至扩大干细胞临床应用的乱象，对胚胎干细胞的临床应用也形成了一场新的伦理争论。

基因测序技术的快速发展，为解析生物体遗传信息提供了极大便利，同时也引发了生物信息库的生物伦理问题。生物信息库的伦理学问题也是主要围绕人的问题，典型的问题就是由人类基因组计划引发的伦理学问题。2000 年 6 月 26 日，参加人类基因组工程项目的美国、英国、法国、德国、日本和中国的 6 国科学家共同宣布，人类基因组草图的绘制工作已经完成。人类基因组计划带来很多好处，尤其是在对很多疑难杂症的预测和治疗上，但同样引发了很多社会问题。人的基因序列解密之后，围绕人的利益、隐私的问题也随之涌现，如基因歧视、基因调节、遗传资源掠夺，乃至基因武器等。美国 Alexander Capron 教授及其同事于 2009 年发表了一份对 27 个国家的调查问卷报告，主要讨论了生物信息库伦理规范和国际管治的关键问题。比如，生物信息库是生物学样本的所有者还是看管者？研究者的义务是什么？捐赠者的权利归属个人还是集体？如何安排收益和酬劳？

自从 20 世纪 90 年代以来，由于计算机、遗传学、脑科学进展很快，已经进入使我们对脑、心和自我的概念理解革命化的阶段。进入 21 世纪后，脑科学研究的进展使社会各界越来越关注这种进展提出的生命伦理学问题。神经伦理学涉及的伦理学问题包括精神与物质、思维与脑、自由与决定论等核心哲学问题。这些问题影响到对什么是"人"的理解，以及个人、社会，以及科学、医学与社会在未来的相互作用。比如脑移植的研究，20 世纪，苏联科学家将狗的脑袋进行移植，炮制出"双头狗"，这个研究轰动了世界；后来美国科学家不甘落后，也开始了"换头手术"试验，将一只恒河猴的脑袋移植到了另一只猴子的身上，实施了世界首例真实版的"换头手术"。据报道，换过脑袋的猴子能够张开眼睛、吸食饮料，但由于手术医生不可能重新接上猴子脊椎顶部被切断的数亿根神经，所以"换头猴"从脖子以下全都处于瘫痪状态。自从 20 世纪 90 年代研发使用新的抗抑郁药物后，鉴于其有效、副作用小，对人们的生活质量有良好作用，现在医生比以前更容易开出这种药物的处方，今后人们还可能进一步要求控制自己的植物性功能，如睡眠、饮食等生理功能。这样就提出了许多伦理问题：记忆好了是否都是好事？服药后情绪好了，会不会以后靠药物来制造好的情绪来服务于外在的目的？当我们的情绪受技术控制时我们个性或人格的真实性会不会受到伤害？消费主义会不会驱使人们服药而扩大精神疾患诊断范围（如网瘾的诊断）？

生物技术的进步使争论不断升级，从改变生命的问题到从零开始创造生命的问题。例如，最近宣布的一项名为 GP-Write 的计划的目标是在未来 10 年内从化学构件合成整个人类基因组。项目组织者考虑了许多应用，从带回猛犸象到在猪身上培育人体器官。但是，正如批评家指出的那样，这项技术可以让没有亲生父母的孩子成为可能，或者重建另一个人的基因组，比如制作爱因斯坦的细胞复制品。基因组编辑和合成生物技术等尖端工具提出了越来越迫切需要回答的重要伦理问题。有人质疑改变人类基因是否意味着"扮演上帝"，如果是这样，我们是否应该这样做。例如，如果人类的基因疗法可以治愈疾病，那么技术应用的底线在哪里？比如，在与疾病相关的基因突变中，有些突变几乎肯定会导致过早死亡，而另一些突变会使人患上阿尔茨海默病等疾病的风险更高。当介于两种情况之间时，我们如何确定进行基因手术的硬性限制，以及在什么情况下进行基因治疗。多年来，学者和政策制定者一直在努力解决这些问题，联合国《世界人类基因组与人权宣言》等文件也提供了一些指导。

思考题

① 生物技术在人类社会中有哪些应用场景？

② 未来新兴生物技术区别于传统生物技术的特点是什么？

③ 两用生物技术的潜在危害体现在哪些方面？

参考文献

[1] Bhatia S. History，scope and development of biotechnology//Introduction to Pharmaceutical Biotechnology：Volume 1 [M]. Bristol：IOP Publishing，2018.

[2] Steinberg F M，Raso J. Biotech pharmaceuticals and biotherapy：an overview[J]. J Pharm Pharm Sci，1998，1（2）：48-59.

[3] Weizmann C，Rosenfeld B. The activation of the butanol-acetone fermentation of carbohydrates by Clostridium acetobutylicum（Weizmann）[J]. Biochem Journal，1937，31（4）：619-639.

[4] Bentley R. The development of penicillin：genesis of a famous antibiotic[J]. Perspectives in Biology and Medicine，2005，48（3）：444-452.

[5] Henig R M. The monk in the garden：the lost and found genius of Gregor Mendel，the father of genetics [M]. Boston：Houghton Mifflin Harcourt，2000.

[6] Pei S. CBD 2020 年后全球生物多样性框架工作组的报告 [C]. CBD：Convention on Biological Diversity，2022.

[7] Sreenivasulu N. Biotechnology and patent law：patenting living beings [M]. Noida：Manupatra Information Solutions Pvt.Ltd，2008.

[8] HarperCollins. Collins english dictionary[M]. 13th edition. Glasgow：Harper Collins，2018.

[9] Gupta R，Rajpal T. Concise notes in biotechnology [M]. New York：Tata McGraw Hill，2012.

[10] Mathuriya A S. General introduction to biotechnology：Industrial Biotechnology [M]. New Delhi：Ane Books Pvt，2010.

[11] Bu'lock J D，Kristiansen B. Basic biotechnology [M]. London/Orlando：Saunders College Publishing/ Harcourt Brace，1987.

[12] Lokko Y，Heijde M，Schebesta K，et al. Biotechnology and the bioeconomy—Towards inclusive and sustainable industrial development[J]. New Biotechnology，2018，40：5-10.

[13] Doelle H W，DaSilva E J. Fundamentals in biotechnology [J]. Biotechnology，2009，1（1）：325-329.

[14] Demain A. The business of biotechnology [J]. Industrial Biotechno Logy：Review，2007，3（3）：269-283.

[15] Daston L. Histories of scientific observation[M]. Chicago：University of Chicago Press，2011.

[16] Eknoyan G，Marketos S G，De Santo N G，et al. History of nephrology 2 [J]. Reprint of Am J Nephrol，1997：235.

[17] Porter R. The cambridge illustrated history of medicine（cambridge illustrated histories）[M]. Cambridge：Cambridge University Press，2001.

[18] Belongia E A，Naleway A L. Smallpox vaccine：the good，the bad，and the ugly [J]. Clin. Med. Res，2003，1（2）：87-92.

[19] Smith K A. Louis Pasteur，the father of immunology[J]. Front Immunol，2012，3：68.

[20] Dahm R. Friedrich Miescher and the discovery of DNA[J]. Developmental Biol，2005，278（2）：274-288.

[21] Paweletz N. Walther Flemming：pioneer of mitosis research[J]. Nat. Rev. Mol. Cell Biol，2001，2（1）：72-75.

[22] Coico R. Gram staining[J]. Current Protocols in Microbiology，2006（1）：A.3C.1-A.3C.2.

[23] Richter F C. Remembering Johann Gregor Mendel：a human，a Catholic priest，an Augustinian monk，and abbot[J]. Mol. Gen. Genom. Med，2015，3（6）：483-485.

[24] Keynes M，Bateson W. William Bateson，the rediscoverer of Mendel[J]. J. R. Soc. Med，2008，101（3）：104.

[25] Hegreness M，Meselson M. What did Sutton see：Thirty years of confusion over the chromosomal basis of Mendelism[J]. Genetics，2007，176（4）：1939-1944.

[26] Mittwoch U. Sex determination[J]. EMBO Rep，2013，14（7）：588-592.

[27] Edwards A W F. Reginald crundall punnett：first arthur balfour professor of genetics，Cambridge，1912[J]. Genetics，2012，192（1）：3-13.

[28] Boscha F，Rosicha L. The contributions of Paul Ehrlich to pharmacology：a tribute on the occasion of the centenary of his Nobel Prize[J]. Pharmacology，2008，82（3）：171-179.

[29] Kenney D E，Borisy G G. Thomas hunt morgan at the marine biological laboratory：naturalist and experimentalist[J]. Genetics，2009，181（3）：841-846.

[30] Roll-Hansen N. Commentary：Wilhelm Johannsen and the problem of heredity at the turn of the 19th century[J]. Int. J. Epidemiol，2014，43（4）：1007-1013.

[31] Másová H. Thomas hunt morgan（1866—1945）[J]. Cas. Lek. Cesk，2008，147（1）：72.

[32] William D J，Bragg L. Father and son：the most extraordinary collaboration in science[J]. J. Clin. Invest，2008，118（7）：2371.

[33] Evans H M，Swezy O. A sex difference in chromosome lengths in the mammalia[J]. Genetics，1928，13（6）：532-543.

[34] Crow J F. H J Muller and the 'Competition Hoax' [J]. Genetics，2006，173（2）：511-514.

[35] Griffiths A J F. An Introduction to genetic analysis 7th edn[M]. New York：Freeman，2000.

[36] Tan S Y，Tatsumura Y. Alexander Fleming（1881—1955）：discoverer of penicillin[J]. Singapore Med. J，2015，56（7）：366-367.

[37] Harwood J. Peasant friendly plant breeding and the early years of the green revolution in Mexico[J]. Agric. Hist，2009，83（3）：384-410.

[38] Ravindran S. Barbara McClintock and the discovery of jumping genes[J]. Proc. Natl. Acad. Sci. USA，2012，109（50）：20198-20199.

[39] Manchester K L. Historical opinion：Erwin Chargaff and his 'rules' for the base composition of DNA：why did he fail to see the possibility of complementarity [J]. Trends Biochem Sci，2008，33（2）：65-70.

[40] Crick F H. Central dogma of molecular biology[J]. Nature，1970，227（5258）：561-563.

[41] Lodish H. Molecular Cell Biology 4th edn[M]. New York：Freeman，2000.

[42] Sulek K. Nobel prize for J D Watson，F H C Crick and M H F Wilkins in 1962 for discoveries of the molecular structure and their role in the organism[J]. Wiad Lek，1969，22（7）：695-697.

[43] Baldwin R L. Recollections of Arthur Kornberg（1918—2007）and the beginning of the Stanford Biochemistry Department[J]. Protein Sci，2008，17（3）：385-388.

[44] Vogt P K. Oncogenes and the revolution in cancer research：homage to Hidesaburo Hanafusa（1929—2009）[J]. Genes Cancer，2010，1（1）：6-11.

[45] Larsen C J. The Nobel Prize in physiology and medicine 1989 J Michael Bishop and Harold E Varmus[J]. Pathol Biol（Paris），1989，37（10）：1077-1078.

[46] Reh C S，Geffner M E. Somatotropin in the treatment of growth hormone deficiency and Turner syndrome in pediatric patients：a review[J]. Clin. Pharmacol，2010，2：111-122.

[47] Rosenberg N，Gelijns A C，Dawkins H. Sources of medical technology：universities and industry. Institute of Medicine（US）Committee on Technological Innovation in Medicine[M]. Washington DC：National Academies Press，1995.

[48] Garibyan L，Avashia N. Research techniques made simple：polymerase chain reaction（PCR）[J]. J. Invest. Dermatol，2013，133（3）：e6.

[49] Resnik D B. Embryonic stem cell patents and human dignity[J]. Health Care Anal，2007，15（3）：211-222.

[50] Chan C C，Shen D，Tuo J. Polymerase chain reaction in the diagnosis of uveitis[J]. Int. Ophthalmol. Clin，2005，45（2）：41-55.

[51] Kumar R，Sharma A，Pattnaik A K，et al. Stem cells：An overview with respect to cardiovascular and renal disease[J]. J Nat Sci Biol Med，2010，1（1）：43-52.

[52] Jackson R J，Ramsay A J，Christensen C D，et al. Expression of mouse interleukin-4 by a recombinant ectromelia virus suppresses cytolytic lymphocyte responses and overcomes genetic resistance to mousepox[J]. J Virol，2001，75（3）：1205-1210.

[53] Noyce R S，Evans D H. Synthetic horsepox viruses and the continuing debate about dual use research[J]. PLoS Pathog，2018，14（10）：e1007025.

[54] Epstein G L. Controlling biological warfare threats：resolving potential tensions among the research community，industry，and the national security community[J]. Crit Rev Microbiol，2001，27（4）：321-354.

[55] Nordmann B D. Issues in biosecurity and biosafety[J]. International Journal of Antimicrobial Agents，2010，36：S66-S69.

[56] 董时军. 生命科学两用性研究风险监管政策分析与启示 [D]. 北京：中国人民解放军事医学科学院，2014.

[57] Cameron D E，Bashor C J，Collins J J. A brief history of synthetic biology[J]. Nature Reviews Microbiology，2014，12：381-390.

[58] Brooks S M，Alper H S. Applications，challenges，and needs for employing synthetic biology beyond the lab[J]. Nature Communications，2021，12：1390.

[59] Matsumoto D，Nomura W. The history of genome editing：advances from the interface of chemistry & biology[J]. Chemical Communications，2023，59：117-127.

[60] Li T X，Yang Y Y，Qi H Z，et al. CRISPR/Cas9 therapeutics：progress and prospects[J]. Signal Transduction and Targeted Therapy，2023，8（1）：36.

[61] Honda B M，Roeder R G. Association of a 5S gene transcription factor with 5S RNA and altered levels of the factor during cell differentiation[J]. Cell，1980，22（1）：119-126.

[62] Widom J，Klug A. Structure of the 3000Å chromatin filament：X-ray diffraction from oriented samples[J]. Cell，1985，43（1）：207-213.

[63] Kim Y G，Cha J，Chandrasegaran S. Hybrid restriction enzymes：zinc finger fusions to Fok Ⅰ cleavage domain[J]. Proc Natl Acad Sci U S A，1996，93（3）：1156-1160.

[64] Boch J，Scholze H，Schornack S. Breaking the code of DNA binding specificity of TAL-type Ⅲ effectors[J]. Science，2009，326（5959）：1509-1512.

[65] Ishino，Yoshizumi. Nucleotide sequence of the iap gene，responsible for alkaline phosphatase isozyme conversion in *Escherichia coli*，and identification of the gene product[J]. Journal of Bacteriology，1987，169（12）：5429-5433.

[66] Mojica F J M，Juez G，Rodriguez‐Valera F. Transcription at different salinities of Haloferax mediterranei sequences adjacent to partially modified Pst Ⅰ sites[J]. Molecular Microbiology，1993，9（3）：613-621.

[67] Mojica F J，Díez-Villaseñor C，Soria E，et al. Biological significance of a family of regularly spaced repeats in the genomes of Archaea，Bacteria and mitochondria[J]. Mol Microbiol，2000，36（1）：244-246.

[68] Jansen R，Embden J D A，Gaastra W，et al. Identification of genes that are associated with DNA repeats in prokaryotes[J]. Mol Microbiol，2002，43（6）：1565-1575.

[69] Gasiunas G，Barrangou R，Horvath P，et al. Cas9-crRNA ribonucleoprotein complex mediates specific DNA cleavage for adaptive immunity in bacteria A programmable dual-RNA-guided DNA endonuclease in adaptive bacterial immunity The Heroes of CRISPR[J]. Proc Natl Acad Sci USA，2012，109（39）：2579-2586.

[70] Wang L，Yang Y，Breton C，et al. A mutation-independent CRISPR-Cas9-mediated gene targeting approach to treat a murine model of ornithine transcarbamylase deficiency [J]. Science Advances，2020，6（7）：eaax5701.

[71] Wang C-H，Lundh M，Fu A，et al. CRISPR-engineered human brown-like adipocytes prevent diet-induced obesity and ameliorate metabolic syndrome in mice [J]. Science Translational Medicine，2020，12（558）：eaaz8664.

[72] Ronda C，Maury J，Jakočiūnas T，et al. CrEdit：CRISPR mediated multi-loci gene integration in Saccharomyces cerevisiae [J]. Microbial Cell Factories，2015，14（1）：97.

[73] Shariat N，Sandt C H，DiMarzio M J，et al. CRISPR-MVLST subtyping of Salmonella enterica subsp. entericaserovars Typhimurium and Heidelberg and application in identifying outbreak isolates [J]. BMC Microbiology，2013，13（1）：254.

[74] Barrangou R，van Pijkeren J-P. Exploiting CRISPR-Cas immune systems for genome editing in bacteria [J]. Current Opinion in Biotechnology，2016，37：61-68.

[75] Li T，Liu B，Spalding M H，et al. High-efficiency TALEN-based gene editing produces disease-resistant rice [J]. Nature Biotechnology，2012，30（5）：390-392.

[76] Shi J，Gao H，Wang H，et al. ARGOS8 variants generated by CRISPR-Cas9 improve maize grain yield under field drought stress conditions [J]. Plant Biotechnology Journal，2017，15（2）：207-216.

[77] Wang F，Wang C，Liu P，et al. Enhanced Rice Blast Resistance by CRISPR/Cas9-Targeted

Mutagenesis of the ERF Transcription Factor Gene OsERF922 [J]. Plos one，2016，11（4）：e0154027.

[78] Müller-Wille S. Gregor Mendel and the history of heredity [J]. Handbook of the Historiography of Biology，2021：105-126.

[79] Burt A，Crisanti A. Gene Drive：Evolved and Synthetic [J]. ACS Chem. Biol.，2018，13（2）：343-346.

[80] Li M，Bui M，Yang T，et al. Germline Cas9 expression yields highly efficient genome engineering in a major worldwide disease vector，Aedes aegypti [J]. Biological Sciences，2017，114（49）：10540-10549.

[81] Cash R，Wikler D，Saxena A，et al. Casebook on ethical issues in international health research [M]. Geneva：World Health Organization，2009.

第四章

生物实验室安全

生物安全实验室也称生物安全防护实验室，指通过一系列防护屏障和管理措施，保护研究人员不被高危险病原体感染，同时防止病原体释放到环境中的实验室。生物安全实验室是生物安全科技支撑体系重要组成部分和技术平台，也是一个国家硬实力的体现，在公共卫生应急管理、传染病防控、生物反恐、出入境检疫等方面发挥重要作用。

进入 21 世纪，新发突发传染病迫使全球各国高度关注生物安全问题。世界上最早的生物安全实验室于二十世纪五六十年代在美国建立，美国于二十世纪七八十年代出版《基于危害程度的病原微生物分类》和《微生物和生物医学实验室生物安全手册》，首次将实验室分为四级和制定相关操作指南。同一时期，世界卫生组织出版《实验室生物安全手册》，这是全球第一个生物安全实验室统一标准和基本原则，鼓励各国制定有关病原微生物具体操作规程和配备专家指导。我国第一个具有生物安全三级防护水平实验室于 20 世纪 80 年代建立，2003 年前后，我国开始大规模建立生物安全三级实验室，总共批复 23 个生物安全三级实验室建设，制定和颁布《病原微生物实验室生物安全管理条例》。在 2020 年出台的《中华人民共和国生物安全法》，其中一章着重强调要建立病原微生物实验室生物安全规范，突出我国对病原微生物实验室生物安全的重视。

第一节　实验室生物安全概述

一、病原微生物实验室事故

实验室病原微生物暴露和人员感染甚至外界环境泄漏事故时有发生。据统计，1978 年到 1999 年，实验室生物安全事故数量达到 1267 例，死亡 22 人，2003—2009 年，大约有 395 例，比较著名的实验室生物安全事件如下。

马尔堡病毒事件。1967年8月，德国法兰克福市马尔堡的一个生物安全实验室工作人员出现发热、呕吐和大出血等症状。科学家们迅速查找原因，发现德国法兰克福和南斯拉夫贝尔格莱德等地生物安全实验室的工作人员也出现类似的症状，通过分析发现，这三个实验室都用了来自非洲乌干达的猴子，最终德国专家找到元凶一种危险的新病毒——马尔堡病毒。携带马尔堡病毒的猴子将病毒传染给实验室工作人员，受感染的工作人员无意中感染了他们的亲戚和救助的医务人员，最终感染了37个人。马尔堡病毒和埃博拉病毒属同一家族，是一种恶性病毒传染病，通过体液传播，引起高烧、呕吐和腹泻等紧急病症，如果不及时治疗通常一周后死亡。

埃博拉病毒感染事件。1989年11月，美国雷斯顿城灵长类动物检疫中心发现100只用于试验的菲律宾食蟹猕猴出现接连死亡，甚至出现一次性死亡29只。科学家快速查找原因，发现猴子们感染了埃博拉病毒。当时埃博拉病毒并没有在美国本土传播，因此，引起了巨大恐慌。为了防止埃博拉病毒在美国本土扩散，美军封锁了灵长类动物检疫中心，杀掉了所有的试验动物，并把感染的人员及其家属全部隔离观察。幸运的是，此类病毒只能引起人类隐性感染，没有临床症状出现，《血疫：埃博拉的故事》就是根据此次事件撰写的小说。

错误发放 H_2N_2 病毒样品。1957年，暴发了 H_2N_2 型流感造成了400万人感染，仅美国就有7万人，但病毒样本被保留下来了。2004年秋，美国病理学家学会因需要对全球生物医学实验室进行质量控制评估，委托私营企业"梅里迪安生物科技有限公司"负责向各个实验室分发样品。由于各单位之间缺乏沟通并存在误解，导致 H_2N_2 病毒被错误分发了18个国家的3700个实验室。最早发现问题是加拿大国家微生物学实验室，发现问题后，马上通知世卫组织，世卫组织立即纠正错误，要求收到错误样品实验室在4月15日之前完成样本销毁，并对实验室工作人员进行呼吸系统疾病监测。

美国疾控中心 H_9N_2 病毒培养物污染 H_5N_1 病毒。美国疾控中心流感分部应美国农业部东南家禽研究实验室的要求，向其发送 H_9N_2 病毒。收到病毒样本后，东南家禽研究实验室通报美国疾控中心，发现接收的 H_9N_2 病毒里面存有 H_5N_1 病毒。此外，被污染的样本也被送到另一个疾控中心实验室。H_9N_2 病毒属于低致病性禽流感病毒，H_5N_1 病毒属于高致病性禽流感病毒。出现此事故的原因是科学家所在的团队需要在世界卫生组织举办的疫苗大会上汇报研究数据，该研究人员承担过于繁重的工作，劳累过度出现致命错误。出现事故后，美国疾控中心出具了16页事故报告，介绍了新的培训和操作程序，关闭了流感实验室，在疾控中心相关实验室进行了生物安全培训。

美国疾控中心炭疽污染事件。美国疾控中心设在亚特兰大的一间高级别生物安全实验室将没有灭菌彻底的炭疽样品从三级生物安全实验室转移到二级生物安全实验室，造成该实验室81名工作人员遭遇炭疽暴露风险。造成此事故的原因是在样品转移过程中未按照要求转移。

我国东北农业大学布病事件。2011年，我国东北农业大学28名师生感染布鲁氏菌病，包括27名学生和1名老师。出现此事故的原因是该校动物医学院老师在组织学生实验教学过程中，购买的山羊没有检疫合格证明，也没进行现场检疫，实验过程中，没有严格要求学生进行有效防护和遵守操作规范。事故出现后，东北农业大学免去了动物医学学院院长和书记职务，两名实验指导老师给予降级记大过处分，其他两位老师分别给予记过处分。

中国农业科学院兰州兽医研究所布鲁氏菌抗体阳性事件。虽然此次事件不是实验室泄漏事件，但也是因为布鲁氏菌处理不完全导致，引起较为恶劣的影响。2019年7月24日至8月20日，某药厂在疫苗生产过程中使用过期消毒剂，杀菌不彻底导致形成气溶胶，气溶胶随风污染下风向居民，使得居民患上布鲁氏菌病。布鲁氏菌感染如果及时得到治疗，不会有什么危害，但由于在此危机事件处理过程中，各个医院和政府存在互相推诿和不负责任行为，导致很多患者终身患病，一共感染了 6620 人。事件后续，患者免费治疗并获得相应赔偿，相关责任人被处理，疫苗车间搬出城区。

通过以上事件发现，发生实验室事故的主要原因是工作人员疏忽麻痹大意；没有严格按照实验室安全操作流程操作等。因此，加强生物安全实验室安全监管、人员培训是最重要的。造成事故的可能原因还包括动物咬伤或者抓伤，针或者锐器刺伤，设备机械故障，个体防护装备失效，围护失效，程序问题，溢撒等。

二、病原微生物分类及实验室生物安全等级划分

1. 世界卫生组织

1983 年出版的《实验室生物安全手册》，首次系统将病原微生物、实验室、操作程序划分为四级。病原微生物分类。一级，没有或很低个人和群体危害，不太可能引起人或动物致病的微生物；二级，中等个体危害但群体危害低，能致病但不会造成严重危害，具有有效的预防和治疗措施，疾病传播危害有限；三级，高等级个体危害但群体危害低，能引起人或动物严重疾病，一般不会发生个体传播事件，有有效的预防和治疗措施；四级，高等级个体和群体危害，引起人或动物严重疾病，容易出现直接或间接个体传播，没有有效的预防和治疗措施。

生物安全实验室一般有一级安全屏障和二级保护组织，根据设计特征、防护设施、仪器、标准操作和工作流程，分为四级生物安全防护等级（BSL）：BSL-1，不需要特殊的封闭设施，处理危险度 1 级微生物，这些微生物不会导致人类致病，并对环境潜在危险较小；BSL-2，处理危险度 2 级微生物，这些微生物与人类疾病相关，但严重程度低，可以进行预防和治疗干预；BSL-3，处理危险度 3 级微生物，这些微生物能够造成人类患严重疾病，个体风险高，但社区风险较低，可采取预防或者治疗干预措施，需要穿防护服和使用防护设备；BSL-4，处理危险度 4 级微生物，这些微生物能导致人类患致命风险的疾病，个体和社区风险较高，通常没有预防或者治疗措施，必须穿正压防护服。基础实验室包括 BSL-1 和 BSL-2，高等级生物安全实验室为 BSL-3 和 BSL-4。建立高等级生物安全实验室主要目的是保护研究人员在操作微生物病原体时不受感染，同时防止有害病原体释放到外部环境中。世界范围内，大多数国际组织和国家采用公认的分类系统：BSL-1、BSL-2、BSL-3 和 BSL-4。一些国家（如英国、加拿大和美国）采用了安全壳实验室（CL）-1-4 分类系统，而新西兰采用了物理安全壳（PC）-1-3 分类系统。世界卫生组织要求成员国应制定病原微生物分类目录、生物实验室防护水平等级和标准操作程序。

2. 美国

国际同行公认的实验室生物安全"金标准"是美国《微生物和生物医学实验室生物安全》，为生物安全各个领域提供了标准和指南，包括隔离防护、消毒灭菌、病原体运输、生物安全等级水平检疫、危险性生物因子的实验操作等内容，被美国联邦基金资助的研究机构所管辖实验室强制性使用，如果不遵守，则可能被剥夺申请基金的资格。《微生物和生物医学实验室生物安全》和世界卫生组织的《实验室生物安全手册》被全球大多数国家用来参考制定本国的生物安全实验室操作规范和指南。

生物试剂声明中描述了人畜共患病病原体的危害、建议的预防措施和适当的控制水平，以及处理这些病原体的实验室防护措施。在此生物试剂包含的种类应满足以下的一个或者多个标准：该生物试剂已被证明对从事传染性物质工作的实验室人员构成危害；即使不存在记录在案的病例，该生物试剂仍被怀疑具有引起高危险的能力；该生物试剂会导致个体严重疾病或对公众健康造成重大危害。一个人类病原体在没有任何风险评估的情况下，不被允许在生物安全一级防护水平中进行操作。在一个试剂或者操作进入新实验室时，实验室主任应该进行独立的生物安全风险评估，制定防护措施或者推荐的实践、设备和设施保障措施。

根据传染性、疾病严重程度、传染性和正在工作的性质，分为四个等级：一级生物安全水平是基本的保护水平，适用于不会导致免疫功能正常的成人患病的菌株或生物试剂；二级生物安全水平适用于处理通过摄入或经皮或黏膜暴露引起不同严重程度人类疾病的中等风险生物试剂；生物安全等级三级水平适用于具有已知气溶胶传播潜力的生物试剂，适用于可能导致严重和潜在致命感染的生物试剂；生物安全等级四级水平用于感染性气溶胶造成威胁生命的疾病的高个人风险且无治疗方法的外来生物试剂。

3. 中国

中国于 2004 年 11 月颁布第一部《病原微生物实验室生物安全管理条例》，经过多次修订，在 2018 年修订时提及病原微生物分类和管理。将病原微生物分为四类：第一类病原微生物，是指能够引起人类或者动物非常严重疾病的微生物，以及我国尚未发现或者已经宣布消灭的微生物；第二类病原微生物，是指能够引起人类或者动物严重疾病，比较容易直接或者间接在人与人、动物与人、动物与动物间传播的微生物；第三类病原微生物，是指能够引起人类或者动物疾病，但一般情况下对人、动物或者环境不构成严重危害，传播风险有限，实验室感染后很少引起严重疾病，并且具备有效治疗和预防措施的微生物；第四类病原微生物，是指在通常情况下不会引起人类或者动物疾病的微生物。

我国根据生物因子的危害程度和采取的防护措施，将生物安全的防护水平分为四级，一级防护水平最低，处理第四类病原微生物，二级防护水平处理第三类病原微生物，三级防护水平处理第二类病原微生物，四级防护水平处理第一类病原微生物。需要注意的是，我国病原微生物分类与世界卫生组织大致一致，但也有差别。我国按照危险程度由高到低排列，世界卫生组织是按照由低到高排列；每个水平的病原微生物种类基本一致，个别有差异；在我国尚未发现或者已经宣布消灭的微生物被认为是最高等级，而世界卫生组织认为是最低等级。

三、生物安全实验室防护和操作规范

1. 一级生物安全实验室

普通建筑物、选址无特殊要求，实验室应有防止节肢动物和啮齿动物进入的设计，出口处应设洗手池，工作服和个人服装隔离，实验台面防水、耐腐蚀和耐热，保证工作照明，有适当的消毒设备，有足够的存储空间。配备安全系统包括消防、应急供电、应急淋浴以及洗眼设施。一般配备高压蒸汽灭菌器和超净工作台。

2. 二级生物安全实验室

选址，满足一级生物安全实验室要求。实验室设计，实验室门应带锁并可自动关闭，实验室门应有可视窗，实验室有足够的存储空间，用于存储各自设备。安全防护措施，包括消防、应急供电、应急淋浴以及洗眼设施。保障可靠和充足的电力供应和应急照明，配备备用发电机保证设备的正常运转，此外还需要配备其他措施加强实验室安保措施。需要配置高压蒸汽灭菌器和生物安全柜，按期检查和验证。

一级和二级生物安全实验室属于基础实验室，虽然某些操作可能对一级生物安全实验室没有必要，但是对刚进入实验室的初学者掌握规范的微生物学操作技术是必要的。在进行二级危险病原体操作时，应有国际通用生物危害警告标志，人员进入需要批准，并且穿戴隔离服、手套、安全镜和面罩，禁止携带与实验无关的动物进入，实验过程中门应该关闭。出实验室之前，应先消毒，脱掉隔离衣和手套，随后必须洗手。严禁进食、饮水、吸烟等行为，严禁防护服和日常服装混在一起。操作规范，严禁用口吸移液管，严禁用口接触实验材料；尽量采用减少气溶胶形成的技术操作；制定如何处理溢出物操作流程。生物安全管理，实验室主任负责制定生物安全管理计划；并保证常规的实验室安全培训；应当制定节肢动物和啮齿动物控制方案。健康和医学监测，一级生物安全水平实验室，理想情况下，所有实验室工作人员应进行上岗前体检并记录，实验人员出现疾病或者出现意外事故，应当迅速报告；二级生物安全水平实验室，上岗前必须体检，记录个人病史，进行一次有目的的职业健康评估；管理人员要保存工作人员的疾病和缺勤记录；育龄女士应知道如何保护胎儿。废弃物处理，需对排放的污水、废气和废弃物进行化学或者物理处理。化学品、火、电、辐射以及仪器设备，需要按照国家或者地方制定的相关法规和条例进行，坚持高标准。

3. 三级生物安全水平

应在国家或者其他有关的卫生主管部门登记。选址，应在建筑物中自成隔离区或者为独立建筑物，1公里内没有密集人群，例如工厂、小区。在之前防护水平上，还要包括清洁区、半污染区、污染区和缓冲区。缓冲区是一个在实验室和邻近空间保存压差的专门区域，其中应设置洁净衣服和脏衣服设施，而且也有淋浴设施。缓冲间的门可以自动关闭并且互锁，确保某一时间仅有一扇门开着；实验室应密封，建造空气通风管道进行气体消毒，需要有自动感应洗手池和空气定向流动的通风系统。实验室设备，安装高效空气过滤器过滤空气，过滤排出空气必须在远离该建筑及进气口的地方扩散；安装取暖、通风和空调控制系统防止实验室出现正压；安装生物安全柜，并且远离人员活动区，所有和感染物质有关的操作均要在生物安全柜或者其他基本防护设施中进行；安装高压灭菌器，处理污染废弃物；供水器、真空管道、真空泵都应安装防止逆流装置。健康和医学监测，对在三级生物安全水平的防护实验室内工作的所有人员，强制进行医学检查，包括详细的病史记录和职业体检报告；临床检查合格后，配发医疗联系卡，详细说明个人信息和医疗情况。操作规范，除了遵守之前的生物安全水平基础操作规范外，还需要配备呼吸防护装备、需要在生物安全柜中对感染性物质进行操作。

4. 四级生物安全水平

选址，需要在完全独立的隔离区域内。远离城区10km。实验室设计，除了满足三级生物安全水平防护要求，还需要满足以下要求：进入控制，四级生物安全柜必须在独立的建筑内，或者在一个安全可靠的建筑中明确划分出的区域内。人员及货物必须经过气锁室或通过系统。人员进入实验室，需更换全部衣服，离开时，需淋浴再换上自己的衣服。基本防护，三级生物安全柜实验室。这种类型的实验室由三级生物安全柜提供基本防护，实验室必须配备带有内外更衣间的个人淋浴室，其他物品从双门结构的高压灭菌器或者熏蒸室送入。防护服型实验室，进入实验室人员应穿着一套正压的、供气经高效空气过滤器过滤的连身防护服，人员通过装有密封门的气锁室进入，配备清除防护服污染的淋浴室，配备具有内外更衣室的独立个人淋浴室。通风系统控制，保证负压，供风和排风均需经过高效空气过滤系统过滤。所有的高效空气过滤系统过滤器每年进行检查和认证。污水净化消毒，经过净化消毒处置并调整到中性。对使用的物品采用高压灭菌器灭菌，不能高压灭菌的物品应提供其他清除方法。除此之外，还需要加气锁室、应急电源和专用供电线路、安全防护排水管。

操作规范。在三级生物安全水平的操作规范基础上增加以下注意事项：双人工作制，严禁人员单独工作；在进入和离开之前，要求更换全部衣服和鞋子；工作人员要接受人员或疾病状态下紧急撤离程序的培训；建立适用于常规和紧急情况下的实验室工作人员和支持人员联系方式；进入三级和四级生物安全实验室的人员进入实验室前留存血清样本。

四、生物安全实验室关键设备

1. 实验室对象防护屏障装备

生物安全柜。原理是开口处流入的气流通过高效空气过滤器，截留直径大于 $0.3\mu m$ 的颗粒，包括所有已知的传染因子，并将过滤的空气送到工作台面，从而保护工作台面上的物品不受污染。生物安全柜分为一级、二级和三级。一级保护人员和环境，不保护样品；二级不仅能保护人员，也能保护环境及样品；三级可以在实验人员直接接触实验材料时最大限度保护实验人员，并且送风和排风都经过高效空气过滤器过滤。

一级生物安全柜，采用一体式排风机或者外接排风管的风机带动气流，气流从前窗操作口以一定的速度进入生物安全柜，经过工作台面，并经排风管排出生物安全柜。工作台面上的气溶胶或者微生物迅速被排送到排风管中。排风系统与通风橱的原理基本一致，但也有不同的地方，主要的区别是排风口安装有高效空气过滤器，排出的气体可以和环境中的空气混合。缺陷是将空气中存在的微生物或者不需要的颗粒吸入安全柜中，对操作人员造成影响。

二级生物安全柜，气流设计原理，室内的气流从生物安全柜开口处进入，流进前进风格栅，在生物安全柜中形成一定负压，通过前进风格栅的空气，再通过高效空气过滤器，并从顶部向下以一定的速度均匀垂直流经工作区，将工作台面气溶胶或者微生物吹走，垂直的气流在玻璃门开口处形成具有一定风速的特殊垂直气幕，并通过前格栅的特殊设计形成一道空气屏障，既防止室内的未经过滤的空气直接进入柜内流经工作台而污染操作面，又能防止工作区气流接触操作物被污染后逃逸生物安全柜而对操作者和环境造成一定的伤害。与一级生物安全柜区别是空气经过高效空气过滤器再进入生物安全柜，并且能防止室内未经过滤的空气直接进入柜内污染相关人员或者样品。

国际上将二级生物安全柜分为 A 型和 B 型两类，A 型生物安全柜的排风可直接排入室内，也可排入室外；B 型生物安全柜排风系统必须经过管道连接到室外。A 型分为 A1 和 A2 型，B 型分为 B1 和 B2 型，每种类型的流入气流速度、柜内循环空气比例以及排风方式均不一样。A1 和 A2 型的区别是，A2 型前窗操作口吸入气流的速度要略大于 A1 型，此外，A1 型生物安全柜风机下游未经高效空气过滤器过滤的正压污染空气可以不被负压包围，所以 A1 型生物安全柜的排风机通常在工作区下方。B1 和 B2 型区别在于，B1 型内部形成空气循环，而 B2 型没有。对于 B1 型，空气从前窗操作口和向下流的气流进入安全柜，通过前面的格栅和紧靠工作台面的下送风高效空气过滤器后，两边风道向上流动，然后通过一个回压板返回工作区，另一部分向下气流通过后部格栅，并经过排风高效空气过滤器排放到室外。对于 B2 型，从生物安全柜顶部抽取房间空气或者室外空气，空气经过顶部高效空气过滤器向下送到生物安全柜的工作区域，通过后面和前面的格栅抽取空气，抽取的空气经过高效空气过滤器过滤后抽走。

三级生物安全柜的工作原理是，进入或者出去生物安全柜的物品经过双开门的高压灭菌器传递，送风和排风经过高效空气过滤器过滤，使用专门的独立排风系统维持柜内外的气流，使得生物安全柜始终维持在负压。三级生物安全柜可首尾串联或者并联使用，以提供一个较大的工作区域，由于箱体密封设计使得操作人员和实验材料有效分开。受到《中华人民共和国生物两用品及相关设备和技术出口管制条例》影响，三级生物安全柜作为严格的出口限制品，主要供应于本国，我国已初步实现其自主化生产。

生物安全柜的关键部件有高效空气过滤器、风机系统、气流控制系统等。高效空气过滤系统是生物安全柜关键部件，作用是保证洁净的空气进入安全柜工作区和过滤排放污染空气，主要材料是硅酸盐玻璃纤维，对 0.33μm 的尘埃有较好的过滤效果，现在还开发出了聚四氯乙烯过滤器和微褶皱无间隔超高效过滤器等。风机系统，需要实现自动风量补偿维持安全柜内气流流速恒定，关键控制是外围电路控制程序。气流控制系统，生物安全柜的另一个核心技术，安全柜对气流的要求是定向性、稳定性和均匀性，气流速度不能太高也不能太低，保证不形成湍流也要起到足够的保护作用。除了以上之外，也需要注意诸如表面光滑、进出格栅及引流孔等地方没有气流死角。

2. 围护结构密封 / 气密防护装置

气密门一般用于对气密性有较高要求的房间，用于解决不同区域间气密性问题。在生物安全实验室设计中，主要用于核心工作区、气锁间、化学淋浴消毒间的隔离。主要分为充气式气密门和机械压紧式气密门。充气式气密门在门体内嵌入空气可膨胀的胶条，胶条膨胀后挤压门框达到密封的效果。主要结构部件包括门体、门框、铰链、膨胀胶条、充气管路、闭门器、电磁锁、位置开关、控制面板、紧急开门开关、紧急泄气阀等。机械压紧式气密门，依靠机械力量对密封胶条的挤压变形实现气体密封。不同于前者，机械压紧式气密门要纵向挤压密封胶条，因此对整个密封胶条的压紧平面机械特性要求高，一般包括的部件有门框、门体、铰链、密封胶条、可视观察窗、门锁控制机构、压紧机构及其传动机构等。另外，为了实现与其他气密门等互锁，可配置电磁锁、门开关信号器件等。除了以上两种外，还有双膨胀胶条充气式气密门等。

我国国家生物防护装备工程技术研究中心研制了可应用于生物安全实验室的充气式气密门、机械压紧式气密门和双膨胀胶条的充气式气密门。性能达到同类进口产品水平，已在我国高等级生物安全实验室推广使用，如中国农业科学院哈尔滨兽医研究所国产化生物安全四级实验室等。

气密传递装置。包括传递窗和渡槽两部分，传递窗分为基本型、净化型、消毒型、负压型和气密型。渡槽，也是一种传递窗，主要用于两个不同区域之间传递一些不能耐高温高压或者紫外线消毒的物品。污染品盛装于密闭容器后，通过渡槽使得容器外表面经过化学消毒液灭菌后传递给清洁区。气密传递装置主要用于两个不同污染概率区域之间小件物品传递，是实验室隔离屏障设施的重要组成部分，也是保证实验室围护结构密封性的关键。除了满足气密性，还要满足气体消毒要求，常用的消毒手段包括紫外线辐射或者气体熏蒸消毒。国家生物防护装备工程技术研究中心已经成功研发可应用于高等级生物安全实验室的自净化型气密传递窗、车载型自净化直角气密性传递窗、气体消毒型气密性传递窗、自动化气密性渡槽等。国产设备与进口设备性能相当，没有明显技术差别，相关产品也已经在我国高等级生物安全实验室广泛应用。

3. 实验室通风空调系统设备

包括高效空气过滤装置和生物型密闭阀。实验室通风空调系统设备是生物安全实验室最重要的二级防护屏障之一，可有效防止实验室内生物气溶胶释放到室外环境中，具有最基本的高效过滤功能，还具备原位检漏与原位消毒等功能。原位检漏是指安装好空气过滤技术装置后进行现场检测。需要检测的是过滤器本身过滤效率，还包括高效过滤器与箱体之间的安装边框连接处是否存在泄漏的可能性。在我国已研制出高效空气过滤器原位检漏和原位消毒等技术，并基于此开发了多种高效空气过滤单元，包括箱式高效空气过滤单元等，已在我国高等级生物安全实验室大范围推广使用。

4. 生物型密闭阀

气密性高于普通密闭阀，有效解决通风系统管道密封隔离问题。应满足的要求是密闭性和抗腐蚀性。分为机械压紧式和充气式两类。机械压紧式密闭阀完全依靠机械力量对密封胶条的挤压变形实现气体密封。一般包括阀体、阀板、密封胶条、传动机构、执行器等。充气式密封门原理同充气式气密门，由阀体、阀板、膨胀胶条、开关执行器、充气系统、气密性检测装置及充气控制装置组成。这两种生物型密闭阀已经被国家生物防护装备工程技术研究中心研制成功，并在我国高等级生物安全实验室推广使用。

5. 个人防护及技术保障设备

包括正压防护头罩和正压防护服。正压防护头罩是指具有净化供气系统并能保持内部气压高于环境压力的头部整体防护装备，只提供头部和呼吸系统的保护，不提供全身防护。与防护面具区别是，正压防护头罩不与面部紧密结合。其使用对象包括从事传染病防治、生物污染物处理、病原微生物检验研究、生物恐怖袭击等突发公共卫生事件的现场工作人员。按照工作原理分为电动送风过滤式和压缩空气集中送风式。前者靠自身携带电动送风系统向防护头罩内送风，送风系统等高效空气过滤器过滤，去除有害微生物和颗粒物，适合野外现场采样、污染处置等人员使用。后者由生命支持系统向防护头罩内输送压缩洁净空气，当输入防护头罩的气体流量大于由单向排气阀排出的气体流时，防护内相对环境为正压。解放军军事医学科学院卫生装备研究所研制成功了第一代正压防护头罩。经过多年的研发，我国研究的正压防护服达到国外同类产品性能，并在医院等推广使用。

正压防护服。是一种具有供气系统保持内部正压的全身封闭式防护服，由双倍用气量的独立气源供给系统供给，是生物安全四级实验室个人防护的核心装备，也是高等级生物安全实验室人员最直接、最有效也是最后一道屏障。进入正压防护服型实验室的工作人员，需要穿一套正压防护服，防止人体暴露于有害生物、化学物质与放射性物质的威胁。按照工作原理，正压防护服分为压缩空气集中送风式和动力送风过滤式两种。前者由生命支持系统向防护服内输送洁净压缩空气，利用外部送风螺旋管将该防护服的流量调节阀与生命支持系统相连，将洁净空气输入防护服内，输入的气流量大于排出阀的气体时，防护服相对环境是正压。后者将环境空气通过动力送风系统，送入高效空气过滤系统过滤，去除有害物质由风机直接送入防护服内，供给系统的风量大于排风量，里面为正压。正压防护服主要由防护服主体、透明视窗、送气管路、气密拉链、单向排气阀、检测口、防护靴、防护手套和手套圈等组成。在各种国家重点研发项目资助下，我国国家生物防护装备工程技术研究中心成功研制正压防护服复合材料合成、结构设计等重点关键技术，初步实现了正压防护服的生产，可为相关研究人员提供防护装备。

6. 消毒灭菌与废弃物处理装备

包括压力蒸汽灭菌器、活毒废水处理设备、气（汽）体消毒设备、动物残体处理系统、实验室生命支持系统、化学淋浴消毒系统。压力蒸汽灭菌器工作原理是被灭菌物品放置在高温高压的蒸汽介质中时，蒸汽遇冷物品即放出潜热，将被灭菌物品加热，当温度上升到某一温度时，物品表面的蛋白质和核酸变性，导致微生物死亡。国内在生物安全型压力蒸汽灭菌器方面的研究起步较晚，并且加工制造水平相对落后于西方国家，产品质量及性能与国外相比存在一定差距。活毒废水处理设备是为了防止病原微生物通过废水排放从实验室泄漏导致周围环境污染，一般包括收集管道部分、活毒废水的罐体部分、灭活后废水的冷却及排放部分。在高等级生物安全实验室中，对实验室核心区域内的洗手盆、淋浴和高压灭菌器及其他用水器排出的废水进行灭菌处理。气（汽）体消毒设备。利用纯气体消毒剂杀灭实验室设施或空气及设备中的病原体，是高等实验室最终消毒或者变更操作的病原体微生物种类时用的消毒方法。这种气体消毒剂极少会附着于物体表面，不需要擦拭。常用的设备有甲醛消毒机、气体二氧化氯消毒机、汽化过氧化氢消毒机、过氧乙酸蒸汽消毒机。动物残体处理系统。采用各种方法将实验过程中产生的动物残体处理成对生物和环境无害的物质过程。常用的方法是高温炼制和高温碱水解。此步骤将是未来动物疫情防控、科学研究、药物生产必备的核心步骤之一。碱水解湿法处理将动物组织彻底水解化，周期比较短，高温碱水解将成为后续动物残体无害化处理的主流，另外，低温冷冻破碎技术也是未来的一个发展方向。实验室生命支持系统，当采用正压防护服作为个人防护装备时，需要实验室配套生命支持系统，为正压防护服提供压力稳定的正压维系气源以确保实验人员与实验室环境隔离，为工作人员提供洁净的空气。我国高等级生物安全实验室虽然起步较晚，但核心设备已经初步国产化。国家生物防护装备工程技术研究中心成功研制出实验室生命支持系统等核心设备，在中国农业科学院哈尔滨兽医研究所的国产化模式实验室及武汉大学的生物安全三级动物实验室均有所应用。化学淋浴消毒装置，指工作人员从高污染区出来经过的化学淋浴装置，是第一道防护屏障。化学淋浴装置对工作人员穿着的正压防护服进行全方位的喷雾消毒和清洗，分为气密型淋浴室、精细雾化技术、复合消毒剂技术等。国家生物防护装备工程技术研究中心成功研制出整体式化学淋浴消毒装置，并通过具有国家级检验资质的第三方机构验收，目前已在推广应用。

五、生物安全实验室管理体系

生物安全实验室除了关键设备外，还需要建立安全的管理运转体系，才能安全高效最大限度地发挥高等级生物安全实验室性能。生物安全实验室管理体系包括生物安全委员会，风险评估及风险控制，材料安全数据单，环境管理，保护机密信息，保证公正性，安全保卫控制，实验室人员管理、培训、安全考核、健康监护、个人责任，材料管理，化学品管理，实验室人员准入，实验室活动管理，消毒，设备使用，个人防护，菌（毒）种管理和运输，感染性材料溢出，废弃物处理，实验室暴露后预防控制，消防安全，紧急撤离等。

生物安全三级实验室生物安全负责人还需要进行内审，内审后一个月需要进行管理评审，管理评审至少每 12 个月进行一次。生物安全负责人负责组建内审小组，小组人员应由经过培训具备内审资格的人员担任，并应独立于被审核的活动，组长编制《内部审核实施计划表》，经安全负责人审核，报实验室主任批准后发放。相关程序有：审核小组编制《内部审核检查表》；在表的指引下收集审核证据；详细记录不符合规定的状况，并由受审核部门进行确认；现场审核结束后，审核小组召集内审小组成员与受审核部门负责人开会，说明相关情况并确保受审核部门了解相关情况；内审小组发出《不符合项报告》，并提出纠正措施，交受审部门确认后由实验室主任签发；受审部门收到《不符合项报告》后，尽快对相关原因进行分析，提出纠正措施，经内审小组确认后实施；经实验室主任批准《内部审核报告》发送至相关部门；跟踪验证纠正措施并修订相关文件；内部审核的资料及修订均应记录并存档；安全负责人将内部审核结果及所采取的纠正措施，提交管理评审，验证安全管理体系运作的有效性和符合性。

生物安全三级实验室管理评审。评审前准备，由生物安全负责人提出管理评审，组成评审组，技术负责人制定《管理评审实施计划》，明确管理评审讨论的重点议题，经负责人批准后，提前两周发给相关部门，做好评审前准备。管理评审的实施。生物安全负责人主持相关会议并汇报安全管理体系运行情况，各部门做书面报告；会议讨论，做好《管理评审会议记录》。后续工作，生物安全负责人批准《管理评审报告》发送各部门；各部门按照《纠正措施程序》和《预防措施程序》执行；负责人做好管理评审中需改进项的检查、监督和验证等工作，并记录在《管理评审报告》相应栏中。

第二节　生物安全实验室的总体概况

19 世纪末发现诸如结核分枝杆菌、霍乱弧菌等影响人类健康的病原体，人类开始逐步研究各种病原体致病机制，与此同时也出现了大量的工作人员感染事件。1893 年，法国首次报道了世界上第一例实验室暴露感染事件，在此时，人们开始设计一些简单的设施来进行微生物实验。虽然出现感染事件，但还没有引起人们足够的重视。一直到 20 世纪初，实验室感染事件及影响的范围越来越大，科研人员逐渐开始设计各类防护装置来避免实验室感染事件的发生。1943 年，第三级生物安全柜基本成型，并于 1944 年应用于美国陆军生物武器实验室。1947 年，美国国立卫生研究院在其 7 号建筑中投入使用第一座民用微生物安全研究实验室，1953 年，发表了第一篇系统介绍生物安全柜、密封离心套筒、摇床、动物饲养设备等的文章，同时也分析了常见的微生物操作危害并形成基本统一的防护措施。在接下来的几十年中，逐步出现有关生物安全的指南、标准及专著，如美国疾病控制与预防中心出版了《基于危害对病原体的分类》，美国国家公共卫生基础标准《Ⅱ级（层流）生物安全柜》和世界卫生组织发布第一版《实验室生物安全手册》，同时各国也成立了生物安全协会，2001 年，国际生物安全协会成立，在协调各国生物安全领域的学科交流及有关标准的统一中发挥了重要作用。这些科学技术标准体系为病原微生物实验室生物安全建设提供了坚实的基础，随后世界各国开始建立自身的生物安全实验室，生物安全实验室建设逐渐成熟。2001 年，美国炭疽邮件事件，使得人们认识到生物恐怖成为现实威胁，而且诸如 SARS、禽流感、埃博拉等新发突发传染病不断涌现，为了满足新的需求，高等级生物安全实验室建设进入了快速发展阶段。

一、我国生物安全实验室发展历程

我国高等级生物安全实验室建设比较晚，1987 年，军事科学院和天津市春信制冷净化设备有限公司合作建设我国第一个国产生物安全三级防护实验室，用于研究流行性出血热。随后，各大学、研究所及卫生防疫单位，逐渐建设了一批达到或者接近生物安全三级实验防护水平的实验室。2003 年前后，我国批复了 15 家机构的 23 个生物安全三级实验室的资质，诸如武汉大学生物安全三级动物实验室、中国农业科学院哈尔滨兽医研究所生物安全三级实验室等随后建设并获得国家认证。我国开始重视相关技术、关键设备的国产化生产，以及移动式生物安全实验室建设。2006 年 10 月，我国自主研制成功第一台移动式生物安全三级实验室并通过验收，2014 年 9 月，国产移动式生物安全三级实验室走出国门执行埃博拉病毒检测任务。同时，我国还制定并颁布了一系列实验室生物安全管理法规、规范和标准，以指导实验室的建设、管理和安全运营。相关指南、管理条例有《病原微生物实验室生物安全通用准则》（WS 233—2017）、《病原微生物实验室生物安全管理条例》、《病原微生物实验室生物安全环境管理办法》、《生物安全实验室建筑技术规范》。

2003 年，我国决定启动四级生物安全实验室建设，并将其纳入国家生物安全实验室体系规划，由中国科学院与武汉市人民政府联合建设，是"中法新发传染病防治合作项目"重要内容之一，也是国家投资建设的大科学工程装置之一。在中法两国工程技术人员的合作下，克服了设计、施工工序、关键设施设备采购和建造、施工组织管理等难题，2012 年完成了实验室主体土建工程和关键设施设备的选型和采购工作，2014 年 12 月完成了实验室机电设备安装和装修工程。2015 年 1 月 31 日，我国第一个四级生物安全实验室竣工，随后在评审过程中对不足进行针对性改进和提升，顺利通过了国家卫生健康委员会实验室活动资格和实验活动现场评估，具备开展高致病病原体微生物实验室活动资质，标志我国第一个生物安全四级实验室正式投入运行。生物安全四级生物实验室整个实验楼呈悬挂式结构，像一个密闭的盒子。底层是污水处理和生命维持系统，第二层为核心实验室区域，第三层为过滤器系统，顶层是空调系统，通过气流向一个方向流动，保证实验室负压。

实验室将承担三项重大功能，一是成为我国传染病预防与控制的研究和开发中心；二是烈性病原体的保藏中心和联合国烈性传染病参考实验室；三是作为我国生物安全实验室平台体系中的重要区域节点，在我国公共卫生应急反应体系和生物防范体系中发挥核心作用和支撑作用。

移动式生物安全实验室可在疫区开展并实施样本采集、分离和鉴定工作，是各国重点发展的生物安全装备。主要的形式包括车厢式、方舱式、面包式及半挂式。代表性的研究机构有美国 IMEBIO 公司、法国 LabOver 公司、德国 Charles Rivers 和美国 CleanAir 公司等。我国早在 2005 年就成功研制出了达到国外先进水平的移动式生物安全三级实验室。2014 年，应联合国和世界卫生组织的请求，我国向塞拉利昂派出车载移动式生物安全三级实验室进行埃博拉疫情诊断和调查。移动式生物安全三级实验室连续工作 6 个小时，运行保障 1200 多个小时，检测样本 5000 份，其中阳性样本近 1500 份，出色完成相关任务。我国向土耳其、印度等国多提供相关移动式生物安全三级实验室。我国也制定了移动实验室相关标准规范，2015 年颁布实施 GB 27421—2015《移动式实验室　生物安全要求》，从多角度多方面规范了移动实验室管理和操作标准。

二、西方国家生物安全实验室发展状况

世界各国均建立了完整的高等级生物安全实验室运转体系，互相协作，建立了高效的协调合作机制。美国疾控中心指导运行的应急医学检验实验室网络，分成三级，第一级为以社区实验室为主的基层实验网络，负责收集和快速判别危险病原体；第二级为州级实验室，主要以生物安全三级实验室为主，负责研判危险病原体种类和危险程度；第三级为国家实验室，利用四级生物安全实验室对结果进行最终研判及对专业技术人员进行培训等。另外，还有美国国立卫生研究院（NIH）提供经费支持的美国国家生物安全实验室体系和地区生物安全实验室体系。美国国家生物安全实验室体系由两家生物安全四级实验室组成，负责开展病原体研究；地区生物安全实验室体系由 12 个三级生物安全实验室组成，负责应对协调地方突发公共卫生事件。

欧盟高等级生物安全实验室计划，协调欧盟内部不同实验室之间的合作和资源共享，由法国国家健康与医学研究院负责协调此计划。目的是协调欧盟内部功能不同、大小不一的高等级实验室，促进并协调好基础研究和临床研究的工作，另外，还提供对科研人员生物安全和可靠性培训。相关实验室包括：法国梅里埃生物安全四级实验室、德国 Bernhard Nocht 热带医学研究所、德国马尔堡菲利普大学、英国健康保护机构、瑞典传染病研究院（SMI）、意大利国家传染病研究所。

日本国内拥有 200 多个生物安全三级实验室设施，分布在地方卫生研究所（约 62 所）、大学、病院、制药企业等。其中，位于茨城县（临近东京）的理化学研究所生物资源中心的生物安全设施，最初于 1984 年以生物安全四级为目的建成，但由于当地居民的反对，一直以生物安全三级等级运行。日本的生物安全四级设施，目前在运行的为一所，位于东京都的武藏村山市，隶属于国立传染病研究所村山厅舍管理。此设施最初于 1981 年以生物安全四级为目的建成后，因当地居民反对而一直以生物安全三级等级运行。2006 年至 2008 年，由国立传染病研究所、北海道大学、东京大学、大阪大学、长崎大学等机构利用科学技术振兴调整费进行了《BSL-4 设施的必要性与新兴传染病对策》的相关研究，首次推动了生物安全四级设施在日本国内的推进进程。2011 年由日本细菌学会等联合向文部科学大臣提出《设置生物安全四级施设要望书》。最终，国立传染病研究所所管辖的 BSL-3 设施在 2015 年运行等级升级为生物安全四级。

三、我国生物安全实验室发展状况

我国于 20 世纪 80 年代启动高等级生物安全实验室建设，2016 年颁布《高级别生物安全实验室体系建设规划（2016—2025 年）》，计划到 2025 年形成我国高级别生物安全实验室国家体系。截至 2020 年 10 月，有 81 家生物安全三级实验室，有 3 家生物安全四级实验室。我国生物安全实验室监督和管理由多个部门共同分工完成。国家发展和改革委员会、科学技术部和生态环境部负责高等级生物安全实验室的整体规划与建设，同时负责政策与标准制定、立项和认证审批、规划管理与协调等宏观管理工作；安全运行管理工作由科学技术部和国家卫生健康委员会负责；实验室认证和认可则由中国合格评定国家认可委员会负责。

虽然我国高等级生物安全实验室建设起步晚，但取得了比较辉煌的成绩，与国外相比，仍然存在比较大问题。这严重制约了疫情暴发后科研技术攻关的应急能力。我国主要存在的问题有：生物安全实验室建设力度不足，首先数量不足并且布局不合理，美国 12 个机构拥有生物安全四级实验室，生物安全三级实验室数量达到 1500 家，我国生物安全四级实验室仅有 3 家，生物安全三级实验室仅有 81 家，特别是有些省份甚至没有一家生物安全三级及以上实验室。在经济发达的地区，生物安全实验室数量较多，经济实力弱的地区，生物安全实验室数量较少。其次，缺乏应对重大疫情的应急反应生物安全实验室，不得不临时改建和新建一批实验室用于病毒检测和科学研究。管理体制有待加强。我国生物安全实验室由多个相关职能部门共同管理，容易出现责任不清、重复管理的现象，不仅给实验室造成负担，也容易产生资源浪费，信息资源、实验数据等配套研究条件平台建设等相对落后，相关标准规范还需要进一步完善。设备自主研发能力欠缺。我国的自主研发能力在热力供应系统、电力供应系统、自动控制系统、围护结构系统、消防控制系统和安全保卫系统等方面都已经处于国际领先水平，但在高效过滤单元和生物密闭阀、废物处理系统中连续流污水处理系统和动物残体处理系统等方面尚未实现自主产业化。实验能力方面，大部分实验室仅能展开细胞水平实验，缺乏展开动物实验的条件和能力。

四、生物安全实验室国际合作

1. 美国

美国国防部以"合作减少生物安全风险，加强全球公共卫生"等名义，在全球 30 个国家布局了 336 个生物安全实验室。2004 年，美国国防部与哈萨克斯坦达成合作协议，在阿拉木图建立中央参考实验室。中央参考实验室由生物安全与生物防御实验室、经济部消费者保护委员会实验室、农业农村部实验室和科学教育部实验室组成。由哈萨克斯坦国防部、消费者权益保障部、农业农村部和卫生部等与美国国防部、疾控中心等合作管理，包括投资建设实验室、参与鼠疫自然疫源地和鼠疫耶尔森菌的研究，为中东呼吸综合征冠状病毒提供现场以及实验室检测支持等。

2. 日本

近年来，日本医疗研究开发机构推动或在原有基础上深化了一大批国际医疗合作研究项目，主要与亚洲、非洲和美洲的多个国家展开了传染病防控方面的国际合作研究。这些项目包括：应对地球规模课题的国际科学技术合作项目（SATREPS，2010 年至今）、国际共同研究战略项目（SICORP，2013—2017 年）、医疗领域国际科学技术 e-ASIA 共同研究项目（e-ASIA，2013 年至今）、应对非洲热带疾病的国际共同研究项目（NTDs，2015 年至今）等。其中，日美医学合作计划早在 1965 年就已设立，经过 50 余年的深化合作，日本医疗研究开发机构近年来基于此计划，进一步针对亚洲地区蔓延的相关疾病，如霍乱及其他细菌性肠道传染病、病毒性疾病、耐药菌疾病、寄生虫疾病、艾滋病、急性呼吸道传染病、癌症、免疫类疾病等医学领域，与美国展开广泛的合作研究。另一个值得注意的项目，是传染病研究国际战略开展项目，目前进行到第三阶段——利用海外研究基地从事共同研究项目。该项目的第三阶段主要由日本国内的九所大学牵头，以利用海外相关研究基地培养本国高度专业化人员为目标，分别与亚洲和非洲的九个国家展开对口研究。合作国家包括中国、印度，东南亚的越南、泰国、缅甸、菲律宾和印度尼西亚，西非的加纳以及非洲南部的赞比亚。传染病研究国际战略开展项目的研究重点，是在流感、登革热、耐药菌和腹泻传染病这四个领域，一方面进行新型诊断、治疗药物的开发，并依托日本国内的新药开发支持网络进行诊断、治疗药物的实用化生产，另一方面与日本国立传染病研究所合作，总结传染病的防控经验，以在国内的传染病应对对策中应用。该项目经费每年 1 亿～3 亿日元（约合 600万～1800 万元人民币）。日本国际合作机构在传染病方面海外所援助的主要国家是传染病长期肆虐的东南亚国家和近年来频繁暴发新型或再兴传染病的非洲国家，为其提供传染病监测、防控方面的技术和资金。日本政府对部分国家，在传染病方面进行了长期的援助。2005年至 2019 年传染病研究国际战略开展项目（J-GRID）分三个阶段在加纳等若干发展中国家开始实施，2010 年科学技术协力项目资助了来自加纳的抗病毒和抗寄生虫药用生物活性物质的研究，2016 年又资助了加纳传染病监控体系的强化和霍乱弧菌、HIV 等肠道黏膜感染预防相关研究，日本政府在这一年还提供了无偿援助资金开始建设野口纪念医学研究所先进传染病研究中心。此外，日本国际协力机构（JICA）近年来开始向海外派遣传染病专家，开展当地传染病防控等方面研究工作。2014 年之前，日本在海外传染病合作方面主要通过物资支援的形式，分别在 2009 年向玻利维亚、墨西哥和巴布亚新几内亚提供援助物资，2010 年向海地提供援助物资。2014 年，非洲暴发了埃博拉出血热，日本政府一方面以物资援助形式对利比里亚、塞拉利昂、几内亚、马里进行支援，另一方面向塞拉利昂、利比里亚派遣了传染病专家。随后在 2016 年，为应对刚果的黄热病，日本首次组建并向刚果派遣了国际紧急救援队之传染病对策小组。

3. 中国

移动实验室标准型一般采用 2 车标准组合，其中一车为三级生物安全主单元，另一车为技术辅助单元。移动式三级实验室加强型采用三车组合，在标准型基础上增加了一个拓展实验室。采用气密连锁垫保障拓展实验室和标准主实验室之间气密性及安全性。拓展实验室内部配备了一台Ⅲ级生物安全柜，2 台动物饲养柜，1 台动物传递柜，1 台立式高压灭菌锅及其他必要的设备。2003 年 7 月，中法两国通过战略合作，共同建设我国第一所生物安全四级实验室。在中法两国设计者、建设者共同努力下，于 2015 年竣工，2018 年正式运行。2014 年8 月，应塞拉利昂政府请求，我国积极派出医疗救援队伍帮助应对塞拉利昂的疫情。商务部批准了援助塞拉利昂生物安全实验室建设项目，中国疾控中心与商务部签署了《援塞拉利昂生物安全实验室技术合作项目内容总承包合同》，中国疾控中心作为项目总承包单位，进行考察和建设。塞拉利昂卫生系统薄弱，公共卫生服务需求大，并且缺少各种物质资源，在如此匮乏的条件下，中国疾控中心仍然在塞拉利昂圆满完成了建设任务。这是我国对外援助建设的第一个高级别、配置齐全的生物安全三级实验室，建成后不断优化升级，实验室从仅能进行单一埃博拉病毒检测，发展到可检测多种病原体，而且具有可以针对发热和腹泻病人的基于综合征的多病原体主动监测系统。除此之外，我国还在后续给予诸多技术与物资方面的支持，并开展了多轮公共卫生项目培训，累计举办培训班 23 个，培训超过 500 人次。

2014 年，我国科学技术部设立"对发展中国家科技援助项目"，其中生物安全领域为中国援助哈萨克斯坦建设一个生物安全三级实验室。由中国农业科学院哈尔滨兽医研究所负责援建，于 2018 年 7 月竣工并顺利通过验收，此外，在 2016 年 11 月和 2018 年 11 月，举行了两次援助哈萨克斯坦项目培训班。项目总投资 408 万元，建筑面积 178 平方米，其中生物安全三级实验室核心面积 32 平方米。项目建成后，成为哈萨克斯坦农业高校中唯一能从事世界动物卫生组织规定的 A 类动物疫病病原研究的生物安全三级实验室，同时，赛福林农业技术大学与哈兽研所签署合作协议，共同进行动物疫情研究，共同推动两国动物疫情联合防控体系建设。

2020 年，由外交部和中国科学院联合发起，依托中国科学院武汉病毒研究所成立生物安全实验室管理与技术国际培训中心。其目的是为"一带一路"合作伙伴培养中高端传染病防控人才，打造国际知名的生物安全实验室管理与技术培训基地，加强与"一带一路"合作伙伴在新发传染病防控、生物安全管理以及技术分享等方面的国际合作。包括来自外交部、中国疾病预防控制中心、天津大学、暨南大学、武汉病毒研究所等国内外专家授课。在新冠疫情暴发后，该国际培训中心积极宣传新冠疫情防控基本知识，并开放共享数据平台，向学员所在的实验室提供新冠病毒检测实验室操作标准、生物安全防护、消毒剂使用等方面的技术指导与经验分享。

第三节　生物安全实验室法律法规

很多生物安全事故，都是人为操作失误导致，加强生物安全实验室监管，尽可能降低各类风险，防止意外泄漏或者感染事故迫在眉睫。

一、《实验室生物安全手册》

全球有关实验室生物安全统一标准和基本指导原则是世界卫生组织出版的《实验室生物安全手册》。1983 年出版第一版，1993 年出版第二版，2004 年出版第三版，2023 年出版第四版。

二、《生物风险管理：实验室生物安保指南》

2006 年，世界卫生组织出版了《生物风险管理：实验室生物安保指南》，以应对近些年来由意外或者人员操作失误导致的各种生物安全事故，以及蓄意泄漏传染性病原体或者管制试剂造成的全球生物安全危害。主要内容包括：实验室生物安保；生物风险管理措施；生物风险管理；应对生物风险；实验室生物安保程序。《指南》综述了其他机构和实体从各种背景和其他角度处理生物安全问题，还讨论了珍贵生物学材料以及随着生命科学进步导致现在和未来生物风险发生的改变，提出了识别、预防和最小化这些风险的方法。它为实验室设施提供了一个方案，该方案应有助于它们说明并保护其宝贵的科学资产。实验室主任是生物风险最重要负责人，并且有能力证明风险在管控范围内。生物风险管理程序一般包括 7 个主要组分：根据定期进行的生物风险评估，确定需要保护的珍贵生物学材料；为从事珍贵生物学材料研究或有权使用珍贵生物学材料及其设施的人员制定明确的指导、角色、职责和权限；在国际生命科学界促进一种意识文化、共同责任感、道德和尊重行为准则；制定不妨碍有效共享参考资料以及科学数据的政策、临床和流行病学标本及相关数据并且不妨碍合法研究的进行；加强科学、技术和安全部门之间的合作；为实验室员工提供适当的培训；加强应急响应和恢复计划。

《实验室生物安全手册》和《生物风险管理：实验室生物安保指南》为各个国家实验室生物安全监管机构、管理人员、科研人员提供了有益参考和指导，很多国家的相关指南均基于以上基础结合本国实际而制定。

三、《感染性物质运输指南》

2006 年，世卫组织颁布《感染性物质运输指南》。这为感染性物质和病原微生物运输提供了实用的指导意见。需要注意，这只是指导意见，并不能取代国内外已有的运输规定。主要章节包括前言，综述了国际和国家相关规定；定义和分类，包括感染性物质、培养物、病人/患病动物标本、生物制品、遗传修饰的微生物和生物体、医疗或临床废弃物；豁免；运输前装运的一般准备，包括基本的三层包装法；A 类感染性物质的包装、标签和文件单据要求；B 类感染性物质的包装、标签和文件单据要求；盒装件；制冷剂；培训；对尚未采用联合国系统的国家的建议；运输计划，包括发货人、承运商、收货人；航空邮件的要求；溢出物清除程序；事件报告。指南明确要求要通过高效工作流程，实现安全、快捷地运输感染性物质。需要高度重视待转运感染性物质的包装设计，尽可能减少在运输过程中发生损坏的概率。

四、《世界动物卫生组织陆生动物卫生法典》

1968 年，世界动物卫生组织出版了《世界动物卫生组织陆生动物卫生法典》，目前最新版本是 2019 年版本，涉及所有规定均由世界动物卫生组织成员代表在国际代表大会上表决通过，这是各国开展动物疫情防疫工作需遵循的国际标准，也是世界贸易组织指定的动物及动物产品国际贸易必须遵循的原则。主要内容包括第一篇动物疫病的诊断、监测和通报；第二篇风险分析；第三篇兽医机构；第四篇关于疫病预防和控制的一般性建议；第五篇贸易措施、进口/出口程序和签发兽医证书；第六篇兽医公共卫生；第七篇动物福利；第八篇多种家畜共有常见病；第九篇蜜蜂科；第十篇鸟类；第十一篇牛科动物；第十二篇马科动物；第十三篇兔形目；第十四篇绵羊与山羊；第十五篇猪科动物。这部法典制定 90 种重要动物疫病防控标准；促进了世界动物卫生组织成员之间安全开展动物及其产品国际贸易；指导兽医机构建设；强调兽医公共卫生要求。

五、《陆生动物诊断试验和疫苗标准手册》

2008 年，世界动物卫生组织出版《陆生动物诊断试验和疫苗标准手册》，目的是为实验动物和动物产品提供国际公认标准的实验室诊断方法，并对疫苗等生物产品研发和质量控制进行安全监管。

六、《关于动物医学研究两用技术的使用，风险识别、评估和管理指导原则》

随着两用生物技术在动物医学研究中使用，并且世界动物卫生组织在全球拥有广泛的合作网络与参考实验室，其中涉及许多病原体、材料、技术或者知识，这些具有重大的两用潜力，此外，许多其他利益方也从事相关活动，这些活动可能由于意外或者恶意对动物或者人类健康造成巨大的负面影响，2019 年，世界动物卫生组织组织制定了《关于动物医学研究两用技术的使用，风险识别、评估和管理指导原则》，其目的是提高人们对动物医学研究两用技术的认识，支持动物医学研究专业人员、研究人员和其他利益方有效地确定、评估和管理这些两用技术，并且鼓励各国和各机构在执行其自有的两用生物技术指导原则时参考与反思。主要内容包括风险审查过程；负责任的行为；执行过程中的指导意见等。其中主要介绍风险审查过程，研究人员和研究机构应当将风险评估纳入现有的标准风险评估程序中，他们应履行专业责任，对拟议研究的所有阶段进行持续、详细和知情的风险分析。研究人员应权衡研究的预期收益和风险，包括确定双重用途的影响，相关研究机构有责任确保正确进行风险评估，并支持研究人员。机构应该有一个审查机构，负责监督所有生命科学研究，并且确保所有项目得到适当的审查，同时减少研究人员的负担。主要过程包括分析识别、评估、管理等。

风险识别。研究通常涉及具有重大双重用途潜力的材料或知识。除其他外，还可能涉及危险的病原体、通过实验改变病原体的重要特征或新的技术发展。确定研究的双重用途含义需要仔细审查——从研究项目的设计到进行实验，再到发表研究结果。需要注意的是，风险可能会在实验阶段出现或改变，因此，在研究生命周期的所有阶段以开放的心态监控结果非常重要。相关研究分为基础研究和应用研究，基础研究旨在理解基本问题，而应用研究是旨在解决特定问题的应用。虽然基础研究为未来的发展奠定了基础，但真正的价值只有在回顾时才会显现，风险也是如此。因此，两用风险识别和风险缓解措施更适用于应用研究。

风险评估。研究人员和机构应采取实际步骤，不仅评估研究的益处，还评估与研究相关的可能风险。风险评估应考虑研究结果或产品被意外或故意误用的可能性和后果，但也应考虑不进行此项研究的后果。疫苗研究本身具有双重用途的含义，因为它处理病原体以开发疫苗。然而，这项研究的成果是我们保护自己或动物免受传染病侵害的最宝贵资产之一。风险评估可以由多种标准和分析工具指导。风险评估标准包括：研究结果是否会改变具有有害影响的毒素、生物或微生物的新特性（例如致病性、毒力、传染性、稳定性、宿主范围）；研究是否会改变环境中动植物物种的分布，从而产生有害影响；研究能否产生新的或重新产生病原体或毒素；研究是否会导致宿主免疫力降低、宿主易感性增加和 / 或宿主向性改变；研究能否促进或诱导对治疗或预防措施的抵抗；研究是否会干扰微生物或毒素的检测或诊断；研究能否改变具有有害影响的动物饲料或饲料植物的性质；研究发表或交流的背景或方式是否会助长误用。

风险管理是指识别、选择和实施可用于降低风险水平的措施。如果确定的风险被评估为超过了潜在收益，则应考虑是否以及如何修改研究以减轻风险，改变平衡，在某些情况下，研究是否应继续进行。风险缓解策略的例子可能包括加强工程控制或用非致病性菌株或致病性较小的相关细菌或病毒替代病原体，以进行适当阶段的研究。除了健全的风险评估外，风险管理还要求研究人员和机构都有意愿和权力采取适当措施。

七、《医学实验室 - 安全要求》

国际标准化组织颁布《医学实验室 - 安全要求》，对医学实验室应遵守的安全防护要求做出详细规定，要求高等级实验室应指定专门的实验室安全管理人员，培养全体实验室人员生物安全责任意识，并对高等级实验室风险分级、安全监管、实验设施设计、人员安全培训、感染性材料管制以及实验室设施设备的使用和维护提供规范化要求和标准。

八、各国生物安全实验室法律法规

1. 美国

1984 年美国首次发布《微生物和生物医学实验室的生物安全》，一直是美国生物安全实践的基石，也是美国生物安全实践的总体指导文件。该文件用于解决感染性微生物和危险生物材料的安全处理和控制。其基本内容包括微生物实验、安全设备和设施保障措施，以保护实验室工作人员、环境和公众免受实验室中处理和储存的传染性微生物的影响。《微生物和生物医学实验室的生物安全》主要分为八部分。第一部分引言，内容有获得性感染案例、生物安全指南制定过程、防护等级标准等。第二部分主要涉及生物风险评估。第三部分生物安全实验室设备。第四部分包括实验室生物安全等级分类。第五部分活体动物研究设施的生物安全水平标准。第六部分实验室生物安保原则。第七部分生物医学研究职业健康支持，包括生物医学研究职业健康支持框架和关键元素。第八部分试剂汇总，包括细菌、真菌、寄生虫、立克次体、病毒、虫媒和相关动物源病毒、毒素试剂和朊病毒。

微生物和生物医学实验室负责人或主任负责生物安全风险评估。在评估风险时，有必要让利益相关者（包括实验室和设施工作人员以及主题专家）广泛参与。生物风险评估过程用于确定传染或潜在传染源或材料的危险特性；可能导致一个人暴露于药剂的活动；此类暴露将导致实验室获得性感染的可能性和这种感染的可能后果。风险评估确定的信息将为选择适当的缓解措施提供指导，包括应用生物安全水平和良好微生物实践、安全设备和设施保障措施，以帮助预防实验室获得性感染。通过将风险管理流程整合到日常实验室操作中，促进积极的安全文化，从而持续识别危险并确定风险优先级，并制定针对性的风险缓解协议。针对特定情况。为了取得成功，这一进程必须是协作性的，并包括所有利益攸关方。此外，它必须认识到控制的层次结构，从消除或减少危险开始，然后逐步实施适当的工程和 / 或行政控制以解决剩余风险，如有必要，识别个人防护设备以保护研究人员。风险管理过程。在第 6

版本的《微生物和生物医学实验室的生物安全》中，提供关于风险缓解措施的指南，以消除常见试剂和方案的风险。因为无法预测所有的不利事件，有时候需要根据不完整的信息判断和决定控制措施。特别的风险，与一种特别实验室类型有关，需要更为谨慎的风险评估方法。这个指南描述了 6 步方法，为风险管理流程提供了方案。此 6 步方法为：①确定药剂的危险特性，并对固有风险进行评估，即在没有缓解因素的情况下的风险；②发现实验室程序性危害；③选择合适的生物安全防护水平及预防保障措施；④在实施控制之前，与生物安全专业人员、主题专家和机构生物安全委员会委员一起审查风险评估和选定的保障措施；⑤作为正在进行工作的一部分，评估进行安全实践和安全设备完整性方面的熟练程度；⑥定期重新审视和验证风险管理策略，并确定是否有必要进行更改。风险评估中要考虑的初始因素分为两大类：药剂危害和实验室程序危害。在对固有风险进行评估后，确定生物安全水平和任何其他指定的缓解策略。在实施控制之前，应与生物安全专业人员、主题专家和 IBC 或同等资源一起审查风险评估和选定的保障措施。然后，作为风险管理持续评估的一部分，评估员工在安全实践和安全设备完整性方面的熟练程度，并进行培训消除能力差距。最后，定期重新评估管理战略，以重新评估风险和缓解措施，并在适当时更新。风险交流。有效的安全计划取决于有效沟通和报告风险指标，包括事件和未遂事件。传达安全计划基本要素的文件是该文化的重要组成部分，构成风险评估的基础，这包括向所有利益相关者传达危险。机构领导可以通过与机构安全计划合作，致力于创造安全的工作环境，让各级员工参与进来。

　　风险评估是各个部门制定保障措施，以保护实验室工作人员和公众健康，使其免受实验室有害感染的基础，但需要清楚，这些已经建立起来的做法、设备和设施保障措施可能随着新的知识出现其保护效力发生改变。

　　美国其他有关实验室生物安全安保法律法规、标准和政策有：1996 年美国联邦政府《反恐怖主义和有效死刑法案》；1991 年美国职业安全卫生管理局《血源性病原体职业接触防护标准》；2001 年美国众议院《爱国者法案》；2002 年美国职业安全卫生管理局《实验室职业接触有害化学物质安全守则》；2008 年美国陆军《核武器和化学武器及材料生物安保》；2013 年国立卫生研究院《涉及重组 DNA 研究的生物安全指南》。

2. 英国

　　英国内政部负责实验室生物安全和安保工作，相关生物安全法规制定由英国健康和安全委员会负责。具体包括 1995 年出台《根据危害和防护分类的生物因子的分类》；2001 年出台《应对恐怖主义犯罪和安保法案》；2002 年出台《健康有害物质控制条例》；2002 年出台《危险性物质控制卫生法》；2008 年出台《特定动物病原体条例》。

3. 俄罗斯

　　目前应用的用于研究、控制和监管传染病暴发的政策法规有：2004 年批准实施的《客户权利保护和健康监控联邦宪章》，2005 年《国家卫生条例》；2006 年颁布的"国家第 60 号命令"；2007 年出版了《俄罗斯生物安全术语》；2010 年出版了《英-俄生物安全和生物安保词典》，以便促进生物安全意识的培养和生物安全教育的开展。

4. 加拿大

　　1977 年出台了《处理重组 DNA 分子、动物病毒和细胞的指南》，1990 年出版《实验室生物安全指南》，1996 年发布《兽医生物安全设施防护标准》，对动物病原体生物安全防护屏障等级、大小、实验动物设施、高效空气粒子过滤器等物理要求、通风橱、生物安全柜以及高等级动物防护实验室认证和实验操作规程等分别作出明确规定，2004 年出版《实验室生物安全指南》第三版，2013 年发布最新版《加拿大的实验室生物安全标准和指南》，目的是为生物安全实验室提供政策和规范化指导，旨在尽可能减少实验室工作人员暴露于病原体的感染风险。

5. 瑞典

实施欧盟指令 2000/54/EC "高等级生物安全实验室工作人员生物剂暴露感染风险预防"，此指令通过瑞典的国家条例 AFS2005：01 "病原微生物工作环境风险 - 感染、毒素作用及超敏感性反应"的实施。

6. 日本

1981 年制定《国立传染病研究所病原体安全管理条例》，防止微生物病原体意外泄漏和泄漏事故发生，2006 年出台《病原体等安全处理管理指南》，指南对病原体保存要求、实验室的日常安全管理、实验室人员身体健康等方面提出了明确指导意见。

7. 中国

2004 年颁布并经过 2016 年和 2018 年两次修订的《病原微生物实验室生物安全管理条例》。最新版一共分为七章和七十二条。第一章总则，指出国务院卫生兽医主管部门、县级以上地方人民政府、实验室的设立单位及其主管部门负责实验室相关活动的监督工作。第二章病原微生物的分类和管理。将病原微生物根据传染性和危害程度分为四类，还对病原微生物采集、运输、保藏以及出现意外时的上报也进行了详细的规定。第三章实验室的设立与管理。制定国家生物安全实验室体系规划，对一、二、三和四级生物安全实验室从事的实验室活动、批准报备、技术和操作规范、安全保卫、人员培训、档案管理及感染应急处置方案、生物安全专家委员会等进行了说明。第四章实验室感染控制。由专业人员承担实验感染控制工作，详细规定了主管部门接到感染事故后应当采取的预防和控制措施。第五章监督管理。说明了进行监督管理的部门、监督检查的内容、权利和义务、职权和履行的职责、被举报和相关调查处理流程。第六章法律责任，规定了相关主管部门对未按照本条例处理高致病性病原微生物或者疑似高致病性病原微生物实验活动的处理流程。违反哪些规定时，相关主管部门应当采取什么处罚措施，对主管部门的监督惩戒措施。第七章附则。中国人民解放军卫生主管部门参照本条例负责监督管理。在条例实施前设立的实验室，应当进行整改和办理相关手续。

2004 年，我国颁布 GB 19489—2004《实验室　生物安全通用要求》，经过实践和多轮修订后，形成 GB 19489—2008《实验室　生物安全通用要求》。2004 年，我国颁布 GB 50346—2004《生物安全实验室建筑技术规范》，在认真总结实践经验、吸取近年来有关的科研成果和最新国内外先进标准基础上，2011 修订颁布了 GB 50346—2011《生物安全实验室建筑技术规范》，增加内容有：生物安全实验室分类；ABSL-2 的 b2 类实验室的技术指标；三级生物安全实验室的选址和建筑间距修订要求；原位消毒和检漏排风高效空气过滤器（三级和四级生物安全实验室防护区）；三级和四级生物安全实验室防护区设置存水弯和地漏的水封深度的要求；将 ABSL-3 中的 b2 类实验室的供电提高到必须按一级负荷供电；三级和四级生物安全实验室吊顶材料的燃烧性能和耐火极限不应低于所在区域隔墙的要求；独立于其他建筑的三级和四级生物安全实验室的送排风系统可不设置防火阀；三级和四级生物安全实验室围护结构的严密性检测；活毒废水处理设备、高压灭菌锅、动物尸体处理设备等带有高效过滤器的设备应进行高效过滤器的检漏；活毒废水处理设备、动物尸体处理设备等进行污染物灭菌效果验证。

2020 年 10 月我国第十三届全国人民代表大会常务委员会通过《中华人民共和国生物安全法》，专门设定一章内容"病原微生物实验室生物安全"。由国务院卫生健康、农业农村主管部门负责制定统一的实验室生物安全标准，从事相关活动人员应该严格遵守国家标准和实验室技术规范。相关高致病病原微生物活动应当经省级以上部门批准报备，企业应依据相关管理规定运行，但个人不能设立相关病原微生物实验室或从事相关活动。

第四节　生物安全实验室发展瓶颈及未来发展方向

经过十几年建设，我国已经形成分布较为合理、功能定位较为齐全的高等级生物安全实验室体系，此外各种法律法规不断完善，保障实验室合法合规运行，最后，我国关键核心技术研发取得突破，三级高等级实验室建设的装备需求已经基本能够满足实验室生物安全科技发展，四级高等级实验室关键防护设备如正压防护服、实验室生命支持系统、化学淋浴设备等研发也有一定的自主权。这些成绩为我国应对新发突发传染病、应急响应预案和战略技术储备、生物安全人才培训合作等工作发挥了积极作用。虽然取得一定成绩，但仍然存在不足。

数量少并且区域分布不均衡。虽然我国目前已经被科学技术部建设审查的生物安全三级实验室数量达到 81 家，但美国等发达国家三级实验室数量则近 1500 家；我国大部分实验室主要集中在经济发达地区，偏远地区缺乏，大部分实验室集中在大学和科学研究机构，临床应用和产业实验室较少；大部分实验室用于病原体基础科学研究，用于临床应急反应、工业测试和病理解剖的少。

管理体系还需要优化。首先没有长期稳定的高级别生物安全实验室经费投入，特别是运营成本费用，每年的运营成本应占到建设成本的 5%～10%，但很多高等级实验室的运营成本经常被忽略，甚至由于缺乏导致无法正常运转。其次相关法律法规标准体系还需要进一步完善，信息资源等配套研究条件平台建设还相对落后，工程技术、管理和战略研究等队伍还需要加强。最后，实验室能力认可和实验活动资格评审程序还需要优化，以满足突发公共卫生处置等应急需要。

自主研发设施设备能力还有待加强。虽然在诸如生物安全实验室热力、电力、自动控制系统等方面发展迅速，但在高效过滤单元、生物密闭阀、污水处理系统和动物处理系统等方面，尚未实现自主研发。已经研发成功的正压防护服、实验室生命支持系统、化学淋浴设备等缺乏示范和验证平台，产业化能力还很弱。

缺乏专业技能人员。高等级生物安全实验室建设需要来自建筑科学、材料科学、空气动力科学、自动控制科学、环境科学、微生物学、生物安全学和系统工程学团队人员的合作，此外，还需要一名高素质、积极主动和熟练的生物安全监督员负责监管实验室生物封控措施以及实验室风险管理。现在，大多数高等级实验室缺乏专业的生物安全管理人员和工程师，通常是由专业的技术人员和兼职人员组成，这使得很难及早识别和缓解设施和设备运行中的潜在安全隐患。

基于以上考虑，未来需要的发展方向如下。

第一，适当扩充生物安全四级实验室。目前在东北、西南和中部均有生物安全四级实验室，但在西北、东部、华中等地还需要扩充。从功能定位上，东北哈尔滨兽医研究所侧重于动物源传染病综合研究平台，西南昆明植物研究所侧重于灵长类动物感染研究，中部武汉国家生物安全实验室侧重烈性微生物综合研究和国际合作。缺乏专注高等级病原体鉴定、保藏研究，以及动物模型研究综合高等级实验室研究平台。其次，尝试扩充生物安全三级实验室建设，可尝试允许大学、企业运行生物安全三级实验室；针对特定领域，如深海、太空、极地等特殊环境还需要构建专门的生物安全三级实验室；根据各个省市需求，建设具备病原体检测分析、菌（毒）种保藏、病理解剖、科学研究和生产服务等能力的高等级三级实验室。

第二，强化实验室运行管理体系，建立实验室运行保障机制。进一步加强法律法规建设，保障实验室安全、高效运行。需要在总结之前的管理经验基础上，进一步规范和细化高等级生物安全实验室相关管理指南和标准，力争作为国际通用规则规范。另外，建立信息共享机制，定期收集、监测和分析关于高等级生物安全实验室发展情况的信息、政策解读和国际发展趋势。其次，加强跨学科人才队伍建设，培养专业化的生物安全实验室技术人员。着力培养具有多学科背景（如建筑科学、材料科学、空气动力科学、自动控制科学、环境科学、微生物学和生物安全学等）专业化技术人员，负责实验室生物安全风险管理，选派优秀人才去国外深造，培养具有国际视野的生物安全实验室技术人才；做好团队人员职业规划，使得团队成员能安心从事实验室管理工作。

第三，建立多渠道经费来源机制。应协调中央和地方政府财政对高等级实验室财政投入比例，引导有能力企业自主研发高等级生物安全实验室关键技术和设备，甚至允许设立处于政府监管状态下的私人或私企的高等级生物安全实验室，最终形成多渠道多元化的资金来源。

第四，加强实验室人员培训。高等级实验室需要配备高水平、高素质和训练有素的人才。高素质人才在高等级实验室建设、施工、管理和运行等方面至关重要。学科交叉更需要复合型人才。加强国家高等级实验室生物安全技术平台的建设、复合型人才培养，此外需要加强和吸引高水平人才加入。应创新、改进人员培训机制，完善人才分类评估和激励机制，保证实验室正常运行。

思考题

① 高等级实验室分为几类？各国国家分类标准是否一致？

② 我国高等级实验室分布及建设目前存在问题是什么？

③ 高等级实验室在生物安全防御中发挥哪些作用？

参考文献

[1] List of laboratory biosecurity incidents[EB/OL]. [2022-12-01] .

[2] David M，Gregory L. High-risk human-caused pathogen exposure events from 1975-2016 [J]. F1000Research，2016，10：752.

[3] 赵鲁. 实验室 SARS 病毒泄漏事故回顾 [EB/OL]. [2022-12-01] .http：//news.sciencenet.cn/htmlnews/ 2014/7/299630.shtm？id=299630.

[4] GB 19489—2008.

[5] 赵赤鸿，邴国霞，生甡. 高等级生物安全实验室防护设备现状与发展 [M]. 北京：人民卫生出版社，2022.

[6] 章欣，李长彬，刁天喜. 美国高等级生物安全实验室的人员管理 [J]. 人民军医，2016，59（7）：3.

[7] 赵焱. 关于高级别生物安全实验室若干管理要素的探讨 [J]. 病毒学报，2019，35（2）：4.

[8] 杨旭，梁慧刚，沈毅，等. 关于加强我国高等级生物安全实验室体系规划的思考 [J]. 中国科学院院刊，2016，10：1248-1254.

[9] 曹国庆，吕京，胡竹萍. 中国生物安全实验室标准发展历程及展望 [J]. 建筑科学，2022（8）：38.

[10] 黄翠，汤华山，梁慧刚，等. 全球生物安全与生物安全实验室的起源和发展 [J]. 中国家禽，2021，43（9）：7.

[11] 梁慧刚，黄翠，马海霞，等. 高等级生物安全实验室与生物安全 [J]. 中国科学院院刊，2016，31（4）：5.

[12] 梁慧刚，袁志明. 实施国家高级别生物安全实验室规划提高生物安全平台保障能力 [J]. 中国科学院院刊，2020，35（9）：7.

[13] Kenneth B Y，Kairat T，Falgunee K P，et al. Significance of high-containment biological laboratories performing work during the COVID-19 pandemic：biosafety level-3 and -4 Labs [J]. Front Bioeng and Biotechnol，2021，9：720315.

[14] Wang L L，Wang X C，Pang M F，et al. The practice of public health cooperation in the republic of Sierra Leone：contributions and experiences[J]. China CDC Weekly，2020，2（2）：28.

[15] Yuang Z M. Current status and future challeges of high-level biosafety laboratories in China[J]. Journal of biosafety and biosecurity，2019，1：123-127.

[16] 张晶，郭巍. 中国农科院援建哈萨克斯坦生物安全实验室通过标准化认证 [EB/OL].[2022-12-01]. https：//hvri.caas.cn/xwzh/zhdt/281060.htm .

[17] Michael A N，MD F. ISO 15190：2003 Medical Laboratories -requirements for safety[J]. EJIFCC，2004，15（4）：141-143.

[18] 章欣. 生物安全4级实验室建设关键问题及发展策略研究 [D]. 北京：中国人民解放军军事医学科学院，2016.

[19] 中华人民共和国住房和城乡建设部. 生物安全实验室建筑技术规范 [EB/OL]. [2023-05-05] .https：// www.yiedc.com/upload/2020-03/23/shengwuanquanshiyanshijianzhujishuguifanGB50346_2004.pdf？ eqid=8205ca83000f084800000006648173c6.

[20] 中华人民共和国科学技术部规章. 高等级病原微生物实验室建设审查办法 [EB/OL]. [2023-05-05]. https：//www.most.gov.cn/xxgk/xinxifenlei/zc/gz/202112/t20211210_178499.html.

[21] 全国人民代表大会. 中华人民共和国生物安全法 [EB/OL]. [2023-05-01]. http：//www.npc.gov.cn/ npc/c30834/202010/bb3bee5122854893a69acf4005a66059.shtml.

第五章

生物遗传资源安全

第一节　遗传资源的界定

一、国际条约对遗传资源的定义

《生物多样性公约》中对"遗传资源"的定义为"具有实际或潜在价值的遗传材料"，所述的"遗传材料"是指"来自植物、动物、微生物或其他来源的任何含有遗传功能单位的材料"，而"遗传功能单位"就是基因。因此，遗传资源就是具有实际或潜在价值的来源于植物、动物、微生物或者其他来源的任何含有遗传功能单位的材料。《生物多样性公约》对遗传资源的定义具有权威性，许多国家和国际组织在界定遗传资源的范围时均受到了它的影响。联合国粮食及农业组织《粮食和农业植物遗传资源国际条约》中，将"遗传资源"定义为"任何植物源材料，包括含有遗传功能单位的有性和无性繁殖的材料"。《关于获取遗传资源和公正公平分享其利用所产生惠益的名古屋议定书》（以下简称《名古屋议定书》）认为，《生物多样性公约》中定义的遗传资源存在局限。具体为，《生物多样性公约》定义的遗传资源仅限于具有遗传功能的材料，没有明确包括其衍生。衍生物是由生物遗传资源自然发生的基因表达或代谢过程产生的生物化学化合物，是可利用生物遗传资源最主要的形式之一。例如，许多药品的研发是利用遗传基因表达和自然代谢产生的衍生物，并不是生物遗传资源本身。因此，《名古屋议定书》中，将DNA的提取物、以研究和开发为目的的生物材料及其包含的所有生物化学组成都纳入了"遗传资源"的范畴。

二、有关国家对遗传资源的定义

巴西在《生物多样性公约》遗传资源定义的基础上，对其进行了扩大解释。在《保护生物多样性和遗传资源暂行条例》中指出，除了《生物多样性公约》规定的概念和标准定义外，遗传资源还应包括国内的，以及领土、大陆架和专属经济区上收集后移地保存的，全部或部分植物、真菌、细菌或动物，以及衍生于上述生物活体的新陈代谢、以分子和物质形式存在的活体或死体萃取物标本中的遗传起源信息。

哥斯达黎加拥有较成熟的生物遗传资源保护和利用体系，其颁布的《生物多样性法》中将"生物资源"界定为植物、动物、真菌或者微生物等中包含遗传功能单元的一切材料。

秘鲁《生物资源本土居民集体知识保护制度法》中，将"生物资源"定义为遗传资源、生物有机体或其部分、人口资源或生态系统中任何其他对人类具有实际或潜在价值的生物组成部分。

三、我国对遗传资源的定义

近年来，我国多个国家部委在其制定的管理办法中，对遗传资源进行了不同定义。我国在对遗传资源进行界定时，通常将遗传资源分为遗传材料和相关的信息资源两部分。

1998 年 6 月 10 日，由我国科学技术部、卫生部联合发布了《人类遗传资源管理暂行办法》，定义遗传资源是含有人体基因组、基因及其产物的器官、组织、细胞、血液、制备物、重组脱氧核糖核酸（DNA）构建体等遗传材料及相关的信息资料，并同时强调，人类遗传资源及有关信息、资料，属于国家科学技术秘密的，必须遵守《科学技术保密规定》。2007 年，国家环境保护总局（现生态环境部）发布的《全国生物物种资源保护与利用规划纲要》中，将"生物物种资源"定义为"具有实际或潜在价值的植物、动物和微生物物种以及种以下的分类单位及其遗传材料"，不仅包括物种层次的多样性，还包含种内的遗传资源和农业育种意义上的种质资源，而"遗传资源"是指任何含有遗传功能单位（基因和 DNA 水平）的材料；"种质资源"是指农作物、畜、禽、鱼、草、花卉等栽培植物和驯化动物的人工培育品种资源及其野生近源种。2019 年 3 月 20 日，国务院第 41 次常务会议通过的《中华人民共和国人类遗传资源管理条例》中，对"人类遗传资源"的定义十分宽泛，包括人类遗传资源的相关的"材料"和"信息"。具体而言，人类遗传资源定义为"人类遗传资源材料和人类遗传资源信息"，人类遗传资源材料定义为"含有人体基因组、基因等遗传物质的器官、组织、细胞等遗传材料"，人类遗传资源信息定义为"利用人类遗传资源材料产生的数据等信息资料"。据此，只要信息来源于人类遗传资源材料（例如：血液），即使该信息（例如：血常规报告）不反映遗传信息，也会落入人类遗传资源的范围，受到《人遗条例》监管。

第二节 遗传资源的类型、特点与重要性

一、遗传资源的类型与特点

遗传资源主要分为植物遗传资源、动物遗传资源和微生物遗传资源三大类，其中植物遗传资源包括野生经济植物资源、栽培农作物种质资源、野生和栽培经济林木遗传资源、野生和栽培药材与花卉植物遗传资源；动物遗传资源包括野生经济动物资源、家养动物遗传资源和渔业生物遗传资源；微生物遗传资源包括农业微生物菌种资源、林业微生物菌种资源、工业微生物菌种资源、医学和药用微生物菌种资源、兽医微生物菌种资源、普通微生物菌种资

源、栽培食用菌种资源等。

大多数遗传资源属于自然资源的一部分，具有自然资源的可开发性、系统性、地域差异性等特点。此外，遗传资源还具有一些自然资源所不具备的特点，在人类生活中有着极为重要的作用。具体为：

① 复合性。与其他自然资源相比，遗传资源不仅仅表现为动物、植物、微生物、细胞等可见的、有形的资源，更具价值的是其中所包含的遗传信息。遗传材料存在的意义是携带和传递遗传信息，而遗传信息的传递和表达也必须以遗传材料为物质载体。

② 普遍性。遗传资源的应用非常广泛，与国计民生有着重要的关系，不仅体现在生物科学的研究领域，在农业、林业、医药等领域也存在重要作用。

③ 再生性。遗传资源属于生物资源，具备生物体能够生长繁殖的基本特征。绝大多数生物资源可以通过自然更新或人工繁殖来使其数量和质量得到恢复。

④ 有限性。遗传资源虽具有可再生的特性，但其再生能力也是有一定限度的。再者，随着人类活动干扰和自然灾害的影响，当种群个体减少到一定数量时，就会威胁到该种群的生存和繁衍，其遗传基因就会有丧失的危险。

⑤ 地域性。目前遗传资源的分布情况，发展中国家分布的遗传资源较为丰富，而发达国家的遗传资源相对缺乏。在遗传资源供给方面，发展中国家也成为主要的遗传资源的输出者。

⑥ 未知性。对于很多遗传资源，如基因、蛋白等，其功能和价值还没有完全被解析，即使是现在已经发现、开发的生物资源，其自身很多生理特性和潜在的应用价值也不完全清楚，如银杏、红豆杉等。

二、保护遗传资源的战略意义

遗传资源是以物种为单元的遗传多样性资源，是维持人类生存、维护国家生态安全的物质基础。生物遗传资源作为国家重要的战略资源，不仅在商业上具有重大的潜在价值，在解决粮食、能源、环境等问题时，也发挥着越来越重要的作用。国际社会已将对遗传资源的占有情况作为衡量一个国家国力的重要指标之一。《生物多样性公约》的签署使人们对遗传资源的观念发生巨大改变，人们逐渐认识到遗传资源不仅能够为人类提供物质基础和生活环境，还为经济作物的优质品种选育提供了丰富的遗传材料、为新药与疫苗开发提供丰富的基因资源、为物种研究提供基本的原始材料。由此可见，遗传资源不仅是人类赖以生存和发展的基础，也是一个国家、一个民族重要的战略资源。由于篇幅等原因的限制，本章主要结合经济作物、水生生物和野生动物遗传资源几方面内容进行介绍。

第三节　作物遗传资源的保护与利用现状

一、我国作物遗传资源概况

植物遗传多样性造就了生态系统的多样性，丰富的植物遗传资源为人类提供了食物、营养品、药材等，营造了健康、绿色的生态环境。尤其是进入新世纪以来，生物技术得到了快速发展，对于植物遗传资源的依赖程度也在不断提高。植物遗传资源已经成为影响国家经济的重要战略资源。

我国是生物多样性最为丰富的十二个国家之一，是水稻、大豆等重要经济作物的起源地，也是众多野生、栽培果树的起源中心。据统计我国栽培作物达 1339 种，其野生近缘种达 1930 个，果树种类居世界第一。我国在植物遗传资源的应用方面已取得突出成果，如杂交水稻、远缘杂交小麦技术等，不仅解决了中国人民的吃饭问题，也为缓解世界粮食危机作出了贡献。中药产业是我国独具特色的民族产业，也是国民经济发展的重要支撑产业之一。近年来，通过以采集标本、收集宠物等名义从我国获取野生动植物遗传资源的案例层出不穷，导致我国成为了某些国家免费的遗传资源库。几年前，国外公司利用我国野生大豆的相关基因培育出高出油量的转基因大豆，导致我国整个大豆产业的半壁江山被其占据，这就是植物遗传资源流失的一个沉痛教训。

随着中药活性成分在治疗肿瘤、艾滋病等疾病领域的成功应用，越来越多的中药进入国际天然药物市场，使得中药产业进入现代化和国际化的快速发展期。发达国家使用了大量中国的药用植物及其提取物，同时，国外机构和个人通过对中国植物的研究申请了大量专利。与此形成对照的是，国内申请的专利和发表的成果中利用的来源于国外植物种类较少。中国尽管遗传资源丰富，但对生物遗传资源开发利用能力与发达国家差距较大。药用植物资源是中药的主要来源，因此，保护我国药用植物遗传资源，成为我国抢占国际生物医药市场与尖端研究领域和坚持自然资源可持续发展的重要路径。

二、作物遗传资源的保存方法

植物遗传资源的保存方法主要有原生境保存和非原生境保存两种方式，这些保存方法也适用于经济作物遗传资源。

1. 原生境保存

植物遗传资源的原生境保存主要基于自然生态条件，是针对物种群体恢复和保持等方面开展的一种植物遗传资源保存模式。具体在执行过程中，可以分为遗传保存和农场保存两种形式。

① 遗传保存。遗传保存是通过设立自然保护区对植物遗传资源实施保护，据生态环境部统计，我国共有 2750 个自然保护区，总面积达到 147 万平方千米，用于植物遗传资源的监护和管理。

②农场保存。农场保存主要是将当地培育的地方物种和野生种、杂草种进行混合管理，也可以在传统农业、造林培育系统中保存。从实际保存效果来看，农场保存方式能够为植物进化和发展提供天然的环境，由于植物适应自然生态的能力更强，更有助于形成系统的族、群落等。

2. 非原生境保存

非原生境保存是指将植物迁出原本的自然环境，主要包含种子保存、植株保存、离体保存等几种形式。

①种子保存。种子保存主要通过专用于保存种子的种质库来实现，分为短期种质库、

中期种质库和长期种质库。其中短期种质库用于临时贮存，主要为种子研究、鉴定、利用等提供便利，保存时间一般在 5 年左右，温度通常控制在 10～15℃，相对湿度控制在50%～60%；中期种质库同样用于种子研究、鉴定等用途，保存时间大约为 15 年，温度为0～10℃，相对湿度控制在 55%，种子的含水量要控制在 8% 以内；长期种质库主要用于种质资源的长期贮存，长期种质库需要保证完整性，只有在必要的情况下才用于分发，保存时间为几十年甚至上百年，温度为 –18℃ 或 –20℃，相对湿度低于 50%。长期种质库投资成本较高，对技术水平和运转费用要求也较高。

②植株保存。植株保存主要用于容易产生顽拗型种子的植物，如槭树、七叶树等。这些植株的叶子干燥程度低于 12% 时就会失去活力，保存温度通常要在 0℃ 以上，一些特殊的植株对于温度要求更加严格。无性繁殖也可以用于植株保存，但无性繁殖容易受到病虫害及自然灾害的干扰，不适用于种质资源的长期保存。离体保存用于保存细胞培养物质或离体组织，基于细胞全能性理论基础，采用试管进行保存的方式在超低温条件下进行。离体保存的超低温条件一般低于 –80℃，主要采用液氮和液氮蒸汽维持超低温度。离体保存对环境温度和光照时间要求较高，我国的离体保存方法在玉米、黑麦等研究上起到重要作用，可以将植物活性保持长达 13 年。据研究，玉米、黑麦花粉经冷冻保存一年后，花粉生活力并没有产生明显变化。田间授粉后结实率也很高，玉米结实率达 73.4%，黑麦结实率达 57.6%。另外，离体保存技术也能够解决花期不育和异地杂交困难等育种方面的难题。

三、作物遗传资源的利用

在栽培植物种及其野生亲缘种中所存在的丰富的遗传多样性，以及可应用的种子和这些植物在再生或繁殖过程中产生的其他器官，被称为种质资源。不论是收藏还是自然产生的种质资源，都是保障经济作物收成与改良作物品质的重要保障。保存同一物种中足够的遗传多样性对于以后开发利用其基因潜力也是非常必要的。因此，在改良作物品质、选育优良品种等研究工作中，拥有丰富的植物遗传资源是重要的基础要素。

1. 创制优良品质新品种

我国具有丰富的物种资源，如果能够对植物的基因特性进行深入研究，挖掘与优良性状相关的基因并加以利用，将有助于提高作物产量、作物品质等。例如，应对我国粮食问题研制的杂交水稻正是高产性状应用的突出成果。20 世纪 70 年代，水稻矮秆基因、小麦矮源农林号等的应用，推动了农业绿色革命的进程。野败型雄性细胞质不育株的创建，推动了我国杂交水稻迈向新的发展阶段，大幅提升了水稻产量。在此基础上，我国科研人员相继发现"威优 64"增产 18% 高产基因，在理论层面和实践应用水平上处于世界领先地位。随着人们生活水平的不断提高，对农作物品质的要求也与日俱增，优良品质基因的挖掘成为改良作物品质的理论基础。例如，科研人员发现并利用玉米高赖氨酸突变体 opaque 2，改良了玉米的口感和营养价值，玉米粒胚乳的赖氨酸含量增加了 70% 左右。番茄属的野生种与番茄栽培种能够高效杂交，建立番茄野生种种质库将为选育优良品种提供重要材料来源。20 世纪 60年代初，在秘鲁高原发现两种野生番茄提高了番茄色素和固体物质的含量，从而使美国番茄罐头工业仅用一年时间就赢得了接近 100 万美元的收益。优良品质基因的利用对于改良作物品质、提高粮食产量具有深远影响，未来我国在这一领域的研究仍需要投入更多科研资金和人员力量。

2. 获得高耐受能力新品种

分子生物学与转基因技术的发展，为植物遗传资源的利用开辟了新的路径。转基因技术通过将外源抗基因导入植物中，使经济作物获得新的性状，如抗病虫、抗旱、抗寒等。例如，我国在1987年培育出抗虫转基因烟草，并在马铃薯、棉花、番茄等作物中得到应用。到20世纪末，我国棉花产量大幅提高，这与抗虫棉的研究密不可分。转基因技术的应用，不仅提高了作物的产量，也减少了农药、化肥的使用。根据国际农业生物技术应用服务组织2019年9月发布的《2018年全球生物技术/转基因作物商业化发展态势》报告，当年全球有26个国家和地区种植转基因作物，种植面积超1.9亿公顷，其中美国、巴西、阿根廷、加拿大和印度的转基因农作物种植面积占全球转基因作物种植面积的91%。我国转基因品种最多的作物是棉花，我国已成为仅次于美国的第二个拥有自主知识产权的转基因棉花研发强国，截至2019年底，转基因专项共育成转基因抗虫棉新品种176个，累计推广4.7亿亩，减少农药使用70%以上，国产抗虫棉市场份额达到99%以上。转基因重大专项实施以来，我国建立起涵盖基因克隆、遗传转化、品种培育、安全评价等全链条的转基因技术体系。克隆具有重要育种应用价值的抗病虫、抗逆等性状的关键基因252个，部分重要基因已开始应用于转基因新材料创制。这些成果打破了发达国家和跨国公司基因专利的垄断。

四、植物遗传资源管理与可持续农业

受益于植物遗传资源有效管理，粮食产量大幅增加。尽管如此，随着全世界人口增加，粮食短缺依然是影响人口安全的重要问题，正在影响全球九分之一的人。到21世纪中叶，全球人口预计将达到90亿，然而可用于粮食生产的土地面积并没有增加，特别是受到温室气体排放，以及人畜共患病大规模流行的影响，耕地面积甚至有所减少，给全球粮食安全带来了重大挑战。据统计，几乎每九个人中就有一个饱受饥饿之苦，超过8.2亿人在挨饿，比2015年高出7.84亿。非洲几乎所有区域的饥饿人数都在上升，大约20亿人在世界上经历中度到严重的粮食不安全窘况。与此同时，人类活动正在改变全球生态环境。过去几十年中，大约一百万种动植物物种由于人类活动受到灭绝的威胁。人类活动不断占用地球生态空间，已经改变了全球70%~75%的无冰地球表面。为了扭转全球生态系统退化的趋势，联合国发起了联合国生态系统恢复十年（2021—2030）倡议，强调到2030年实现零饥饿目标。

绿色革命是通过增加化肥施用量、加强灌溉和管理、使用农药和农业机械，培育和推广高产粮食品种，解决全球粮食危机。虽然增加的产量帮助节省了17.9万~26.7万公顷的种植面积，但却给未来五个十年带来了环境退化和人口微量营养素缺乏的危机。此外，有证据表明，现代农业做法和强化系统可能与疾病的出现和扩大有关，有许多人畜共患病在野生动物、牲畜、人类中不断出现就是一个证据。2011年至2020年，地球表面的平均温度比19世纪末（工业革命之前）的平均温度高1.1℃，并且比过去12.5万年的任何时候都高。温度每升高一摄氏度都会导致玉米减产7.4%、小麦减产6%、水稻减产3.2%、大豆减产3.1%。受到威胁的不仅是作物产量，还有食品质量。温度升高以及大气中CO_2浓度增加，将会通过改变微生物群落动态和活动的生物地球化学过程影响土壤环境，以及地球化学反应，最终导致根际离子组成的改变，从而影响作物对离子的吸收。研究发现，未来的生态条件可能会导致在亚洲和加利福尼亚水稻土壤的根际中出现更大比例的毒性，如砷、亚砷酸盐，这会导致水稻减产 39%。水稻中的砷积累已经成为许多南亚和东南亚国家遇到的问题。

综上，农业需要更具适应力的品种，以应对气候变化可能引发的问题。从广义上讲，种质涵盖多种形式，如完整的个体、器官、组织、配子、染色体乃至核酸片段等。种质资源对植物育种具有重要意义，因为它携带的基因有助于提高作物产量、品质以及环境适应性。

五、栽培物种的起源和作物多样性的地理分布

虽然最早的陆生植物出现在大约 5.15 亿年前的寒武纪，但经人类驯化的植物出现的时间要晚得多，大约在 195000 至 160000 年前。130000 至 120000 年前，早前人类从非洲迁徙而来。他们以狩猎采集者的身份在野外漫游，以野生植物和狩猎野生动物为食，他们在新石器时代开始种植植物和饲养动物（表 5-1）。由于植物驯化和由此产生的食物的供应，人类成为地球上最主要、最成功的物种，随着随后的人口爆炸，人类需要越来越多的食物。

通过陆地生物的进化时间表可以看出，与陆地植物的进化相比，作物驯化是最近才出现的事件。

表 5-1　陆地生物进化时间表

时间	事件
515百万—470百万年前	第一个陆生植物被发现
350百万年前	被子植物的出现
160百万年前	单子叶植物与双子叶植物分离
6.5百万年前	猿人出现
2百万年前	能人出现
1.75百万年前	直立人出现
195000—160000年前	智人出现
130000—120000年前	早期人类迁徙
13000年前	定居农业和作物驯化开始

1. 植物起源中心理论

19 世纪以来，许多植物学家开展了广泛的植物调查，并进行了植物地理学、古生物学、生态学、考古学、语言学和历史学等多学科的综合研究，先后总结提出了世界栽培植物的起源中心理论。

很多研究人员热衷于作物起源地的研究，如瑞士植物学家德康多尔对作物的起源进行了开创性的研究，发表了名著《栽培植物的起源》（1882）；苏联植物遗传学家尼古拉·瓦维洛夫出版的《栽培植物的起源中心学院》中，提出了作物八大起源中心学说；美国遗传学家哈兰 1971 年提出了"作物起源的中心与泛区理论"和"作物扩散起源理论"；英国遗传学家郝克斯 1983 年提出的作物起源中心理论，认为农业起源地区为中心，作物从中心传播出来又形成类型丰富的地区为多样性地区，并将只有少数几种作物起源的地区称为"小中心"（minor centers）。下面将对几种主要理论进行介绍。

（1）德康多尔栽培植物起源中心论　德康多尔是最早研究世界栽培植物起源的学者。他

通过植物学、历史学及语言学等方面研究栽培植物的地理起源，出版了《世界植物地理》（1855）、《栽培植物起源》（1882）这两部著作。他在《栽培植物起源》（1882）一书中考证了247种栽培植物，其中起源于旧大陆的199种，占总数的88%以上。他指出这些作物最早被驯化的地方可能是中国、西南亚和埃及、亚洲热带地区。

（2）瓦维洛夫栽培植物起源中心学说 世界上研究栽培植物起源最著名的学者是瓦维洛夫。从1920年起，苏联著名植物学家瓦维洛夫组织了一支庞大的植物采集队，先后到过60多个国家，在生态环境各不相同的地区考察了180多次，对采集到的30万余份作物及其近缘种属的标本和种子进行了多方面的研究。在近20年考察分析的基础上，用地理区分法，从地图上观察这些植物种类和变种的分布情况，发现了物种变异多样性与分布的不平衡性。瓦维洛夫搜集了25万份栽培植物材料，对这些材料进行了综合分析，并做了一系列科学实验，出版了《栽培植物的起源中心学说》一书，发表了"育种的植物地理基础"的论文，提出了世界栽培植物起源中心学说，把世界分为八个栽培植物起源中心，论述了主要栽培植物，包括蔬菜、果树、农作物和其他近缘植物600多个物种的起源地。

（3）勃基尔的栽培植物起源观 勃基尔在《人的习惯与旧世界栽培植物的起源》中系统地考证了植物随人类氏族的活动、习惯和迁徙而驯化的过程，论证了东半球多种栽培植物的起源，认为瓦维洛夫方法学上存在不足，缺点主要是"全部证据都取自植物而不问栽培植物的人"。他提出影响驯化和栽培植物起源的一些重要观点，如"驯化由自然产地与新产地之间的差别而引起"。对驯化来说"隔离的价值是绝对重要的"。

（4）达林顿的栽培植物的起源中心 达林顿利用细胞学方法从染色体分析栽培植物的起源，并根据许多人的意见，将世界栽培植物的起源中心划为9个大区和4个亚区，即西南亚；地中海，附欧洲亚区；埃塞俄比亚，附中非亚区；中亚；印度-缅甸；东南亚；中国；墨西哥，附北美（在瓦维洛夫基础上增加的一个中心）及中美亚区；秘鲁，附智利及巴西-巴拉圭亚区。他的划分除了增加欧洲亚区以外，基本上与瓦维洛夫的划分相近。

（5）茹科夫斯基的栽培植物大基因中心 茹科夫斯基1970年提出不同作物物种的地理基因小中心达100余处，他认为这种小中心的变异种类对作物育种有重要的利用价值。他还将瓦维洛夫确定的8个栽培植物起源中心所包括的地区范围加以扩大，并增加了4个起源中心，使之能包括所有已发现的栽培植物种类。他称这12个起源中心为大基因中心，大基因中心或多样化变异区域都包括作物的原生起源地和次生起源地。1979年荷兰育种学家泽文在与茹科夫斯基合编的《栽培植物及其近缘植物中心辞典》中，按12个多样性中心列入167科2297种栽培植物及其近缘植物。书中认为在这12个起源中心中，东亚（中国-缅甸）、近东和中美三区是农业的摇篮，对栽培植物的起源贡献最大。然而，12个"中心"覆盖的范围过于广泛，几乎包括地球上除两极以外的全部陆地。

（6）哈兰的栽培植物起源分类 哈兰认为，在世界上某些地区（如中东、中国北部和中美地区）发生的驯化与瓦维洛夫起源中心模式相符，而在另一些地区（如非洲、东南亚）发生的驯化则与起源中心模式不符。他根据作物驯化中扩散的特点，把栽培植物分为5类。一是，土生型。植物在一个地区驯化后，从未扩散到其他地区，如非洲稻、埃塞俄比亚芭蕉等鲜为人知的作物。二是，半土生型。被驯化的植物只在邻近地区扩散，如云南山楂、西藏光核桃等。三是，单一中心。在原产地驯化后迅速传播到广大地区，没有次生中心，如橡胶、咖啡、可可。四是，有次生中心。作物从一个明确的初生起源中心逐渐向外扩散，在一个或几个地区形成次生起源中心，如葡萄、桃。五是，无中心。没有明确的起源中心，如香蕉。

2. 原始品种和现代品种

在后期，人类引入大规模育种计划或作物的自然适应后，在主要中心之外导致了特定的多样性，瓦维洛夫称之为二级多样性中心的物种，主要特点是野生近缘种的代表性差。农作物在主要中心被驯化，人们发现了野生近缘种。通过研究遗传的驯化作物及其野生祖先的多样性，可以深入了解驯化的历史和时机，同时也揭示了我们祖先的饮食习惯。此外，我们可以了解构成主要表型和导致驯化事件的基因，以便于未来更好地开展作物育种。最重要的是，从作物遗传多样性研究中，我们可以识别种群中需要保留为种质的遗传组，及时地为其提供保护和利用。野生种群的价值在于，由于驯化和选择性，基因组中它们携带的变异基因、新基因和等位基因可以渗入到栽培中。因此，一旦候选基因有助于野生种群应对生物和非生物胁迫，它们可以被渗入形成新品种。

大豆（*Glycine max*）是一种经过充分研究的驯化作物，生长于中国、朝鲜和俄罗斯南部的部分地区。不同的遗传标记测量的遗传多样性，例如简单重复序列（SSR）、单核苷酸多态性（SNP）、5S 核糖体 RNA 多态性标记和序列数据的从头组装等技术都指向，与驯化大豆（*G. max*）相比，野生大豆（*G. soja*）中存在更多变异和新等位基因。此外，栽培品种的遗传多样性起源中心的物种数量远大于二级中心。例如，美国是大豆多样性的第二大中心，1970 年至 2008 年期间，拥有超过 3000 万公顷 2242 个注册品种。然而，只有有限数量的祖传引种促成了种质资源的开发。这表明在原产地保护遗传资源的价值和必要性，特别是应关注野生祖细胞和其他野生近缘种，其存在更广泛的等位基因多样性。

尽管遗传变异性很小，但二级多样性中心也同样提供了有价值的种质中的农艺性状。因此，一些国家可以直接采用这些品种开展育种工作。一个很好的例子，美国优势品种"Lee"、"Improved Pelican"和"Bragg"等在二十世纪六七十年代被引入印度中北部和斯里兰卡，在当地被培养为优良品种。

也有一些栽培物种在其原产地以外被驯化。例如，来自南美洲的向日葵，在俄罗斯被开发成油籽向日葵；20 世纪 20 年代在巴巴多斯被驯化的葡萄柚，为当地从亚洲引入种植甜橙（*Citrus sinensis*）及柚（*Citrus maxima*）后出现的杂交种；1904 年，新西兰一位名叫伊莎贝尔的女校长到中国旅游时，把中国的中华猕猴桃种子（可能为一小袋）带回了新西兰。正是这小袋种子成为了世界猕猴桃产业的发端。至今，占全球栽培面积 80% 以上的'海沃德'（Hayward）品种及仍然广泛栽培的'布鲁诺'（Bruno）和其他早期品种如'艾利森'（Allison）等均选自这一小袋种子。尽管如此，源区野生物种的多样性更为丰富，例如南美野生向日葵品种较多，中国本土拥有 57 种猕猴桃资源。

3. 作物驯化与驯化性状

（1）作物驯化概况　在新石器时代早期（13000 至 11000 年前）人类开始种植有限的植物品种作为食物来源。依赖于早期所利用的植物部位的不同，这些早期物种在驯化过程中的形态、生理和生化变化体现出不同的方向。例如，在谷物和豆类中，成熟时晶粒尺寸增加且不碎裂。由于获得了不碎粒特性，谷类作物失去了传播能力，开始依赖人类播种繁殖。许多块茎和块根作物选育过程中，也由于选择更大的块茎或根而繁殖，导致选育出不育的多倍体类型，进而导致物种失去了性能力。在一种雌雄异株的块茎作物参薯 *Dioscorea alata* 中，Abraham 和 Gopinathan Nair 研究的全部 73 株雄性基因型均为四倍体，而大多数（30 株）雌性种质具有更高的倍性（六倍体和八倍体），并且完全不育。

Meyer 和 Purugganan 将驯化特征描述为，在最初的转变中被选择，并从其野生祖先建立一个新的驯化物种。资源分配到通常用作食物的植物部分的变化，在许多作物类别中都是类似的，丧失休眠、特定的生长习性、种皮变薄，种子大小增加和花序结构变化，是种子作物的标志性驯化特性。这些特征是通过有意识的人类选择，或在森林砍伐、受干扰的栖息地下用以维持生存的能力特定基因型。促进收获的特性（例如，谷物不破碎）归因于前者，而较大的种子尺寸则归因于后者，是因为较大的种子能够在种植期间表现出竞争优势。来自小麦、大麦和水稻的考古证据表明，谷物不破碎是栽培种最为优先选择的性状，其次是增加种子大小，因为后者需要更长的时间。增大大麦和黑麦种子大小，需要 500~1000 年实现，而水稻则需要更长的时间。御谷种子体型增大仅在驯化后 2000 年发生，并且只发生在特定地点；最近印度遗址的考古发现，绿豆种子尺寸增大在 1500 至 2000 年。

（2）分蘖和分枝　一般来说，在大多数种子作物中，顶端优势增加，抑制侧分枝或分蘖驯化。Doebley 等在玉米（*Zea mays*）中克隆了与增加分蘖有关的关键基因 *teosinte branched*（*tb1*）。他们研究发现 *tb1* 基因既能抑制玉米侧枝的生长，又促进雌性花序发育。该基因不在类蜀黍的初级腋生分生组织中表达，使它们能够发育成顶端带有流苏的长枝。驯化期间，选择在侧枝中具有高表达 *tb1* 的植株，分生组织促进了穗芽的发育。因此，在玉米驯化过程中为了减少分枝，发生了 *tb1* 基因调控的改变，而不是损失/获得或功能改变。此外，玉米驯化最关键的一步，是将玉米粒从硬化的保护性外壳中解放出来。大约在距今 9000 年前，墨西哥人利用野生墨西哥类蜀黍培育出了玉米，那时的玉米粒被一层坚硬的外壳包裹着，不适宜人类食用。数十年来，科学家一直在研究野生玉米如何生长成现在人们食用的玉米。今天的玉米之所以长成现在的样子是因为该作物的基因发生了一种小变化。通过对比玉米和墨西哥类蜀黍的特征，研究发现在随后数千年内发生的一种 DNA 基础交换——即通过 *tga1* 基因的 C-G 序列的基础交换产生了柔软的、裸露在外的玉米粒。这项研究发现表明了古代作物驯化者如何通过人工选育对作物遗传基因作出小幅改变，从而让玉米进化成人们今天所熟悉的样子。

（3）多元化变异　在最初的驯化之后，作物经历了多样化转变。例如，糯米（sticky rice）、香米（aromatic rice）是从常见种植的大米和玉米品种选育而来，以及各种甘蓝类蔬菜（野甘蓝、羽衣甘蓝、西蓝花和花椰菜）均选自芥菜。大多数多样化特征在目标下进化选择，这些都是多样化事件的结果。另一种经历了多样化的蔬菜是生菜（*Lactuca sativa.*）。大约公元前 2500 年，生菜在古埃及种植和使用，当时的生菜叶子狭窄、直立、有刺，被用作产油作物，de Vries 认为它早些时候在库尔德斯坦 - 美索不达米亚地区已被驯化。时至今日，在生产中生产了多种形式的生菜，如 cos、butterhead，而产油型生菜在希腊仍然被用作催眠剂。Purugganan 和 Fuller 回顾了直接参与作物驯化的基因，这些基因迄今已被分离和鉴定，确定了九个驯化位点和八个编码转录激活因子，包括水稻落粒基因 *sh4* 和 *qSH1*、玉米结构基因 *tb1*（抑制腋生分枝形成）和 *AP2-like* 小麦基因 *Q*（决定花序结构）。相比之下，参与多样化的 26 个基因中有一半以上的分子功能已被表征编码特定酶，驯化事件与转录调控有关，而作物多样化涉及更多的酶编码位点。

（4）生理与遗传学变化　在驯化过程中，形态特征和生理特征的变化特征非常普遍，例如光周期、春化要求以及种子和块茎休眠。为了适应不同季节的不同气候，植物进化出生命周期的变化。一些农作物已经从它们原始的多年生习性变成了一年生植物，如棉花、蓖麻、木豆和木薯；还有一些作物丢失了它们的天然保护性毒素，例如许多茄科作物，归因于人类选择了这些毒素来对抗这些特征。多倍化（polyploidization）是指物种通过全基因组复制或杂交加倍，使多套染色体在同一细胞核内稳定遗传的现象，对物种的形成和生物多样化具有关键作用。多倍体作物在长期驯化过程中表现出强烈的适应性优势，生物量大、抗逆性强、水肥利用效率高，例如小麦、棉花、欧洲油菜等重要的粮棉、油作物都是典型的多倍体，因此作物多倍化和驯化的基础研究具有重要的农业应用价值。

4. 多样性中心遗传种质资源现状

如前所述，在驯化过程中，人类只选择了需要的一些特性，随着时间的推移，这可能会导致物种基因库的缩小。这种周围大部分生物多样性的遗传变异也正渐渐减少的现象，称为遗传侵蚀。尽管原始品种不能满足现代农业低投入高产出的要求，但其携带许多在其他方面有用的等位基因，包括害虫和抗病性，以及对不利土壤、干旱、盐碱和其他非生物的耐受性。同时，比起许多现代品种，原始种还具有有价值的品质特性。通过 1927 年以来的调查数据，Hammer 和 Laghetti 发现，与 20 世纪 50 年代（0.48%～4%）相比，意大利小麦遗传侵蚀的历史比例较高（13.2%）。遗传侵蚀的类似趋势已经发现存在于印度和中国的水稻、希腊的传统小麦品种。作物野生近缘种（CWRs）在它们的进化过程中也有许多有用的特征。当代植物育种者意识到需要拓宽他们培育的作物的遗传结构，因为与本土品种杂交，将其纳入育种计划并不容易，与野生物种杂交更是如此，需要耗时的回交才能实现现代栽培所期望的高产和其他特性。这带来的结果就是，我们的庄稼在经过不断育种，基因库不断缩小。再者，由于城市化、森林砍伐、单一作物种植等，作物的遗传多样性正在减少。

一些栽培物种的起源中心现今已发展成为基于大型灌溉和水电工程基地。截至 2000 年，全球就已有 150 多个国家／地区建设了超过 45000 座大型水坝。然而，这些水坝的建设以牺牲陆地生态系统栖息地为代价。例如，世界上最大的水坝中国中部的三峡大坝，建在生物多样性热点核心区域。三峡保护区是中国生物多样性最丰富的地区之一，三峡库区有丰富的植物资源。资料统计表明：库区有维管束植物 6088 种，分属于 208 科，1428 属，约占全国植物总数的 20%；有珍稀植物 57 种，占全国珍稀植物的 14.7%。库区有植被类型 78 个，有药用植物 3500 种，隶属于 603 属，174 科，同时有丰富的粮食经济植物和野生香料植物资源。

除了工业发展，一些作物多样性中心也受到长期战争的影响，农业社区居民流离失所，甚至完全放弃农田及其包含的作物遗传资源。据联合国儿童基金会（儿基会）报告，在受全球粮食危机影响最严重 15 个国家，每分钟就有一名儿童陷入饥饿。这 15 国中有 12 国位于非洲（布基纳法索、苏丹等），1 国位于加勒比地区（海地），其他 2 国位于亚洲（阿富汗、也门）。无休止的战争削弱了这些国家的政府机构应对债务、失业、通胀、贫困等日益恶化的危机的能力。除了自然环境和耕地损失，生态环境的退化是尤为严重的问题，近些年不断出现的流行性传染病很可能就是重要的体现之一。人畜共患疾病发生的驱动力是环境的改变，通常是人类活动的结果，从土地用途的变化到气候的变化；动物或人类宿主的变化；病原体的变异，病原体不断进化，从而入侵新的宿主，在新的环境中繁殖。例如，蝙蝠是夜行性的授粉者，由于森林砍伐和农业扩张导致蝙蝠栖息地的丧失，出现了与蝙蝠相关的病毒。

农业与生物多样性的联系随时间的推移而不断变化。过去三十年来，利用农业集约化策略，扩大了耕地面积、提高了单位土地面积产量，进而提升了农业生产力。得益于新技术、改良品种或新品种的应用，以及对生态资源，如土壤、水等更加有效的管理，集约化策略在过去几十年里提高了作物产量。但是，它们同时也大大降低了农作物和牲畜品种以及农业生态系统的遗传多样性，并导致大范围的生物多样性消失。缺乏对于本土种和作物野生近缘种持续性管理，对生物多样性造成不可逆的影响。因此，需要针对植物遗传资源建立更为系统、全面的保护计划。

5. 多年生物种在可持续农业中的作用

植物在应对有限可用资源的分布中，表现出丰富的可变性，通过两种截然不同的策略将它们分配给生长、防御和繁殖，比如一年生物种和多年生物种。一年生物种，完成其生命周期并在一年内死亡。冬季过后，一年生植物快速发芽，因此它们比其他植物早，以满足争夺营养和光线的需要。此策略基本上让许多种子尽可能地长成了一年生植物。一年生植物每年发芽、生根、抽枝、长叶和开花，并在较短的生长季节产生新的种子。然而，多年生植物可通过冬眠，在其根、鳞茎、块茎和根状茎中储备能量。一些植物种还会保持其根和叶的存活状态，待春季地面雪融化后立即快速复苏。多年生植物有更进化的生命策略，以求在艰苦环境下能继续生长。它们建造了自己的永久结构，如可以越冬的花蕾、鳞茎和块茎。这些结构含有没有分化的细胞群，当需要生长新的器官如茎和叶时，它们就能迅速分化，长成植物的各种器官。

多年生作物是可持续农业未来几十年的重要参与者，贡献了约占总面积八分之一的粮食生产。多年生作物不必重新播种或每年重新种植，不需要每年耕种即可建立。而且，要成功种植一年生植物，农民必须使用化学或机械方法控制杂草避免与作物争夺光、养分和水分，尤其是在早期的幼苗发育阶段。由此产生的土壤扰动造成了大量土壤中的碳损失（最终以CO_2形式存在于大气中）、土壤侵蚀、养分损失，以及对土壤生物的影响。根据对土壤有机碳动态的研究，估计在 20 年的时间里，从一年生作物到多年生作物的变化导致土壤有机碳在 0～30 cm 处平均增加 20%。

虽然自 20 世纪 50 年代以来，由于育种和农艺实践的改进，尤其是改良杀虫剂和合成肥料的引入，小麦（*Triticum aestivum L.*）的产量迅速增加，但目前的产量不足以满足未来的需求。据联合国粮食及农业组织数据，估计到 2050 年，世界粮食需求量将比当前产量高出 60%。为此，育种者开始寻求新技术，例如标记辅助选择（MAS）、表型组学、反式和同源基因方法，以及基因组选择（GS）。基因组选择是标记辅助选择的一种优化形式。基因组选择过程从一组基因型开始，称为训练种群，这些基因型已使用全基因组标记进行了基因分型，并针对感兴趣的性状进行了表型分析。然后使用训练种群来训练模型，以计算一组基因型、验证种群或仅进行基因分型的新育种系的基因组估计育种值（GEBV）。然后，育种者可以使用计算出的基因组估计育种值从验证种群中进行选择，而无需进行表型分析。基因组估计育种值可以捕获更多选择性状的遗传变异，使基因组选择比传统的标记辅助选择更具优势。

一般来说，与一年生作物相比，多年生作物更健壮，保护土壤免受侵蚀并改善其结构，增加保留的养分、有机碳、水，因此有助于适应和缓解气候变化。总体而言，多年生植物有助于确保长期的粮食和水安全。此外，多年生植物可以通过减少耕作和种植成本及其在田间的时间，使农民摆脱经济不稳定的局面。近年来，改进农业技术和实践探索出了以多年生作物为基础的环境友好型农业系统。多年生作物能够在为人类提供食物的同时，兼具优化生态环境的功能。然而，世界上大多数食物和饲料都是由一年生的谷物提供的。为了发展多年生粮食作物，自20世纪80年代以来，研究人员一直在努力驯化多年生粮食作物。目前，北美和欧洲有几个育种计划致力于将中间偃麦草（*Thinopyrumn intermedium*，IWG）变成可规模化种植的作物。与一年生小麦的有机和常规栽培系统相比，最近商业化的多年生中间偃麦草种植增加了30~60 cm深度土壤的有机碳，包括颗粒物中的碳量有机质，意味着碳损失减少和碳利用效率高。其他研究发现，比起原生植被和每年单一作物种植小麦、高粱、大豆轮作，中间偃麦草培养系统中土壤中的碳通量以及碳和氮储存最多。

第四节　水生生物遗传资源保护与利用现状

一、水生生物遗传资源保护与利用概况

1. 我国水生生物遗传资源的概况

在物种多样性方面，我国水域面积辽阔，生境组成具有复杂多样性，纵跨温带、热带和亚热带，孕育了我国独特丰富的水生生物资源。据不完全统计，我国鱼类有3纲4目311科1213属3685种，虾蟹类1纲8目123科693属2351种，贝类5纲28目287科1117属3914种，棘皮动物5纲18目66科160属245种，两栖类3目11科36属250种，藻类18纲8目200科713属7002种。我国水生生物在世界生物多样性中具有重要地位。据统计，1991至2020年，利用丰富的水生生物遗传资源培育出经全国水产原种和良种审定委员会审定的品种总计229个，占我国现有水生生物资源比例不足千分之一，反映出我国在水生生物遗传资源的开发利用领域仍然有很大的发展空间。参与水生生物资源品种培育的主体机构涵盖了5个类别的科研部门与推广机构，其培育新品种数量分别为科研院所113个、高等院校66个、良种场16个、企业25个、推广机构9个，科研院所是培育水产新品种数量最多的机构。截至目前，通过国家审定的水产新品种类别主要包括选育种132个、杂交种61个、引进种30个、其他类6个。育成品种覆盖的水产养殖对象包括淡水鱼类83个、海水鱼类12个、贝类41个、虾类22个、藻类22个、蟹类8个、棘皮动物类7个、鳖类4个。

水生遗传资源是人类利用水生生物多样性特征，经过自然选择和人工选育等方式，以保证人类生存与发展的可再生的核心资源为宗旨，以水生生物物种为单元保存的水生生物资源。水生生物遗传资源能够服务于捕捞、养殖等渔业生产以及其他人类开发利用和科学研究活动，涵盖水生动物和水生植物两个部分，包括鱼类、虾蟹类、贝类、棘皮动物、两栖类和藻类等。宝贵的水生遗传资源是支撑水产基础研究、应用研究，改善国民营养健康及实施乡村振兴战略的重要资源。为了养护和合理利用水生生物资源促进渔业可持续发展、维护国家生态安全，2016年国务院将农业部会同有关部门和单位制定的《中国水生生物资源养护行动纲要》，正式印发至各省、自治区、直辖市人民政府，国务院各部委、各直属机构。

2. 我国水生生物遗传资源的保护

我国的水生生物遗传资源收集与保护工作，始于20世纪80年代，先后经历了四个重要

的历史发展阶段。第一个阶段，发生在 1981 至 1985 年间，我国研究人员在长江、珠江、黑龙江流域，针对主要的淡水鱼，如草鱼（*Ctenopharyngodon idellus*）、鲢（*Hypophthalmichthys molitrix*）、鳙（*Hypophthalmichthys nobilis*）等进行原种收集与考种研究。这一阶段的成果是，基本明晰了三江水系 3 种鱼的生长性能及遗传差异，为开展种质资源保护和品种选育打下基础。第二个阶段，是在 1986 至 1995 年间，研究人员开展了淡水鱼类种质鉴定技术和种质资源库建设研究，建立了青鱼（*Mylopharyngodon piceus*）、草鱼、鲢、鳙、鲂（*Megalobrama skolkovii*）等大宗淡水鱼类的天然生态库和人工生态库，探索了形态、细胞遗传、生化和分子水平的种质鉴定技术。第三个阶段，是在 1996 至 2005 年间，主要针对水产养殖对象种质保存技术开展研究，相关成果为建立了主要养殖鱼类的种质保存技术标准。第四个阶段，在 2006 至 2015 年，在这期间我国保存了大量重要水产养殖种类的活体、标本、胚胎、细胞和基因等实物资源，奠定了水生生物遗传资源规模化开发的基础。

近年来，受全球气候变化、生态环境破坏和水体污染等因素影响，造成天然水域水生生物资源锐减，部分名贵物种濒临灭绝。在此形势下，我国亟须开展水生生物遗传资源收集、整理和保护工作。我国水生生物遗传资源保护主要包括原生境和非原生境保护两种形式。原生境保护的主要形式为建立水产种质资源保护区。2007 至 2017 年期间，我国先后建立了国家级水产种质资源保护区 535 处，覆盖了我国 29 个省份，为 400 多种水生生物的产卵场、索饵场、越冬场和洄游通道等关键栖息场地提供了原地保护，构建了覆盖我国主要海区和内陆流域的水生生物种质资源保护网络。这些保护区的建立，扩大了水生生物的保护范围和规模，为我国水生生物遗传资源的有效保护和开发利用奠定了基础。非原生境保护的主要形式包括遗传育种中心、原良种场和遗传资源保存分中心。目前，我国已建成 31 个遗传育种中心、84 家国家级水产原良种场、820 家地方级水产原良种场和 35 家遗传资源保存分中心。

3. 我国水生生物遗传资源的利用

随着生物技术的快速发展和生物信息学分析方法的逐步深入，我国水生生物遗传资源鉴定评价和种质创新的研究工作也在稳步推进。在水生生物遗传资源的性状鉴定方面取得了突破性进展。我国对水生生物经济性状的精准鉴定处于起步阶段，研究工作主要集中在主要养殖种类生长、品质、抗病、抗逆、性别等重要性状的鉴定，主要成果体现在功能基因鉴定和性状调控网络解析等方面。

① 水生生物遗传资源功能基因的鉴定。我国构建了半滑舌鳎（*Cynoglossus semilaevis*）、扇贝（*Pectinidae*）、牡蛎（*Ostrea gigas tnunb*）等 20 多种重要养殖种的高密度遗传连锁图谱，定位了若干与重要经济性状密切相关的数量性状基因座（quantitative trait locus，QTL）和分子标记，筛选和克隆了一批与重要经济性状相关的功能基因；建立了多个功能基因验证技术体系和平台，阐明了功能基因调控性状的分子机制；获得了具有重要育种价值的功能基因并应用于育种实践。成功的典型案例主要有，鉴定到控制罗非鱼（*Oreochroms mossambcus*）、半滑舌鳎的性别决定基因，揭示了性别调控的表观遗传机理，建立了全雄罗非鱼、全雄黄颡鱼、全雌牙鲆（*Paralichthys olivaceus*）苗种生产技术。与此同时，水生生物分子生物学基础研究也取得了重要突破和进展，比如对鲤、鲫（*Carassius auratus*）、草鱼、扇贝等功能基因的研究处于国际领先水平，但其成果应用于品种改良尚需进行深入探索。除了这些水产经济生物，针对部分诸如水生植物、两栖类等科研价值高且有遗传价值的类群也开展了系列鉴定

评价工作，如宽叶泽苔草（*Caldesia grandis*）等物种。

② 水生生物遗传资源基因组资源挖掘。我国自 2010 年起相继破译了太平洋牡蛎（*Crassostrea gigas*）、半滑舌鳎、鲤、大黄鱼（*Larimichthys crocea*）、牙鲆、栉孔扇贝（*Azumapecten farreri*）、海带（*Laminaria japonica*）等的全基因组序列，相关论文发表于《自然》等国际顶级学术期刊，起到了引领水产基因组研究的作用。同时，启动了银鲫（*Carassius auratus gibelio*）、中国对虾（*Fenneropenaeus chinensis*）等物种全基因组测序计划。此外，利用转录组、简化基因组等技术手段，针对众多水产经济养殖生物开发了大量基因组资源。这些重要水生生物全基因组信息及其分子解析，将为水生生物经济性状的遗传解析、品种改良、病害防控等研究提供重要参考和指导。

③ 水生生物遗传资源种质创新。我国具有复杂多样的物种资源，利用丰富的水生生物遗传资源，我国培育了一批优质、抗逆、抗病的水产优异种质。如建立了转基因鱼理论模型，创制了育性可控、生长速度快的转基因黄河鲤和北方鲤，新品种的生长速度有明显提高，使我国在鱼类转基因方面的研究处于国际领先水平。发掘了与抗病性状紧密连锁的分子标记，培育的鲤抗疱疹病毒病新品系成活率提高 70%，牙鲆抗鳗弧菌新品种成活率提高 20%，草鱼抗出血病新品系成活率提高 30%。发现了性别特异分子标记，建立了分子标记辅助性控制技术，培育出全雄黄颡鱼和乌鳢、全雌牙鲆和大菱鲆。初步建成分子水平的种质鉴定技术、选育技术和保种技术体系，尤其是基于亲本遗传距离的选种技术将传统选育与分子选育结合起来，解决了标记（基因）应用于育种的技术难题。全基因组育种技术不断完善，研发了高通量低成本的全基因组基因分型技术，开发了新型全基因选择模型和算法，突破了水生生物全基因选择育种实际应用的技术瓶颈，建成国际上第一个水生生物的全基因组选择育种平台，率先应用全基因组选择育成'蓬莱红 2 号'栉孔扇贝、'鲆优 2 号'牙鲆等新品种，使水生生物全基因组选择育种研究走在国际前列。

二、海洋遗传资源的保护

1. 海洋遗传资源的界定

海洋是一个广阔而多样的栖息地，覆盖了地球表面 70% 的面积。据统计，海洋中存在约 220 万真核海洋物种，其中 230000 种已得到确认。与陆地生物的比较，海洋生物展现出了惊人的多样性。比如，在 33 种主要动物门中，全部种类生活在海洋中的门有 15 个；既有种类生活在海洋中，又有种类分布在陆地上的门有 17 个；只有 1 个门仅在陆地上发现。而既有海洋种类又有陆地种类的 17 个门中，又有 5 个门其 95% 以上的物种生活在海洋中。每年海洋吸收近 25% 的温室气体，并为人类提供氧气。海洋原核生物（包括细菌和古细菌）和病毒的丰度和多样性达到了巨大的数量级，共同占海洋生物量的大部分，根据每单位海水体积的平均值推断，在海水中发现约有 1.2×10^{29} 个原核生物细胞和 1.3×10^{30} 个病毒颗粒。海洋是数百万物种生存的家园，其中许多物种仍不为人类所知。目前对海洋生物的了解还很浅薄，海洋中有 24%～98% 的真核物种仍未被描述，对原核海洋生物的了解更少。

海洋遗传资源（marine genetic resources，MGRs）的定义很复杂，特别是关于将遗传信息纳入获取和利益分享的问题成为国际各方热议的问题。国家管辖范围以外区域《海洋生物多样性协定》、《生物多样性公约》的缔约方也在对海洋遗传资源进行讨论。综合各类国际条约，海洋遗传资源的具体内容应该包括，存在于所有海洋生物的遗传物质（如 DNA 和 RNA）、遗传编码信息以及基因的产物（如酶、结构蛋白、肽、次级代谢物）、衍生物、生物过程（如生物合成途径），以及它们为人类提供的实际或潜在价值（包括产生商业产品的价值）。需要强调的是，海洋遗传资源必须涵盖生物体的遗传基因、遗传信息以及当今和未来的各种潜在用途，以具有科学有效性，并使海洋遗传资源的所有用途造福于人类。

获取海洋遗传资源可以通过几种不同的途径，包括原位途径、非原位途径、体外途径和数字途径。

① 原位途径是指从保存的组织样本中获取生物分子。

② 非原位途径是指从生物体的繁殖、培养中提取分子。

③ 体外途径是指在培养细胞或转基因生物中，表达编码特定蛋白质的 DNA，以产生大量可纯化并用于科学研究或工业量生产的蛋白质（例如胰岛素）。

④ 数字途径是指使用作为数字信息存储的核酸（DNA 或 RNA）序列来创建蛋白质、分子过程、生物沉淀物、转基因生物和合成生物。

2. 海洋保护区

海洋保护区具有若干种定义，其中最为经典的是世界自然保护联盟（IVCN）的"国际主管组织为达到特定海域的生物多样性保护目标而采取的措施"和《生物多样性公约》中的定义，即"海洋保护区为长期保护包括其生态系统在内的，通过法律程序或其他有效方式明确定义的、专用的、管理的地理空间"。这里对海洋保护区的定义强调的是"自然"和"生态系统服务"的长期保护。《生物多样性公约》第二条关于"海洋保护区"的定义是，"一个划定地理界线，为达到特定保护目标而指定或实行管制和管理的地区。"《生物多样性公约》指出，"海洋和海岸带保护区"指通过立法或其他有效手段，对包括上覆水体和相关植物、动物、历史和文化特征海洋环境或其邻近加以保护的区域，以使海洋和 / 或海岸带生物多样性比周围区域享受到更高水平的保护。"

国家管辖范围以外区域的海洋保护区定义可以《生物多样性公约》中对海洋保护区的定义为基础，但要明确以"长期保护自然，包括生物多样性和相关生态系统服务的主要目标"为总目标，这样有助于突出海洋保护区和其他类型划区管理工具之间的差别，避免混淆。

国家管辖范围以外区域（Areas beyond National Jurisdiction，ABNJ）约占全球海洋面积的 64%。国家管辖范围以外区域拥有对生态、社会经济和文化具有重要意义的海洋资源和生物多样性，为海洋生物提供了 90% 的栖息地，每年渔业捕捞的价值高达 160 亿美元，是人类赖以生存和可持续发展的重要区域。这片广阔的区域包含丰富的海洋生物生物多样性，从病毒和细菌到地球上最大动物蓝鲸，代表了近 40 亿年的进化。国家管辖范围以外区域的人类活动不断增加，对这片广阔海洋区域的生物多样性造成了越来越大的影响，生物勘探活动正在国家管辖范围以外区域寻找新的、有价值的海洋遗传资源。

生物勘探活动不仅发现了新物种，而且由于海洋偏远地区的海绵、磷虾、海藻和细菌的遗传物质具有独特的性质，也能促使制药、食品和可再生能源等部门实现重大创新，引起遗传资源商业化等一系列后果。受频繁人类活动和气候变化及其累积效应的影响，导致国家管辖范围以外区域海洋生物多样性的养护面临着巨大挑战，海洋生态系统健康状况持续下降。已有研究表明至少 30% 的代表性海洋生态系统需要得到充分或高度保护，以维持健康、多产和有弹性的海洋。通过采用联合国可持续发展目标，国际社会承诺，截至 2020 年，保护至少 10% 的海洋和沿海地区的区域。然而，目前只有 2.5% 的海洋被高度或完全受保护。除此以外，海洋保护区（marine protected area，MPA）以外的遗传多样性也应受到保护，通过保护稀有、受威胁和濒危物种，同时尊重当地渔业社区，确保资源可持续利用、有效管理防止栖息地降解。

3. 海洋遗传资源的管理

国家管辖范围以外区域海洋生物多样性保护和可持续利用已成为世界关注的焦点，需要加快合作并采取综合性的措施来减少压力源，以提高海洋生态系统恢复力。2015 年 6 月 19 日，联合国大会通过了第 292 号决议，决定根据《联合国海洋法公约》（UNCLOS）的规定，就国家管辖范围以外区域海洋生物多样性（BBNJ）拟定了一份新的具有法律约束力的国际文书，以解决国家管辖范围以外区域海洋生物多样性问题。历经多年的准备工作和艰苦谈判，2023 年，联合国以协商一致方式通过了《〈联合国海洋公约〉下国家管辖范围以外区域海洋生物多样性的养护和可持续利用协定》。

管理海洋遗传资源，包括货币和非货币惠益的获取和分享，本身就是复杂的主题。"获取和惠益分享"是一个不断发展的国际概念，其源自《生物多样性公约》。获取指取得遗传资源的过程，包括巡航、勘探、开采等；惠益分享指依据所获取的遗传资源而得的惠益，使用者与资源的提供者进行分享，具体的形式可以是金钱的分享或者是资源信息的分享。获取和惠益分享旨在规范生物资源的获取和分享由其产生的惠益。谈判者最初的意图是通过要求用户补偿承担资源保护成本的提供者来为保护和可持续利用遗传资源提供经济激励。惠益分享可以采取多种形式，包括货币惠益或技术转让等非货币惠益。发展实施《〈联合国海洋法公约〉关于国家管辖范围外区域海洋生物多样性养护和可持续利用的国际法律约束力文书》（ILBI）中获取和惠益分享的国际合作制度为大势所趋，能有利于"国家管辖范围以外区域海洋生物多样性"的养护和可持续利用以及实现全人类公平。但其中具体的制度安排仍旧存在较大的对立和争议。从谈判进程来看，各国的分歧主要围绕着海洋遗传资源的性质、范围界定，包括时间维度和对象目标；监管海洋遗传资源获取的必要性和条件；惠益分享的目标、原则和形式；海洋遗传资源的知识产权保护问题；监测海洋遗传资源利用情况的机制。

从国家管辖范围以外区域收集的生物体标本或样本，包括提取的组织、DNA、RNA 或其他提取的生化物质；与在国家管辖范围以外区域收集的生物体相关的数字序列信息；与国家管辖范围以外区域样本收集相关的数据；使发展中国家能够从国家管辖范围以外区域开展遗传资源研究和培训的科学基础设施、技术和专业知识，包括将科学家安置在研究船上和配备适当资源的实验室。《国家管辖范围以外区域海洋生物多样性协定》具体目标是：

① 解释海洋遗传资源以及从海洋探索和收集这些资源所需的方法，以及对它们进行访问、研究和存档，包括科学调查产生的数据。

② 确定在不损害国际协定情况下，开展海洋科学研究，实现海洋遗传资源的获取和惠益分享的实际需要，并概述当前的最佳实践、风险、潜在问题及其解决方案，包括研究前和研究后巡航通知、共享有关海上采样的信息和技术、陆上研发（数据和样品的管理）。

③ 概述现有的基础设施和共享资源，以促进来自国家管辖范围以外区域的海洋遗传资源的获取、研发和利益共享，并讨论现有的差距。

④ 举例说明当前可能促进或补充非货币利益分享活动的能力建设和技术转让，以及《国

家管辖范围以外区域海洋生物多样性协定》如何加强现有做法或创造新的途径和机会。

⑤ 根据未来技术的发展，讨论海洋遗传资源的获取、利用和利益分享，以及我们如何在未来证明《国家管辖范围以外区域海洋生物多样性协定》与此类发展有关。

4. 海洋遗传资源研究设备

科学和能力建设对海洋遗传资源管理协定发挥着重要作用，包括在获取和分享国家管辖范围以外区域的利益，以及促进资源保护和可持续利用。《联合国海洋法公约》赋予所有国家在国家管辖范围以外区域进行海洋科学研究和可持续利用生物资源的权利。根据《联合国海洋法公约》和国际法的一般原则，这些权利以义务为条件，包括保护和保全海洋环境、养护公海海洋生物资源、能力建设和技术转让。然而，由于国家管辖范围以外区域地处偏远，远离沿海水域且深度通常远大于 200 米，对其管理与研究面临巨大的技术挑战，需要大量的技术、人力和财政资源。针对海洋遗传资源的研究需要配备现代采样工具的最先进科学研究船。科学研究船是搭载研究设备在海上进行研究的船只，也可被称为研究船、调查船、海洋研究船或者海洋调查船。研究船可能属于民间研究机构、学校、政府甚至军事单位，有些研究船需在极地海域进行研究工作，会设计为破冰船。

（1）早期科学研究船　研究船起源于探险时代的早期。在 1776 年，英国皇家学会聘请库克指挥三桅帆船奋进号（HM Bark Endeavour）前往太平洋观测。约瑟夫·班克斯指出，奋进号是一艘坚固、有良好设计以及装备的船，足以面对挑战，并给研究人员提供足够的设施。一些著名的早期研究船有小猎犬号、卡吕普索号、耐力号。

（2）现代科学研究船　现代的科学研究船可根据其功能分为水文研究船、海洋学研究船、渔业研究船、海军研究船、极地研究船、石油勘探研究船。

水文调查船是用来进行水文研究与调查，获得水文资讯的研究船。水文资讯是航海图绘制的重要资讯，是确保军事与民间用途的航海安全的重要科学依据。海洋调查船也进行海底地震、海床以及海底地质调查。此外，水文调查船获得的资讯也对含有石油或天然气的地质探测具有一定的参考意义。通常，水文调查船配备与牵引装置相连的研究设备，例如空气炮（用来产生高压震波冲击海底底质）和测深仪。实际上，水文调查船通常会配备许多设备以具有多种功能。有些功能也与海洋调查船相仿。海军的水文调查船通常用来进行海洋军事研究，例如探测潜舰。加拿大海岸警卫队（CCGS）哈德森（Hudson）号就是一艘水文监测船。

海洋研究船主要针对水的物理、化学以及生物学、大气与气候进行研究，因此海洋研究船需要具有能够从包括深海等各种深度取得海水的设备，以及对海底水文探测的仪器，同时也需要配备许多环境探测器。由于海洋研究与水文研究具有很多类似点，海洋研究船往往担负了双重任务。对海洋学与水文学的研究需要与渔业研究有很大的不同，这类船只往往扮演了双重角色。美国国家海洋与大气管理局（NOAA）的研究船罗纳德布朗（Ronald H. Brown）号就是一艘海洋研究船。

渔业研究船需要在各种深度收集浮游生物与水样，因此，配备了能够拖曳各型渔网的作业平台和声呐探鱼机。渔业研究船通常会按照大型渔船的样式设计与建造，但是会把储存渔获的空间，改成实验室以及设备存放的空间。中国台湾曾使用的海功号属于渔业研究船。

海军研究船调查海军关注的项目，例如对潜舰以及水雷的探测，以及声呐与武器测试。

极地研究船的船体需要具有破冰结构，保证其在极区海域航行运作。极地研究船除了进行极地研究以外，还担负了研究站的服务工作。比如，南极的研究船也作为南极研究站的补给与供应船。美国的 USCGC 北极星号和中国的雪龙号属于极地研究船。2019 年 7 月交付使用的雪龙 2 号极地考察船（H2560）是全球第一艘采用船艏、船艉双向破冰技术的极地科考破冰船，能够在 1.5 米厚冰环境中连续破冰航行。

石油勘探船是进行移动式勘探活动所需的重要设备。石油勘探船能够移动到需要勘探的地点，对海床进行钻探，检测海床底下是否藏有资源。

三、藻类推动海洋遗传资源可持续发展

1. 海藻资源治理现状

海藻产业的快速发展是解决藻类遗传资源所有权问题的关键驱动力。处于当前早期驯化状态的海藻及其水生栖息地处于监管框架的十字路口。在国家管辖区内，海藻，无论是否养殖，都受到《名古屋议定书》的监管，因为它们的水生来源目前将它们排除在《粮食和农业植物遗传资源国际条约》的考虑范围之外。《名古屋议定书》赋予各国对其国家管辖范围内的遗传资源的主权。然而，海洋资源在生物地理上通常比陆地资源受到的限制更少，并且容易受到水下监测的挑战。此外，在有争议的地区或国家专属经济区之外，它们的所有权仍未确定。《名古屋议定书》关于养殖海藻物种的另一个限制是，当海藻种质资源和产品在全球多方之间进行贸易时协议的双边性质。相比之下，《植物条约》在一个多边系统中管理该条约认可的作物遗传资源，该系统促进为特定目的获取遗传资源，例如研究、培训或育种。鉴于海藻种植正在扩大，并且与粮食安全和人类社区生计的联系正在加强，一个类似于在《植物条约》下实施的监管获取和利益分享的多边体系可能是一个适当的框架，可以在未来进行调整以用于关键领域水产养殖品种。

为农民、育种者和科学家提供获取遗传资源的途径对于发展和维持作物种质至关重要。对于大多数海藻品种而言，产业的快速发展尚未与育种计划的相应投资相匹配；生物库种质资源以及为农民和育种者提供种质资源的努力仍处于起步阶段。然而，在过去几年中，在国际植物新品种保护联盟（UPOV）注册的海藻品种急剧增加。虽然国际植物新品种保护联盟系统为育种者提供保护，因此应该鼓励投资，但重要的是要注意，它已被广泛视为鼓励同质作物和随后的遗传多样性丧失。此外，目前只有少数政府参与海藻国际植物新品种保护联盟，例如日本和韩国。这反映出参与海藻生产的国家与从事研究和生物技术市场的国家之间持续存在全球失衡。因此，这对建立可持续和公平的国际伙伴关系提出了长期挑战。因此，重要的是要伴随行业的当前发展，反思当地、国家和国际的价值链和权力平衡。这些举措将鼓励维护遗传多样性，在气候变化的背景下选择当地的适应措施，并赋予当地农业社区保留其藻类种子库所有权的权力。

海藻遗传资源的可持续开发，还需要实施有效的海洋保护政策。尽管有了新技术，例如使用针对特定海藻群的引物进行 eDNA 条形码编码，但水下监测仍然是一个挑战，许多海藻的保护状况仍然不为人知。因此，只有一小部分海藻被列入世界自然保护联盟（IUCN）红色名录，其中大部分都没有足够的数据来评估其保护状况。值得一提的是，在国家层面为海藻生成红色数据名录的举措是管理制度上的努力。为了特别确保海藻养殖不会损害野生海藻种群的持续存在，必须伴随海藻水产养殖的发展制定适应性和反应性生物安全政策。例如，

养殖遗传材料遗传渗入野生种群或病原体，威胁野生种群。为了避免海藻水产养殖的这些负面影响，需要严格地监测、创新，以及提供具有适应性和反应性政策，并注重利益相关者、科学家和法律当局之间的沟通。

卡拉胶用作加工食品中的添加剂或用作化妆品中的稳定剂，海洋红藻麒麟菜类海藻因富含 K 型卡拉胶和 I 型卡拉胶而受到追捧。在对野生种群的高需求和过度开发的推动下，1969年菲律宾开始商业化栽培麒麟菜类海藻。随后，在全世界范围内得到广泛应用。海洋红藻的养殖是一个重要的经济机会，特别是对于低收入或中等收入地区，政府政策积极到位，例如在印度尼西亚、马来西亚、菲律宾和坦桑尼亚。尽管人们担心生产过剩、价格停滞以及卡拉胶作为人类食品成分的安全性存在争议，但该行业为经常流离失所的贫困人口提供生计机会，尤其是在亚洲。

在全世界 37 种现存的类桉树种中，有两个物种在市场上占主导地位（长心卡帕藻 *Kappaphycus alvarezii* 和麒麟菜 *Eucheuma denticulatum*），其中一些单体型已被引入全球进行栽培。红藻 *Kappaphycus striatus* 对栽培有很大贡献，特别是在东南亚农场。无性繁殖是红藻在农业上的标准做法，类似于马铃薯和香蕉。与少数单体型的全球分布相反，菲律宾、马来西亚和印度尼西亚的本土地区种植了大量当地认可的品种。然而，红藻的形态具有相当大的可塑性，阻碍了物种鉴定。从野生种群中收集的品种，被海藻种植农民赋予了当地的名称。这些当地的乡土名称在不同地区之间并不统一，农民通常不知道他们正在种植的实际物种。如果农民无意中混合了生产不同类型卡拉胶的物种（如 *Kappaphycus* spp. 含有较高价值的 K 型卡拉胶，而红藻 *Eucheuma denticulatum* 含有较低价的 I 型卡拉胶），阻碍了他们在品种选择方面的有意识决定，也限制了品种多样性的跨区域管理。这一点在建立生物库时尤为凸显。

另一个严重的问题是疾病的广泛发生并且明显恶化，特别是冰样白化病和丝状红藻内附生植物的侵染。冰样白化病的特征是菌体变白或色素沉着消失，随后受影响的组织解体，植物通常从栽培绳索上脱落，导致生物量损失。这种情况似乎是环境参数"不利"变化引起的非生物胁迫之间复杂相互作用的结果，特别是盐度或辐照度降低或者是水温或 pH 值升高，以及冰样白化病促进细菌的增殖。促进冰样白化病的通常为弧菌或假单胞菌，会影响所有栽培的红藻品种。在一些地区，流行的病虫害迫使农民停止他们的耕作。例如，在坦桑尼亚，养殖红藻 *K. alvarezii* 的产量从 2001 年的 1000 吨鲜重下降到 2010 年的 13 吨；而在马达加斯加，它从 2009 年的 1860 吨鲜重下降到 2012 年的 110 吨鲜重。通常可以通过改种其他品种、季节性改变农场位置或在"疾病"季节暂时停止耕作来减轻疾病影响。然而，疾病和害虫的暴发仍然导致产量下降，而且种质资源的大部分不受控制的全球化流动可在多大程度上促成这些暴发的发生和恶化尚不清楚。

2. 藻类养殖面临的挑战

海洋生物多样性的加速丧失是一个普遍关注的问题，以海藻为主的主要生态系统正在世界范围内消失。全球变暖、海洋酸化、富营养化等因素是导致以海藻为主的生态系统快速变化，及其极移甚至收缩的关键驱动因素。当前，人们才刚刚开始了解热带海藻对变暖的生理反应和对气候变化的生态反应。监测海洋环境的变化和多样性丧失仍然是一项挑战，正在消失的热带海藻种群在很大程度上仍未被注意到。

除了这些全球驱动因素之外，养殖业的快速发展也给温带和热带地区的海藻带来了新的风险。对于大多数物种，人们对野生种群中配子体相对于孢子体的相对丰度、有性繁殖与无性繁殖之间的平衡或倍性，知之甚少。一些微观生命阶段，例如海带的配子体，在野外难以捉摸，导致有关其生态、寿命和对环境压力或变化的脆弱性的数据匮乏。然而，农民对生活史和倍性的控制可能会改变田间生命阶段和繁殖模式之间的平衡，从而影响种群的遗传结构及其对扰动的恢复能力。在研究最全面的物种中，产琼脂的藻类 *Agarophyton chilense* 主要由农民进行无性繁殖，耕作方式有利于二倍体四孢子体的繁殖，而不是单倍体配子体。有证据表明，野生种群的过度捕捞，加上农场的无性繁殖，导致智利物种的遗传多样性极度贫乏。

迄今为止，海藻养殖已被认为对环境无害，因为海藻吸收养分的能力有助于修复由鱼类或贝类水产养殖引起的富营养化。海藻养殖还为沿海人口提供了一些经济激励，使他们放弃对环境有害的做法，例如炸药捕鱼或过度捕捞。然而，许多栽培尝试都依赖于引入非本地种质资源。除了一些典型案例，在这些种植尝试的同时，只进行了有限的环境监测，而且通常在农场被废弃时停止。然而，在一些例子中，非红藻类植物已经在农场附近定居。许多海藻的形态可塑性以及在野外识别它们的困难，也导致多年来的引入未被注意到。例如，关于从农场逃逸的外来类桉树及其随后在野外定居的首次报告，主要是在该地区开始栽培后 10 至 20 年。这可能是由于环境监测有限，但也表明检测到这种影响所需的时间尺度。应该强调的是，农业和非本地物种是陆地物种灭绝的主要驱动因素。因此，全球海藻养殖的发展规模及其与其他人类活动的结合，需要仔细评估其对沿海生态系统的潜在长期影响，及其可能的缓解措施。在进行入侵性风险评估时，需要充分考虑海藻的具体特征，例如它们复杂的生活史。

尽管对藻类的记录仍然很少，但由于病原体的强化和无意转移以及种子库存贸易，导致的疾病暴发恶化依然是广泛存在的问题，例如鲑鱼、甲壳类动物和牡蛎。以牡蛎为例，为了取代法国日益减少的本地牡蛎库存，从日本进口了非本地苗种，随后意外引入新病原体，对该行业构成重大威胁。然而，人们对海藻养殖场遇到的大多数疾病的病原体仍知之甚少，一些研究认为不存在尚未描述的病原体的隐藏多样性。尽管从上述牡蛎和甲壳类产业中吸取了有据可查的经验教训，但这些例子和随后的评估凸显了海藻产业在国际和国家层面相对缺乏生物安全意识和具体措施。鉴于其全球性和不断增长的风险，应进行规模化风险评估和确定适当的生物安全措施，以保护海藻养殖和野生藻类种群的未来，并将生物安全标准提高到与其他主要水产养殖业标准相同的水平。

3. 藻类遗传资源的开发潜力

在所有海洋资源中，藻类在人类利用和生物技术应用方面具有长期公认但仍未得到充分利用的潜力。在饲料、食品、药品和保健品等多种潜在用途的推动下，藻类的需求不断增长。尤其是海洋大型藻类，即海藻，一直以前所未有的速度发展。2010 年至 2018 年期间，全球红藻和褐藻产量增加了 89.5%，总湿重为 3130 万吨，价值 124 亿美元。尽管 2017 年和 2018 年生物质产量下滑，但全球海藻产量的相当大一部分归功于红藻门珊瑚藻（*Kappaphycus*）和海洋红藻麒麟菜（*Eucheuma*）在东南亚和西印度洋的扩大种植。海藻水产养殖业已成为一个重要的产业，为沿海农村社区的数百万家庭提供就业和生计，特别是在一些就业机会很少的地区，使妇女能够从事经济活动并获得独立的经济权力。作为海菜食用的海藻，尤其是紫菜是人类营养的宝贵蛋白质资源。藻类还可用于动物饲料，例如混养或综合多营养水产养殖系统，以帮助满足全球对膳食蛋白质的需求并为全球粮食安全作出贡献，与联合国的多项可持续发展目标保持一致。由于预计海藻水产养殖将显著增加，经济和环境可持续产业的增长将为沿海地区创造重大机遇，并有助于减轻贫困。

尽管海藻在世界各地的传统使用已有数千年的历史，但在大多数国家，海藻的大规模种植仅可追溯到几十年前，最近几年才对其驯化的影响进行研究。种内遗传多样性被广泛认为是物种生存、适应潜力以及对生物和非生物胁迫的抵抗力的基础，从而构成了可持续种植和稳定生态系统的基础。然而，旨在支持育种工作的研究只是在最近几年才开始，而且对热带物种的了解尤其有限。事实上，在分子数据的帮助下，许多神秘的海藻类群的多样性才揭开了面纱。

以海洋红藻的养殖为例，在其生长过程中需要应对复杂农艺、生态和社会的挑战，构建弹性的生产系统，减轻其对生态系统的潜在影响，并为在该领域工作的人们提供稳定的收入和工作机会。许多驯化海藻物种面临着类似的挑战，例如栽培品种的遗传多样性狭窄、病虫害发生频率高、养殖场和野生种群之间的基因流动，以及有限或不充分的治理。许多这些问题背后的一个共同主题是遗传资源的管理以及为保护遗传资源以及公平和可持续利用制定强有力的区域、国家和超国家治理的要求。新技术开辟了探索海藻资源遗传潜力的新途径，无论这些物种是否已处于培育进程。对海藻遗传资源的开发及其治理，应找出知识差距并探索新的方向，以支持可持续和有弹性的海藻养殖业的持续发展。

第五节　野生动物资源的保护与利用现状

一、我国野生动物遗传资源概况

野生动物是各类非圈养动物的总称，是与人类构建生态平衡的重要组成部分。野生动物资源能为人类提供丰富的肉食，动物的羽毛或皮毛可以制作成精美的衣裳供人类保暖。野生动物还具备丰富的药用价值，动物的某些器官可以作为药材。野生动物资源是地球生态系统的重要组成部分，能够起到生态平衡的作用。同时，野生动物是自然界重要的生物，能为生物学和自然科学提供研究价值，充实基因类型，为科学研究提供条件。野生动物供人类参观，可以丰富人类的娱乐生活，人们可以根据野生动物的形态特征进行艺术创作。我国地缘辽阔，国土面积占全球陆地总面积的 6.5%，再加上地理环境的多样性，造就了丰富的生物资源。我国陆生脊椎动物种类达 2100 多种，其中包含哺乳类 450 多种，鸟类 1180 多种，爬行类 320 多种，两栖类 210 多种，占世界陆生脊椎类动物种类的 10% 以上，是世界拥有野生动物种类最多的国家之一。我国野生动物资源不仅种类丰富，而且具有特产珍稀动物多、经济动物多的特点。

二、保护野生动物遗传资源的重要性

野生动物遗传资源虽然具有可再生性，但由于人类活动和全球气候变化对地球环境影响的不断加剧，许多野生生物赖以生存的栖息地和生境遭受严重破坏，野生生物种质资源面临着前所未有的危机，威胁着人类社会自身的可持续发展。野生动物资源是人类生存和生态环境的重要组成部分，保护野生动物遗传资源，对维护国家的生态安全、促进国民经济的可持续发展，确保我国的长远利益具有重大的战略意义。

1. 保护野生动物资源是可持续发展的需要

作为自然资源的组成部分，野生动物资源在满足当代人需求的同时，还担负着造福后代的重任。我国人口总量大，人均资源占有量少，对自然资源总需求量也很大。随着人口不断扩张，人类对生物资源需求的增加，野生动植物贸易规模在不断扩大，自然资源面临着巨大的可持续利用压力。据估计，全球每年非法野生动物贸易的规模约为 190 亿美元，仅次于毒品、军火和人口贩卖。非法野生动物贸易对野生动植物资源和全球生物多样性造成极大破坏，已被列为世界第四大犯罪形式。加大保护野生动物资源的力度，才能让野生动物为人类创造更多的利用价值，丰富复杂多样的生物资源，维持地球的生态平衡。

2. 保护野生动物资源是保障生物安全的基础

近年来，贸易全球化加快、动物流动频繁、饲养方式转变等因素，加速了动物源疫病在全世界范围内的传播，每一次病毒病的暴发，都给国家安全和经济造成了巨大损失。因动物与人类的亲缘关系、动物与人接触的机会以及病毒性状的不同，人畜共患病毒病从动物宿主物种传播到人类的风险也有所不同。蝙蝠所携带的人畜共患病毒最多，其次是啮齿类动物和灵长类动物。随着野生动物源性人畜共患病逐渐成为威胁人类健康的重要因素，世界卫生组织和联合国粮农组织在 1979 年将传染源种类从家畜扩展到野生动物。来自动物的病原体占人类传染病病原体的比例已上升到 75%，其中有 100 多种病原体对人类危害极其严重。

三、保护野生动物遗传资源的措施

1. 强化野生动物资源栖息地的保护

地球生态为野生动物提供了赖以生存的资源条件，若要实现野生动物资源可持续发展与利用的目标，必须重视保护野生动物的栖息地，为野生动物提供良好的繁衍栖息环境。在新时期的背景下，国家颁布相关政策与法规条文保护野生动物资源，禁止滥捕滥杀野生动物，禁止肆意伐木占用野生动物生存土地，为野生动物的生存提供良好的空间。为了更有效地保护野生动物栖息地，应加大野生动物分布地区的看守力度，保障野生动物的生存安全，严厉打击猎捕野生动物的行为。例如，安排专业人员对野生动物分布的地区进行严格的看守，严格检查野生动物分布的地区，收缴或清除捕兽夹、捕兽套等非法捕猎工具，提高保护野生动物政策的有效性。

2. 推动增加野生动物物种数量的研究

随着国家政策的颁布，人类对保护生态环境的意识不断加强。由于物种特征，野生动物在生态环境中常面临繁衍能力不强、生育数量过少等挑战，导致野生动物物种数量越来越少。为了防止政策疏忽导致人类滥捕滥杀、致使物种灭绝等恶性事件的发生，政府有关部门采取人工干预的方式帮助野生动物繁衍，加强野生动物的繁育能力，提高野生动物的数量。同时，积极利用企业资源，引导企业单位加入野生动物的保护建设中来，宣传野生动物资源的重要价值，促使企业积极加大野生动物保护力度，推动野生动物资源的开发与利用。

3. 严格管理和控制野生动物贸易活动

根据《中华人民共和国野生动物保护法》规定，我国法律所保护的野生动物主要可以分为国家重点保护野生动物、地方重点保护野生动物和非国家重点保护野生动物（也称为"三有动物"）。其中"三有动物"是指有重要生态、科学、社会价值的陆生野生动物，是受到非法贸易威胁最严重的野生动物。对于国家重点保护野生动物，禁止任何人非法捕猎或破坏其生存环境，并严格限制买卖交易。而对于"三有动物"，提供狩猎、进出口、检疫等证明方可进行狩猎、饲养、交易。国家应加大野生动物保护的监管力度，提高人民群众保护野生动物的意识。

发达国家除了清查本国生物遗传资源外，还派人深入资源丰富的国家收集各种生物遗传资源。早在20世纪初，俄罗斯和美国就先后派出专业队伍进行了200多次全球遗传资源考察收集。荷兰瓦赫宁根大学种子中心保存有3万余份蔬菜、谷类作物遗传材料，其中大部分是从世界各地收集的农家品种和具有重要经济价值的野生材料。俄罗斯现保存的植物资源来自130多个国家；日本保存的3000多份野生稻源全部来自中国和东南亚国家；美国为了收集棉花遗传资源，仅在20世纪80年代就进行了9次国际性考察收集。可见，抢占世界生物经济战略制高点的重要性。

思考题

① 简述生物遗传资源的定义及内涵。
② 保护生物遗传资源的意义是什么？
③ 生物遗传资源的保护措施有哪些？

参考文献

[1] 联合国. 生物多样性公约 [J]. 世界环境，1992（4）：7.

[2] Anthes C，De Schutter O. The food and Agriculture organization of the United Nations[J]. Human Rights in Global Health：Rights-Based Governance for a Globalizing World，2018：261.

[3] Harrop S R.'Living in harmony with nature'？Outcomes of the 2010 Nagoya Conference of the Convention on Biological Diversity [J]. Journal of Environmental Law，2011，23（1）：117-128.

[4] 汤跃.《名古屋议定书》框架下的生物遗传资源保护 [J]. 贵州师范大学学报（社会科学版），2011（06）：64-70.

[5] 国务院中华人民共和国人类遗传资源管理条例 [R]. 中华人民共和国国务院公报，2019（18）：29-35.

[6] Deplazes-Zemp A.'Genetic resources'，an analysis of a multifaceted concept [J]. Biological Conservation，2018，222：86-94.

[7] Romanenko G A. Genetic resources of plants，animals，and microorganisms as the basis for basic agricultural research [J]. Herald of the Russian Academy of Sciences，2017，87（2）：101-103.

[8] Schoen D J，David J L，Bataillon T M. Deleterious mutation accumulation and the regeneration of genetic resources [J]. Proceedings of the National Academy of Sciences，1998，95（1）：394-399.

[9] 新华社. 管好用好人类"生命说明书"——科技部、司法部有关负责人解读《中华人民共和国人类遗传资源管理条例》[EB/OL].（2019-06-12）[2023-11-25]. https：//www.gov.cn/xinwen/2019-06/12/content_5399732.htm.

[10] 中央政府门户网站. 生物多样性 [EB/OL].（2012-04-10）[2023-11-25]. https：//www.gov.cn/guoqing/2012-04/10/content_2584118.htm.

[11] Dempewolf H，Krishnan S，Guarino L. Our shared global responsibility：Safeguarding crop diversity for future generations [J]. Proceedings of the National Academy of Sciences，2023，120（14）：e2205768119.

[12] 卢新雄. 我国作物种质资源保存及其研究的进展 [J]. 自然资源学报，1995（3）：232-238.

[13] 石思信，田玥. 玉米花粉超低温（−196℃）保存一年后的结实能力 [J]. 作物学报，1989（3）：283-286.

[14] Story E N，Kopec R E，Schwartz S J，et al. An update on the health effects of tomato lycopene [J]. Annual Review of Food Science and Technology，2010，1（1）：189-210.

[15] 新华社. 在稳慎中坚定前行——我国农业转基因研发成效综述 [EB/OL].（2020-01-03）[2023-11-25]. https：//m.thepaper.cn/baijiahao_5418212.

[16] 联合国. 健康地球上的和平、尊严与平等 [EB/OL]. [2023-11-25]. https：//www.un.org/zh/global-issues/population.

[17] 联合国. 联合国报告：全球饥饿人数超过 8.2 亿经济衰退和不平等加剧粮食不安全 [EB/OL].（2019-07-15）[2023-11-25] .https：//news.un.org/zh/story/2019/07/1038101.

[18] De Gorter H. Agricultural Trade and Poverty：Can trade work for the poor[J]. Agricultural Economics，2008，38（2）：249-250.

[19] 中国气象局气候变化中心. 中国气候变化蓝皮书 [M]. 北京：科学出版社，2021.

[20] 曾艳，周桔. 加强我国战略生物资源有效保护与可持续利用 [J]. 中国科学院院刊，2019，34（12）：1345-1350.

[21] Vavilov N I，Dorofeev V F. Origin and geography of cultivated plants [M]. Cambridge：Cambridge University Press，1992.

[22] Harlan J R，Wet J M J D. Toward a rational classification of cultivated plants [J]. Taxon，1971，20（4）：509-517.

[23] Hawkes J G. The diversity of crop plants [M]. Cambridge：Harvard University Press，1983.

[24] 杜菲，杨富裕，Casler M D，等. 美国能源草柳枝稷的研究进展 [J]. 安徽农业科学，2010（35）：6.

[25] 葛颂. 中国植物系统和进化生物学研究进展 [J]. 生物多样性，2022，30（7）：23.

[26] 勃基尔. 人的习惯与旧世界栽培植物的起源 [M]. 北京：科学出版社，1954.

[27] 刘永新，邵长伟，张殿昌，等. 我国水生生物遗传资源保护现状与策略 [J]. 生态与农村环境学报，2021，37（9）：1089-1097.

[28] Rogers A D，Baco A，Escobar-Briones E，et al. Marine genetic resources in areas beyond national jurisdiction：Promoting marine scientific research and enabling equitable benefit sharing [J]. Frontiers in Marine Science，2021，8：667274.

[29] Brakel J，Sibonga R C，Dumilag R V，et al. Exploring，harnessing and conserving marine genetic resources towards a sustainable seaweed aquaculture [J]. Plants，People，Planet，2021，3（4）：337-349.

[30] 唐尕让，范玉玲 . 新时期野生动物资源的保护及持续利用探究 [J]. 现代农业研究，2021，27（12）：143-144.

[31] 周立，李刚，孔雪，等 . 新冠疫情下野生动物资源保护与利用的生物安全问题思考 [J]. 生物资源，2020，42（4）：461-469.

第六章

生物入侵

第一节 生物入侵概述

一、生物入侵的基本概念

生物入侵学科的发展，经历了从萌芽、快速发展到逐渐成熟的发展历程，相关的概念也在不断发展和演化。尤其是在 20 世纪 90 年代以后，生物入侵的专业性学术杂志《多样性与分布》和《生物入侵》相继创刊，受到学术界相关领域的高度关注，在这一过程中衍生了许多术语和概念。但受语言、区域、文化背景和研究对象差异的影响，也存在同一术语指代不清、不同概念相互混淆等问题。在我国，入侵生物学中的许多术语和概念是通过国外著作意译而来的，其中出现了许多冗余而繁杂的定义。比如，对分布在原产地以外物种的描述包括了非本地种、非土著种、外来种、国外种、引入种、传入种、迁入种、入侵种、定殖种、驯化种、移植种等诸多内容。上述这些术语都有各自的解释和象征的意义，其含义不同，侧重点也不同。本章内容中，将结合汉语特点和使用习惯，并考虑公众的认知程度，对入侵生物学的相关术语和概念进行解释和说明。

1. 入侵的定义

入侵（invasion）涉及一个外来种传入、定殖、潜伏、扩散和暴发的全过程，它不仅描述了入侵的过程，还涉及入侵的后果，如对本地的经济、生态或社会产生消极影响。2006年 Falk-Petersen 等对"入侵"定义认为不应该包含入侵结果，因为入侵对生态系统的影响有时是不可预知的，且很多消极性的评价常常是由研究尺度及经济后果决定的，但从汉语释义的角度，具备产生负面与消极的影响是发生"入侵"的基本前提。因此，入侵后果是其概念的延伸，这不仅有利于法规条款和保护措施的制定，同时还能起到宣传和警示的作用。

2. 入侵生物、入侵种、有害生物

入侵生物、入侵种、有害生物，从释义的角度来看，三个术语的含义基本是一致的，都可指代分布在原产地以外，建立了能够自我维持的种群，并对当地的经济、生态和社会安全造成威胁的生物。但从分类学的角度来看，三个术语的含义有明显区别，一般而言，"生物"包含了种及种以下的分类单元，如亚种、品系等；而"物种"仅限于种的分类单元。从中文表达习惯和理解角度来看，"入侵生物"泛指一类对象或者是"种"以下分类单元，"入侵种"更侧重于具体的、以"种"为分类单元的对象，"有害生物"在出于科普目的时更为常用。

3. 本地种、外来种

为了定义"存在于现有物种分布方式决定的区域内"的物种，Falk-Petersen 等于 2006年，提出使用"本地种"（indigenous species）、"土著种"（native species）或者"原始种"（original species）来进行描述。"原始种"或"土著种"是描述某一群落或生态系统中已存在的物种，"本地种"是描述某一行政区域内或者特定区域内分布的物种。与之相对应的"外来种"（alien species 或 exotic species）和"非本地种"（non-active species 或 non-indigenous species），用来描述分布在原产地以外的物种。国际上通用的解释为，受人类影响，出现在生物体自身扩散潜力以外区域的物种。

尽管在以往的论著中对入侵相关概念进行了描述，但从生态学角度出发给出具体的定义还是很困难的。首先，自然群落具有动态变化的特点，其空间分布在不断地扩张或收缩，在实践中很难确定一个物种的原产地范围。再者，除非有确切证据，某一生物体的分布是否独立于人类的活动也是很难确定的。因此，在定义"本地种"和"外来种"时，应该把生态功能、行政区域与研究目的相结合进行考虑。比如，该物种是否在某一地区有关于其起源的历史记载、进化过程中是否已经融入某一特定的生态系统、定义本地种时选择的时间进程是否过于久远等。综上考虑，目前对于入侵种、外来种的相关界定，主要关注的是近期发生的、在涉及人类利益的各个方面造成巨大影响的物种。在制定法规条款和保护措施时，通常根据行政区域进行划分，而不是一个物种分布的自然地理范围。鉴于此，只要是某一个行政区域内没有分布的、经由外部传入的物种，不管是否由人类主导，都认为是"外来种"或"非本地种"。

二、生物入侵的研究历史与现状

早在 19 世纪，达尔文就在其著作《物种起源》中多次谈到了生物的转移和传入现象，即为现今所谈论的生物入侵。然而，当时大家并没有注意到其危害。"生物入侵"这一概念真正出现的时间较晚，但涉及生物入侵的研究由来已久，100 多年前人们就开始利用引进天敌的方法来控制外来有害生物。大多数学者将 1958 年英国生态学家查尔斯·埃尔顿（Charles S. Elton）出版的专著《动植物入侵生态学》视为入侵生物学研究的开端。该书出版正值全世界处于冷战威胁之中，查尔斯·埃尔顿在书中谈到"我们生活在一个爆炸性的世界里，并不是只有原子弹和战争在威胁着我们，因为还有另外一种灾难，即生态爆炸。当外来有害生物数量在我们身边呈几何式地激增，生态爆炸就会发生并改变整个世界的历史。"当时这些观点并没有获得广泛认可，大多数人还没有意识到生物入侵的危害，甚至还有评论认为该书是"无病呻吟"和"危言耸听"。随着人类社会现代化和全球化的高速发展，国际贸易、旅游和

运输越来越频繁，生物成功入侵的概率大大增加，生物入侵已成为威胁生物多样性的主要因素和全球变化的主要组成部分，同时也被视为一个世界性的生态和经济问题及人类所面临的巨大挑战，所有这些不仅验证了查尔斯·埃尔顿的先见之明，也促进了入侵生物学这一新兴学科的诞生。

近几十年的发展历程中，入侵生物学从最初的基本概念与理论的阐述，深入到了基础与应用研究，并广泛涉及生态学、分子生物学、生态遗传学、生物化学、生物地理化学、生物数学、海洋学、气候学等众多学科领域，已发展成为一门独立的学科。总体而言，入侵生物学的发展可分为萌芽期、成长期和快速发展期三个阶段。

1. 萌芽期（20世纪80年代之前）

作为入侵生物学诞生的标志性著作，1958年出版的《动植物入侵生态学》侧重于生物入侵的生态学基础及栖息地的保护，介绍了生物入侵的一些核心术语和概念，提出了多个理论和假说来解释生物入侵的现象，并总结出基本的研究手段和思路。该书开创性地提出了生物入侵学的许多概念，但关于入侵中的进化过程的内容并不多。几年后，在美国加利福尼亚州专门针对非本地种的进化问题召开研讨会（1964），并于1965年出版了论文集《殖民物种的进化》，该论文集收集了来自11个国家的27位作者的学术成果。1966年，美国自然历史博物馆出版了《The Alien Animals：The Story of Imported Wildlife》，该书详细列举了20个全球范围内的生物入侵案例，从学术和科普两个方面阐述了外来物种与生态保护的关系。随后，1969年在美国密西西比州举办了主题为"生态系统多样性-稳定性"的学术会议，重点对外来种成功入侵与生态系统抵御水平的关系进行研讨。纵观二十世纪六七十年代，许多生态学家开始陆续关注生物入侵的问题，相关论文开始出现在当时一些主流的生态学杂志中。尽管这期间入侵生物学相关研究逐渐展开，但还没有得到普遍关注，学术概念和研究手段也只是保护生态学的延伸，并没有作为独立学科出现。

2. 成长期（20世纪80年代）

到20世纪80年代，入侵生物学研究开始受到重视，越来越多的生态学家开始思考生物入侵的问题。如，科学家开始着重于外来入侵植物的生态学效应研究，特别关注外来种对本地种的影响。更为重要的是，在这期间很多入侵生物学的重要科学问题开始被逐步提出。在1982年，国际科学联合会环境问题科学委员会（SCOPE）提出了生物入侵的三大核心问题。一是，什么因素能够决定一个物种成为外来入侵种；二是，什么特征决定一个生态系统能够被入侵；三是，如何将外来物种中的入侵性和生态系统的可入侵性研究结果应用于管理中。此时，大量与生物入侵相关的出版物开始涌现，"入侵者"（invader）、"入侵的"（invasive）、"入侵"（invasion）等词语开始逐渐出现在学术论著中。1984年，南非出版了第一个关于入侵种的国家报告；北美国家分别于1986年和1989年出版了论文集。在此阶段，专著《The Ecology of Invasions by Animals and Plants》中关于生物入侵的阐述和研究开始备受重视并被大量引用。这些研究成果推动了入侵生物学的核心理论和理论框架的形成。

3. 快速发展期（20世纪90年代至今）

20世纪90年代以来，随着国际贸易的不断扩大和经济全球化的迅速发展，外来种的数量和种类在全球范围内呈增长趋势，造成的生态和经济损失触目惊心，生物入侵成为热门的研究领域，各国政府及国际研究机构纷纷加强对生物入侵的研究与管理。生物入侵的防控与管理已成为一项国际事务，已有40多个国际公约、协议和指导准则涉及有害生物入侵问题。欧美许多发达国家或地区针对防范生物入侵风险开展了总体布局，如制定一系列加强生物入侵管理的法律法规、组建国家入侵物种委员会、设立专门应对生物入侵突发事件的基金、制定了预警名录等。美国于1999年发布13112号总统令，建立国家入侵物种委员会和入侵物种咨询委员会；欧盟于1979年9月19日签署了《欧洲野生生物与自然界保护公约》，要求缔约国承担严格控制引进非原生物种的义务。加拿大、澳大利亚、新西兰、日本、印度、泰国、马来西亚、南非等也成立了相应的机构，制定了国家计划，以加强外来入侵生物的防治与管理。我国在这一阶段也采取了诸多行动，应对生物入侵对我国生态与社会安全的威胁。2003年，我国启动了"外来入侵生物灭毒除害试点行动"计划，次年成立了外来物种管理办公室，并于2005年制定了《农业重大有害生物及外来生物入侵突发事件应急预案》。

随着生物入侵研究的开展与不断深入，许多国家建立了生物安全研究中心或研究所，应对生物入侵风险。美国成立了由多个高级别、规模化的大型生物安全实验室组合而成的国家农业生物安全中心，用于研究恐怖农业生物、原生性农作物病虫害、外来入侵生物和转基因生物安全的相关研究设施群。通过系统研究原生性和外来有害生物的传播途径、检测、鉴定和控制技术等，迅速提高美国国家及各州对农业有害生物重大事件的整体应急能力和防控减灾水平。在我国，随着生物入侵研究的深入，相关科研平台也相继成立。2003年，中国农业科学院成立了外来入侵生物预防与控制中心，致力于预防与控制外来入侵种对农业生产的威胁，遏制外来入侵种在农田、森林、草地、湿地、淡水及自然保护区等生态系统中的扩散、传播与危害，确保生物多样性、生态安全和经济安全。随后，2005年华南农业大学成立红火蚁研究中心，围绕重大入侵生物红火蚁开展监测检测、扩散传播规律及预警系统、种群发生及适应性规律、经济影响评估体系、关键技术的研发与应用等方面开展研究。为了继续提高农业生物安全科研能力，保障国家粮食安全、生态安全、经济安全和公共安全，我国于2007年1月投资1.42亿元建立国家农业生物安全科学中心，围绕提高中国农业生物安全领域的自主创新能力，建设高危植物病原实验室、高危昆虫实验室、高危植物实验室等研究设施及农业生物安全信息分析和预警等设施，重点开展农业危险性外来入侵生物、农业毁灭性高致害变异性生物和农业转基因生物安全的创新性理论、方法与防控新技术等研究。

结合基础设施建设，许多国家进一步加强了入侵生物学的科学研究。欧美等发达国家或地区制定了一系列生物入侵科研发展战略，并实施了许多重大研究计划。如美国先后启动了"夏威夷生态系统风险项目"等多项重要科研项目；加拿大制定了国家外来入侵物种战略，开展了"生物入侵和扩散研究网络项目"等研究；澳大利亚制定了《澳大利亚生物多样性保护国家策略》，发布了《澳大利亚杂草策略》等，成立了海洋入侵物种研究中心等研究机构，实施了"植物安全计划"等项目；欧盟于2003年制定了欧洲外来入侵物种战略，相继开展了"大范围生物多样性风险评估"项目（ALARM）、"准入"项目（PRATIQUE）等10多项重大区域性科研项目。这些科研工作极大地推动了入侵生物学的发展，提升了生物入侵领域的研究水平。在此阶段，全球在SCI杂志上发表生物入侵相关的研究论文的数量也在迅速增长。据统计，1970至2021年间，在全球范围内，北美洲和欧洲的发达经济体因对生物入侵的研究开始时间早，研究成果和论文数量最多。其中，美国对外来入侵物种的研究远超世界各国，文章超过8000篇。我国对于生物入侵的研究始于1996年，2000年以来相关研究数量不断增加，目前文章数量超过 1500 篇，居世界前列。

三、生物入侵对我国经济、生态和社会的影响

我国是遭受生物入侵危害最为严重的国家之一，几乎所有类型的生态系统中都存在外来有害生物。据《2019 中国生态环境状况公报》报道，全国已发现 660 多种外来入侵物种。其中，71 种对自然生态系统已造成或具有潜在威胁并被列入《中国外来入侵物种名单》。在世界自然保护联盟（IUCN）所列的全球 100 种最具威胁的入侵物种中，入侵到我国的已多达 50 种。目前，我国生物入侵仍呈现蔓延速度快、危害面积广、新入侵物种不断增加的态势，对我国农林渔牧业造成了巨大经济损失。目前已发现的对我国影响较大的入侵种包括紫茎泽兰（*Ageratina adenophora*）、豚草（*Ambrosia artemisiifolia*）、稻水象甲（*Lissorhoptrus oryzophilus*）、美洲斑潜蝇（*Liriomyza sativae*）、松材线虫（*Bursaphelenchus xylophilus*）、美国白蛾（*Hyphantria cunea*）等 13 种入侵物种每年给农林渔牧业生产造成的经济损失就有 570 多亿元。近几年影响比较大的入侵物种，如松材线虫，会引发被称为"松树的癌症"的松材线虫病，以松树为主的针叶林都会受到松材线虫病的威胁，包括黄山的主要景观资源黄山松。一旦松材线虫侵入林区，整个林区就会遭受毁灭性的破坏；紫茎泽兰往往形成单优势群落，占据牧草的生长空间，致使草场退化、牧草产量降低、牲畜饲草料缺乏。牲畜误食其茎叶后，会腹泻、气喘，花粉及瘦果进入眼睛和鼻腔后，导致糜烂流脓，严重者甚至死亡。

生物入侵常会导致严重的生态灾难。很多入侵物种会挤占受保护物种的生态位，严重的可导致物种灭绝，从而对生态环境造成不利影响。在遗传学水平，生物入侵可降低本地种的遗传多样性，甚至造成遗传多样性丧失；使群落结构趋于简单，群落部分功能弱化，物种多样性下降；导致生态系统多样性降低，系统的结构与功能被破坏。例如，紫茎泽兰、大米草（*Spartina anglica*）等入侵后，可形成单一优势群落，导致本地种多样性丧失。如外来物种巨藻和北美海蓬子可与我国东南沿海的土著盐生植物红树林进行生态位竞争，造成红树林资源减少甚至灭绝，破坏当地生物多样性。此外，有的外来入侵物种还与本土近源种杂交，干扰和污染本土物种的遗传多样性。

外来入侵生物还会对人体健康、公共设施安全造成危害，从而影响社会安全与稳定。如豚草在花期能够产生大量致敏性极强的花粉，5～10 粒 /m³ 的花粉浓度就可导致易感人群出现过敏症状，如咳嗽、流涕、眼鼻奇痒等，诱发过敏性哮喘、鼻炎、皮炎和荨麻疹等疾病，严重的甚至会并发肺气肿、肺心病从而导致死亡。红火蚁（*Solenopsis invicta*）生性凶猛，常把蚁巢筑在居民区附近，当蚁穴受到人类或者牲畜干扰后，常表现出很强的攻击行为。人类被其叮咬后，轻者皮肤受伤部位出现瘙痒、灼烧疼痛和红肿，过敏体质还可引起全身红斑、瘙痒、头痛、淋巴结肿大等全身过敏反应，甚至发生过敏性休克而死亡。在红火蚁发生比较密集的区域，会严重影响人们的农事操作和户外活动。更为严重的是，红火蚁还经常把蚁巢筑在户外或室内的电缆信箱、变电箱等电气设备中，这会造成电线短路或设施故障，给电力设施安全运行带来隐患。

四、生物入侵对全球经济的影响

生物入侵会造成生物多样性大幅下降导致生态系统发生重大变化。与此同时，也产生了

高额经济损失。据报道，生物入侵在 2019 年给全球造成的经济损失达到 4230 亿美元。这些成本仍然被严重低估，并且没有任何放缓的迹象，每十年持续增长三倍。研究表明记录在案的成本分布广泛，并且在区域和分类尺度上，破坏成本比管理支出更大。记录生物入侵成本的研究方法有待进一步完善，且需要实施一致的管理行动和国际政策旨在减少外来入侵物种负担。

外来入侵物种传播到他们的原生范围之外，对生物多样性、生态系统功能、人类健康和福利以及经济带来了负面影响。生物全球化和气候变化，也加剧了生物入侵形势的转变。高效、协调的全球实施控制和缓解策略仍然有限，主要是因为生物入侵的影响被公众低估。清晰和标准化概述入侵的经济成本有助于优化当前和未来具有成本效益的管理策略，并提高公众意识，这将有助于将入侵问题提升到更高的位置。

外来入侵物种造成大量货物、服务和生产能力的损失，例如作物减产、基础设施受损和改变生态系统服务的使用价值，全球每年都花费经济资源进行管理。目前，评估全球范围内生物入侵影响的项目还不多，大多数评估仅限于特定的类群。随着生物入侵日益成为全球性问题，需要对全球经济影响进行可靠的量化评估相关成本的模式和趋势。2021 年，法国巴黎萨克雷大学、法国国家科学研究中心等机构的联合研究团队发表文章，介绍了有关全球生物入侵造成的经济损失的公共数据库 InvaCost，并在线描述数据集呈现了生物入侵对全球造成的经济成本。文章指出，生物入侵对全球造成巨大影响，包括巨大的经济损失和管理成本。缓解这一全球变化的主要驱动力有赖于公众意识和对社会生态系统有重大影响的政策的提升，使人们了解与这些影响有关的经济成本是有助于实现这一总体目标的有效选择。InvaCost 数据库是与全球生物入侵相关的经济成本估算方面最新、最全面的数据库，并且具有协调和健全的汇编和描述功能。研究团队已经开发了一种系统的、标准化的方法，可以从经过同行评审的文章和灰色文献中收集信息，同时确保数据的有效性和方法的可重复性，以实现进一步透明的输入。文章提供的手稿介绍了用于构建和推广使用该实时存在的公共数据库的方法和工具。文章强调，InvaCost 为全球研究、管理工作以及最终数据驱动和基于证据的决策提供了必要的基础（目前已编制 2419 个成本估算）。

第二节　入侵种的特征与入侵过程

一、入侵植物的生物学特征

在植物的形态、生长、生理、繁殖及与环境适应相关的诸多形状中，有一些与入侵性的关系比较密切。针对某一形状，其与入侵性的具体关系因物种、入侵阶段而异，此外还受到生物地理学特征（如气候条件）、环境状况（如资源水平、被干扰程度）等因素的影响。

1. 形态学特征

（1）植株高度　一般而言，植株高大（相对于同属的其他植物或入侵地的土著种而言）有利于入侵。这是因为植株较高时，与其他植物的竞争力提高，抵御或耐受天敌和非生物环境因子胁迫的能力相对较强，而且这样的植物产生的后代也较多。如高大的常绿乔木五脉白千层（*Melaleuca quinquenervia*）（株高15～20m），原产于澳大利亚东部沿海湿地，已被IUCN列为全球100种最具威胁的入侵种之一。20世纪被多国引进后，由于适应性强、生长快、繁殖能力高且能强烈排挤其他植物，已成为许多湿地、牧场或林地的优势种，甚至形成单一群落，从而产生严重的生态影响。在美国佛罗里达州南部等地，五脉白千层的入侵危害尤为严重。

（2）种子大小和形态　种子小是多数入侵植物的共同特征，尤其在生存环境中存在物理干扰的情况下，种子小的物种入侵的能力更强。有研究发现，对澳大利亚东部150多种外来植物分析发现，当地许多植物的成功入侵与其物种种子较小有直接关系。许多禾本科、菊科、苋科中入侵性很强的植物千粒重都很小。但也有很多植物的入侵性与种子大小无明显关系，或者呈现与上述相反的关系。种子大小与入侵性的具体关系可能因物种种类、环境条件等因素表现出不同的效果，种子大和种子小的植物在入侵方面都具有一定优势。种子小的物种，种子产出数量通常较多，易被传播，在土壤中存留的时间也较长，能够进行大范围快速传播的潜力较大，同时成功定殖的概率也较高；然而，种子大的物种，虽然种子产出数量通常较少，也不利于大范围传播，但由于种子生物量大，更有利于在资源短缺、存在植食性天敌和竞争者的环境中定殖。除了种子大小的影响以外，大多数入侵植物的种子还会具有易于传播的形态。例如，加拿大一枝黄花、微甘菊、紫茎泽兰、飞机草等这些入侵性很强的植物种子不仅轻还带有冠毛，十分适合风力传播。再如，豚草和三裂叶豚草的种子具有尖刺，易被人类或动物携带四处传播。

2. 生长发育特征

入侵性强的植物通常具有种子萌发速度快、存活力强、比叶面积大、生长快等特征，这些优势有利于提高光合效率，增强对水、空间、营养等资源的利用能力，进而提升其入侵能力。

（1）种子萌发和休眠特性　多数植物种子有一个"后熟期"，即新鲜的种子离开母体之后，在具备萌发能力之前需先经历一定时间的休眠期，期间即使有适宜的环境条件，如温度、水分和氧气等条件，也不能萌发。入侵植物的种子成熟期一般较短，新鲜种子可以直接萌发，或者休眠期较短，十分容易解除，很多入侵性杂草甚至不存在休眠期。在北美洲的外来入侵植物中，有51%种类的种子不需要休眠可直接萌发，相比之下，本地植物中具有此特性的种类只占30%。又如，夏威夷的入侵植物羽绒狼尾草（*Cenchrus setaceus*）新鲜种子萌发率达45%，而当地的一种竞争植物黄茅（*Heteropogon contortus*）新鲜种子萌发率只有13%。总体而言，多数本地种子需经历一个较长的时期之后才能解除休眠，由此其种群增长受到制约，在入侵植物的竞争中处于劣势。

（2）比叶面积　比叶面积（specific leaf area）是指叶片单位质量的叶面积，比叶面积大的外来植物定殖潜力一般较大。此类植物的特点是新叶产生快，叶片生长迅速，对光照、水分和养分等资源的利用能力较强。

（3）生长速度和空间生长能力　入侵植物一般生长速度较快，传入后能迅速建立种群。例如，在地中海气候区，很多入侵植物在苗期就生长较快，同时比叶面积较大，在夏季干旱到来之前就能形成发达根系，更有利于利用土壤资源且耐受不良环境的影响。而且，入侵植物一旦定殖，植株地上或地下部分即迅速向旁侧生长，根系迅速增大，枝条增多，表现出很强的空间生长能力。这些特性有利于植物快速利用资源，在短期内建起庞大种群。

（4）发育成熟期 发育成熟期是指植物从开始生长至发育成熟所需要的时间。入侵植物的发育成熟期通常较短，因而短时间内能产生较多后代，迅速扩大种群质量。在北美洲，入侵性木本植物的发育成熟期平均只有 4 年，而本地植物则为 6.9 年。

3. 繁殖特征

（1）繁殖能力与方式 通常，植物的繁殖能力与入侵之间存在正相关的关系，繁殖能力越强的物种，其入侵能力往往也较强。比如，微甘菊花的生物量约占植株地上总生物量的 40%，在区区 0.25 m² 的范围内可产生 2 万至 5 万个花序，8 万至 20 万朵小花，种子能够达到 10 万粒以上。更为突出的是凤眼莲萌蘖的速度，在适宜的条件下，每 5 天就能繁殖出一株新植株，植株数量呈几何级增长。此外，针对某些具体物种，其繁殖方式也会影响到入侵能力。进行有性生殖的植物，如果是自交亲和的会更有利于入侵。这是因为与自交不亲和的植物相比，自交亲和者即使在种群很小的情况下也有足够多的合适配子，有利于克服或减轻阿利效应对种群发展的不利影响。在我国，入侵的菊花植物中接近三分之二的物种属于自交亲和。再者，入侵植物中采用营养繁殖和无性生殖的比例也会比较高，许多能进行营养繁殖的植物具有很强的入侵性。另外，有性生殖与营养繁殖并存的物种，其入侵能力较强。如紫茎泽兰、加拿大一枝黄花、凤眼莲等。

（2）开花时间 在欧洲中部的外来植物中开花早者，传入的年份往往较早，而开花迟者通常传入时间相对较晚。然而，开花时机早并不一定是入侵植物的共性。比如，千屈菜（*Lythrum salicaria*）在原生地开花较早，但在入侵地由于开花前的营养生长期明显延长，开花时间反而推迟，这极有可能与物种本身对环境的适应性调节有关。木本植物的花期通常比较长，这对其入侵和扩张十分有利。在花期较长的情况下，产生花粉较多，能够吸引更多的昆虫，进而产生较多种子，由此增加种子被广泛传播的概率。比如，在加拿大有很多从欧洲传入的入侵植物，它们的开花期要比非入侵的同属植物长。在地中海岛屿、加拿大安大略等地，花期较长的外来植物种群密度一般要高一些，这也反映出花期与入侵存在密切联系。

4. 其他特征

高等植物可根据生活型（life form）分为乔木、灌木、木质藤木、草质藤木、多年生草本、一年生草本等。生活型与入侵性存在一定的关系，但其密切程度也因入侵发生的历史阶段、生境特点等条件存在差异。例如，从某地发生入侵的历史时间角度，一年生植物相对较容易传入，所以一般较早发生入侵，成为前期入侵者。从生长环境的条件来看，若当地植被处于被严重干扰的状态，一年生植物所表现出的入侵性一般要强于其他植物；相比之下，若植被处于半自然状态、被干扰程度低，则生活型较长的植物更具有竞争力。此外，植物世代历期短、果实对脊椎动物具有吸引力等生活史特征，也更有利于该物种入侵。

二、入侵动物的生物学特征

1. 入侵性昆虫

对昆虫而言，天敌压力通常较小，这也成为昆虫成功入侵的先决条件。通常，孤雌生殖被认为是许多昆虫成功入侵的有利条件。孤雌生殖的昆虫，由于受阿利效应的影响较小，与两性生殖的种类相比成功入侵的概率相对较大。例如，原发生于美洲而今扩张至东亚、南欧等地的稻水象甲。此外，繁殖速度快、个体较小、对食物的搜寻和利用能力强等特点，也是昆虫入侵的有利条件。如入侵性蚂蚁，通常为杂食性，对资源的竞争力很强，更加有利于定殖和扩张。

2. 入侵性鸟类

入侵性鸟类通常存在一些共有的生活史特征，如每季抱窝次数多、个体大，十分有利于定殖；窝卵量大、卵质量小、幼雏期短、寿命长、具迁徙性等特点，则有利于定殖后的种群扩张。此外，相对于体重而言，脑体积较大的鸟类"认知"水平较高，在新环境中有可能"创造"出新颖的趋势方式，由此提高对新事物的利用能力，有助于适应环境变化而存活下来。

3. 入侵性鱼类

淡水鱼往往个体大小适中、繁殖快、食性杂，有的种类还具有生长快、生殖能力强、寿命长、可照顾后代、耐水温变化和盐水平变化等特点。例如，鲤原产于亚洲，具有生殖能力强、繁殖快、食性杂等特点，在许多地区都表现出很强的入侵性。鲤已成为全球100种最具威胁的入侵物种之一，在美国、澳大利亚、新西兰等地已造成严重的生态灾害，导致当地水质恶化，土著鱼类和水禽的环境被破坏。从总体上看，各种生活史、生态学性状表现适中的鱼类，其成功入侵的可能性相对较大。

三、入侵种的入侵过程

外来入侵种进入某一生态系统中，并不是一进入新的系统就能够造成危害，而是在一定条件下，从"移民"到"侵略者"逐步转变。入侵过程也是一个复杂的生态学过程，通常包括种群传入、定殖、潜伏、扩散、暴发等几个阶段。

1. 种群传入

种群传入是生物入侵的第一个阶段，指物种离开原产地迁移到新的生态环境中的过程。这一过程，既包含人类介导的过程，也包括物种本身的自我扩散与迁入过程。种群传入必须经过某一途径才能实现，而这些物种传入所凭借的自然或人为的方式被称为入侵途径（introduction pathway）。入侵途径是多样化的，通常分为自然传入、无意传入和有意引入三类。

一是自然传入（natural introduction）。自然传入是在完全没有人为情况下物种自然扩散至某一区域。植物种子或其繁殖体可以通过气流、水流等自然传播，或借助鸟类、昆虫及其他动物携带而实现自然扩散。例如，紫茎泽兰、飞机草（Chromolaena odorata）虽然主要是通过交通工具的携带而从中越、中缅边境传入我国，但风和水流也是其自然扩散的条件。一些杂草，如金盏银盘（Bidens biternata）、大狼耙草（Bidens frondosa）、苍耳（Xanthium strumarium）等草种子具有芒、刺或钩，有助于传播。动物可依靠自身的能动性，及气流、水流等自然力量而扩展分布区域，从而形成入侵，如灰斑鸠（*Streptopelia decaocto*）、美洲斑潜蝇等。

二是无意传入（unintentional introduction 或 accidental introduction）。无意传入是外来种借助人类各种类型的运输、迁移活动等传播扩散而发生的。发生无意传入的主要原因是在开展这些活动时人类并未意识到传入外来种的风险，或者没有足够的知识、技能来识别潜在的外来种，从而导致生物入侵。尤其是一些物种个体微小，常被人忽视或者难以发现，所以十分容易随其他物品进行传播。比如国际上不同国家之间，由于大量客运船只携带了压舱水、海洋垃圾导致水生生物入侵，其中哈氏泥蟹（*Rhithropanopeus harrisii*）、沼蛤（*Limnoperna fortunei*）等都是随压舱水进行传播，成为入侵物种。再者，进口农产品或货物的过程中，也会存在带入外来种的风险。红火蚁主要借助货物、运输工具调运等途径形成入侵。2005、2006 和 2007 年，我国广东各口岸从进口的废纸、原木、木质包装、水果、废旧塑料上分别截获了 43、62、95 批次红火蚁。另外，进口的粮食中，也常发现植物种子，一些杂草种子与粮食颗粒相似，难以检测、检查，加大了杂草传播的风险。

三是有意引入（intentional introduction）。在我国，从国外或外地引入优良品种有着悠久的历史。引进物种的初衷是提高经济效益、观赏和保护环境，但也有部分种类由于引种不当而成为有害物种。比如，在我国形成严重水生生态危机的凤眼莲，最初是作为饲料从南美洲引进而来；还有作为经济动物从南美洲引进的福寿螺，也已成为我国南方水域的严重入侵种，危害着生态安全。还有为了保护沿海滩涂从欧美引进的大米草，近些年在沿海地区疯狂扩散，已经到了难以控制的地步。作为观赏物种引进的荆豆（*Ulex europaeus*）、加拿大一枝黄花、马缨丹（*Lantana camara*）等物种，也已发展成为强势的入侵种。此外，有意入侵的动物主要是因养殖和观赏目的引入的，如螺、贝、虾、鱼、龟和鸟类等。

生物入侵的途径可能是多方面因素或者多因素相互交叉引起的，但大部分生物入侵是由人类活动直接或者间接造成的，因而生物入侵可以看成是人类自身活动所造成的全球变化之一。

2. 种群定殖

种群定殖（population colonization）或种群建立（population establishment）是生物入侵过程的第二个阶段，主要是指外来物种传入后初始种群适应新环境，并开始自我繁衍与建立种群的过程。也可以简单地理解为，能够定殖下来并开始维持种群自我繁殖的过程。在入侵生物学中，常用繁殖体压力（propagule pressure）这一术语衡量某一特定外来种的种群基数及其与定殖成功概率大小的关系。繁殖体是指外来种进入某一非原发地的个体数量。繁殖体压力包括两方面的含义，一是单次传入某地的繁殖体数量，二是传入该地的次数。

通常而言，繁殖体压力与定殖概率之间存在正相关关系，即外来种每次传入的个体数量越大、传入次数越多，繁殖体压力越大，越有利于定殖。用繁殖体压力假说（propagule pressure hypothesis）来解释生物入侵初期阶段的机制。该学说认为，外来种的繁殖体压力大小决定了入侵发生的程度。尽管这一假说能够解释很多生物入侵事件，但在许多生物实践中，除了繁殖体压力以外，还有其他生物或非生物因素对生物入侵产生不同程度的影响。影响繁殖体压力的生物因素，主要包括外来种本身的多种生物学和生态学特性，如个体大小、繁殖特性、生长速率、资源利用能力、竞争或防御天敌的能力，以及入侵地土著种的特性，如丰富程度、对外来种的竞争力、捕食和寄生能力等。非生物因子则包括，入侵地的土壤营养成分、湿度、光照、温度、空气等环境基质或资源的情况，以及入侵地的地理位置、生态系统被干扰情况等。

种间关系对外来种的定殖也有一定的影响。外来种在新的环境下能够成功入侵，其竞争力往往比处于相似生态位的土著种更强，通过排挤土著种占据更多生态位，进而提升其种群建立能力。例如，许多入侵性蚂蚁、壁虎对食物与资源的获取能力明显强于土著种，在竞争中占有绝对优势。入侵我国的烟粉虱 MEAM1 隐种，也称为 B 型烟粉虱，能够利用"非对称交配互作"来驱动自身种群数量的增长，同时还抑制土著烟粉虱种群增长，进而快速入侵和扩张，最终取代土著烟粉虱。为了克服中间竞争带来的不利影响，外来种往往需要提高繁殖体压力来实现定殖。例如，美国马里兰州，外来水生植物光果黑藻（Hydrilla verticillata）在土著种因快速繁殖消耗大量氮、磷等营养物质时，会对其定殖造成不利影响。这时，光果黑藻会通过提高其繁殖体压力克服土著种的竞争作用，成功入侵。一些外来种与土著种之间存在相互抑制作用，这类影响在动物和植物中都存在，某些时候也成为影响外来种入侵的关键因素。以我国西南地区入侵植物紫茎泽兰为例，紫茎泽兰生长几年之后就会在周围土壤环境中富集大量的氮、磷，为自身生长提供足够的物质保障，但这些营养元素同紫茎泽兰的根、腐烂落叶所释放的多种化学物质混合在一起，不能被其他生物利用，还有可能对其他植物产生毒害。

3. 种群潜伏

在种群传入与种群定殖之后，外来种需要进行适应性调整适应新环境，包括各种生物与非生物因素。适应新的环境需要一定的时间，在这一阶段，种群增长量一般不大，种群数量一般较低，处于一个"潜伏"状态。入侵生物学中，把外来种在建立种群后到扩散迁移前的时间积累称为时滞效应（time-delaying 或 time lag），并使用潜伏期来描述从定殖到扩散之间所经历的时间过程，这也成为生物入侵过程的第三个阶段。

对于不同物种而言，其潜伏期长短不一，有些种类的潜伏期非常短，仅需要几个世代的时间，有些则需要经历上百年甚至更长。1995 年，Kowarik 通过研究德国 184 种木本入侵植物，发现灌木的时滞平均为 131 年，而乔木为 170 年，有的种类时滞长达 300 年以上。不同物种的潜伏期特点不同，有的时滞是可以预测的，而有的时滞会延续很长时间，这种情况的时滞难以预测。

研究人员对时滞效应进行研究，发现产生时滞效应与多方面因素有关。其中繁殖体压力、种间互作关系、遗传多样性、环境异质性几方面，是影响时滞效应的主要因素。以入侵植物互花米草为例，最初在北美洲西海岸，互花米草扩张很慢。研究人员发现引发这一现象的原因是，互花米草种子生产量、活力与开花时期具有一定的相关性，在盛花期开放的花结实率较高，单粒种子质量也更大。由于花粉的限制，在互花米草群落边缘，其种子生产量较少。传入佛罗里达州的无花果（Ficus carica）在数十年内未发生入侵扩张现象，但是当无花果小蜂（Blastophaga psenes）出现后，加快了无花果的授粉，几年内该地区的无花果就出现快速蔓延的趋势。

总而言之，由于处于时滞中的种群密度较低，该阶段是控制外来种扩张为有害入侵种的关键时期。然而，针对某一特定外来种，在其大量发生之前人们往往不清楚究竟是哪一种机制在时滞中起到关键作用，所以很难有针对性地实施防控措施。也正因为存在时滞期的难以判断，在对入侵种进行风险评估时很难做出准确的判断，以至于错过防控外来种扩散的关键时期。

4. 种群传播、扩散和暴发

外来种经过潜伏期的适应调整后，在适宜的条件下，种群发展到一定数量后，开始向其他地区扩散传播。外来种主动或被动在不同区域进行迁移，称为传播（transmission）。扩散（dispersion）是在"传播"的基础上，外来种分布范围的扩大。此外，术语扩张（spread）用来强调外来种"传播"和"扩散"的后果，通常指对生态系统或人类社会造成了危害。当外来种经过大面积扩散后，种群大量繁殖，对生态安全、经济生产和社会安定等造成消极影响，就成为暴发（outbreak），这是生物入侵过程的终极阶段。在这一阶段，扩散能力是所有物种在生态扩张或演化上的成功与否的关键决定因素。而影响扩张的因素有很多，包括物种本身、环境条件、扩散载体等。

入侵种扩散类型包括短距离、长距离和分层扩散。其中长距离扩散在某一入侵种种群中出现的比例较低，但是在很多入侵事件中经常发展，并且对入侵种的扩散影响最大。例如，在对入侵动物紫翅椋鸟（*Sturnus vulgaris*）和雀鹰（*Accipiter nisus*）研究中发现，具有远距离活动能力的那些个体对种群扩张的贡献相对较大。在入侵植物中，车辆导致的植物长距离扩散十分普遍。分层扩散属于一种结合短距离扩散和长距离扩散的方式，在生物入侵的过程中也很常见。例如，舞毒蛾在美国威斯康星州的扩张属于典型的分层扩散，即一龄幼虫借助丝线短距离扩散，其他生活史阶段则借助人们的活动进行长距离传播。入侵后的初期，舞毒蛾进行长距离扩散，当该地区被高密度种群占领后，舞毒蛾则呈现短距离扩散。因此，舞毒蛾在入侵初期依靠长距离扩散，入侵后由短距离扩散发挥主要作用。有些物种的扩散方式更为复杂。例如，红火蚁扩散方式兼具短距离、中距离和长距离三种方式。短距离扩散时，红火蚁每次迁移 4～5 m 的距离，以此不断占领更大领地；中距离扩散主要以雌蚁飞行扩散的方式进行，以此可将发生区每年扩展 300～500 m；长距离扩散是指红火蚁随货物运输，扩散几十数千公里甚至上万公里的距离。

扩散途径也可分为主动扩散和被动扩散两种类型。主动扩散是指入侵种可以自己扩散至更大范围。主动扩散的物种最多的是入侵动物。例如，原产于东半球热带或亚热带的四纹豆象（*Callosobruchus maculatus*）通过成虫飞翔进行近距离扩散传播；美洲斑潜蝇的成虫具有一定的飞翔能力，可进行较远距离的自由扩散；东部食蚊鱼（*Gambusia holbrooki*）在无障碍物的水中，每天能扩散 800 m 以上。被动扩散包括自然载体（风、水、气流）、动物载体和人类活动三种形式。陆生植物的扩散形式比较丰富，可借助风、水流、动物载体完成扩散，也可通过人类农业生产活动、穿的鞋、驾驶的汽车等多种途径进行扩散；入侵动物主要靠水流、人类贸易活动等方式进行扩散。

外来种入侵新栖息地后，经过一定时间的潜伏、适应和扩散，当种群数量积累扩张到一定程度，即达到暴发阶段，这也是生物入侵从量变到质变的过程。在暴发阶段，入侵种通常具有高密度和大尺度的空间分布，造成显著或严重的经济、生态和社会影响。例如，入侵杂草紫茎泽兰在 1997 年对四川造成的直接经济损失高达 1.19 亿元。此外，入侵种暴发后还会造成巨额的间接损失。据估计，2000 年外来病虫害对中国大陆森林生态系统造成的间接经济损失约为 154.4 亿元，其中松材线虫、松突圆蚧、强大小蠹、美国白蛾和湿地松粉蚧等的危害最为严重，造成的损失达 140 亿元，占总损失的 90.7%。

第三节　入侵种的种间关系

一、竞争

竞争（competition）是生物间最普遍的互作方式之一，是指处于相同营养级的物种由于争夺共同的资源而产生的相互关系。对外来种而言，被大量土著种占据的生存环境中，在资源利用方面可能与土著种发生冲突，由此受到竞争阻力从而不能迅速建立种群。竞争可根据具体竞争方式的不同，分为资源利用竞争（exploitation competition）、相互干涉竞争（interference competition）和表观竞争（apparent competition）。竞争作用一方面是外来种成功入侵的重要原因，另一方面，竞争作用在一定程度上也能阻止外来种的扩张。

1. 资源利用竞争

资源利用竞争是通过减少资源的可利用量或资源利用的有效性而实现的种间竞争。资源利用主要体现在对资源的搜寻、掠夺、获取、变质等方面。竞争的资源包括食物资源、趋势地点、活动区域和产卵地点等。

由于资源搜寻能力强，表现出竞争优势的典型案例是 20 世纪中期斯氏蚜茧蜂（*Aphidius smithi*）和无网长管蚜茧蜂（*Aphidius ervi*）之间的竞争。为了控制豌豆蚜（*Acyrthosiphon pisum*），分别于 1958 年和 1959 年将斯氏蚜茧蜂和无网长管蚜茧蜂引入北美洲，这两种蜂都成功定殖并遍布美国和加拿大。但后来发现，至 1970 年，在北美洲东部地区无网长管蚜茧蜂完全取代了斯氏蚜茧蜂，十多年后，在美国西北部、加拿大不列颠哥伦比亚省等地也发现了这种取代现象。对此现象的一种解释是，无网长管蚜茧蜂雌性个体对蚜虫寄主的搜寻能力更强，从而取代了斯氏蚜茧蜂。

在资源掠夺方面，主要体现在入侵种能较早地抢夺到资源。例如，在北美洲东部的入侵种铁杉单蜕盾蚧（*Fiorinia externa*）比另一种入侵种铁杉球蚜更早地危害加拿大铁杉，且独占了含氮水平高的幼嫩针叶，使得铁杉球蚜只能利用含氮水平较低的老叶，最终导致铁杉球蚜的死亡率上升。

在资源获取方面，当一个物种获取充足的资源，而另一个物种却不能获取相应的资源时，后者可能会在竞争关系中被取代。这种不同的资源获取能力，是物种的固有能力，而不是通过攻击与防卫行为获取的。在竞争关系中，资源获取能力的不同，体现在获取资源差异或生长率和存活率差异。

在资源变质方面，是一个物种使资源变质，导致资源不能满足另一个物种的需要。这种竞争方式中，尽管资源仍然存在，但由于被一个物种利用导致质量降低或完全改变，导致另一物种难以正常生长发育、种群数量减少，经过一段时间之后劣势物种就会被取代。例如，美国东北部的多脂松（*Pinus resinosa*）种植园中，来自亚洲的一种松球蚜（*Pineus boerneri*）危害了宿主的质量，导致本土的另一种松球蚜（*Pineus coloradensis*）取食位点减少，最终面临死亡。

2. 相互干涉竞争

相互干涉竞争主要包括格斗干涉和生殖干涉两种形式。

格斗干涉主要是指通过物种个体间直接的体力较量，获胜者获得竞争资源控制权的一种形式。例如，入侵蚂蚁可通过格斗干涉的方式取代本地蚂蚁进而成功入侵。格斗干涉根据由强到弱分为非致死互作、趋避、非致死格斗和致死格斗。

生殖干涉也是一种重要的相互干涉竞争方式。一些入侵种可对土著种在求偶和交配过程中产生干涉。例如，入侵种银叶粉虱的求偶行为使它的交配频率迅速增加，卵子受精率提高，后代雌性个体比例显著上升。同时也干扰本土烟粉虱雌雄之间的交配，降低本土烟粉虱的交配频率、后代雌性个体比例。

3. 表观竞争

表观竞争可根据中介物种的特性，分为寄生蜂中介的表观竞争、捕食者中介的表观竞争及病原物中介的表观竞争三种类型。

寄生蜂中介的表观竞争是通过影响外来种的竞争力及其入侵实现的。例如，美国加利福尼亚州本地的斑叶蝉被一种缨小蜂（*Anagrus epos*）寄生，由于西部葡萄斑叶蝉更易被其天敌缨小蜂寄生，导致其种群数量显著下降，从而有利于外来种杂色斑叶蝉种群的建立与繁荣发展。

捕食者中介的表观竞争，通过改变捕食者对猎物的选择性介导竞争作用。例如，在美国加利福尼亚州海峡群岛上，在野猪被引进之前，岛屿灰狐（*Urocyon littoralis*）和斑臭鼬（*Spilogale gracilis*）是当地的顶级捕食者，灰狐在竞争力和数量上占优势，斑臭鼬处于竞争劣势；当野猪被引进之后，当地捕食者的相对丰度发生剧烈变化，由于有幼猪可供捕食，原本在大陆上的金雕（*Aquila chrysaetos*）在该群岛上定殖下来并迅速扩张，继而大量捕食灰狐。由于野猪的引进，灰狐和斑臭鼬的原有竞争平衡关系被破坏，促使斑臭鼬从竞争关系中释放出来，出现数量上的增长。

病原物中介的表观竞争，在植物的竞争关系中比较普遍。例如，二斑叶螨（*Tetranychus urticae*）与苹果叶螨（*Panonychus ulmi*）间的相互作用受叶面真菌的调控。当存在真菌时，二斑叶螨取代苹果叶螨；当不存在真菌时，苹果叶螨则是竞争优势种。

4. 阻止外来种扩张

竞争作用在一定程度上也能够阻止外来种的扩张。例如，原发生于美国西南部地区的西花蓟马（*Frankliniella occidentalis*），在美国东部仅少量发生甚至不发生，这很可能是由于美国东部本土东花蓟马（*Frankliniella tritici*）竞争排除了西花蓟马的入侵。又如，在夏威夷群岛，从南美洲引进的一种野牡丹（*Tibouchina herbacea*）几乎能在所有的生长环境中建群，但是在未被干扰的森林中，由于存在许多竞争者，其增长率、繁殖力均降低，种群扩张受到抑制。

二、寄生/捕食

任何形式的寄生/捕食在抵御外来种的种群建立和种群扩张过程都起着重要作用。多数

寄生 / 捕食对外来种存活的影响比竞争作用的影响明显，且寄生 / 捕食大多阻碍了外来入侵种群的建立。例如，引入阿根廷的一种鹿喜欢啃食外来松树，这种取食大大减少了外来松树的数量。另外，群落中某些寄生 / 捕食可促进外来种建立种群，最常见的方式是通过寄生 / 捕食土著种来消除土著种对其他外来种种群建立存在的不利影响。例如，入侵蚂蚁能取食各种土著种，包括植物、节肢动物和脊椎动物，同时它们也能传播种子，这些活动大大促进了其他外来种的定殖和扩张。寄生 / 捕食作用对种群扩张的影响，一方面，许多寄生生物 / 捕食者能够促进外来种的扩散，如松鼠和鸟类通过取食种子进行传播；另一方面，寄生 / 捕食还能够抑制外来种的扩张，如限制外来种建群的范围抑制其进一步扩散。

入侵种对被寄生 / 捕食往往能产生一系列生态适应性反应保护其种群发展，如补偿作用、忍耐作用、防御作用、避害作用等。入侵种能通过补偿作用应对取食胁迫。例如，美国的入侵植物白千层，其天敌象鼻虫只取食白千层树枝条顶端正在萌发的新叶。尽管被取食，叶片和枝条的生物量基本不变，极有可能是被取食的枝条能出现补偿作用，萌发更多的枝条末梢。但是，这种补偿作用导致被害植株的繁殖力降低。

忍耐力是指植物在受到伤害后，适应性并不降低的特性。忍耐作用是一种非专性的防御作用，它在新环境中尤为重要。一些外来植物对土著种的取食具有一定的忍耐力，被取食后能够自动进行补偿，而对其生物量和繁殖情况没有显著影响。在对美国北部 12 种藤本植物对食草作用的抗性和忍耐力的研究发现，藤本植物的忍耐力有助于降低广食性食草动物产生的不利影响，消除食草动物对其扩散的延缓作用。

防御作用是指对食草作用的抗性与植物的生长之间存在一个平衡，这也是最佳防御理论的主要内容。外来植物的成功入侵是由于降低了食草作用的抗性，进而间接提高了用于生长和繁殖的资源分配。有研究认为如果入侵植物在入侵地避开了原发生地的专食性植食者，而被入侵地低水平的广食性植食者取食，那么经过演化就可提高其竞争能力；若被高水平的广食性植食者取食，则可能演化成高水平的定性防御，所存储的资源将不会重新分配用于生长和繁殖，转而用于产生毒素，如生物碱和芥子油苷。

有些外来种对土著种的取食活动会产生明显的避害作用。避害作用有助于物种入侵的案例，在外来植物、动物中都存在。例如，外来的鲤具有很高的食物利用效率、较低的食物消耗，这些生理特征使得它能够很好地逃避天敌捕食，进而转移到其他地区成功建立种群。又如，阿根廷蚁凭借超强的活动能力逃避入侵的脊椎动物的捕食。

三、互利共生

互利共生（mutualism）也可称为互惠共生，是指生物界中不同物种个体间对双方生长发育都有利的一种共生关系。根据共生双方的相互依赖程度，互利共生可分为专性互利共生（obligate mutualism）和兼性互利共生（facultative mutualism）。

专性互利共生是指两种生物永久性地成对组合，若离开对方，双方或其中一方不能够独立生活，甚至死亡的共生关系。例如，无花果和无花果黄蜂之间存在的共生关系即为专性互利共生。无花果只有借助无花果黄蜂的授粉才能繁衍，而无花果黄蜂只能在无花果的花里产卵和繁衍后代。相比之下，兼性共生关系中的物种对对方的依赖程度比较低。兼性互利共生仅是机会性或非专性的互利共生，大多数共生关系都属于此类。例如，传入日本的红松（*Pinus koraiensis*）可由当地的松鼠进行传播，菌根真菌或细菌帮助植物吸收营养或矿物质等。

互利共生对外来种能否成功入侵具有显著的影响，表现为促进或者抑制入侵。以外来植物为例，在种群建立阶段，它们十分需要互利共生的对象来克服新环境中的不利因素。在大多数情况下，外来植物通常都很容易找到这些对象。因此，许多生态系统很容易受到外来植物入侵，一个重要原因极有可能是这些植物很容易获得互利共生的对象。通常，外来种植物在新的环境中没有原生地的专一授粉者，但在一般授粉者的帮助下，也能够迅速繁殖。许多生态学家认为，授粉是否受到限制是确定潜在植物建立种群的重要因素。对于需要动物授粉的植物而言，如果要建立可自我持续的种群，必须与本地授粉者建立关系或者将授粉者一同带入新的环境中。对于完全或者几乎完全自花授粉或者不需要专性授粉作用的外来植物，更容易建立种群。例如，外来植物刚进入新的环境中，也不能够与菌根真菌迅速建立共生关系，但也不会由于缺乏这种共生影响其存活。

入侵种与土著种形成的互利共生关系，能够加快外来种的扩张，促进其入侵。表现颇为明显的是传粉昆虫与植物的互利共生可以促进入侵植物的种群扩张。例如，入侵杂草彭土杜鹃（*Rhododendron ponticum*）通过种子在大不列颠岛进行扩张，引发严重危害。研究发现，当地熊蜂是这种杂草的主要传粉动物，致使该杂草能够远缘杂交，提高种子产量，加速入侵和扩张。动物与微生物之间存在的共生关系，也有利于动物的入侵和扩张。例如，入侵昆虫强大小蠹可与长喙壳类真菌（*Ophiostomatoid fungi*）伴生，这些真菌存在于植物根、根茎、树皮、昆虫体表等处，其中一种名为长梗细帚霉（*Leptographium procerum*）的伴生菌能降低寄主油松的抗性，并且诱导油松产生强大小蠹的聚集化合物 3-蒈烯（3-carene）从而促进强大小蠹的种群扩张；反之，强大小蠹通过幼虫产生挥发物抑制本地其他真菌的繁殖，为长梗细帚霉的增殖提供有利条件。

四、入侵植物的化感作用

植物化感作用（allelopathy）是指植物（或微生物）通过释放化学物质到环境中而对其他植物产生直接或间接的有害或有益的作用。植物化感作用的主要途径有雨雾淋溶、自然挥发、根系分泌、凋落物分解、种子萌发和花粉传播等途径。参与植物化感作用的化感物质是指植物次生物质中能自然释放到植物体外，经自然媒体传输后对它自身或伴生植物产生影响的物质。与植物化感物质类似，植物次生物质是指植物体内除水、糖类、脂类、核酸和蛋白质等与生长发育直接相关物质外的有机物质，如苷类、有机酸、丹宁、生物碱等。但值得注意的是，植物次生物质并非一定是植物化感物质。

外来植物入侵本地生态系统后，将与本地伴生植物发生相互作用，一般包括资源竞争和化感作用，它必须在这种互作中占优势才能实现逐步扩张。大量案例表明，入侵植物对本地植物存在显著的化感作用。菊科入侵植物更容易对本地植物产生不利的化感作用，禾本科和十字花科次之。这可能与许多菊科植物具有重要的经济价值，尤其在药用方面的特殊功效而促使其在全球大范围流通有关。在菊科植物的化感作用方面，总共约有 37 个属的菊科植物存在化感作用，这使得菊科植物对伴生植物常常具有"攻击性"。在被 IUCN 列为全球 100 种最具威胁入侵生物的 32 种陆生植物中，就有 3 种是菊科植物，如微甘菊、南美蟛蜞菊和飞机草，它们均被证实对入侵地的伴生植物存在较强的化感作用。

第四节 生物入侵的预防与控制

一、生物入侵的早期预警

预防为主是生物入侵防控的重要原则，早期预警在生物入侵预防与控制体系中具有突出的地位。生物入侵的早期预警可分为四个阶段，一是风险识别，这是初步认识生物入侵风险的阶段，主要目的是明确评估对象，即确定需要进行传入风险评估的动物、植物和微生物；二是风险评估，是系统评估生物入侵风险的阶段，主要目的是明确外来物种在传入、定殖、扩散、暴发等环节中的风险，明确其潜在地理分布、入侵可能性、潜在损失等；三是风险管理，是综合管理生物入侵风险的阶段，主要目的是确定控制生物入侵的风险，使其达到可接受水平的管理措施，形成控制预案；四是风险交流，是通报交流生物入侵风险的阶段，主要目的是从可能的受影响方或当事方收集信息、意见并将风险评估结果和风险管理措施向其通报。

风险评估是生物入侵早期预警的核心环节。可用于评估某一外来种的引入是否可行、有何风险，同时也可以作为当地管理部门管理当地外来种、进行早期预警、确定监测重点对象以及宣传教育时的重要依据。国际组织与成员国高度重视生物入侵的风险评估工作。例如，20世纪90年代以来，为了满足当代社会对国际贸易和保障安全的双重需求，FAO、OIE等分别进行了有关植物检疫领域和动物检疫领域风险分析国家标准的制定工作；又如，WTO制定的《实施卫生和植物卫生措施的协定》（SPS协定）中，特别强调了风险评估的必要性和重要性，指出SPS措施必须建立在风险评估的基础上，同时强调了FAO和OIE所指定的风险分析国际标准的权威性。近几年，在生物方法治理入侵物种过程中的风险评估，也成为国际上重点关注的问题。2016年，《生物多样性公约》缔约方大会中，第16项关于外来入侵物种的议程项目形成草案中，规定了"鼓励各缔约方、其他国家政府相关组织在利用传统的生物控制来管理业已定居的外来入侵物种时，使用包括制定应急计划在内的预防办法和适当风险评估"。

风险管理是生物入侵早期预警的根本要求。经过生物入侵风险评估后，在风险管理阶段应形成一套系统全面、操作性强、效果显著的控制预案。在编制生物入侵控制预案时，针对不同的生物入侵风险和所能接受的风险水平，可将常用的控制措施分为4类。一是阻止，目标是禁止、不允许具有入侵风险的外来种传入，如口岸检疫、国内检疫与除害处理；二是根除，目标是彻底消灭入侵种的种群分布，如在一定的区域内铲除疫情；三是抑制，目标是防止入侵种的扩散，将其限制在一定的地理分布范围，如生物防治与持续治理；四是防止再传入，目标是防止入侵事件在那些已经根除了入侵种的区域再次发生，如口岸检疫、国内检疫、除害处理与疫情监测等。

二、外来种的口岸检疫

生物入侵的预防与防控需要全球范围的通力合作，属于国际性行动。口岸检疫是由国际组织及其成员国政府采取一系列的强制性措施，防止危险性外来种在各国或地区间的传播和扩散，在外来动物疫病和有害植物的预防与控制中发挥着重要作用。在我国，口岸检疫人员依据《中华人民共和国进出境动植物检疫法》《中华人民共和国进出境动植物检疫法实施条例》《中华人民共和国禁止携带、寄递进境的动植物及其产品和其他检疫物名录》《中华人民共和国进境植物检疫性有害生物名录》等开展口岸检疫工作。实施范围包括动植物和动植物产品，装载容器、包装物及铺垫材料，运输工具及其他检疫物。

口岸动植物检疫的主要程序包括 6 个环节，分别为检疫许可（quarantine permit）、检疫申报（quarantine declaration）、现场检验（on-the-spot inspection）、实验室检测（laboratory testing）、检疫处理（quarantine treatment）、检疫出证放行（quarantine pass）。采取的技术包括形态学检测技术、生物学检测技术、生理生化检测技术、免疫学检测技术及分子生物学检测技术等。针对不同的对象，所采用的检测技术也有不同。通常，针对动植物，使用形态学检测技术和分子生物学检测技术；针对病原微生物，使用免疫学检测技术和分子生物学鉴定技术。近几年，随着分子生物学技术的不断发展，以聚合酶链反应（PCR）为基础的 DNA 分子标记技术被广泛应用于动植物物种的鉴定，特别是一些形态学鉴定技术难以实现的近似种、微小昆虫、非成虫等的种类鉴定。针对动物疫病和植物病害检疫中，大多数动物疫情已建立了基于免疫学和分子生物学的多种鉴定方法，其中某些方法已被 OIE 指定为国际贸易间的标准方法。例如，应对非洲猪瘟疫情时，《OIE 陆生动物诊断试验和疫苗手册》中强调，"在呈地方性流行或由低毒力毒株引起的初次暴发的地方，对于新暴发病的调查研究应包括应用 ELISA 检测血清或组织提取物中的特异性抗体；血清学方法在辅助确定 ASF（非洲猪瘟）暴发时的作用不可低估，因为在急性死亡的病例中也可以检出抗体。"

常用的口岸除害处理技术包括一些化学类技术（如熏蒸处理）和物理类技术（如高低温处理、辐照处理等）。

① 熏蒸处理（fumigation treatment）是一种利用熏蒸剂在密闭的场所或容器内杀死病原菌、害虫等有害生物的除害技术，已被广泛应用于动植物检疫的除害处理，是一种快速、有效、环保的除害处理技术。国际上常用的熏蒸剂有环氧乙烷、硫酰氟、磷化铝等。

② 辐照处理（radiation treatment）是一种利用离子化能照射有害生物，使之不能完成正常的生活史或不育的除害技术，如 γ 射线照射。辐照处理主要用于对已包装产品的深部杀虫灭害。

③ 高温处理（high-temperature treatment）和低温处理（low-temperature treatment）是一种通过控制温度的高低，来杀灭有害生物的除害技术，不产生污染和毒害。常用于木材、水果等的处理中。

值得注意的是，口岸检疫中，不论是对进口货物还是对出口货物进行有害处理时，均须按照检疫要求来执行。

三、入侵生物的国内检疫

国内检疫是为了防止危险性动物疫情和植物有害物在国内各地区间的传播和扩散，由政府采取的强制性措施。目前，我国开展动植物检疫的法规依据主要有《中华人民共和国动物防疫法》《中华人民共和国进出境动植物检疫法》《植物检疫条例》《一、二、三类动物疫病病种名录》《全国农业植物检疫性有害生物名单》《全国林业检疫性有害生物名单》等。

在我国国内动物防疫主要内容包括三方面。一是，动物疫病预防。国家对严重危害养殖业生产和人体健康的动物疫病实施计划免疫制度，实施强制免疫；适量储备预防和扑灭动物疫病所需的药品、生物制品和有关物资，并纳入国民经济和社会发展计划；禁止经营与发生区动物疫病有关的、易感染的、检疫不合格的、染疫的、病死或死因不明的、不符合国家防疫规定的动物产品。二是，动物疫病的控制和扑灭。任何单位或者个人发现患有疫病或者疑似疫病的，都应及时向当地动物防疫监督机构报告，动物防疫监督机构应当迅速采取措施，并按照国家有关规定上报；发生一、二类动物疫病时，须划定疫点、疫区、受威胁区，并对疫区实行封锁；为控制、扑灭重大动物疫情，动物防疫监督机构可以派人参加当地依法设立的检查站执行监督检查任务，也可以在必要时设立临时性的动物防疫监督检查站，执行监督检查任务；发生人畜共患病时，有关单位互相通报疫情，并及时采取控制、扑灭措施。三是，动物和动物产品的检疫。动物检疫员取得相应的资格证书后，方可上岗实施检疫，并对检疫结果负责；国家对生猪等动物实行定点屠宰、集中检疫，动物防疫监督机构对屠宰点屠宰的动物实行检疫；国内异地引进种用动物及其精液、胚胎、种蛋的，应先办理检疫审批手续并须检疫合格；动物凭检疫证明出售、运输、参加展览、演出和比赛，动物产品凭检疫证明、验讫标志出售和运输。

在我国国内植物检疫方面主要包括四方面的内容。一是，调运检疫。被列入应施检疫的植物和植物产品名单的，运出发生疫情的行政区域之前，必须经过检疫；种子、苗木和其他繁殖材料在调运前都必须经过检疫。二是，产地检疫。针对检疫对象的种子、苗木和其他繁殖材料，在其离开种植地或发生地之前必须经过检疫。三是，国外引种检疫。引进种苗的单位须向所在地省级植物检疫机构提出申请办理审批手续；国务院有关部门所属的在京单位需向国务院农业主管部门所属的植物检疫机构申请办理审批手续。四是，紧急防治。对新发现的检疫性有害生物采取紧急防治措施，包括封锁、控制和扑灭。

四、入侵生物的控制方法

生物入侵的控制方法主要包括农业防治、替代控制、生物防治、物理机械防治、遗传控制、化学防治和综合治理等措施。

农业防治方法具有悠久的历史，是普遍应用的入侵生物防治方法。通过耕作栽培措施或利用选育抗病、抗虫作物品种，来防治有害生物。农业防治具有无须增加额外的成本、无杀伤天敌、不污染环境等优势。此外，随作物生产的不断进行对有害生物的抑制效果是累积的。但在实际应用上，农业防治常会受地区、劳动力和季节的限制，抑制效果通常没有使用药剂进行防治明显。

替代控制，又称为生态工程控制。替代控制主要应用于控制外来植物，其核心是根据植物群落演替的自身规律，通过引入具有生态和经济价值的植物取代入侵生物。在这个过程中，生态系统的结构和功能将被重建，恢复至良性演替的生态群落。需要注意的是，使用替代控制方法时，应当充分研究当地土著植物的生态特征，如它们与入侵植物的竞争力、化感作用等。

生物防治是以一种或一类生物抑制另一种或另一类生物的方法。其明显特征是，一旦通过生物防治作用建立种群之后，无须人为介入即可繁殖、扩散，可以持续控制入侵有害生物，并将其长期控制在较低的种群密度。生物防治控制外来入侵生物具有环境友好、效果持久、成本低廉等多重优势，尤其适合控制大规模分布于自然生态或荒野中的外来入侵种。据统计，到 20 世纪末，全世界已引进 5000 多种昆虫和螨类的天敌用于生物防治，引进 900 多种杂草的天敌控制入侵杂草。

五、生物入侵的基因组学

大多数入侵物种会对本地动植物造成伤害，入侵种可能会在资源竞争中胜过本地种，引入寄生虫和疾病，造成巨大的环境破坏。了解入侵物种如何快速渗透并在新地区定居对生态管理、害虫控制、气候变化适应和进化至关重要。入侵成功通常反映了入侵生物体的生活史权衡。在新环境中没有捕食者或毒素，入侵物种可以限制对防御或耐受性特征的投资，并将更多能量分配给生长和繁殖。然而，对于一个物种来说，要成为入侵物种，它必须容忍或适应被入侵栖息地的环境和生态特征，而在这些环境和生态特征中，它并没有进化，而且可能自身生理特性与当地环境不太匹配。因此，入侵种群的成功入侵很可能得到与适应性相关基因的支持，例如导致杀虫剂抗性的特征或宿主广度的扩展。基因组技术的进步，为更深入地了解基因组在入侵中的作用提供了重要技术支撑。

1. 岛屿系统入侵生物学研究

许多岛屿物种变得稀有或濒危，岛屿系统的物种灭绝数量远高于大陆系统。过去 400 年中共有 724 种动物灭绝，其中约半数为岛屿物种。外来入侵物种是对大多数岛屿生物多样性的主要威胁之一，造成严重的生态和经济破坏以及高昂的社会成本。因为岛屿物种规模很小，高度特化，并且无法抵御潜在的捕食者和竞争者，所以岛屿特别容易受到入侵者的影响。自 19 世纪中叶欧洲殖民行动以来，外来入侵物种一直是一个严重威胁，并且引进和传播的速度越来越快。在许多岛屿上，现在引进的植物群和高等脊椎动物与当地物种一样多，甚至更多。例如，在科隆群岛，引进的植物数量在 10 年内翻了一番，从 240 种增加到 483 种；它们现在占总植物数量的 45%。Burgess 等将他们的研究重点放在岛屿系统中的入侵哺乳动物物种上，评估了目前对岛屿上入侵哺乳动物的管理，并全面总结了基因组方法可以发挥的作用。特别值得注意的是，Burgess 等发现基因组学在生物安全中的效用，认为环境 DNA 和基因组编辑是重要的新兴工具。

2. 入侵基因组学与系统地理学

系统地理学（system of geography）是一门综合学科，旨在了解基因型的地理排序。近几十年来，系统地理学方法已被用于加强我们对各种时空尺度的生物地理学和景观遗传学的理解。根据定义，使用这些方法研究的物种需要满足某些假设（例如突变和漂移需要处于平衡状态）。Rius 和 Turon 评估了系统地理学对入侵基因组学的适用性，认为在全球贸易和流动增加以及气候变暖的情况下，地理范围不断扩张，导致入侵物种的分布正在发生变化，导致人工分散的物种（即非本土、归化和入侵物种）通常不符合这些假设。因此，使用系统地理学方法研究这些物种可能会导致错误的解释。最初的方法使用细胞器遗传数据并涉及系统发育模式的定性比较，以评估共享和可变进化反应。随着基于聚结模型的统计技术和下一代测序的进步，这一领域取得了进展，但仍然需要能够在统一分析框架内利用聚合基因组规模数据的方法。

3. 入侵基因组学的遗传工具

遗传工具已被用于回答与新栖息地的生物入侵相关的各种问题，涵盖从引入前到引入后的入侵序列，以深入了解入侵途径、入侵种适应和群体统计。 Quilodrán 等使用空间显式模拟来研究低到中等杂交量的结构化种群，发现入侵分类单元与原始入侵源的距离影响中性位点的基因渗入程度。这种空间异质性与以往研究获得的经验数据一致，并且可以解释尼安德特人在走出非洲后向现代人类渗入的空间模式。Zhang 等进一步证明基因组数据在理解种群结构和与生物入侵相关的入侵途径方面的效用。他们使用公众科学方法来分析城市铺道蚁的入侵，这种蚂蚁在路面和其他人类改造的栖息地中无处不在。Zhang 等人使用 78 个样本和简化的表征测序方法（ddRADseq），发现一个或几个遗传相似的殖民地，与原始入侵一致的弱种群结构和低遗传多样性。

4. 入侵物种的适应性研究

广泛分布的物种通常能轻松适应新的环境条件，无论是新栖息地中的条件还是由气候变化引发的条件。然而，在海洋中，快速适应可能会受到阻碍，因为长距离扩散和高基因流动被认为会限制局部适应的潜力。Tepolt 和 Palumbi 用一种扩散能力很强的入侵性海洋螃蟹来测试。通过心脏转录组测序生成的单核苷酸多态性（SNP），对分布在原生和入侵区域平行温度梯度上的六个欧洲绿蟹（*Carcinus maenas*）种群进行了特征分析。将 SNP 频率与当地温度以及先前生成的心脏耐热和耐寒数据进行了比较，以识别与种群热生理差异相关的候选标记。在 10790 个 SNP 中，有 104 个被确定为频率异常点，这一信号主要受温度和 / 或耐寒性关联驱动。这些离群标记中的 72 个，代表 28 个不同的基因，位于使用连锁不平衡网络分析确定为潜在倒位多态性的 SNP 簇中。该 SNP 簇在数据集中是独一无二的，其特征在于低水平的连锁不平衡，并且该簇中的标记显示相对于完整 SNP 集的编码替换显著丰富。这 72 个异常 SNP 似乎作为一个单元传输，代表了一个推定的基因组差异岛，其频率随生物体的耐寒性而变化。这种关系在本地种群和入侵种群中惊人地相似，所有这些都显示出与耐寒性非常强的相关性（所有六个种群的 $R^2 = 0.96$）。值得注意的是，其中三个种群最近发生了分化（<100 年）并且几乎没有或没有显示中性分化，这表明该基因组区域可能在相对较短的时间范围内对温度做出反应。这种关系表明基于假定的基因组分歧岛的作用对温度的适应，或许部分解释了该物种非凡的入侵能力。

总的来说，基因组工具在入侵的基础和应用方面对各种研究系统和分析方法领域具有一定的适用性，将基因组数据与其他数据类型相结合能够阐明促进入侵成功的机制过程的具体效用。

第五节　新兴传染病与生物入侵

气候、栖息地和生物多样性的变化正在影响生态位的非生物和生物组成部分，而社会和经济变化为物种迁移和传播提供了多种途径，如特大城市的发展以及全球化世界中人员和货物流动的增加。这些外部驱动因素共同促进了生物入侵，这是对全球生物多样性和生态系统的主要威胁。非本地物种包括致病微生物和寄生虫，以及疾病媒介（例如蚊等节肢动物媒介），它们对人类、家养动物和野生动物种群构成重大威胁。从公共和动物健康的角度来看，病原体入侵是新兴传染病。新兴传染病本质上是入侵物种以及两个学科的分支（入侵科学和新兴传染病流行病学），产生类似观点并不新鲜。此外，管理目标和方法可能相似。寄生虫和病原体的侵入性节肢动物载体，如伊蚊属的蚊，就是一个很好的例子；它们传统上被认为是新兴传染病研究的一部分，但也被入侵生物学家研究。尽管有这些共同点，但在功能上，入侵科学和新兴传染病流行病学领域是并行而不是协同工作的。Ogden 等关注入侵科学和公共卫生流行病学在具有直接公共卫生意义的新兴传染病背景下的相互关联，探讨了生物体的范围或丰度迅速增加的普遍现象是如何引起的，强调了新兴传染病和入侵研究之间的异同，并讨论了共同的管理见解和方法。同时，还强调了不直接影响人类或家养动物的非致病性入侵物种和传染病如何可能间接影响人类健康。可能的间接影响包括影响家养动物、农作物、野生动植物自然资源以及自然生态系统健康的影响。

一、共同点

近几十年来影响人类的新兴传染病使微生物学家、流行病学家、人类和动物健康从业者以及环境和生物科学家更加关注人类、动物和生态系统健康的交叉点。许多传染病的出现与自然群落的动态及其非生物环境决定因素有关。许多新兴传染病，包括侵入性病原体，如北美的西尼罗病毒（WNV），由（或起源于）野生动物宿主维持，它们的出现可能对自然群落以及人类或生产动物的健康产生负面影响。新兴传染病与入侵生物新兴传染病和生物入侵之间有许多重叠和相似之处，体现在共同的驱动因素、生物过程和管理办法。

1. 共同的驱动因素和生物过程

新兴传染病和生物入侵之间有许多重叠和相似之处，两者都涉及物种跨越历史上阻止自然扩散的地理障碍、在新环境中建立的过程，以及随后的范围扩大以占据新环境。并非所有的新兴传染病都可以称为入侵物种，但一些新兴传染病在国际范围内传播，并且许多新兴传染病已经在国际上建立，并且这些病原体可以很容易地被视为入侵物种（例如美洲的 WNV、基孔肯雅病、SARS 和寨卡病毒；欧洲的基孔肯雅病和登革热；HIV 和全球流感）。即使新兴传染病的出现与本地范围的扩张有关（例如莱姆病从美国传播到加拿大），可能不会被正式视为入侵物种，但基于入侵概念的见解仍然与入侵物种非常相关。

"屏障"和"阶段"的概念与生物入侵相关，与病原体国际传播引起的疾病出现相关，也与从微生物介导人畜共患病从头出现的过程相关由动物宿主维持。该主题之前已被审查。然而，我们关注允许或防止新兴传染病和生物入侵的三个关键要素：①地理，它被分散所克服；②相容性，由遗传学决定并可能被进化所克服；③环境，这是一个可以被干扰解除的障碍，包括环境变化。这些因素共同调节生态位的生物和非生物性质、物种在该生态位中的适应性，并决定生态位质量和适应性如何变化。

（1）地理 历史地理障碍的跨越和人类介导的引入与入侵物种和许多新兴传染病都有关。入侵物种的移动，以及新兴传染病或其媒介的长距离传播，都是通过货物和人员的空中和地面运输发生的。对于人类传染病，航空旅行被认为是最重要的路线，因为它足够快，可以让在源头感染的人在到达目的地后保持传染性（例如 SARS）。对于许多入侵物种来说，由于种子和卵等长寿生命阶段的出现，从本地到外来地区的旅行时间不太重要，因此动植物的国际传播通常通过地面运输（在陆地上）来促进或海运。然而，地面运输对于新兴传染病也很重要，受感染的节肢动物、侵入性节肢动物载体卵和受感染的动物宿主可能会被长距离运输，例如鼠疫的传播和白纹伊蚊卵的传播。虽然不是新兴传染病引入的典型特征，但入侵物种被故意运输和引入很常见。此外，新兴传染病和入侵物种都有通过国际宠物贸易引入的历史和潜力，并且两者都可能作为生物恐怖主义行为被故意引入。动物和人类之间"地理"接触屏障的桥接（称为"溢出"的过程）对于微生物作为人畜共患病的重新出现以及许多人畜共患病的重新出现至关重要，例如尼帕病毒从野生动物宿主传播给人类（很容易被病毒感染）。许多人畜共患病和节肢动物媒介通过自然方式在区域或更局部传播，这通常不在入侵物种的背景下考虑。候鸟传播是一种重要机制，病原体（如流感病毒）和一些疾病媒介（特别是蜱虫）可以通过这种机制远距离传播。除了物种被运送到新环境的简单偶然性之外，给定物种的引入事件的数量和规模也很重要。这在入侵科学中被称为繁殖压力，类似于感染频率（与溢出和引入新区域相关）和感染剂量的概念，这些概念在传染病流行病学中很重要。如果繁殖压力低，则引入的物种更有可能因一系列原因而随机淡出，包括受感染个体遇到足够多的幼稚个体以使其至少其中一个获得感染（传染病）的可能性，或者成功交配（对于任何进行有性繁殖的物种）。

（2）兼容性　入侵物种和新兴传染病都必须能够在新环境中生存到繁殖点，然后通过繁殖来维持稳定或不断扩大的种群。在入侵科学中，入侵物种在被入侵环境中的繁殖能力通常用种群内在增长率（r，基于时间的指标）来衡量；而在流行病学中，则通过基本繁殖数（R_0，基于时代的度量标准）来衡量。为了使入侵种群或新兴传染病能持续存在（即自然化），它们必须与"环境"条件（包括宿主种群的数量和密度等因素）相兼容，达到 r 为正且 R_0 大于 1 的程度。引进生物是否归化或入侵在很大程度上取决于引进物种和接受社区的生态进化经验。生态进化经验描述了生物体在进化时间尺度上对生物相互作用的历史暴露，并强调在以前的环境（预适应）中选择的特征在引入和常驻物种中的作用，在驱动引进物种的建立成功和适应性上的作用。换句话说，生态进化经验决定了入侵者融入新生态环境的难易程度，而预适应是物种入侵性和群落入侵性的关键决定因素。入侵物种的持续进化变化是司空见惯的，并且通常涉及混合（先前异域种群之间的种内杂交）或密切相关物种之间的杂交。由于杂种优势，这种基因重组通常会提高入侵种群的性能。然而，许多入侵物种在没有混合或杂交的情况下会适应，从而产生可提高其性能的特性。例如，入侵物种可能会在与扩散相关的性状方面经历快速进化，并且通过识别潜在的候选基因已经收集了很多关于这种适应性的见解。动物病原体向人类传播或在人类之间传播的新兴传染病的适应性出现需要通过突变和重组事件进行基因改变。然而，对于非致病入侵物种，病原体和疾病媒介继续进化并适应它们被引入的新环境，增强了入侵环境中的 R_0。对于动物和人类的病原体，向增加的 R_0 进化通常涉及传播特征（更高的病原体负荷意味着在受感染宿主和幼稚宿主之间进行接触时更有效的传播）和毒力（更高的病原体负荷意味着更高的发病率/死亡率和受感染宿主和未感染宿主之间的接触率降低）。然而，这种进化过程在通过不同途径传播的病原体和不同人群之间是高度异质的。遗传变化也可能允许入侵物种和新兴传染病长期存在，而不会经历"繁荣与萧条"，这可能由于一系列原因而发生，包括资源枯竭。

（3）环境　环境条件决定了接收地点是否为物种建立和传播提供了合适的生态位，包括气候（例如温度、降雨/湿度）和基质质量在内的非生物因素是引进物种能否生存的关键。生物因素，从寄主种群规模、密度和连通性，到"敌人"（捕食者、寄生虫、病原体、竞争者以及微生物、免疫和交叉免疫）的营养资源，再到更复杂的群落相互作用，将决定引入物种是否可以生存和繁殖。当人类行为突破生物地理障碍时，物种可能被引入适合其生存和繁殖的生态位，这也提供了一个"无敌"空间，进一步允许它们的建立和传播。出于这个原因，物种在其引入范围内实现的生态位可能比其本地范围大得多。当新兴传染病被引入未免疫人群时，情况也是如此。虽然入侵物种的进化变化可能会改变入侵物种与被入侵环境的相容性，但环境变化可能会通过为入侵物种创造新的合适生态位而促进入侵，而无须进化变化。人类对自然群落的干扰，从用农业系统取代自然植被到更细微的变化，都可能使它们更容易受到入侵物种的攻击。这种变化对野生动物和牲畜中传染病的出现过程具有相似的影响。当前和未来的全球变化（气候、生物多样性、景观/土地利用变化，包括城市化）可能会促进疾病的出现和生物入侵，而一些突然和不可预测的环境波动可能会抑制入侵。

尽管上述内容将地理、兼容性和环境障碍分开，但它们在影响入侵/出现方面通常相互依存。即使不相互依赖，也会同时作用。例如，环境变化（如土地利用改变）可以消除动物病原体与人类之间的"地理"接触障碍，尼帕病毒就是这种情况。环境变化也推动了可能改变潜在入侵者和潜在入侵社区的生态进化体验的进化变化。直接和间接（通过非致病性入侵物种）导致疾病出现的物种全球传播和全球环境变化等问题强调了采用同一种健康方法的必要性。

2. 类似管理方法

风险分析是应用流行病学家和入侵生物学家使用的关键管理方法。在本节中，我们主要关注风险评估，稍后再讨论风险管理。应用风险评估来帮助制定政策以预测和响应疾病出现事件和生物入侵。为了支持这些风险评估，这两个学科都旨在确定使物种成为"入侵者"或"新兴者"，使来源环境更有可能产生这些物种，以及使接收环境对入侵者或新出现的病原体易感或具有抵抗力。建模被用于入侵科学和流行病学，以阐明生物过程、预测建立和传播、支持风险评估和评估干预措施的有效性。同样的"自上而下"（相关的，例如统计模型、生态位模型和机器学习）和"自下而上"的（机械的，例如动态模拟模型、网络分析、基于个体的模型）方法用于预测可能的新兴传染病和入侵物种的当前和未来范围。流行病学家使用的疾病建模方法与所有类型的传染病建模直接相关，包括那些影响脊椎动物以外的物种的疾病，包括植物病原体。监测入侵物种的方法，包括主动现场监测和基于公民科学的被动监测，与用于监测环境中新出现的人畜共患病和媒介传播疾病风险的方法有很多共同之处。使用类似的抽样设计，它们在目标区域或哨点的实施通常由类似的标准确定，例如物种分布和传播模型预测的可能传播模式，以及可能影响最大的位置。在这两个学科中，分子方法都用于确认物种身份和来源归属，并且都在探索地球观测数据以作为入侵者潜在发生或新兴传染病风险的数据。

二、有用的差异点：协同的机会

1. 范围差异

从入侵生物学的角度来看，新兴传染病在两个方面具有特殊性。首先，许多影响人类和家养动物的重要新兴传染病是脊椎动物的专性寄生虫，这意味着考虑宿主种群对于预测建模以及评估影响和风险至关重要。因此，寄生物种和微生物构成了入侵物种的一个特殊子集。对于新兴传染病和寄生入侵物种，只要有足够的幼稚宿主，从传入点传播到幼稚种群可能会很快成为流行病。初步估计，如果与幼稚宿主的接触频率低于阈值水平，则不会发生传播。对于直接在人与人之间传播的微生物，其传播方式和范围（相当于"侵入范围"）主要由人群和微生物的特征决定，而不是直接由环境决定。传播后微生物传播周期的持续性（即地方性）取决于微生物和宿主种群传播特征的细节。对于非传染性入侵物种，新出现的感染可能会繁荣或萧条，通常是因为与易感宿主可用性相关的机制，通过高致病性新兴传染病减少宿主种群或寄主人口对新出现的病原体产生免疫力。其次，新兴传染病的致病生物（病毒、细菌、真菌、原生动物和蠕虫）和媒介（特别是昆虫）在大多数情况下处于入侵物种范围的"小而快"一端，即它们体积非常小，它们的世代时间通常（但不总是）很短（几天到几个月）。相比之下，入侵树木等生物的世代时间可能是数年到数十年。值得注意的是，在引入后几个世纪，很少有入侵植物达到其新范围内的大范围气候极限。鉴于人类机构意外长距离移动的容易性，微生物很可能作为全球自然系统的入侵物种而普遍存在，但关于此类事件发生的数据非常有限。此外，由于它们的世代时间极短，与许多入侵植物物种相比，它们具有更大的遗传适应新环境的能力。尽管如此，与新兴传染病流行病学的重点相比，微生物在入侵生物学中仍未得到充分研究，微生物分离或培养困难，因此对它们的本地与非本地状态以及对病原体的影响检测和归因困难。

第一类范围差异可以被认为是对所用模型直接协同作用范围的限制，以及可能有助于入侵生物学家和流行病学家之间直接合作的"侵入性新兴传染病"数量。然而，显然一些入侵物种是寄生虫或病原体。第二类范围差异很有趣，因为许多入侵物种更大的规模（这使得它们的检测和计数更容易）和更长的世代时间意味着更容易研究入侵的人口统计过程和群落生态学。流行病学家倾向于使用相对简单的以标准为主导的方法或物种分布模型来评估现在和将来是否以及在何种程度上可能发生病原体和媒介的入侵。入侵生物学家使用的理解"引入 - 归化 - 入侵"过程的方法使得描述和理解个体入侵过程变得更加容易。这种方法可用于加强对新兴传染病的风险评估，特别是那些媒介传播的和与野生动物相关的人畜共患病，因为这些过程中涉及的所有因素都可能决定新兴传染病的速度、轨迹、影响以及入侵物种。

自 20 世纪 80 年代以来，入侵科学一直在研究使物种成为更成功入侵者的因素（包括使用比较本地物种与入侵物种，以及外来入侵物种与外来但非入侵物种的方法），但直到最近流行病学家才对新兴疾病进行研究。因此，对入侵性和入侵性特征的阐明以及对入侵者和被入侵社区的这些特征相互作用以允许或阻止入侵的认识通常比新兴传染病丰富得多。入侵科学的研究已经产生了允许入侵者在某些环境中更成功的特征概念（例如"城市赢家"物种，以及根据其入侵性对群落进行分类的排序方法）。所有这些都可能成为从入侵科学到评估人畜共患新兴传染病和节肢动物媒介风险的直接知识转移的重点，以及对它们在评估所有新兴传染病风险中的应用的概念探索。最终，这可能会显著增强我们对出现 / 入侵系统的不同组成部分的理解，从而实现更有效的预防和控制。

2. 风险管理方法的差异

由于入侵生物学家和流行病学家的实际目标是减少他们关注的物种的影响（通过预防、根除、遏制、控制或减少影响），因此共享有助于实现这些目标的工具、方法和活动可能具有相当大的价值。虽然预期性质的风险评估在传染病流行病学和生物入侵领域非常相似，但在面对入侵或新兴传染病进行风险管理时存在差异。在入侵科学中，风险管理通过估计主要是现有引进物种的"入侵债务"来解决不作为的后果。这种方法可以很容易地适应新兴传染病的风险管理实践。那些负责管理入侵的人使用一系列工具，例如电子记录仪，以可视化干预措施的影响，以控制地理分布并确定相应的管控范围，以确定是否以及何时应更改管理目标。

对新兴传染病（特别是人畜共患病或媒介传播类型）和入侵物种进行现场监测，制定联合现场监测计划可能是实用且经济的。例如在加拿大，蜱虫和苍蝇媒介以及对人类和牲畜健康具有重要意义的媒介传播病原体的由南向北入侵正在发生或构成威胁。虽然牲畜的媒介和媒介传播的疾病可能对人类健康没有重要影响，但监测可以使用足够相似的方法和/或地点，以便在实地监测中合作。在传染病监测计划中，分子方法是识别微生物病原体的主流方法，但这些方法几乎完全用于识别病原体和比较以识别疾病群或归因。入侵科学中使用更详细的分子分析方法来了解入侵动力学，例如潜在的繁殖压力、景观尺度的扩散模式和速率，或重建入侵历史和途径。这些方法可能有助于风险评估和管理政策，而使用元 DNA 条形码分析环境 DNA 有助于检测运输过程中的所有物种（非传染性入侵和新兴传染病），从而有助于防止引入。虽然分子方法通常用于识别入侵种群和新兴传染病的源种群来源，但它们还可以提供与入侵种群的生物控制相关的信息，例如，确定识别前景共同进化的本地区域生物控制剂更有可能。所有这些更详细的方法都可以在新兴传染病监视领域更广泛地实施。

收集物种分布信息的被动公民科学方法被用于公共卫生和生态学。在生态学中，目标是监测生物地理学和全球生物多样性信息（如 eButterfly 和 iSpot）。然而，在公共卫生领域，这些方法已经发展到可以在国家监测计划中系统地收集和分析数据的程度，以提供对新出现的媒介传播疾病的早期预警，从而实现快速反应。由于大多数入侵科学并不（直接）解决人类健康问题，因此与新兴传染病相比，为入侵工作筹集资金可能要困难得多。这意味着必须寻找比检测新兴传染病更便宜的方法来检测新引进的物种。尽管如此，公共卫生流行病学家在这一领域的经验可能会有益于入侵科学领域，而流行病学家可能会受益于结合入侵生物学中开发的更具成本效益的方法。

在公共卫生流行病学中，需要快速、特异性和灵敏的方法来检测疾病病例群作为突发的第一个迹象，这导致了用于物种鉴定的分子和生物信息学方法（特别是全基因组测序和分析）的革命。鉴于新兴传染病流行病可能迅速出现，公共卫生领域已付出相当大的努力，将这些分子方法应用到系统识别和控制新兴传染病的计划中。WHO-OIE-FAO 联合全球早期预警系统（GLEWS），以应对人类-动物-生态系统界面上的健康威胁和新出现的风险，通过全球公共卫生情报网络（GPHIN）的国际媒体报道主动检测可能的新兴传染病事件，以及由感兴趣的、自愿参与的公共卫生、传染病、兽医、微生物学和学术专家等系统地被动检测新兴传染病事件如健康地图。

一般而言，新兴传染病的控制方法（例如疫苗和检疫）和入侵物种的控制方法（例如植物移除）非常不同，即使乍一看（例如昆虫的化学控制）可能非常相似。然而，尽管存在这些明显的差异，但新兴传染病和入侵物种的预防和控制计划都具有与公众互动的潜力，这对计划的成功至关重要。公众信任和参与（如在个人和环境影响、隐私/数据安全、土地所有权和使用权方面）对于成功预防和控制可能至关重要。在制定公众参与程序方面的合作可能会卓有成效。

疾病出现的速度通常很快，因此需要快速调动专业知识和资源，包括资金和人员。新兴传染病与人类的直接相关性已使全球共同努力应对它们，进一步产生了由 WHO 协调（在国际暴发的情况下）的国家和国际公共卫生组织网络。对于团结合作应对入侵，迄今为止在很大程度上未能产生有效的机构。例如，没有相当于美国疾病控制与预防中心、加拿大公共卫生署和欧洲疾病预防和控制中心等的公共卫生组织。这种对比可能是多种原因造成的，包括许多入侵的地方、区域或国家（相对于国际）范围，生物入侵和检测到影响之间通常有很长的时间间隔，以及入侵通常较慢的性质，这些共同导致了努力可能无效且零碎。协调应对具有公共卫生意义的新兴传染病的责任始终由公共卫生组织承担，但应对入侵物种的责任因入侵物种的影响或位置而异，可能是负责农业、渔业、环境、自然资源、运输或地方政府实体。

三、未来的研究方向

新兴传染病背景下的入侵科学和流行病学代表应用科学和基础科学。这两个学科都参与基础研究，并从基础研究中汲取灵感，并且都有明确的目标和任务，以尽量减少对社会和环境的负面影响。科学应用于沿着潜在预期和响应行动的连续点制定管理计划。这些功能或多或少已经由参与研究、预防和控制新兴传染病和生物入侵的人员独立承担。然而，我们提倡在这些行动中采取强有力的、协作的 One Health 方法，整合人类、动物和环境健康，包括新兴传染病领域的入侵生物学和流行病学。目前，已经发现有明显的合作机会。

1. 预测建模

新兴传染病和入侵物种的传播、引入和传播建模将是一个相对简单的协作点，因为目标相似。这将适用于管理功能连续体的所有部分，但尤其适用于预测入侵和新兴传染病的风险。

2. 新兴传染病和入侵的监测

针对新兴传染病进行的国际扫描可以很容易地应用于先前提出的生物入侵。越来越多的"大数据"可用于支持检测和监测新兴传染病和生物入侵，并分析这些数据以提供情报，是协作行动和研究特别需要的途径。在入境点对新兴传染病和入侵物种进行协作监测（和更系统的监测），在实地研究中进行监测（包括评估入侵对健康的间接影响），以及在分子检测和人口统计分析方法的开发和应用方面的合作，都是协同活动可以提高效率的领域。

3. 入侵和新兴传染病的管理

考虑参与新兴传染病和入侵物种管理的人员之间的可转移技能集，以及各领域之间协同作用的可能性，管理活动范围内的合作可能非常有利，管理生物入侵的责任和新兴传染病可能是不同的。

在应对新兴传染病和生物入侵的过程中，流行病学家和入侵生物学家的合作需要双赢。学术背景下的"软"合作最容易建立，可能只需要简单鼓励（例如联合研讨会、学习交流或研讨会）。在联合项目上进行更稳固的合作，例如为"全球入侵科学网络"提出的建议，将需要合作资助机会。可能最有利的步骤是制定共同的合作计划，这些计划建立在负责监管新兴传染病和生物入侵的国家和国际组织共同政策倡议的基础上。在 One Health 领域，这始于动物健康、人类健康和食品安全组织在 FAO/OIE/WHO 抗微生物药物耐药性三方合作。虽然在人类健康方面有一个联合国组织，即世界卫生组织，它在新兴传染病方面提供国际领导和协调，但目前没有类似的入侵科学机构。联合国环境规划署（UNEP）和 IUCN 的入侵物种专家组（ISSG）可能是两个最有前途的机构，可以促进入侵生物学家和流行病学家（及其组织）之间的互动。

思考题

① 生物入侵过程有哪几个阶段？分别有什么特点？
② 应对生物入侵的方法有什么？

参考文献

[1] Falk-Petersen J，Bøhn T，Sandlund O T. On the numerous concepts in invasion biology [J]. Biological Invasions，2006，8（6）：1409-1424.

[2] Ju R，Li H，Shih C，et al. Progress of biological invasions research in China over the last decade [J]. Biodiversity Science，2012，20（5）：581-611.

[3] 邢文琦，陈睿山，卢俊港，等. 生物入侵研究国际进展与中国现状——基于 CiteSpace 的文献计量分析 [J]. 生态学报，2023，43（16）：6912-6922.

[4] 万方浩，侯有明，蒋明星. 入侵生物学 [M]. 北京：科学出版社，2015.

[5] 中国政府门户网站. 全球 100 种最具威胁的外来物种我国占一半 [EB/OL].（2005-11-21）[2023-10-13]. https://www.gov.cn/ztzl/2005-11/21/content_105265.htm.

[6] 徐海根，强胜，孟玲. 中国外来入侵生物 [M]. 北京：科学出版社，2011.

[7] 叶建仁. 松材线虫病在中国的流行现状、防治技术与对策分析 [J]. 林业科学，2019，55（9）：1-10.

[8] 闫小玲，寿海洋，马金双. 中国外来入侵植物研究现状及存在的问题 [J]. 植物分类与资源学报，2012，34（3）：287-313.

[9] 郝林华，石红旗，王能飞，等. 外来海洋生物的入侵现状及其生态危害 [J]. 海洋科学进展，2005，23（B12）：6.

[10] Diagne C，Leroy B，Vaissière A-C，et al. High and rising economic costs of biological invasions worldwide [J]. Nature，2021，592（7855）：571-576.

[11] Diagne C，Leroy B，Gozlan R，et al. InvaCost，a public database of the economic costs of biological invasions worldwide [J]. Scientific Data，2020，7（1）：277.

[12] 徐承远，张文驹，卢宝荣，等. 生物入侵机制研究进展 [J]. 生物多样性，2001（4）：430-438.

[13] 万方浩，李保平，郭建英. 生物入侵：生物防治篇 [M]. 北京：科学出版社，2008.

[14] 郑勇奇，张川红. 外来树种生物入侵研究现状与进展 [J]. 林业科学，2006（11）：114-122.

[15] 龙连娣，缪绅裕，陶文琴. 中国公布的 3 批外来入侵植物种类特征与入侵现状分析 [J]. 生态科学，2015，34（03）：31-36.

[16] 李建东，殷萍萍，孙备，等. 外来种豚草入侵的过程与机制 [J]. 生态环境学报，2009，18（4）：1560-1564.

[17] 曾建军，肖宜安，孙敏. 入侵植物剑叶金鸡菊的繁殖特征及其与入侵性之间的关系 [J]. 植物生态学报，2010，34（8）：966-972.

[18] 倪广艳. 外来植物入侵对生态系统碳循环影响的研究概述 [J]. 生态环境学报，2023，32（7）：1325-1332.

[19] 董蕾，吴林芳. 薇甘菊最新研究进展 [J]. 安徽农业科学，2011，39（25）：15352-15355.

[20] 孙士国，卢斌，卢新民，等. 入侵植物的繁殖策略以及对本土植物繁殖的影响 [J]. 生物多样性，2018，26（5）：11.

[21] 潘勇，曹文宣，徐立蒲，等. 国内外鱼类入侵的历史及途径 [J]. 大连海洋大学学报，2006，021（001）：72-78.

[22] 窦寅，吴军，黄成. 外来鱼类入侵风险评估体系及方法 [J]. 生态与农村环境学报，2011（1）：12-16.

[23] 万方浩. 杂草生物防治的传统方法及理论 [J]. 生物防治通报，1992，8（3）：6.

[24] 李明阳，巨云为，Sunil Kumar，等. 美国大陆外来入侵物种斑马纹贻贝（Dreissena polymorpha）潜在生境预测模型 [J]. 生态学报，2008，28（9）：4253-4258.

[25] 刘玮，徐梦珍，王兆印，等. 沼蛤（Limnoperna fortunei）幼虫的附着行为特性 [J]. 生态学报，2017，37（8）：2779-2787.

[26] 丁晖，徐海根，强胜，等. 中国生物入侵的现状与趋势 [J]. 生态与农村环境学报，2011，27（3）：35-41.

[27] 何日利，刘正文. 福寿螺牧食对沉水植物群落结构的影响 [J]. 安全与环境学报，2016，16（3）：5.

[28] Tzeng H-Y，Lu F-Y，Ou C-H，et al. Pollinational-mutualism strategy of Ficus erecta var. beecheyana and Blastophaga nipponica in seasonal Guandaushi Forest Ecosystem，Taiwan [J]. Bot Stud，2006，47：307-318.

[29] 朱文达，颜冬冬，曹坳程，等. 紫茎泽兰对花生生长的影响及其经济阈值 [J]. 中国油料作物学报，2012，34（5）：5.

[30] 田虎，张蓉，张金良，等. 入侵种西花蓟马与本地近缘种花蓟马的双基因鉴定 [J]. 中国生物防治学报，2017，33（5）：612-622.

[31] Almasi K N. A non-native perennial invades a native forest [J]. Biological Invasions，2000，2（3）：219-230.

[32] 卢宝荣，夏辉，汪魏，等. 天然杂交与遗传渗渗对植物入侵性的影响 [J]. 生物多样性，2010（6）：13.

[33] 吕全，张星耀，杨忠岐，等. 红脂大小蠹伴生菌研究进展 [J]. 林业科学，2008（2）：044.

[34] Ogden N H，Wilson J R，Richardson D M，et al. Emerging infectious diseases and biological invasions：a call for a One Health collaboration in science and management [J]. Royal Society Open Science，2019，6（3）：181577.

第七章

微生物耐药

第一节　微生物耐药简介

一、微生物耐药的基本概念

抗微生物药物具有杀灭或抑制微生物活性的作用，广泛用于治疗、预防各种感染性疾病。针对不同应用对象，抗微生物药物包括抗生素、抗真菌药等，分别用于抗细菌、抗真菌和抗病毒等的治疗。抗生素是自然界某些微生物执行自我保护机制、本能产生的一种具有抑制或杀死其他微生物的次级代谢产物。抗生素本质是一种抗生物质，这些物质具有调节代谢和保护自身不受其他微生物侵害的作用。抗生素被人类发现并用于治疗感染性疾病，但细菌接触了某种抗生素后，会尽可能地适应和耐受这种抗生素的作用，这就形成了细菌的耐药性。

不同领域对微生物耐药的概念有所区别。当药物治疗病原微生物感染时，临床医学对耐药性的定义是，病原体对通常用药方案的治疗产生了低反应性，即常规剂量的药物不能杀死或抑制感染微生物的状态，称为"耐药"。而微生物学家对耐药性的定义是基于大量的监测和研究获得的，指某些菌株的 DNA 发生改变，使该菌株对抗菌药物的最低抑制浓度（MIC）比野生株高。DNA 可通过携带耐药性质粒、改变药物作用靶位或过表达药物外排泵等形式进行变异。最初，耐药性的概念仅指细菌对抗生素的耐药，现在看来具有耐药性的生物不仅是细菌，其他微生物如病毒、支原体、衣原体、真菌、原虫等，甚至肿瘤细胞都存在耐药性；所耐受的药物也不仅是抗生素，还包括其他抗感染药物、消毒剂及抗肿瘤药物等。当前，微生物耐药问题已成为世界性的重大公共卫生问题。

二、微生物耐药的历史

1. 前抗生素时期

在前抗生素时期，人们对微生物和传染病的认识还不够充分。对传染病的治疗过程和预防传播都是徒劳的，传染病经常接近流行病水平，导致数百万人死亡。要了解前抗生素时期的灾难性状况，鼠疫暴发可以作为一个典型的案例。鼠疫由鼠疫耶尔森菌引起，主要通过受感染的动物身上的跳蚤进行传播，并导致大规模的流行病。历史上很多严重的大流行性传染病都与鼠疫有关，包括导致近 1 亿人死亡的"查士丁尼瘟疫"、14 世纪在欧洲造成超过 5000 万人死亡的"黑死病"、1895 年至 1930 年间暴发的约 1200 万人感染的瘟疫。然而，使用抗生素可以轻松治疗鼠疫。1676 年，安东尼·范·列文虎克（Antonie van Leeuwenhoek）通过发现微观生物或"小动物"，为开发抗生素埋下了种子。1871 年，外科医生约瑟夫·利斯特（Joseph Lister）发现了一个现象，被霉菌污染的尿液里没有细菌生长，于是开始了对此的研究。发现灰绿青霉（*Penicillium glaucum*）对细菌生长有抑制作用，这一发现激发了细菌是感染原因的想法。19 世纪下半叶，法国细菌学家路易斯·巴斯德（Louis Pasteur）和德国医生罗伯特·科赫（Robert Koch）分别独立进行了细菌研究。路易斯·巴斯德研究炭疽杆菌，而罗伯特·科赫研究结核分枝杆菌，并确定了单个细菌种类与疾病之间的相互关系。这两位关键微生物学家的观察将微生物学和抗生素的发展推向了现代。

2. 抗生素的早期发展阶段

意大利微生物学家巴托罗密欧·高西欧（Bartolomeo Gosio）于 1893 年发现的第一种抗生素霉酚酸，就是从灰绿青霉中分离出来的，他发现灰绿青霉可抑制炭疽杆菌的生长。1909 年，保罗·埃尔利希（Paul Ehrlich）和他的合作者发现砷凡纳明能够有效对抗梅毒的病原体梅毒螺旋体，这是第一种合成的砷衍生抗生素。1913 年新砷凡纳明问世，它在治疗梅毒方面比胂凡纳明危险性更低且更有效。这两种药物都因砷的存在而风险增加，后期被德国细菌学家格哈德·多马克（Gerhard Domagk）于 1932 年发现的一种广谱抗菌磺胺类药物百浪多息（prontosil）取代，主要用于治疗受伤的士兵。这一发现在抗生素研究史上树立了又一个里程碑。虽然磺胺类药物对多种细菌都能发挥抑菌作用，但最终因为细菌对百浪多息产生耐药性被青霉素取代。1928 年，苏格兰细菌学家亚历山大·弗莱明（Alexander Fleming）无意中发现一种真菌——产黄青霉菌抑制金黄色葡萄球菌菌落的发育。1929 年，他将产黄青霉菌中的活性分子分离出来，并命名为"青霉素"，这是第一种真正的抗生素。1939 年，霍华德·沃尔特·弗洛里（Howard Walter Florey）和恩斯特·伯利斯·柴恩（Ernst Boris Chain）阐明了青霉素 G（第一种用于细菌感染的青霉素）的结构，并有效地纯化抗生素且扩大生产。1939 年，法国微生物学家勒内·杜博斯（René Dubos）从土壤细菌短杆菌分离出一种抗菌物质，并称之为短杆菌素。这是一种由若干多肽组成的混合物，与蛋白质相似，其分子是由氨基酸链组成，不过它的链比较短。短杆菌素能有效抑制革兰氏阳性菌，这一发现开启了抗生素发现的新篇章。1945 年，多萝西·克劳富特·霍奇金（Dorothy Crowfoot Hodgkin）通过 X 射线晶体学分析阐明了青霉素的结构，使其被归类为天然存在的抗生素 β- 内酰胺家族的第一个成员。青霉素、头孢菌素、单内酰胺类和碳青霉烯类同属于 β- 内酰胺类抗生素，因为它们都含有一个 β- 内酰胺环，具有共同的杀菌作用机制。

3. 抗生素的辉煌发展阶段

瓦克斯曼（Selman Waksman）的工作开启了抗生素发现的辉煌时代，包括放线菌素、链霉素和新霉素在内的大多数抗生素今天仍在临床使用。1943 年，瓦克斯曼对土壤细菌，尤其是链霉菌属的抗菌行为进行了系统研究。他发现了许多主要的抗生素和抗真菌药，包括链霉菌属来源的放线菌素、链霉菌来源的新霉素、灰色链霉菌来源的链霉素、源自棒曲霉的展青霉素和源自烟曲霉的烟曲霉菌素。在那段时期，人们发现了来自数百种细菌和真菌的 20 多种抗生素。遵循瓦克斯曼筛选平台研究策略，一些制药公司开始开发新的抗生素。但结果并不是很理想，只检测到几个新的抗生素，包括 1953 年的硝基呋喃、1952 年的大环内酯类、1948 年的四环素类、1960 年的喹诺酮类和 1987 年的噁唑烷酮类。尽管氨苄西林仍在医学上使用，但葡萄球菌在 1961 年对甲氧西林产生了耐药性，因此不再用于临床。耐甲氧西林金黄色葡萄球菌（MRSA）后来被描述为历史上第一个"超级细菌"。20 世纪 50 年代至70 年代，新上市的抗生素逐年增多，1971 年至 1975 年达到顶峰，5 年间共有 52 种新抗生素问世。

三、抗生素研发的现状与困境

从 20 世纪 80 年代开始，从植物到无脊椎动物和哺乳动物中发现了大约 1200 种不同来源的抗菌肽（AMP），但可以用的抗生素数量在逐年递减。1996 年至 2000 年的 5 年中，只开发出 6 种新抗生素。进入新世纪后，这一趋势变得更加明显。2003 年全球仅一个新产品——达托霉素上市，而 2004 年竟是空白。在过去的 50 年里没有发现新的类别，造成这种局面的一个原因是，现在抗生素的开发正变得越来越难。在过去的 80 年里，科学家已经发现了 20 多类抗生素，几乎把所有能够找到的微生物都翻了个遍。另一个原因则是，新抗生素的开发速度远远跟不上细菌耐药发展的步伐，导致研制的利润大不如前，制药公司缺乏热情。在最初上市的 20 年，青霉素的疗效无与伦比，给当时的制药公司带来了大量的利润。但今天一种新型抗生素问世，甚至不到几个月，就会出现耐药细菌。

另外，抗生素研发机构数量也在减少。20 世纪 80 年代参与抗生素探索的 20 家药企中只有 5 家至今仍活跃，大部分大型药企现已放弃抗生素领域的研发。根据 2018 年数据库数据，在美国市场进行临床试验的 45 种新候选抗生素中，只有 2 种由大型制药公司承担，大部分由研究实验室和中小型公司承担。此外，抗生素的耐药性也是形成这个现象的主要原因。在抗生素使用的早期，也存在耐药菌，但源源不断的实验性抗生素提供了替代疗法，一旦对特定抗生素产生耐药性，就可以简单地转换治疗。然而，抗生素在 20 世纪 80 年代不再大量涌入。上一次发现新的抗生素类别并将其推向市场是在 1987 年，最后一批广谱药物（即氟喹诺酮类药物）也是在 20 世纪 80 年代发现的。从那以后，抗生素研发领域一直缺乏创造力，目前只有少数几个新的抗生素组正在开发中能够对抗当前的耐药水平。由于对抗生素产生的耐药性不断加重，一些研究公司也面临财务和监管方面的挑战，并且缺乏对如何生产针对这些耐药细菌的抗生素的了解导致科学研究的大量投入，这也导致制药公司现在减少、放弃抗生素开发。据专家称，我们正在走向"后抗生素时代"。与此同时，抗生素创新研究也在稳步增长。近年来，抗生素开发和疾病诊断方法研究获得了越来越多的资助。大学和制药公司通过合作开发新的抗生素和诊断方法，一些抗生素的替代品，例如噬菌体（破坏细菌的病毒）和抗菌肽也属于热门研究领域。虽然这些创新研究有很重要的意义，但它们在应用中仍然存在一些问题，相关研究还不够成熟、不能应用于临床。未来，噬菌体和抗菌肽的进一步研究，有可能成为抗生素的补充治疗方案。

四、抗生素新药的开发前景

科学家们正在探索基于对抗生素耐药、疾病和预防动态的重新概念化的各种新方法。全基因组测序（whole genome sequencing, WGS）可以快速检测耐药途径和调节细菌耐药性，成为药物发现的关键方法。最近也有一些新策略的研究，比如群体感应淬灭（quorum quenching, QQ）方法，它通过与微生物细胞间接触、相互作用来防止细菌感染。病毒噬菌体疗法，最近也很受欢迎，病毒噬菌体对宿主生物体（包括肠道菌群）无害，从而降低了机会性感染的风险。在抗生素繁荣之前，噬菌体就已被积极用于治疗细菌感染——尤其是在俄罗斯和格鲁吉亚，目前重新发现它是一种有前途的替代品。由于基因测序的快速发展，人源化单克隆抗体是临床试验中发展最快的生物技术衍生分子群落。虽然成本高昂，但针对细菌的单克隆抗体或白细胞注射有望治疗病原。此外，一组科学家使用 X 射线晶体学获得金黄色葡萄球菌核糖体片段的 3D 结构，揭示了该菌株特有的结构模式，可用于设计环境友好的新型可降解病原体特异性药物。

第二节　微生物耐药机制

一、抗生素的耐药性与持久性

当细菌细胞暴露于抗生素条件下，有两种可能的情况。第一种情况是，可能产生对抗生素具有抗性的细胞。在遇到抗生素的环境下，非抗性细胞被杀死，只留下具有抗性的细胞。如果一种细菌对某种抗生素具有抗药性，那么所有子代细胞也将具有抗药性。也就是说，当抗性细胞重新生长时，培养物中的所有细胞都将具有抗性。第二种情况是，可能产生持久性细胞。持久性细胞一般是休眠状态、不具有抗性基因的细胞。大多数抗菌剂对不活跃生长和分裂的细胞没有影响，导致休眠细胞对药物不敏感。细菌种群中的某些细胞可能处于休眠状态，在遇到抗生素时，非持久性细胞被杀死，只留下持久性细胞。当持久性细胞重新生长时，那些处于非休眠状态的细胞仍将对抗生素敏感。一般处于稳定期的培养物中，细胞发生持久性的概率约为 1%。因此，在讨论抗生物耐药之前应先了解机制（图 7-1）。

二、革兰氏阳性菌与革兰氏阴性菌

使用抗生素药物治疗时，通常对革兰氏阳性菌或革兰氏阴性菌有效，这里首先介绍革兰氏阳性菌和革兰氏阴性菌的相关背景内容。1884 年，细菌学家 Hans Christian Gram 发明了革兰氏染色法来鉴别区分细菌。这种技术将细菌分成两大类，即革兰氏阳性菌（G+）和革兰氏阴性菌（G−）。分类的原则是这两类细菌细胞壁成分不同，因而着色也不同。这两类细菌的生理结构、疾病原因以及抗菌作用不一。因此，在临床确定感染和选择用药过程时，需要首先区分病原菌是革兰氏阳性菌还是革兰氏阴性菌。

大多数化脓性球菌都属于革兰氏阳性菌，通过产生外毒素使人致病。常见的菌种有葡萄

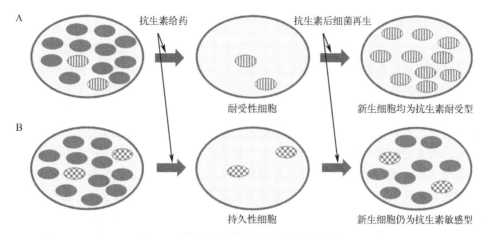

图 7-1　持久性和耐药性细菌细胞之间的差异

球菌、链球菌、肺炎链球菌、李斯特菌、炭疽杆菌、白喉杆菌、破伤风杆菌等，人体肠道是革兰氏阳性致病菌致病的高发区。这些革兰氏阳性菌的代表性物种是致病的，并可能引起多种疾病。大多数由革兰氏阳性菌引起的感染可以用相当少量的抗生素治疗。青霉素、氯唑西林和红霉素足以覆盖 90% 的革兰氏阳性菌感染。青霉素是治疗革兰氏阳性菌感染的主要抗生素之一，红霉素是另一种用于治疗革兰氏阳性菌感染的强效抗生素。红霉素属于一类称为大环内酯类的抗生素，与阿奇霉素和克拉霉素同属一类，通常用于对青霉素过敏的群体。甲氧苄啶 / 磺胺甲噁唑、克林霉素、万古霉素等也可以用于特定的革兰氏阳性菌的感染。

与革兰氏阳性菌相比，革兰氏阴性菌作为疾病生物体更危险，因为存在覆盖外膜的荚膜或黏液层。通过这种方式，微生物可以隐藏表面抗原，这个抗原可以触发人体免疫反应。革兰氏阴性菌致病多由于患者有基础疾病或者体质比较差，其可导致多种疾病，包括肺炎、脑膜炎、淋病、细菌性痢疾、霍乱、胃炎等。在重症监护病房的患者，处于发病和死亡的高风险中，更容易感染这类细菌，因此它们在医院具有重要的临床意义。已经开发了许多不同种类的抗生素来杀死革兰氏阴性菌，例如头孢菌素、叶酸拮抗剂、哌拉西林 - 他唑巴坦、脲青霉素、β- 内酰胺酶抑制剂、碳青霉烯类和喹诺酮类。它们是专门针对革兰氏阴性菌开发的，不过有时也对某些革兰氏阳性菌有效。

此外，某些广谱抗生素对革兰氏阳性菌和革兰氏阴性菌都有抗菌作用，如氨苄青霉素、庆大霉素、土霉素、磷霉素及环丙沙星等，但是作用效果可能不是最优。此外，磺胺类药物也属于广谱抑菌药物。

三、耐药性的来源

作为一个群体或物种的细菌不一定对任何的抗菌剂都敏感或耐药，不同类别的细菌的耐药性水平可能差异很大。敏感性和耐药性通常用最小抑菌浓度（MIC）的函数来评估，MIC是抑制细菌生长的最小药物浓度。敏感性实际上是同一细菌物种中任何给定药物的平均 MIC 范围。如果一个物种的平均 MIC 处于该范围的耐药部分，则该物种被认为对该药物具有内在耐药性。细菌也可能从其他相关生物体获得抗性基因，抗性水平会因物种和获得的基因而异。

1. 固有耐药性

有些微生物对抗生素的耐受性是自然界固有的。抗生素实际上是微生物的次生代谢产物，因此能够合成抗生素的微生物应该具有耐受性，否则这些微生物就不能持续生长。这种固有的抗生素耐药性，也称作内在抗性（intrinsic resistance），是由于存在于环境微生物基因组上的抗性基因的原型、准抗性基因或未表达的抗性基因导致。这些耐药基因起源于环境微生物，并且在近百万年的时间里进化出不同的功能，如控制产生低浓度的抗生素来抑制竞争者的生长，以及控制微生物的解毒机制、微生物之间的信号传递、新陈代谢等，从而帮助微生物更好地适应环境。因此，内在抗性在细菌中自然发生，与以前的抗生素暴露无关，并且与水平基因转移无关。抗生素耐药性的问题其实是自然和古老的。科学家在北极的冻土中提取到3万年前的古DNA，从中发现了较高多样性的抗生素抗性基因，而且部分抗性蛋白的结构与现代的变体相似，也证实了抗生素耐药性问题是古老的。

2. 获得耐药性

除了固有耐药性以外，细菌还可以通过基因水平转移和基因突变的形式获得对抗生素的耐受能力。细菌可能通过基因水平转移获得赋予抗性的遗传物质，可能会经历自身染色体DNA的突变，这种获得耐药性的能力可能是暂时的，也可能是永久的。基因水平转移（horizontal gene transfer，HGT）又称水平基因克隆或基因侧向转移，指生物将遗传物质传递给其他细胞而非其子代的过程，比如转化、转座和结合。基因水平转移借助基因组中一些可移动基因，如质粒（plasmid）、整合子（integron）、转座子（transposon）和插入序列（insertion sequence）等，将耐药基因在不同的微生物之间，甚至致病菌和非致病菌之间相互传播。饥饿、紫外线辐射、化学物质等外在因素，是引发细菌发生基因突变的常见原因。这些诱因引发基因突变的概率也比较高，据统计，细菌每10^6到10^9次细胞分裂的平均突变率为1，但这些突变大多对细胞有害。有助于抗生素耐药性的突变通常只发生在几种类型的基因，比如编码药物靶标、药物转运蛋白、控制药物转运蛋白的调节剂，以及抗生素修饰酶的基因。此外，许多赋予抗生素耐药性的有益突变是以牺牲有机体为代价。例如，在金黄色葡萄球菌获得甲氧西林耐药性时，细菌的生长速度明显下降的现象就证实了这一观点。

抗生素耐药性的一大难题是使用这些药物会导致耐药性增加。即使使用低浓度或极低浓度的抗菌剂，也可能导致在连续的细菌世代中选择高水平耐药性菌株。

四、抵御抗生素的耐药机制

耐受抗生素的耐药机制分为四大类，包括限制药物摄取、改变药物靶标、药物灭活和主动药物外排。内在抗性可以利用限制摄取、药物失活和药物流出；获得性耐药机制可能是改变药物靶标、药物灭活和药物外排。由于结构等方面的差异，革兰氏阴性菌与革兰氏阳性菌使用的机制类型有所不同。革兰氏阴性菌和革兰氏阳性菌之间的主要区别在于肽聚糖层的厚度和外部是否存在脂质膜。革兰氏阳性菌具有较厚的肽聚糖细胞壁结构，在革兰氏染色试验中呈紫色或蓝色。革兰氏阴性菌的细胞壁较薄，在革兰氏染色试验中呈红色至粉红色。革兰氏阴性菌外膜含有脂多糖（lipopolysaccharide，LPS），脂多糖具有保护细菌免受抗生素的危害和抵抗补体系统的溶解作用，因此革兰氏阴性菌能够利用四种耐药性机制；而革兰氏阳性菌由于缺少脂多糖，几乎不使用限制药物摄取和药物外排机制。

1. 限制药物摄取

细菌由于结构特点不同，其耐药能力存在天然差异。革兰氏阴性细菌中脂多糖的结构和功能使这些细菌对某些大类抗菌剂具有先天耐药性。比如分枝杆菌的外膜脂质含量高，利福平和喹诺酮类等疏水性药物更容易进入细胞，但是包括 β- 内酰胺类、四环素类和某些喹诺酮类在内的亲水性药物则很难进入细胞。支原体是一类介于细菌和病毒之间的原核微生物，因其没有细胞壁，对于大多数影响细胞壁合成的抗生素具有耐药性。虽然革兰氏阳性菌没有外膜，利用限制药物获取机制形成耐药性并不普遍，但也有因为细胞壁结构特殊组织药物进入的情况，比如肠球菌和金黄色葡萄球菌等。肠球菌由于细胞壁坚厚，对许多抗生素表现为耐药性，包括固有耐药和获得性耐药。近年来对金黄色葡萄球菌产生万古霉素耐药性的研究不断增多，发现一种可能性是金黄色葡萄球菌产生加厚的细胞壁，使药物难以进入，从而对万古霉素产生耐药性。

革兰氏阴性细菌中的孔蛋白通道可以通过两种方式限制药物摄取，即减少孔蛋白数量和通过突变改变孔蛋白通道选择性。由于孔蛋白通道减少甚至完全被非选择性通道取代，极性分子难以进入肠球菌的细胞壁，从而产生了对氨基糖苷类的固有耐受性。孔蛋白表达的减少会导致肠杆菌目、不动杆菌属和假单胞菌属对碳青霉烯类药物的耐药性。如果突变导致孔蛋白合成减少，那么在碳青霉烯酶活性缺乏的情况下，肠杆菌对碳青霉烯的耐药性就会出现。产气肠球菌中，由于孔蛋白通道突变对亚胺培南和头孢菌素产生耐药性；淋病奈瑟菌则由于孔蛋白通道突变对 β- 内酰胺类和四环素产生耐药性。

细菌定植中另一个广泛存在的现象是细菌群落形成生物膜。对于致病微生物，生物膜的形成可保护细菌免受宿主免疫系统的攻击，并保护其防止遭受抗生素的伤害。生物膜基质包括多糖、蛋白质和 DNA，使抗菌药物难以进入细菌，从而发挥防御作用。因此，在治疗过程中，常需要更高浓度的药物才能够达到效果。此外，有研究发现生物膜对细菌细胞之间的相互作用造成影响，可能促进了基因水平转移，导致细菌群落可能更容易共享抗生素耐药基因，增强耐药性。

2. 修饰药物靶点

细菌细胞中有多种成分可能成为抗菌剂的靶标，其中有许多靶点可以被细菌修饰以实现对这些药物的耐药性。细菌通过改变药物作用靶位的结构来降低药物与细胞靶位的亲和力，引起抗菌药物耐药性。

对靶向细胞壁合成药物的耐药性，可以通过影响肽聚糖的形成发生。针对革兰氏阳性细菌广泛使用的 β- 内酰胺类药物产生耐药性的一种机制，就是通过改变青霉素结合蛋白的结构和 / 或数量，引发耐药性机制。青霉素结合蛋白是参与细胞壁中肽聚糖构建的转肽酶，青霉素结合蛋白数量的变化会影响与靶标结合的药物量，而结构的变化可能会降低药物结合的能力或完全抑制药物结合。对万古霉素的耐药性已成为肠球菌和金黄色葡萄球菌的主要问题，耐药机制是通过改变肽聚糖前体结构变化，导致万古霉素的结合能力下降，从而增加了病菌对万古霉素的耐药性。

对于靶向核糖体亚基药物的耐药性，可以通过核糖体突变、核糖体亚基甲基化或核糖体保护几种形式发生，这些机制会干扰药物与核糖体结合的能力。存在于葡萄球菌属、肺链球菌、肠球菌和 β- 溶血链球菌群的红霉素核糖体甲基化酶（erythromycin ribosome methylase，ERM）基因家族，可以通过将 16S rRNA 甲基化改变药物结合位点，阻断大环内酯类、链球菌素和林可胺类的结合。这些机制会干扰药物与核糖体结合的能力，这些机制之间的药物干扰水平差异很大。

对于靶向核酸合成的药物的耐药性，如喹诺酮类药物，其耐药性是通过 DNA 促旋酶（革兰氏阴性菌 $gyrA$）或拓扑异构酶Ⅳ（革兰氏阳性菌中 $grlA$）的修饰产生的。喹诺酮类药物的作用机制是干扰细菌细胞的 DNA 复制，其作用的靶位点是针对细菌 DNA 复制过程中所需的拓扑异构酶和 DNA 回旋酶。这些突变导致旋转酶和拓扑异构酶的结构发生变化，从而降低或消除药物与这些成分结合的能力。

对于抑制代谢途径的药物，耐药性以改变参与代谢途径的酶结构、增强竞争性底物合成等方式产生。叶酸对生物体的生存至关重要，在细胞内参与 DNA 合成等多种生物学过程，生物体将很难在没有叶酸的条件下生存。磺胺类药物是人类历史上第一种人工合成的抗菌药物，由于磺胺类药物是细菌从头合成叶酸必经的中间产物的对氨基苯甲酸（PABA）的类似物，通过结合酶的活性位点进行竞争性抑制，抑制细菌合成叶酸达到杀灭细菌的目的。因此，酶的结构变化会干扰药物结合，但仍允许天然底物结合，进而使细胞获得耐药性。

3. 药物失活

细菌使药物失活的主要方式有两种，直接将药物降解或取代活性基团，从而产生耐药性。细菌通过降解或取代活性基团使抗生素失去活性，从而产生耐药性。细菌可以产生将各种化学基团连接到抗生素上的酶，防止抗生素与细菌细胞中的靶标结合。通过将化学基团转移到药物使药物灭活最常用的是转移乙酰基、磷酰基和腺苷酸基团。乙酰化是最广泛使用的机制，可用于对抗氨基糖苷类、氯霉素、链阳菌素和喹诺酮类药物。例如，氨基糖苷类修饰酶、乙酰转移酶、磷酸转移酶和核苷酸转移酶，通过共价结合改变了氨基糖苷分子的羟基或氨基，从而破坏抗生素结构，导致其不能与作用位点结合，从而产生耐药。磷酸化和腺苷酸化，主要用于对抗氨基糖苷类药物。

细菌还可以改变抗生素的结构，产生耐药性。常用的抗生素，如青霉素和头孢菌素，属于 β- 内酰胺类药物。β- 内酰胺环是 β- 内酰胺类抗生素的抗菌活性的关键点，某些细菌的 β- 内酰胺酶可以水解该类抗生素的 β- 内酰胺环，抑制其与青霉素结合蛋白的结合，从而产生耐药性。

4. 主动药物外排

大多数细菌拥有许多不同类型的外排泵，通过特异或通用的抗生素外排泵将抗生素排出细胞外，降低胞内抗生素浓度而表现出抗性。根据结构和能量来源分类，细菌中的外排泵主要有 5 种类型，分别是 ATP 结合盒（ATP-binding cassette，ABC）家族、小多药耐药（small multidrug resistance，SMR）家族、主要协同转运蛋白超家族（major facilitator superfamily，MFS）、多药及毒性化合物外排（multidrug and toxic compound extrusion，MATE）家族和耐药节结化细胞分化（resistance-nodulation-cell division，RND）家族。除了 RND 家族是多组分泵，穿过细胞膜外排底物，其他外排泵系列都是单组分泵，穿过细胞质膜转移底物。临床上最重要的泵属于 RND 家族。

四环素抗药性是外排介导抗性的典型示例，如金黄色葡萄球菌中 MFS 家族 Tet 外排泵利用质子交换作为能量外排四环素，铜绿假单胞菌中的 RND 外排泵 MexAB-OprM 和肠杆菌科中的 RND 外排泵 AcrAB-TolC 可以将四环素外排。大环内酯类耐药是另一个利用外排机制外排抗生素的典型。肺炎链球菌的 MFS 类外排泵主要有 Mef 泵和 ABC 家族的 PatA 和 PatB 泵。编码 Mef 外排泵是革兰氏阳性菌专一外排大环内酯类抗生素的重要外排泵之一。大环内酯类抗生素（如红霉素）作用于核糖体上，诱导内酯环的第五位碳上多一个单糖，因此形成大环内酯类 - 核糖体 -mRNA 复合体，这个复合体的组成与 Mef 的抗弱化转录调节一致。因此，解除了对该外排泵基因的弱化，使得该外排泵蛋白得以表达，促进药物的外排。

五、环境对微生物耐药的影响

1. 背景

早在人类开始大规模生产抗生素以预防和治疗传染病之前，许多细菌物种就进化出了耐受抗生素的能力。孤立的洞穴、永久冻土以及其他免受人为细菌污染影响的环境和标本，可以提供对前抗生素时期盛行的耐药机制的深入了解。抗药性机制古老且仍在持续演变的一个重要驱动因素，是微生物之间对资源永无止境的竞争，包括与当今用作药物的许多抗生素相似的次级代谢物的自然产生。相对较新的抗生素作为临床药物的引入，通过提供前所未有的选择压力从根本上改变了耐药性进化和传播的先决条件，特别是对人类和家畜微生物群的成员，以及在抗生素严重污染的环境中。这种选择压力促进了大范围的抗生素抗性基因（ARG）向许多细菌物种的调动和水平转移，特别是致病菌。这种累积进化事件的最终众所周知的后果是逐渐增加预防和治疗细菌感染的难度。由于细菌和基因经常跨越环境和物种边界，理解和承认人类、动物和环境微生物群之间的联系（同一个健康概念）对于应对这一全球健康挑战至关重要。

2023 年 2 月 7 日，联合国环境规划署指出，到 2050 年前，全球每年可能有多达 1000 万人死于抗微生物药物耐药性问题。报告强调，需要减少制药业、农业和卫生保健部门产生的污染。巴巴多斯总理莫特利（Mia Mottley）表示，当今的环境危机还关乎人权和地缘政治，联合国环境规划署今天发布的这份报告再次印证了全球的不平等问题，抗微生物药物耐药性问题在南半球尤为严重。世界卫生组织表示，抗微生物药物耐药性问题是全球十大健康威胁之一。2019 年，全球约有 127 万人因为感染耐药性细菌而死亡，近 500 万人的死亡与此相关。预计到 2050 年，每年将新增约 1000 万人因癌症去世，这相当于 2020 年全球死于癌症的人数。

抗微生物药物耐药性问题还会影响经济。据预计，到 2030 年，该问题会导致全球国内生产总值每年减少至少 3.4 万亿美元，使约 2400 万人陷入极端贫困。制药业、农业和卫生保健部门是导致耐药性问题并使其在环境中传播的主要源头，其他因素还包括环境卫生不佳、污水和城市垃圾管理系统落后等。联合国环境规划署执行主任安诺生（Inger Andersen）指出，气候变化、污染和生物多样性的丧失这三重危机导致了这一问题。空气、土壤和水道污染损害了享有清洁和健康环境的人权，导致了环境退化问题，而且加剧了抗微生物药物耐药性问题，这可能会破坏我们的健康和粮食体系。

2. 环境中耐药性的进化

抗生素耐药性既可能来自细菌预先存在的基因组突变，也可能来自外来 DNA 的摄取。

千百年来，大多数 ARG 可能是从具有其他功能的基因逐渐进化而来的。导致它们在病原体中广泛出现的最近的进化事件主要是来自祖先物种的转移事件的结果，在这些事件中基因的整体功能被塑造。从染色体上的固定 ARG 开始，通常会逐步进化，导致病原体获得抗性。第一步通常是 ARG 在基因组内移动的能力，如通过与插入序列相关联，或基因盒的形成和并入整合子。第二步涉及将基因重新定位到可以在细胞之间自主移动的元件，例如质粒或整合接合元件。某些环境可能比其他环境更有可能提供与 ARG 的动员和转移有关的各种遗传元素，或者通过已知经常携带这些元素的粪便细菌的存在，或者可能是因为条件（包括反复出现的压力）有利于频繁的基因交换。第三步是将动员的抗性基因水平转移，直接转移到病原体或通过一个或几个中间细菌宿主。第四步可能发生在过程中的任何时间，是携带 ARG 的细菌物理转移到人类或家畜微生物群，这种能力用术语"生态连通性"描述。高代谢活动和广泛的细胞间接触（例如在生物膜中）可能会加快大多数步骤的速度。所有这些步骤，包括通过例如插入序列或整合子进行的动员、供体细胞丰度的增加和转移机会的增加，以及水平基因转移（HGT）的速率，都可以通过抗生素来促进。但重要的是，大多数（如果不是全部）步骤也在没有抗生素的情况下发生，但发生率不同。因此，了解病原体耐药性进化的瓶颈在哪里至关重要。一个关键的瓶颈可能是选择具有获得性抗性的稀有基因型，这些基因型由动员和 / 或 HGT 产生，否则这些基因型将消失。在所有阶段，携带 ARG 的细菌基因组中的某处可能会发生补偿性突变，从而通过减少生态位重叠或提高竞争能力来降低潜在的适应性成本。只有当所有事件在时间和空间上对齐时，才会在临床中出现新的 ARG。

原则上，所有、部分或全部进化步骤都可能发生在外部环境中。在 22 个 ARG 中，有强有力的证据表明它们最近起源于物种水平，21 个来自至少偶尔与人类和 / 或家畜感染相关的物种。这一现象表明，人类和 / 或家养动物在抗生素选择压力下为耐药性进化提供了重要环境。也就是说，对于绝大多数 ARG，它们最近的起源尚不清楚，很可能是因为它们起源于尚未测序的环境物种。

虽然将新的 ARG 引入病原体令人担忧，但 ARG 周围遗传背景的变化会影响耐药性水平、共同选择机会或毒力或传播潜力，也会增加耐药性挑战。通过这些途径导致具有新的、成功的抗性基因型的病原体出现的进化事件的后果与已经广泛传播的基因型的传播事件有很大不同。即使是单个事件也可能导致一种新基因型在全球范围内不可逆转地传播，这种传播更难治疗。与传播相比，关键进化事件是罕见的，并且在某种程度上具有独特性，这就是它们更难预测的原因。尽管如此，能够延迟或防止它们出现的好处可能是巨大的。

3. 污染驱动抗微生物药物耐药

尽管抗生素分子的自然产生很可能促成了 ARG 的（更古老的）进化，但它并不是我们自引入抗生素以来观察到的跨菌株、物种和环境的快速进化扩展和耐药因子传播的原因治疗剂。环境微生物产生的抗生素很普遍，但主要在微观尺度上发挥作用，因为浓度通常会在生产生物体周围迅速下降，从而限制接触。另一方面，人造抗生素作用于宏观尺度，通常与整个微生物群落的选择压力有关。

抗生素通过人类和家畜的排泄物（尿液和粪便）、未使用药物的不当处置和 / 或处理、水产养殖业或植物生产中的直接环境污染，以及抗生素的生产释放。毫无疑问，最广泛的排放，以及最大比例的抗生素释放，都是使用和排泄的结果。同时，这种途径的接触水平总是受到限制，例如，在给定时间使用抗生素的人口比例、使用的剂量以及人类或家畜的新陈代谢。

除了一些例外，抗生素的环境浓度很低，远低于最小抑菌浓度（MIC），而且通常低于预测（或显示）的浓度以在实验室中选择耐药菌株。虽然抗生素的浓度和 ARG 的丰度通常与环境样本相关，但在大多数情况下，这可以简单地解释为人类排泄物的不同污染程度，这是两者的来源，而不是现场选择耐药细菌环境受到抗生素残留污染。尽管如此，在许多地方，例如污水处理厂都超过了怀疑选择耐药性的浓度，这表明但并未证明抗生素污染在耐药性的演变中发挥了作用。尽管一些研究报告了此类环境中某些 ARG 的相对丰度增加，但很难区分这仅仅是分类学变化的结果，与抗生素选择压力无关，还是直接选择了物种内的耐药菌株。尽管看似合理，但仍缺乏污水处理厂这种直接选择的确切证据，而且一些证据指向相反的方向。最近一项关于无菌过滤废水的研究表明，所研究的经处理的市政污水没有选择性作用，而未经处理的进水的选择性作用很小。相比之下，在对单个分离株和群落进行的不同受控暴露实验中，未经处理的医院废水强烈选择了多抗性大肠埃希菌。无法确定其中负责的确切选择剂，但医院废水中相对较高水平的抗生素使它们成为耐药性选择的合理驱动因素。

由于制造抗生素造成污染，环境中抗生素含量非常高，这比排泄抗生素带来的影响更大。比起排泄抗生素，基于工业污染场地的选择性浓度超过几个数量级、耐药细菌相对丰度增加，同时 ARG 数量显著增加。在沉积物、土壤和污水污泥等固体或半固体介质中，抗生素的浓度通常比水性介质中的浓度高得多。尽管如此，在大多数情况下，只有一小部分是生物可利用的。例如，尽管在污水污泥中发现了环丙沙星，但对环丙沙星敏感的菌株在污泥中非常普遍，这表明该抗生素在很大程度上是生物不可用的。固体或半固体介质中的生物利用度可能不一致，并且在很大程度上取决于物理化学特性，包括例如有机物含量和结构以及抗生素的性质。估计此类样本中的生物可利用部分具有挑战性，但基因工程报告菌株可能提供部分解决方案。

大量研究表明，将经过抗生素处理的动物粪便作为肥料添加到农田后，耐药细菌和 / 或 ARG 的丰度会增加。然而，在许多情况下，不可能将这种增加归因于土壤中抗生素残留的选择性作用，因为添加的粪肥也携带耐药细菌。在最近的一项研究中，在收集的粪便中加入了抗生素，研究人员观察了与改良土壤中类似标记的非抗性菌株相比，荧光标记的贝氏不动杆菌（*Acinetobacter baylyi*）菌株的选择，该菌株携带抗性质粒。由于实验设计，可以通过土壤中的抗生素证明物种选择，但研究作者指出，添加的抗生素浓度高于正常施肥方案。

在许多情况下，金属和抗菌杀菌剂可以通过交叉抗性（即通过相同机制）或共抗性（即通过基因相关机制）共同选择抗生素抗性菌株。然而，有证据表明，是因为历史上接触过抗生素，导致目前金属和杀菌剂抗性基因以及 ARG 在质粒上同时出现，因为这种高丰度的共存主要局限于受到强烈抗生素选择压力影响的群体，即人类和家畜的微生物群。这并不排除金属和杀菌剂可能在维持已经产生共抗性的菌株方面发挥重要作用的可能性，无论它们之前的进化历史如何。对于金属和杀生物剂，选择或共同选择所需的浓度研究得更少，需要进一步关注。一些杀菌剂可以加快 HGT 的速率，某些抗生素和其他药物就是这种情况。尽管如此，许多自然发生的压力源也会加速 HGT。由于应激诱导的 HGT 并不是一种新现象，因此尚不清楚环境污染物对 HGT 的诱导是否在抗生素时期观察到的病原体耐药性的快速发展中具有明显的作用。直接选择和共同选择可能更为关键。

粪便细菌造成的环境污染提供了物理接触，因此增加了常驻环境细菌与适应人类或家畜肠道的细菌之间基因交换的机会。许多肠道细菌也是已知的遗传元件（质粒、整合接合元件、插入序列、转座子或整合子）的载体，可以促进基因的获取及其向病原体的转移。将荧光标记的大肠埃希菌细胞添加到土壤中的实验表明，它们能够快速从土壤微生物群中获得抗性决定因素。此外，存在于进入环境的粪便细菌中的 ARG 也有可能通过基因水平转移进入病原体，从而促进临床相关的耐药性进化，最终可能会感染人类。然而，这些事件在人类或家畜微生物群中同时发生的可能性可能要高得多，因为选择压力、共生体和病原体几种情况常同时遇到，而且没有需要克服的环境传播障碍。

六、微生物耐药的危害

对抗菌药物的耐药性已成为全世界发病率和死亡率高的主要原因。当首次引入抗生素时，人们认为已经赢得了与微生物的战争。然而很快就发现，微生物能够对所使用的任何药物产生抗药性。显然大多数病原微生物具有对至少一种抗微生物剂产生抗性的能力，产生这种能力的机制可能是微生物固有的，也可能是从其他微生物获得的。对这些机制的更多了解有望为感染性疾病带来更好的治疗选择，并开发出能够抵抗微生物产生耐药性的抗菌药物。然而不幸的是，抗菌药物管理不当导致我们面临巨大耐药性问题。

1. 危及全球人口安全

在过去的二十年里，因耐药性感染死亡的人数每年都在上升。根据世界卫生组织 2019 年的数据，全世界每年至少有 700000 人因此而死亡。在欧洲，因为微生物耐药死亡的人数从 2007 年的 25000 人增加到 2015 年的 33110 人。此外，根据世卫组织非洲区域的数据，2004 年至 2011 年，全球 42 个国家发现了 54000 例耐多药结核病病例，在非洲地区的 8 个国家通报了约 3200 例广泛耐药结核病病例。在美国，2013 年有 23000 人死于微生物耐药，而在 6 年后的 2019 年，与抗生素耐药性感染相关的死亡人数增加到 35000 人。特别是，墨西哥严重缺乏抗生素耐药性的信息和流行病学监测。最近，一项为期 6 个月的研究评估了墨西哥 47 个中心的几种细菌病原体的耐药率。它们包括近 23000 株菌株，结果显示，最常见的耐药菌株是大肠埃希菌、克雷伯菌属、肠杆菌属、铜绿假单胞菌、不动杆菌属、耐万古霉素肠球菌和耐甲氧西林金黄色葡萄球菌。据世界卫生组织称，如果到 2050 年不采取严厉措施，估计全球每年将有 1000 万人死于由耐多药病原体引起的疾病。这种情况可能会造成严重的经济影响。

2. 影响农业与食品安全

在全球范围内，抗菌剂广泛用于动物生产，不仅可以改善动物健康和动物福利，还可以提高动物生长速度和提高动物生产力。然而，抗菌药物的使用可能导致耐药性的出现以及耐药基因和耐药细菌在物种之间的传播。获得有效且具有成本效益的抗菌剂对人类和动物健康、动物福利和粮食安全至关重要。抗生素耐药性的潜在后果包括粮食产量减少、粮食安全性降低、食品安全问题加剧、农户经济损失增加以及环境污染。随着人们对抗生素耐药性的出现和蔓延的认识不断提高，许多国家已经逐步停止使用抗生素促进动物生长，并专注于优化抗生素在预防和治疗动物疾病中的使用。畜牧生产者普遍认为抗生素在生产中的益处大于成本，但这取决于几个因素，特别是农场的生物安全标准、住房标准、营养、养殖和农场管理。然而，从长远来看，抗生素耐药性对人类健康以及动物健康的负面溢出效应可能会产生重大的社会、经济和环境影响。

3. 影响医疗保健工作运转

抗生素耐药性的持续增加导致患者的治疗选择减少，并且相关的发病率和死亡率增加。这就造成人类面临更严重的感染、病程更长、延长住院时间，这大大增加了与这些感染相关的医疗保健费用。美国疾病控制与预防中心报告称，保守估计美国每年有超过 200 万人因抗生素耐药性感染而患病，导致超过 23000 人死亡。这些耐药性感染导致的成本从每名患者近 7000 美元到超过 29000 美元不等。目前，已经提出了各种抗菌管理方法来阻止耐药性的增加，其中一种方法为在使用抗菌剂时，不给予单一药物，而是交替或同时使用两种或多种药物，最好使用具有不同作用机制的药物。

4. 威胁动物安全

人类和动物对抗菌药物的消费增加、抗生素治疗过程中处方不当等，都对微生物耐药产生了积极作用。比如，在选择抗生素药物时，通常基于低成本和低毒性的原则，这导致可能会过度使用许多常见的抗菌药物。再比如，最初开具不必要的广谱药物，或最终发现对引起感染的微生物无效等，都会促进微生物耐药的形成。除此之外，耐药性的产生也与动物治疗有关。多年来，抗生素一直被用于治疗或预防饲养食用动物的疾病。动物饲料中通常含有抗生素，其含量从低于治疗水平到完全治疗水平不等，所使用的抗生素来自人类使用的大多数抗菌类型。有研究表明向动物喂食抗生素可能会导致产生抗生素耐药性生物体，并且这些耐药性生物体可能会转移到食用这些动物的人类身上。抗生素耐药性从动物传播到人类的方式多种多样，最常见的是直接经口传播，包括吃肉以及摄入受污染的食物或水中的粪便；另一种常见途径是人类与动物的直接接触。

5. 威胁环境安全

微生物耐药是人类、动物、植物和环境部门面临的主要全球威胁。与对人类或动物健康方面的影响相比，耐药性对环境影响的关注相对较少。然而，自然环境却是微生物耐药性的重要来源。具备耐药性的微生物存在于人、动物、食物，以及水、土壤和空气等自然环境中，水和土壤可能是耐药微生物潜在的发展和传播的主要场所，尤其是在供水、环境卫生和个人卫生不好的地方。强有力的证据表明，抗菌化合物释放到环境中，再加上天然细菌群落和排出的耐药细菌之间的直接接触，正在推动细菌进化和更多耐药菌株的出现。使用抗菌药物对环境的影响是复杂的，饮用水和娱乐用水既可能含有耐药微生物，也可能有抗菌药物残留。接触到废水处理厂或使用抗菌剂的畜牧场的排放物的野生动物，即使从未接受过药物治疗，也可能被耐药生物定殖。

6. 威胁国际空间站安全

国际空间站是一个独特而复杂的建筑环境，国际空间站并非无菌环境，表面微生物群源自船员和货物，或源自几乎完全封闭的系统中的生命支持再循环。对空气和表面的微生物监测表明，在这种封闭、恶劣的环境中存在许多不同的微生物，其中一些是人类起源的机会性病原体。这种环境中此类微生物的存在对机组人员的健康构成严重风险，因为机会性病原体在太空中生长时表现出更强的毒力，而长时间的太空飞行会削弱宇航员的免疫系统，使宇航员更容易受到感染。从国际空间站分离出一些与人类相关的病原体，包括金黄色葡萄球菌、溶血性链球菌、泛菌和肠杆菌。2013 年，Schiwon 等人在一项比较从国际空间站和南极研究站分离的细菌中的抗生素耐药性的研究中，发现 75.8% 的国际空间站分离菌株对一种或多种抗生素具有抗药性，相比之下，南极分离菌株中只有 43.6% 具有抗药性。在国际空间站中，86.2% 的分离株具有编码在质粒上的松弛酶和 / 或转移基因，这可以促进抗生素耐药性基因从一种微生物传播到另一种微生物。2022 年，Urbaniak 等人报道，国际空间站样本中检测到 29 个抗生素耐药基因，其中大环内酯类 / 林可胺 / 链霉素耐药性最为普遍。当宇航员在国际空间站工作无法返回地球接受治疗时，微生物耐药性的危害也会影响宇航员在长期太空任务期间的健康状况。

第三节　微生物耐药现状及应对措施

一、全球微生物耐药现状

1. 抗生素耐药是全球共同面临的挑战

2022 年 1 月 20 日，一篇基于对 204 个国家和地区微生物耐药数据发表的论文引起了全球广泛关注。这篇论文受到全球抗菌药物耐药性研究（GRAM）支持，这是一项受弗莱明基金、威康信托基金和比尔及梅琳达盖茨基金会的支持，由健康指标与评估研究所与牛津大学之间的合作开展的项目。全面评估了抗生素耐药性对全球的影响，并揭示微生物耐药已成为全球死亡的主要原因。准确及时地预判微生物耐药的后果可用于为研究和决策制定提供决策支持，这篇论文为政府和卫生健康领域在采取未来行动、制定相应应对措施方面提供了重要的信息。有关全球抗生素耐药性研究项目的更多信息，可以通过牛津大学网页获取。

美国华盛顿大学 Murray Christopher 教授与合作者基于 4.71 亿个实际个体记录或分离株获得的数据，对所有 204 个国家和地区进行建模比较，这是迄今为止涵盖国家和数据最多的关于微生物耐药的研究。研究发现，抗生素耐药性是全球死亡的主要原因，其致死率已经高于艾滋病和疟疾。当细菌、病毒、真菌和寄生虫随时间发生变化并且不再对药物产生反应时，就会出现对抗生素的耐药性，这使得感染更难治疗并增加疾病传播、加重病情和死亡的风险。由于细菌已经对治疗产生耐药性，使得下呼吸道感染、血液感染和腹腔内感染等常见感染每年导致数十万人死亡。其中包括了历史上可以治疗的疾病，例如肺炎、医院感染和食源性疾病。据估计，2019 年有 495 万人死于至少一种耐药性感染，抗生素耐药性直接导致其中 127 万人死亡。每个人都面临微生物耐药的风险，但数据显示幼儿受到影响尤为严重。2019 年，五分之一的微生物耐药死亡病例发生在 5 岁以下的儿童中，而这些疾病通常都是以往可以治疗的。撒哈拉以南非洲地区受到微生物耐药影响最为严重，仅一年内就有 255000 人死于抗生素耐药性，其中死于疫苗可预防的肺炎链球菌细菌性疾病的人数尤其多。然而，高收入国家也面临着惊人的微生物耐药的不良影响，最典型的是通常导致肾脏感染的大肠埃希菌和在医院感染并可能导致血液感染的金黄色葡萄球菌。

2. 低收入和中等收入国家的抗生素耐药性危机严峻

许多低收入和中等收入国家特别容易受到抗生素耐药性危机的影响。这是因为有限的监测和诊断机会、对人类和动物的抗生素使用控制较少、医院人满为患、卫生控制不足、肉类和鱼类产量通常快速增长、整体感染负担更大，以及有限地获得昂贵的二线或三线抗生素诸多因素影响。在这些地区环境方面因素也可能更为重要，由于管理人类和动物废物流的基础设施较差，导致耐药粪便细菌和残留抗生素的环境排放量增加。由于生产成本低，中国和印度已成为世界上最大的抗生素生产国。中低收入国家的管理往往比高收入国家更具挑战性，因为资源更有限，需要解决其他紧迫的基本需求，以及公共部门的治理和信任度较弱。需要解决低收入和低等收入国家的耐药性危机，这不仅是为了解决低收入和低等收入国家本身的困难，也是因为耐药菌不分界界。因此，资源高效管理应包括中低收入国家的强化行动。这些举措通常可能与改善水质、环境卫生和个人卫生的战略重叠。用于评估临床耐药情况的污水监测可能在低收入和低等收入国家中具有最大的未来潜力，因为它比传统的临床监测系统对资源的需求更少。

3. 缺少新型抗生素助长了微生物耐药

对于全球微生物耐药形势，目前的抗微生物药物耐药性行动计划无法控制其威胁的不断蔓延。预计到2050年，每年可能有多达1000万人死于微生物耐药。微生物耐药已经威胁到医院保护患者免受感染的能力，并破坏了医生安全地进行基本医疗实践的能力，包括手术、分娩和癌症治疗，在这些操作之后存在感染风险就可能会进一步引发微生物耐药。另外，医药领域的创新还有待加强，应继续开发有效的疫苗、药物和治疗方法。据世界卫生组织报道，目前正处于临床开发阶段的43种抗生素中没有一种能够充分应对耐药性问题。世界卫生组织负责抗微生物药物耐药性的助理总干事 Hanan Balkhy 博士认为，目前，全球在开发、制造和分销有效的新型抗生素这一领域的进展并不顺利，进一步加剧了抗微生物药物耐药性的影响，并威胁到成功治疗细菌感染的能力。世界卫生组织抗微生物药物耐药性全球协调主任 Haileyesus Getahun 指出，抗生素是全民健康覆盖和我们全球卫生安全的薄弱环节，各国应该将新型有效抗生素研发的可持续投资需求放在首位。新型抗生素的研发需要全球在资金统筹机制和持续投资方面不断努力，以应对抗微生物药物耐药性。

4. 呼吁使用和开发疫苗应对微生物耐药

2022年，世界卫生组织发布了关于目前正在开发的用于预防抗微生物药物耐药性细菌病原体引起的感染问题的疫苗状况首份报告。报告显示，抗微生物药物耐药性现象正在悄无声息肆虐发展，已然是日益严重的公共卫生问题。抗微生物药物耐药性不仅是细菌感染，还包括细菌、病毒、真菌和寄生虫随着时间的推移发生变化而不再对药物产生反应。感染了这些微生物就是耐药性感染，抗微生物药物无法再发挥效用，通常难以医治。因此，有必要加快开发针对抗微生物药物耐药性的疫苗试验。疫苗是预防感染的首要有力工具，可以遏制抗微生物药物耐药性感染的传播。抗微生物药物耐药性疫苗的研发，有望减轻抗微生物药物耐药性问题。世界卫生组织分析了处于不同临床开发阶段的61种候选疫苗，包括几个处于后期开发阶段的用于解决重点细菌病原体清单所列疾病的疫苗。世界卫生组织抗微生物药物耐药性事务助理总干事 Hanan Balkhy 博士认为，因为抗生素是引起抗微生物药物耐药性问题的一个主要因素，所以接种疫苗预防感染可减少使用抗生素。然而，在抗微生物药物耐药性导致死亡的六大细菌病原体中，目前只有针对肺炎球菌病（肺炎链球菌导致的疾病）的疫苗，需要开发各国能够负担得起并能公平获得的关键疫苗，应对全球抗微生物药物耐药性不断上升的趋势。目前已有针对四种重点细菌病原体肺炎球菌病（肺炎链球菌）、嗜血杆菌乙型流感（乙型流感嗜血杆菌）、结核病（结核分枝杆菌）和伤寒（伤寒沙门菌）的疫苗，除了针对结核病的卡介苗并不能完全预防结核病以外，其余三种疫苗效果很好。因此，世界卫生组织呼吁各国增加接种肺炎球菌病、嗜血杆菌乙型流感和伤寒疫苗，减少抗生素使用量。

在全球处理抗微生物药物耐药性过程中，重点病原体清单中所列的抗生素耐药性细菌对公共卫生构成重大威胁。但就候选疫苗数量和可行性而言，目前的疫苗开发水平非常薄弱。世界卫生组织呼吁，考虑到短期内不太可能获得用于对付这些病原体的疫苗，应紧急采取替代干预措施，以防重点细菌病原体引起耐药性感染。世界卫生组织抗微生物药物耐药性全球协调主任 Haileyesus Getahun 博士表示，需要采用创新性方法加强疫苗的研发。世界卫生组织免疫、疫苗和生物制品司司长 Kate O'Brien 博士表示，疫苗开发成本高昂、研究过程具有挑战性，通常失败率很高，而且监管和制造要求很复杂，这为新型疫苗的研发带来了挑战。

5. 需要全球通力合作对抗微生物耐药

世界各地在人类医疗和动物医疗领域，都使用抗微生物药物来治疗和预防人类或动物疾病，包括抗生素、抗真菌药物和抗寄生虫药物。此外，有些时候为了促进动物健康生长，抗生素也应用于食品生产；农业中也使用抗微生物杀虫剂来治疗和预防植物疾病。这就造成耐药微生物和致病病原体在人类、动物、植物之间以及环境中传播的风险。许多疾病对气候敏感，环境条件和温度的变化可能加大一些细菌、病毒、寄生虫等疾病在人类、动物和植物中的传播风险，增加的疾病患病率可能导致抗微生物药物使用不当的增加，加剧抗微生物药物耐药性的形成。比如，一种导致人类和动物严重疾病和死亡的寄生虫——蠕虫，气候变化导致蠕虫的大规模暴发正在变得越来越普遍。气候变化，尤其是一些极端天气事件导致降雨、温度和湿度增加，也可能增加疟疾在现存地区的发病率，并导致该疾病蔓延到新的地区。某些媒介传播疾病的耐药性也因为环境危机不断增强，由于治疗的抗微生物药物效果不再显著，导致耐药性风险不断加强，疟疾就是典型的例子。有报道称，对于目前可获得的几乎所有抗疟药物，疟原虫已经表现出耐药性。随着全球气温因气候危机而上升，人类、动物、植物和环境的抗微生物药物耐药性与细菌感染率正在上升。例如，作物的杀真菌剂抗性可能随着温度的升高而增加。

评估微生物耐药的发展影响结果对采取紧急行动的重要性时，健康指标与评估研究所所长 Chris Murray 教授认为，对全球微生物耐药的系统评估是关键的一步，它使我们能够看到挑战的全面性。如果我们想在与微生物耐药的竞争中保持领先，我们现在需要利用这些估计来纠正行动并推动创新。牛津大学全球抗生素耐药性研究项目领导团 Christiane Dolecek 教授、Catrin Moore 博士和 Benn Sartorius 教授也认为，能够评估微生物耐药，并将其与其他主要健康威胁进行比较，对于避免其导致的严重后果至关重要。微生物耐药的评估结果已于2021 年 6 月发布给包括加拿大、法国、德国、意大利、日本、英国、美国在内的七国集团卫生部长，他们同意将微生物耐药列为加强全球卫生系统计划的一部分。在谈到需要针对微生物耐药采取政治行动时，英国抗生素耐药性问题特使萨莉·戴维斯夫人认为，微生物耐药已经是人类面临的最大挑战之一。在这些新数字的背后是家庭和社区，他们悲惨地承受着悄无声息的微生物耐药大流行。全球应该将这些数据用作警告信号，以促使各级采取行动。可以立即采取行动帮助世界各国保护其卫生系统免受微生物耐药的威胁。比如，采取更大的行动来监测和控制全球、国家和个别医院内的感染；加快对感染预防和控制的支持，并扩大获得疫苗、清洁水和卫生设施的建设；优化与治疗人类疾病无关的抗生素的使用，如在食品和动物生产中采取同一种健康方法，并认识到人类与动物健康之间的相互联系。

由于耐药性导致大量人员死亡，若不妥善采取行动，死亡人数可能继续增加，产生高额的公共卫生成本，大批民众陷入贫困，尤其是低收入国家将受到严重冲击。所有国家都需要采取紧急行动以遏制耐药性的增加和蔓延，如果用于治疗人类和动植物感染所需的抗微生物药物不再有效，将给地方和全球卫生系统、经济、粮食安全和食品系统带来毁灭性影响。抗微生物药物耐药性全球领导人小组的联合主席之一，巴巴多斯总理莫特利认为，抗微生物药物耐药性、环境健康和气候危机之间的联系正日益鲜明，我们必须立即采取行动，保护环境和全世界人民免受抗微生物药物污染的危害。由联合国粮食及农业组织（粮农组织）、联合国环境保护署（环境署）、世界卫生组织（世卫组织）和世界动物卫生组织（动物卫生组织）组成的四方机构启动该倡议，应对抗微生物药物耐药性问题对人类、动植物、生态系统和生计构成的威胁。为保障全球应对不断蔓延的抗微生物药物耐药性问题通力合作，四方机构于2022年11月正式启动"抗微生物药物耐药性多利益相关方伙伴关系平台"。"抗微生物药物耐药性多利益相关方伙伴关系平台"作为一个包容性国际平台，着眼于统筹全局的"同一个健康"方针，汇集各领域、各部门和各视角的意见和声音，推动众多利益相关方协同合作。

二、我国微生物耐药现状

细菌耐药是全球公共健康领域的重大挑战。我国政府高度重视加强抗菌药物管理遏制细菌耐药工作，在应对细菌耐药联防联控工作机制下，各有关部门深入贯彻落实《遏制细菌耐药国家行动计划（2016—2020年）》的有关要求，采取了一系列行动，在抗菌药物研发、生产、流通、使用、环境保护、宣传教育和国际合作等方面均取得了重要进展。以下我国微生物耐药现状的内容参考了《中国抗菌药物管理和细菌耐药现状报告》。

1. 中国抗菌药物临床应用水平不断提高

图7-2展示了自2011年以来，全国抗菌药物临床应用监测网中心成员单位的住院患者抗菌药物使用率、使用强度、门诊抗菌药物使用率相关数据。从图表中数据可以看出，住院患者抗菌药物使用率［图7-2（a）］、抗菌药物使用强度［图7-2（b）］、门诊患者抗菌药物使用率［图7-2（c）］均明显下降。

2. 中国细菌耐药形势总体平稳向好

全国细菌耐药监测网数据显示，在重要细菌耐药趋势控制方面，我国大部分临床常见耐药细菌的检出率呈下降趋势或保持平稳，碳青霉烯类抗菌药物耐药的肺炎克雷伯菌检出率呈现缓慢上升趋势，而且耐药细菌的检出率存在明显的地域差异，需加强重视（图7-3）。

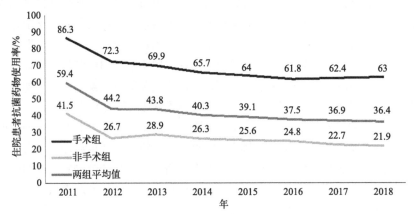

(a) 2011—2018年 全国抗菌药物临床应用监测网中心成员单位住院患者抗菌药物使用率

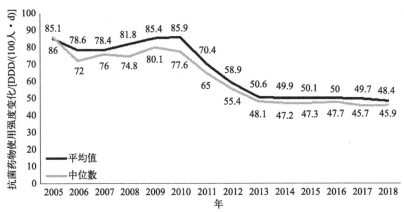

(b) 2005—2018年 全国抗菌药物临床应用监测网中心成员单位综合医院抗菌药物使用强度变化

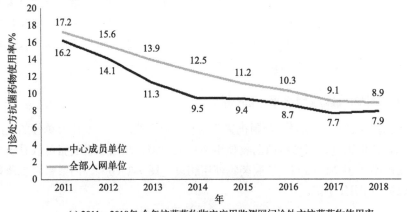

(c) 2011—2018年 全年抗菌药物临床应用监测网门诊处方抗菌药物使用率

图 7-2　我国抗生素临床应用情况

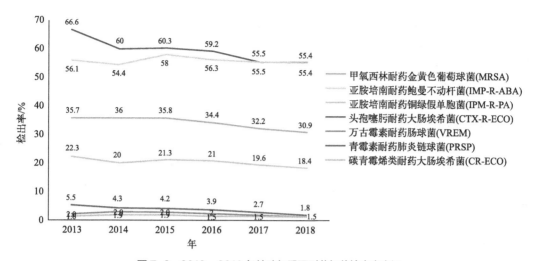

图 7-3　2013—2018 年特殊与重要耐药细菌检出率变迁

3. 中国医院感染防控水平逐渐提高

全国医疗机构感染监测网数据显示，监测单位的医疗机构感染现患率从 2012 年的 3.22%
下降到 2018 年的 1.98%（图 7-4）。

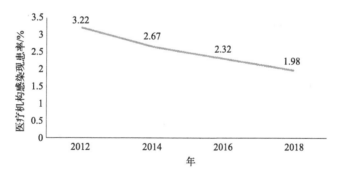

图 7-4　2012—2018 年全国医疗机构感染监测网医疗机构感染现患率

三、世界卫生组织应对微生物耐药

1. 全球抗生素耐药行动计划

抗微生物药物耐药性威胁着现代医学的核心以及应对传染病持续威胁的全球公共卫生有
效反应的持久性。有效的抗微生物药物是预防和治疗的前提，可以防范可能致命的疾病并确
保以较低的风险开展复杂的程序，例如手术和化疗。但是，这些药物在人类药品和食品生产
中系统化地错误使用和过度使用，使每一个国家都面临风险。但没有几种替代产品正处于研
发过程中。如果不立刻采取全球规模的一致行动，全世界即将进入普通感染也将再次能够造
成死亡的后抗生素时代。世界卫生大会注意到抗生素耐药性的危机，在 2015 年 5 月通过了
《抗微生物药物耐药性全球行动计划》（简称为《全球行动计划》）。《全球行动计划》设立了

五大目标，即为通过有效沟通、教育和培训提高对抗微生物药物耐药性的认识和了解；通过监测和研究强化知识和证据基础；通过有效的环境卫生、卫生和感染预防措施降低感染发病率；优化人类和动物卫生工作中抗微生物药物的使用；为考虑所有国家需求的可持续投资形成经济依据，增加对新药、诊断工具、疫苗和其他干预措施的投资。

《全球行动计划》强调需要"同一个健康"的有效思路，其中涉及协调多国家、多部门，包括人类医学和兽医学、农业、财政、环境以及充分知情的消费者。《全球行动计划》承认并处理了国家在应对抗微生物药物耐药性方面的资源差异，以及不利于制药业开发替代产品的经济因素。在应对微生物耐药的威胁方面，需要全球通力合作。世界卫生组织与联合国、联合国粮农组织和 OIE 合作，可以在政治层面上应对抗微生物药物耐药性，有利于在全球开展监测和评价机制。

2. 抗生素耐药"重点病原体"清单

为了应对日益严重的全球抗微生物药物耐药性的快速发展趋势，世界卫生组织于 2017 年 2 月 27 日发表了首份抗生素耐药"重点病原体"清单，用于指导和促进新型抗生素的研究与开发。这份清单包含了对人类健康构成最大威胁的 12 种细菌名录，还特别强调了对多种抗生素耐药的革兰氏阴性细菌的威胁性问题。世界卫生组织卫生系统和创新事务的助理总干事 Marie-Paule Kieny 博士认为，全球抗生素耐药性问题正在不断加重，但可用的治疗策略正在快速耗尽。如果仅仅依靠市场力量来解决问题，最迫切需要开发新型抗生素的问题将不会得到及时解决，这份清单是用来确保研发工作面向公共卫生紧急需求的新工具。

世界卫生组织在抗生素耐药"重点病原体"清单中，根据对新型抗生素的迫切需求程度将重点病原微生物分为极为重要、十分重要和中等重要三个类别。重要性级别最高的一组包括耐多种药物的细菌，包括不动杆菌属、假单胞菌属和各种肠杆菌科（包括克雷伯菌属、大肠埃希菌、沙雷氏菌属和变形杆菌属），可引起严重且常常致命的感染，例如血流感染和肺炎。这些细菌对医院、养老院以及还需要用通气机和血液导管等装置进行护理的患者造成了威胁。目前，这些细菌已经对大量抗生素产生了耐药性，包括碳青霉烯类和第三代头孢菌素类药物（用于治疗耐多药细菌的最佳可用抗生素）。清单中的第二和第三个等级主要针对其他一些日益出现耐药并引起更常见疾病的细菌，例如淋病和由沙门菌引起的食物中毒等，按照不同威胁等级进行分类。德国联邦卫生部长 Hermann Gröhe 认为，现有的卫生系统亟须有效抗生素来加强。为了未来人类的健康，全球必须采取联合行动。而世界卫生组织制定的这份全球重点病原体清单正是确保和指导新抗生素相关研究和开发的重要新工具。

这份清单是利用经过一组国际专家审查的多标准决策分析技术，与德国图宾根大学传染病处合作开发完成的。病原体的选择列表标准主要考虑的内容是：所引起感染的致命程度如何，是否需要长期住院治疗，当社区成员接触现有抗生素时出现耐药的频次，在动物之间、从动物到人以及人与人传播的容易程度，是否可以预防（例如通过注意卫生和实施疫苗接种），备用治疗选用方案，是否已有新的抗生素治疗方法处于研发过程中。"重点病原体"清单的三类病原体包括：第一类重点病原体（极为重要）主要有，碳青霉烯类药物耐药鲍曼不动杆菌、碳青霉烯类药物耐药铜绿假单胞菌、碳青霉烯类药物耐药、产超广谱 β- 内酰胺酶（ESBL）肠杆菌科；第二类重点病原体（十分重要）包括万古霉素耐药肠球菌、克拉霉素耐药幽门螺杆菌、氟喹诺酮类药物耐药弯曲菌、氟喹诺酮类药物耐药沙门菌、氟喹诺酮类药物耐药淋病奈瑟菌，以及甲氧西林耐药、万古霉素中介和耐药金黄色葡萄球菌等；第三类重点病原体（中等重要）包括青霉素不敏感肺炎链球菌、氨苄西林耐药流感嗜血杆菌、氟喹诺酮类药物耐药志贺菌属。

参与制定清单的专家表示，针对这种病原体优先列表获得的新型抗生素将有助于减少世界各地因耐药感染造成的死亡，如果不立即采取行动将会带来更多公共卫生问题，并对病人治疗产生很大影响。值得注意的是，有些引发严重传染病的病菌，如结核分枝杆菌、甲型和乙型溶血性链球菌以及衣原体等并没有列入清单，主要是因为这些细菌对现有治疗办法的耐药程度较低，或已经建立了相关的监测规划，目前不会带来公共卫生重大威胁。除了新型药物研发，还必须更好地预防感染并在人中间和动物中间适当使用现有抗生素，以及合理使用将来开发出来的任何新型抗生素。

思考题

① 微生物耐受抗生素的耐药性机制是什么？
② 微生物对抗生素耐药会引发哪些危机和风险？
③ 应对微生物耐药的现行措施有哪些？

参考文献

[1] Andrews E R，Kashuba A D M. Pharmacology of drug resistance [J]. Springer International Publishing，2017：37-43.

[2] Jacoby G A. History of drug-resistant microbes [J]. Humana Press，2017：3-8.

[3] Bentley R. Bartolomeo Gosio，1863—1944：An appreciation [J]. Advances in Applied Microbiology，2001，48：229-250.

[4] Maruta H. From chemotherapy to signal therapy（1909—2009）：A century pioneered by Paul Ehrlich [J]. Drug discoveries & therapeutics，2009，3（2）：37-40.

[5] Colebrook L. Gerhard Domagk，1895—1964 [J]. Biographical Memoirs of Fellows of the Royal Society，1964，10：39-50.

[6] Tan S Y，Tatsumura Y. Alexander fleming（1881—1955）：Discoverer of penicillin [J]. Singapore Medical Journal，2015，56（7）：366.

[7] Ligon B L. Sir Howard Walter Florey——the force behind the development of penicillin[J]. Seminars in Pediatric Infectious Diseases，2004，15（2）：109-114.

[8] Foster T J. Antibiotic resistance in Staphylococcus aureus. Current status and future prospects [J]. FEMS Microbiology Reviews，2017，41（3）：430-449.

[9] Köser C U，Ellington M J，Peacock S J. Whole-genome sequencing to control antimicrobial resistance [J]. Trends in Genetics，2014，30（9）：401-407.

[10] Rather M A，Saha D，Bhuyan S，et al. Quorum quenching：a drug discovery approach against pseudomonas aeruginosa [J]. Microbiological Research，2022，264：127173.

[11] 田而慷，王玥，吴卓轩，等. 噬菌体疗法：回顾与展望 [J]. 四川大学学报（医学版），2021，52（2）：170-175.

[12] Powell J L. Powell's Pearls：Hans Christian Joachim Gram，MD（1853—1938）[J]. Obstetrical & Gynecological Survey，2006，61（4）：215-216.

[13] Kowalska-Krochmal B，Dudek-Wicher R. The minimum inhibitory concentration of antibiotics：methods，interpretation，clinical relevance [J]. Pathogens，2021，10（2）：165.

[14] Reygaert W C. An overview of the antimicrobial resistance mechanisms of bacteria [J]. AIMS Microbiol，2018，4（3）：482-501.

[15] 李昕，曾洁，王岱，等 . 细菌耐药耐受性机制的最新研究进展 [J]. 中国抗生素杂志，2020，45（2）：113-121.

[16] 刘成程，胡小芳，冯友军 . 细菌耐药：生化机制与应对策略 [J]. 生物技术通报，2022，38（9）：4-16.

[17] 李春玲，柯海意，徐民生，等 . 革兰氏阴性病原菌外膜囊泡的生物学作用与机制研究进展 [J]. 广东农业科学，2023，50（7）：1-10.

[18] Fletcher S. Understanding the contribution of environmental factors in the spread of antimicrobial resistance [J]. Environmental Health and Preventive Medicine，2015，20（4）：243-252.

[19] 联合国新闻 . 国际癌症研究机构：2020 年全球新增 1930 万癌症患者 1000 万人因癌症去世 [EB/OL].（2020-12-15）[2023-10-15]. https：//news.un.org/zh/story/2020/12/1073672.

[20] 世界卫生组织 . 新报告呼吁立刻采取行动，以避免抗微生物药物耐药危机 [EB/OL].（2019-04-29）[2023-10-15]. https：//www.who.int/zh/news/item/29-04-2019-new-report-calls-for-urgent-action-to-avert-antimicrobial-resistance-crisis.

[21] 农业农村部对外经济合作中心 . 畜牧业的抗菌素耐药性（AMR）及其对公共卫生的全球影响 [EB/OL].（2020-04-28）[2023-10-15]. http：//www.fecc.agri.cn/yjzx/yjzx_yjdt/202004/t20200428_351256.html.

[22] 世界卫生组织 . 世卫组织发表报告确认世界的抗生素濒临枯竭 [EB/OL]. （2017-09-20）[2023-10-15]. https：//www.who.int/zh/news/item/20-09-2017-the-world-is-running-out-of-antibiotics-who-report-confirms.

[23] Garza-González E，Morfin-Otero R，Mendoza-Olazarán S，et al. A snapshot of antimicrobial resistance in Mexico. Results from 47 centers from 20 states during a six-month period [J]. Plos One，2019，14（3）：e0209865.

[24] 刘昌孝 . 全球关注：重视抗生素发展与耐药风险的对策 [J]. 中国抗生素杂志，2019，44（1）：1-8.

[25] Kuehn B. Antibiotic resistance threat grows [J]. JAMA，2019，322（24）：2376-2376.

[26] Yamaguchi N，Roberts M，Castro S，et al. Microbial monitoring of crewed habitats in space—current status and future perspectives [J]. Microbes and Environments，2014，29（3）：250-260.

[27] Urbaniak C，Morrison M D，Thissen J B，et al. Microbial Tracking-2，a metagenomics analysis of bacteria and fungi onboard the International Space Station [J]. Microbiome，2022，10（1）：100.

[28] Murray C J L，Ikuta K S，Sharara F，et al. Global burden of bacterial antimicrobial resistance in 2019：a systematic analysis [J]. The Lancet，2022，399（10325）：629-655.

[29] 联合国 . 减少污染以对抗"超级细菌"和其他抗微生物药物耐药性问题 [EB/OL].（2023-02-07）[2023-10-15]. https：//news.un.org/zh/story/2023/02/1114912.

[30] 世界卫生组织 . 全球缺少创新型抗生素助长了耐药性的出现和蔓延 [EB/OL]. （2021-04-15）[2023-10-15]. https：//www.who.int/zh/news/item/15-04-2021-global-shortage-of-innovative-antibiotics-fuels-emergence-and-spread-of-drug-resistance.

[31] 世卫组织总干事谭德塞博士 . 世卫组织总干事 2022 年 7 月 12 日在 2019 冠状病毒病媒体通报会上的开幕讲话 [EB/OL].（2022-07-12）[2023-10-15].https：//www.who.int/zh/director-general/speeches/

detail/who-director-general-s-opening-remarks-at-the-covid-19-media-briefing--12-july-2022.

[32] 联合国环境规划署. 全球领导人小组联大期间敦促在抗微生物药物耐药性问题上发挥领导作用并采取行动 [EB/OL]. (2022-09-22) [2023-10-15]. https: //www.unep.org/zh-hans/xinwenyuziyuan/xinwengao-36.

[33] 国家健康委员会. 中国抗菌药物管理和细菌耐药现状报告 [M]. 北京：中国协和医科大学出版社，2019.

[34] 第六十九届世界卫生大会. 抗微生物药物耐药性全球行动计划秘书处的报告 [R]. 日内瓦：世界卫生组织，2016.

[35] Tacconelli E，Carrara E，Savoldi A，et al. Discovery，research，and development of new antibiotics: the WHO priority list of antibiotic-resistant bacteria and tuberculosis [J]. The Lancet Infectious Diseases，2018，18（3）：318-327.

[36] Gröhe H. Together today for a healthy tomorrow—Germany's role in global health[J]. The Lancet，2017，390（10097）：831-832.

[37] 谢淦，王文建，申昆玲. 2022 年世界卫生组织真菌重点病原体清单解读 [J]. 中华实用儿科临床杂志，2023，38（9）：266-270.

第八章

生物武器与生物恐怖

第一节 基本概念与特征

一、基本概念

人类文明的历史充满了冲突、敌对和战争。因此，正如著名西班牙裔美国哲学家乔治·桑塔亚纳（George Santayana）所说，"只有死者才能看到战争的结束"。每一场战争都是有原因的，包括征服、自由、宗教等。人类除了依赖于从导弹到原子弹的武器外，化学和生物武器也被大量用于发动战争。世界上许多国家都发明了生物武器来增强国防和军队，但以牺牲人的生命为代价，水痘、霍乱、鼠疫和肺炎等几种流行病已经造成了严重破坏。历史经验告诉我们，如果在战争期间使用生物武器，将造成大规模破坏。

尽管生物战的形象可能已经变得模糊，世界似乎已经忘记了生物武器，但生物恐怖与生物战的潜在威胁仍然存在。尤其是新型冠状病毒的暴发，生物战的威胁再次出现在政治话语中。恐怖分子使用生物武器将是一场毁灭性的噩梦。以下将对生物武器、生物恐怖以及生物战相关概念进行介绍。

1. 生物武器

生物武器一般是指利用病毒、细菌或真菌等微生物，或由活的有机体产生的有毒物质被故意产生和释放，用于造成人类、动物或植物疾病和死亡。生物武器属于大规模杀伤性武器，除了生物武器，大规模杀伤性武器还包括化学、核武器和放射性武器。

2. 生物恐怖

生物恐怖，是指故意使用致病性微生物、生物毒素等实施袭击，损害人类或者动植物健康，引起社会恐慌，企图达到特定政治目的的行为。生物恐怖主义是一种涉及故意释放或威胁释放细菌、病毒或其他生物制剂以使人、牲畜和农作物患病/死亡的恐怖主义。生物恐怖主义袭击是故意释放病毒、细菌或其他病菌导致疾病或死亡的故意行为。根据国际刑事警察组织的说法，"生物恐怖主义是指故意释放生物制剂或毒素，以伤害或杀死人类、动物或植物，意图恐吓或胁迫政府或平民以实现政治或社会目标。"用于生物恐怖主义的细菌大多是在自然界中发现的，也有可能是经过修饰的有害物质，以增加它们引起疾病、传播或抵抗医疗的能力。

根据《现代汉语词典》的解释，恐怖是"由于生命受到威胁或残害而恐惧"，《世界知识大辞典》对恐怖主义的定义是"为了达到一定目的，特别是政治目的，而对他人的生命、自由、财产等使用强迫手段，引起如暴力、胁迫等造成社会恐怖的犯罪行为的总称"。

3. 生物战

生物战是指蓄意使用诸如病毒、细菌、真菌或其毒素等致病因子杀死或使人类、动物和植物丧失能力的战争。生物战爆发的性质相似于自然灾害，因此很难追溯确切的发展。主要问题是生物战有可能再次卷土重来，这有一个双重挑战。如果国家过度保护，它会降低生物技术的利润。然而，从长远来看，完全无视生物武器的复苏也是一种威胁。

4. 生物战剂

生物战剂是对病原微生物以及它所产生的传染性物质的总称，生物战剂不仅能满足军事目的和技术的需要，还可以对人畜和农作物造成极大的破坏，常见的生物战剂有细菌、真菌、病毒、衣原体、立克次体等。

5. 生物武器的施放装置

生物武器的施放装置是指能够携带并投放生物战剂的载体。包括炮弹、炸弹、火箭弹、导弹等的弹头和航空布撒箱、喷雾器、气溶胶发生器、装载媒介物（鼠、蚊、蜱等）的容器等。

6. 生物恐怖的袭击方式

恐怖袭击主要有公开和隐蔽两种发生方式。在应对化学武器或核武器袭击事件时，这些攻击会立即产生明显的影响。因此，应急响应是根据爆炸和化学制剂等公开攻击进行规划。然而，使用生物制剂的攻击更有可能是隐蔽的。常用的生物恐怖袭击主要有向空气中喷洒生物制剂、通过人与人之间的联系传播、感染能将疾病传染给人类的动物，以及污染食物和水几种方式。

二、生物武器的种类

根据病原菌或毒素传播的难易程度和疾病的严重程度，美国疾病控制与预防中心将能够用于生物恐怖的生物战剂分为 A、B 和 C 三类。

A 类生物战剂对公共和国家安全具有最高风险。具有易传播、高致死率，可能导致社会混乱、恐慌和极端威胁等特征。主要包括炭疽杆菌、肉毒杆菌毒素、鼠疫耶尔森菌、天花病毒、土拉弗朗西斯菌、丝状病毒（例如，埃博拉病毒、马尔堡病毒）和沙粒病毒（例如，拉沙病毒、马丘波病毒）等。

B 类生物战剂属于第二高优先级。具有比较容易传播、导致中等发病率到低死亡率等特点。主要包括布鲁氏菌、产气荚膜梭菌、鹦鹉热衣原体、蓖麻毒素、葡萄球菌肠毒素 B、斑疹伤寒立克次体、脑炎病毒（例如，委内瑞拉马脑炎病毒、东部马脑炎病毒），以及一些存在食品安全威胁的病原菌（例如，沙门菌、大肠埃希菌 O157：H7、志贺菌）和水安全威胁的病原微生物（例如，霍乱弧菌）。

C 类生物战剂一般是一些新出现的病原体，未来可用于大规模传播。易于生产，具有高发病率和死亡率，便于设计和改造。汉坦病毒、尼帕病毒等新兴病毒属于这一类别。

三、生物恐怖袭击的特点

生物恐怖是对公共健康的持续威胁，公共场所的生物恐怖袭击也属于突发公共卫生事件。通常，生物恐怖主义行为的目的是恐吓、杀害平民，甚至操纵政府。生物恐怖破坏了经济、宗教、社会干扰、意识形态和政治影响，对人类生活的影响比战争更大。生物恐怖与生物战密切相关，尤其在影响效果方面非常相似，这也是国际社会对生物恐怖格外重视的原因之一。生物恐怖与生物战之间存在相同之处，因此生物恐怖也具备生物武器的一些典型特征，包括面积效应大、危害时间长、具有传染性和渗透性、难以防护、生产容易、成本低廉等。但生物恐怖作为一种恐怖袭击手段，也具有与生物武器不同的特征。以下列举了生物恐怖区别于生物武器的几个特征。

① 袭击目标更为广泛。生物战是以战争为目的，因此其袭击对象以部队和军人为主。然而，生物恐怖主要以恐怖效应为目的，其作用对象大多是普通民众，同时也可能针对农作物和牲畜进行袭击。

② 心理影响非常大。生物恐怖袭击范围更为广泛，可能造成广泛的人群恐慌、混乱，对公共秩序的稳定产生更为严重的影响。

③ 影响效应广泛。生物恐怖可在短时间内造成大量人员伤亡，需要得到大量的物资与医疗人员的迅速支持，现有条件往往不能满足应急需求，会对整个社会产生广泛的影响。

④ 消耗大量人力和机构资源。生物恐怖的处置可能需要强行隔离或检疫限制措施及实施医学消毒措施等。这需要多级政府机构、管理机构和社会力量的高效协调、明确分工和积极参与。

⑤ 造成损失惨重。生物恐怖可引起经济的严重下滑，对国家经济造成严重损害，甚至干扰国际经济秩序的稳定。

⑥ 综合效应巨大。生物恐怖事件能够削弱社会体制的稳定性、损害政府与民众的关系、损害政府威望与国家形象等。

四、生物恐怖袭击的危害

生物恐怖袭击一般是通过释放病原体或毒素来造成人类、动植物及环境的危害，危害主要包括以下几个方面。

① 大规模感染和死亡。施用的病原体如炭疽杆菌、天花病毒或鼠疫耶尔森菌等可以在人

群中传播，引起疾病暴发，可能导致大规模的感染病例和死亡。

② 社会恐慌。人们对生病或死亡的担忧可能引发大规模的逃离、封锁和混乱，影响社会秩序，导致社会的广泛恐慌和混乱。

③ 经济破坏。大规模的疫情可能导致生产中断、商业停滞以及医疗资源的极端紧张，可能对经济造成严重的影响。

④ 医疗系统崩溃。大规模生物袭击可能超出当地医疗系统的承受能力，医疗资源可能不足，医护人员可能面临巨大的压力，导致医院和卫生机构的崩溃。

⑤ 长期环境影响。一些释放的病原体可能在土壤或水中存活，对生态系统产生持久的负面影响。

⑥ 难以追踪和应对。因为病原体的潜伏期可能很长，而且症状可能在暴发之前不容易察觉，增加了采取相应的应对和防范措施的难度。

五、医务人员应对生物恐怖袭击

生物恐怖袭击的威胁对医疗保健专业人员如何管理灾难性事件受害者提出了更高的要求。提高对潜在生物武器的广泛了解，对于限制与生物恐怖袭击相关的发病率和死亡率至关重要，这就包括识别致病因子和患者管理程序。生物武器，尤其是传染性病原体，可能会模拟自然发生的感染。因此，发生生物恐怖袭击时，医疗保健专业人员的首要任务是确定袭击是否发生。

医疗保健专业人员可以在防止大规模伤亡和限制对人类生命的大规模损害方面发挥直接作用，通过定期培训医护人员和其他一线工作人员，提高识别和管理生物恐怖袭击的能力至关重要。首先，医疗保健专业人员应具备通过对疫情的流行病学分析来区分自然疫情和生物恐怖袭击的能力。一旦确定了事件的性质，就可以开始适当地针对疾病开展干预措施，以降低与攻击相关的发病率和死亡率。生物武器的选择可能取决于恐怖组织拥有的技术和经济能力。其次，如果没有快速识别病原体并进行适当管理，发病率和死亡率可能会很高。医疗保健专业人员应熟悉生物恐怖袭击事件中的流行病学和控制措施，以便在事件暴发时做出反应，以此提高生物恐怖的诊断和治疗能力，并实施有效的应对计划。第三，公众的恐慌和恐惧，也是生物恐怖袭击事件的不良后果。医护人员可以通过向受害者解释情况，并适当和及时心理关怀，减轻相关人员消极和恐慌情绪。第四，管理生物恐怖主义事件受害者需要一个由医疗保健专业人员组成的跨专业团队，其中包括不同专业的医生、护士、实验室技术人员、药剂师，以及政府机构，也需要涉及各种其他医学亚专业的交叉会诊。

生物恐怖袭击给应急系统带来了新的挑战，为了应对生物恐怖威胁，需要在考虑公共卫生基础设施的前提下进行应急规划。由于病原菌或毒素存在一定的潜伏期，生物制剂的攻击往往不会立即产生影响。因此，需要由医务工作者确定生物恐怖主义行动的初级受害者，根据初级受害者确定是否发生了袭击，识别有机体并迅速建立应急响应。辨认生物恐怖袭击的线索包括罕见疾病或新疾病的暴发、非流行地区的疾病暴发、淡季期间的季节性疾病、具有异常抗性或异常流行病学特征的已知病原体、异常临床表现或年龄分布，一种在不同地理区域迅速出现的基因相同的病原体等。

第二节　生物战剂的类型与特点

由于恐怖主义威胁的增加，需要评估各种微生物作为生物武器所带来的风险，更好地了解生物制剂的历史发展和使用。生物战剂可能比常规武器和化学武器更有效。在过去的一个世纪里，生物技术和生物化学的进步简化了此类武器的开发和生产。易于生产以及生物制剂和技术知识的广泛使用，导致生物武器的进一步传播，以及恐怖组织使用意愿增加。公元前600年传染病在战争中就被武器化使用，战场上利用污染物和尸体击溃敌人。中世纪的军事领导人认识到传染病的受害者本身可以作为生物战剂。例如，1346年卡法遭受围攻时，鞑靼人将瘟疫死者的尸体扔进了城市，从而在城市中引发了瘟疫流行。鼠疫大流行，也称为黑死病，也曾作为生物战剂在14世纪席卷欧洲、近东和北非，可能是有记录以来最具破坏性的公共卫生灾难，造成超过2500万欧洲人死亡。还有许多历史事件与之类似，战争期间使用污染尸体作为生物战剂。1710年俄罗斯军队和瑞典军队，在雷瓦尔的战斗中使用了类似的瘟疫受害者尸体的策略；1785年，突尼斯人将染有瘟疫的布用作武器。

下面我们将对潜在生物战剂病原菌的类型及其致病特点进行介绍。

一、潜在的生物战剂

1. 炭疽杆菌

炭疽杆菌是一种需氧或兼性厌氧、有荚膜、革兰氏阳性、形成孢子的杆菌，在血琼脂上以大的、不规则形状的菌落形式生长良好。炭疽一词来源于希腊语"anthrakis"，意思是黑色，指的是皮肤炭疽中遇到的坏死病变。

炭疽杆菌在过去曾被用于生物恐怖袭击，它以雾化形式高度稳定，使其成为最受欢迎的生物武器选择之一。

炭疽杆菌感染的发病机制取决于感染途径，主要有四种类型。

一是吸入性炭疽杆菌感染。最初炭疽芽孢杆菌孢子在肺泡中积聚，然后转运到局部淋巴结，在那发芽、繁殖并开始产生毒素，引发随后的全身性疾病、血流感染和感染性休克。吸入性炭疽在暴露后的潜伏期约为1至6天，它非特异性前驱表现为发热、恶心、呕吐、胸痛和咳嗽。细菌复制的第二阶段随后发生在纵隔淋巴结中，导致出血性淋巴结炎和纵隔炎，随后发展为菌血症。高达50%的病例可发生脑膜炎。症状出现后1至10天可能导致死亡。

二是通过皮肤感染。这类感染是炭疽杆菌孢子通过皮肤破口进入皮下组织而发生的。随着毒素的产生，导致特征性水肿和皮肤溃疡。皮肤炭疽在暴露后1至10天出现瘙痒和丘疹病变，并在数天后发展为无痛性溃疡。原发性病变可能产生卫星囊泡，这些囊泡可以扩散到坏死中心，周围产生非凹陷性水肿。无痛性溃疡也是皮肤炭疽的一大特征，焦痂可能会在大约1到2周内干燥并脱落，但如果不治疗，死亡率可达到20%。

三是胃肠道感染。通过摄入被炭疽杆菌孢子污染的肉类，导致黏膜溃疡和出血，从口咽一直影响到肠道。在口咽部炭疽中，口咽后部可能会出现溃疡，这会导致吞咽困难和局部淋巴结肿大。在肠炭疽中，患者可能有发热、恶心、呕吐和腹泻，还有类似急腹症的特征，伴有呕血、血性腹泻和大量腹水。未经治疗的患者可发展为败血症，死亡率为 25% 至 60%。

四是注射性感染。注射性炭疽感染途径迄今只在欧洲有过报道，该途径就是通过注射非法药物导致感染。初始体征和症状包括注射区域的皮肤发红、明显的肿胀、休克、多器官衰竭和脑膜炎等。

2. 布鲁氏菌

布鲁氏菌属是革兰氏阴性、非运动的球菌，兼性细胞内寄生，不形成孢子或毒素。主要感染牛、猪、山羊、绵羊和狗。人类通常通过直接接触被感染动物、食用或饮用被污染的动物产品或吸入空气中病原体而感染。布鲁氏菌病是由动物传播得最广泛的人畜共患病之一，大多数病例由食用来自感染山羊或绵羊的未经高温消毒的羊奶或奶酪引起。

布鲁氏菌已被美国和其他几个国家成功设计为生物武器，尽管它从未在战争期间使用过。布鲁氏菌很容易被雾化，并且以气雾形式存活良好。在使用布鲁氏菌的生物恐怖事件中，治疗方法与上文详述的自然发生的布鲁氏菌感染相同。布鲁氏菌病相对较低的死亡率导致其作为一种潜在的生化武器失宠。

布鲁氏菌病可根据潜在的临床综合征呈现临床特征，可能包括脑膜脑炎、脊髓炎、睾丸炎、附睾炎、心内膜炎、骶髂关节炎、骨髓炎、化脓性关节炎、硬膜外脓肿和肝脓肿的特征。呼吸系统症状包括咳嗽、呼吸困难和胸膜炎，据报道存在局灶性肺脓肿和胸腔积液。皮肤病学表现包括斑丘疹、结节性红斑、皮肤脓肿和脂膜炎。心内膜炎和主动脉瘘很少发生。尽管可能发现淋巴结肿大、肝肿大、脾肿大和潜在临床综合征的临床特征，但体格检查可能正常。布鲁氏菌病经常表现为不明原因的发热，在确诊前需要进行大量检查，死亡率从百分之二到百分之五不等。

3. 鼻疽杆菌和类鼻疽杆菌

鼻疽和类鼻疽均由伯克霍尔德菌引起属于人畜共患病。人对鼻疽十分易感，主要通过接触感染动物致病。病症为在鼻腔、喉头、气管黏膜或皮肤形成特异的鼻疽结节、溃疡或瘢痕，在肺脏、淋巴结或其他实质性器官产生鼻疽结节。

类鼻疽病原体为类鼻疽杆菌（*Burkholderia pseudomallei*），类鼻疽杆菌为革兰氏阴性、有运动性的短杆菌。类鼻疽常见于东南亚，病例主要集中于越南、缅甸和马来西亚，澳大利亚北部也是流行区。绵羊、山羊、马、猪、牛、狗、猫等动物同样带有类鼻疽，并且可以传播给人类。人体皮肤的伤口或擦伤处，如果接触到受污染的土壤或水，就可能感染。人们也可能因吸入受污染的土壤灰尘，以及吞下或吸入受污染的水而受感染。

鼻疽潜伏期介于 1 到 21 天之间，有的甚至可以长达数月至数年。通常从发热开始，然后是脓疱、脓肿和肺炎。急性鼻疽通常在发病后七到十天内致命。慢性鼻疽会在几个月内导致死亡，幸存者成为携带者。鼻疽杆菌可以通过三种方式进入人体宿主：摄入、吸入或直接接种。类鼻疽的潜伏期变化很大。它可以从两天到几年不等。急性类鼻疽表现为发热、咳嗽、胸膜炎、肌痛、关节痛、头痛、盗汗和厌食。肝、脾、前列腺和腮腺脓肿很常见。在大约 10% 的病例中，症状持续超过 2 个月，就构成慢性类鼻疽。通过身体伤口直接接种以及生物体通过轴浆运输机制利用周围神经系统侵入中枢神经系统的能力导致神经类鼻疽，难以诊断和治疗。

4. 土拉弗朗西斯菌

土拉弗朗西斯菌（*Francisella tularensis*）是一种高度传染性的革兰氏阴性菌，感染可通过各种进入点发生，包括吸入、直接接触皮肤或黏膜破损处、食入，或通过蜱或苍蝇媒介。土拉弗朗西斯菌首次被分离出来是在 1911 年，具有低感染剂量、易形成气溶胶等特性，被认为是最有可能被用于生物恐怖袭击的病原体。

土拉弗朗西斯菌感染根据暴露方式引起不同的临床综合征。经皮接种通常会引起溃疡性土拉菌病，其特征是接种部位出现皮肤溃疡以及局部淋巴结肿大。吸入感染土拉弗朗西斯菌，可导致原发性肺炎。食入土拉弗朗西斯菌会导致口咽疾病，包括扁桃体炎或咽炎并伴有颈部淋巴结肿大。土拉弗朗西斯菌病症还有其他表现，包括眼腺性和伤寒性（无定位体征的发热），死亡率在 2% 到 24% 之间。

5. 伤寒沙门菌

伤寒沙门菌（*Salmonella typhi*）是一种革兰氏阴性、有鞭毛的杆菌，属活动性、革兰氏阴性、产生硫化氢、酸不稳定和兼性细胞内细菌，属于肠杆菌科。伤寒沙门菌通常是通过摄入受污染的水或食物而感染，它可直接穿透上皮组织进入小肠黏膜下层导致派尔集合淋巴结肥大，然后它通过淋巴管和血液传播。

感染伤寒沙门菌潜伏期为 7 至 14 天不等，之后患者可能会出现发热和腹部症状，包括腹痛、恶心、呕吐、腹泻或便秘。其他沙门菌感染可表现为菌血症或局灶性感染，包括胃肠炎、脑膜炎、骨髓炎和尿路感染。

6. 志贺菌属和大肠埃希菌 O157：H7

志贺菌（*Shigella*）是革兰氏阴性、非运动、兼性厌氧、不产生芽孢杆菌，主要通过粪口途径传播，也可能通过水或食物传播。大肠埃希菌 O157：H7 是一种产志贺样毒素菌株，是一种食物和水传播病原体。它是一种革兰氏阴性杆菌，属于肠杆菌科。通过食用受污染的食物和水，通过粪口途径自然发生感染。志贺菌和大肠埃希菌是两种能引起食源性感染的细菌，在食品或水源受到污染的情况下容易导致大规模的传染。

志贺菌病可表现为腹部不适或严重的弥漫性腹绞痛，表现为发热、恶心、呕吐、嗜睡、厌食和痢疾等症状。大肠埃希菌 O157：H7 感染，患者表现为急性血性腹泻和腹部绞痛，偶有发热，还可能出现恶心、呕吐和大量腹泻，导致脱水和尿量减少。

7. 鼠疫耶尔森菌

鼠疫耶尔森菌，俗称鼠疫杆菌，是鼠疫的病原菌。鼠疫是一种人畜共患的自然疫源性烈性传染病，人类鼠疫多为疫鼠的跳蚤叮咬而感染，是我国法定的甲类传染病。如果发生生物恐怖袭击很可能是由导致肺鼠疫暴发的气溶胶引发，被感染患者最初会出现与其他严重呼吸道感染相似的症状。

鼠疫有三种主要类型，分别为腺鼠疫、败血型鼠疫和肺鼠疫。

最常见的鼠疫类型是腺鼠疫，潜伏期为 2 至 8 天。病菌通过疫蚤叮咬的伤口进入人体后，被吞噬细胞吞噬，在细胞内繁殖，并沿淋巴管到达局部淋巴结，引起出血坏死性淋巴结炎。症状包括突然发热、发冷、头痛和不适。在一天左右的时间内出现腹股沟淋巴结肿大，首先是局部淋巴结区域（通常是腹股沟）的剧烈疼痛和肿胀，然后是腋窝或颈部淋巴结受累。可能有心动过速和低血压，也可能有肝脾肿大等症状。

败血型鼠疫可原发或继发。原发型败血型鼠疫常因机体抵抗力弱，病原菌毒力强，侵入体内菌量多所致；继发型败血型鼠疫多继发于腺型鼠疫，由病菌侵入血流所致。此型病情凶险，发病初期体温高达 39～40℃，皮肤黏膜出现出血点，若抢救不及时，可在数小时至 2～3 天发生休克而死亡。

肺鼠疫是最严重的鼠疫类型，由于吸入带菌尘埃飞沫可直接造成肺部感染（原发型），或由腺鼠疫、败血型鼠疫继发而致。肺鼠疫通常发生在生物体从腹股沟经血行播散后，可表现为发热、咳嗽、胸痛和咯血，痰中带血及大量病菌，可在 2～3 天内死于休克、心力衰竭等。死者皮肤常呈黑紫色，故有"黑死病"之称。原发型肺鼠疫可能在吸入另一名咳嗽患者的飞沫后发生。在极少数情况下，患者可能会出现脑膜炎和咽炎。

8. 立克次体

美国疾病控制与预防中心已将四种立克次体生物作为潜在的生物武器，包括伯氏柯氏杆菌（Q 热）、斑疹伤寒病原体、落基山斑疹热病原体和鹦鹉热衣原体（鹦鹉热）。Q 热是一种专性的细胞内革兰氏阴性多形性细菌，它在动物中以高度传染性 I 期形式存在，而在传代培养时则以非传染性 II 期形式存在。斑疹伤寒病原体是一种专性的细胞内革兰氏阴性细菌。鹦鹉热衣原体是一种专性细胞内革兰氏阴性细菌，可以感染哺乳动物和鸟类，具有多种基因型。鸟类是主要的流行病学宿主，而人与人之间的传播很少见。

Q 热的严重程度可能从完全无症状到严重疾病，潜伏期介于两到六周之间。通常的范围涉及与头痛有关的发热性疾病。疾病在两到四天内达到平台期，患者在五到十四天后恢复正常。如果不治疗，发热可能会持续更长时间。可能存在非典型病原体肺炎，其特征是干咳、极少的听诊发现和胸片上非常非特异性的发现。还有可能为没有临床表现的肝炎，肝肿大或活检有肉芽肿的肝炎，可能表现为不明原因的发热。可能以心肌炎或心包炎的形式累及心脏，这是导致死亡的主要原因。皮肤病学表现包括躯干上的粉红色黄斑或丘疹皮疹，见于 5% 至 21% 的病例。神经系统受累涉及淋巴细胞性脑膜炎、脑炎/脑膜脑炎或周围神经病变。

斑疹伤寒潜伏期介于一到两周之间，症状包括高烧、剧烈头痛、肌痛、谵妄、干咳、昏迷，以及从躯干开始并在手掌和脚掌不受影响的情况下向周围扩散的红斑。该疾病可进展为低血压、休克和死亡。甚至在初次感染后数十年也可能出现复发病，表现为严重的头痛、高烧、寒战和咳嗽。

落基山斑疹热典型的症状包括发热、头痛和斑丘疹或瘀点皮疹三联征。皮疹开始是手腕和脚踝上的斑丘疹，后来会发展为瘀点。其他症状和体征包括淋巴结肿大、意识模糊或颈部僵硬、呕吐、肌痛、关节痛和心脏受累。

鹦鹉热可以在鸟类和哺乳动物之间传播，感染途径有吸入、接触或摄入。最初的症状包括发热、发冷、头痛和咳嗽。体征包括精神状态改变、畏光、颈部僵硬、咽炎和肝脾肿大。其他症状和体征因疾病所涉及的系统而异。

9. 天花病毒

天花病毒是一种 DNA 病毒，属于正痘病毒科和痘病毒科，由副痘病毒、猪痘病毒、山羊痘病毒和软体动物痘病毒等其他痘病毒组成。只有天花和传染性软疣是特定的人类病毒，能够人际传播。但其他正痘病毒，包括猴痘和牛痘，也可以在人类中引起重大疾病。所有的正痘病毒都是大的砖状病毒体，结构复杂，直径约 200 nm。病毒通过利用依赖 DNA 的 RNA 聚合酶在宿主细胞的细胞质中复制。尽管天花在 1980 年被彻底根除，但因为它能够在人与人之间传播，仍然是一种具有潜在危险的生物武器。天花的死亡率很高，一旦发生生物恐怖袭击，可能会引起恐慌和随后的社会混乱。美国疾病控制与预防中心将天花列为 A 级生物武器进行防控。

天花病症可分为缓和型、恶性和出血型三种类型。

缓和型天花主要出现于曾接种疫苗的患者身上，缓和型天花同样会导致早期症状及皮肤病变，但严重的程度较低。缓和型天花病人的皮疹数量较少且分布不均，蜕变与康复的速度较快，死亡的概率也较低。人们常把这种天花与水痘混淆。

有 5%～10% 的天花患者出现恶性天花的症状，当中又以儿童居多。恶性天花往往致命，目前尚未清楚出现这种天花的原因。恶性天花导致的早期症状非常严重，病人会出现血毒症并持续发热，舌头及腭部广泛被红点覆盖，皮疹蜕变的速度缓慢。恶性天花引起的水泡只含少量液体，而且非常柔软及敏感，有时还会渗血。它们在七至八天后变平，看似藏到了皮下。

出血型天花患者的人数比恶性天花少，只占 2%，并以成年人居多，也是致命性天花。病人在发病后的 2 至 3 天内会出现出血的现象，眼白会变红，皮肤会出现暗淡的红斑、瘀点，后呈焦黑色，也称为黑天花。脾脏、肾脏及浆膜也是常见的出血处，肝脏、睾丸、卵巢或膀胱在极少数情况下也受到影响，患者一般于病发后的 5～7 天内突然死亡。

10. 病毒性出血热

病毒性出血热包括一组以不同程度出血表现为特征的严重疾病，由四个病毒科引起，包括沙粒病毒科、布尼亚病毒科、丝状病毒科和黄病毒科。

沙粒病毒科主要经啮齿动物传播，感染可通过直接接触啮齿动物粪便或尿液或通过气溶胶传播而发生。可能存在高死亡率的人与人之间以及医院内的感染。例如，拉沙病毒的病死率高达 50%。布尼亚病毒主要经节肢动物和啮齿动物传播，这些病毒可引起轻度至中度疾病或高死亡率的严重疾病。丝状病毒可引起埃博拉和马尔堡出血热，主要经非洲蝙蝠传播。据报道，人际传播的病死率极高。埃博拉疫情的病死率往往超过 80% 至 90%。马尔堡出血热的病死率在上一次暴发中约为 82%。黄病毒由节肢动物传播，包括由埃及伊蚊传播的登革热病毒。登革热的死亡率相对较低，约为 0.8% 至 2.5%，但在更严重的疾病形式（即登革出血热）中死亡率会增加。

因为病毒性病毒在雾化时很稳定，导致严重的病症难以治疗，因此成为潜在的生物武器。一些国家过去曾对其在战争中的使用进行过研究。美国疾病控制与预防中心将天花列为 A 级生物武器进行防控。病毒性出血热患者可能出现发热、头痛和身体不适等症状。不同病毒性出血热的共同临床特征包括关节痛、眶后痛、眼睛发红、呕吐、腹痛和腹泻。也可能有出血症状，包括牙龈出血、鼻出血、瘀点和其他大出血事件。

11. 脑炎病毒

引起脑炎的主要病毒包括蜱传脑炎病毒（TBEV）、黄病毒、西尼罗病毒和尼帕病毒。蜱传脑炎病毒（TBEV）是一种球形和脂质包膜的 RNA 病毒，属于黄病毒科黄病毒属，人类通常因被感染的蜱叮咬而感染这种疾病。树突状皮肤细胞作为病毒复制的位点，然后转运到区域淋巴结。病毒从淋巴结传播到脾脏、肝脏和骨髓，至感染中枢神经系统发病。流行性乙型脑炎是病毒性脑炎，由黄病毒引起，由库蚊传播。西尼罗病毒是黄病毒科的单链、包膜 RNA 病毒，由库蚊传播。尼帕病毒是一种 RNA 病毒，属于副黏病毒科和亨尼帕病毒属。

蜱传脑炎病毒属于新兴病毒，可能被设计用于大规模传播，感染后具有高发病率和死亡率。流行性乙型脑炎和西尼罗病毒可能通过气溶胶传播，由于其具有高死亡率、人与人之间的呼吸道传播途径以及其作为气溶胶武器化的潜力，成为潜在的生物武器。美国疾病控制与预防中心已将蜱传脑炎病毒、尼帕病毒列为 C 类生物武器。原发感染存在潜伏期，平均 6 天，前驱期可有发热、咽痛、咳嗽、恶心、呕吐、肌痛、疲乏无力、全身不适等症状，一般不超过 2 周。

12. 真菌

典型的致病性真菌主要有球孢子菌和荚膜组织胞浆菌。球孢子菌是二型真菌。球孢子菌感染性颗粒被患者吸入肺部，引起球孢子菌病或圣华金热。荚膜组织胞浆菌是一种生活在土壤中的双态真菌，存在于世界各地。大多数作为人类病原体的真菌倾向于产生可以通过空气传播的孢子，美国加利福尼亚州的风暴，以及实验室开放培养等均会导致球孢子菌的大范围传播。球孢子菌具有雾化能力且相对较低的接种量即能致病，已被美国疾病控制与预防中心列入 80 多种具有生物武器潜力的生物体清单。荚膜组织胞浆菌虽然没有包含在清单中，但因其具有与球孢子菌相似的特性，也存在生物恐怖风险。

在球孢子菌病中，约 60% 的病例无症状。潜伏期在 7 到 21 天之间。症状包括发热、咳嗽、呼吸困难和胸痛，可能会出现头痛、体重减轻和呈微弱斑丘疹、结节性红斑或多形性红斑形式的皮疹。发热、结节性红斑和关节痛的组合称为球孢子菌病。除了肺炎形式的常见肺部表现外，患者还可能出现肺腔炎、脑膜炎、脓肿或涉及多个系统的播散性感染的迹象。组织胞浆菌潜伏期介于 7 至 21 天之间，急性组织胞浆菌病的症状包括发热、头痛、咳嗽和胸痛。症状通常在 10 天内消退。少数患者可出现关节痛、结节性红斑或多形性红斑，但这在组织胞浆菌病中不如球孢子菌病常见。一些患者可能表现为空洞或非空洞疾病形式的慢性肺组织胞浆菌病。在其他情况下，可能存在播散性组织胞浆菌病，真菌在多个器官中不受控制地生长和增殖，患者表现为发热、体重减轻、肝肿大和脾肿大。

13. 隐孢子虫

隐孢子虫属于球虫原生动物群，为体积微小的球虫类寄生虫。广泛存在于多种脊椎动物体内，主要为微小隐孢子虫。隐孢子虫引起隐孢子虫病，其是以腹泻为主要临床表现的人畜共患原虫病，被列为世界最常见六种腹泻病之列，世界卫生组织于 1986 年将人隐孢子虫病定为艾滋病怀疑指标之一，隐孢子虫是重要的机会致病性原虫。因为隐孢子虫对水环境具有安全威胁，美国疾病控制与预防中心将隐孢子虫列为 B 类优先病原体。

隐孢子虫病表现为大量水样腹泻以及吸收不良的特征。症状可能是周期性的，恶化和改善交替持续一到两周。在大多数情况下，症状在 7 至 14 天内无需治疗即可消退。除腹泻外，患者可能有发热、恶心、呕吐和腹痛。免疫抑制患者可能会出现持续数月至数年的慢性腹泻，或者他们还可能出现其他系统受累的并发症。

14. 蓖麻毒素

蓖麻毒素是一种来自蓖麻的高效植物毒素，蓖麻在世界范围内种植，主要用于工业生产蓖麻油。蓖麻本身有一段传奇的历史，在历史上流传的各种背景中详细描述了多种用途，例如伤口愈合，作为催吐／泻药，以及对世界各地许多其他疾病的潜在治疗效果。蓖麻毒蛋白具有糖苷酶活性，作用于真核细胞的核糖体 RNA，使其降解，从而阻止蛋白质合成，导致细胞的死亡，进而对生物体造成伤害。蓖麻毒素被美国疾病控制与预防中心列为 B 类生物武器。在训练有素的医护人员和急救人员的帮助下，采用有效的对策制定多学科方法非常重要，以实现快速的流行病学和实验室调查、疾病监测和有效的医疗管理。

蓖麻毒素毒性可通过摄入、吸入或注射致毒。大多数蓖麻毒素中毒病例发生在自愿或意外摄入蓖麻籽，致命的口服剂量估计为 $1\sim20mg/kg$。症状通常在摄入后 12h 内出现，最初可能包括恶心、呕吐、腹泻和腹痛。之后伴随胃肠道液体和电解质丢失，并伴有呕血和黑便，并进展为肝功能衰竭、肾功能不全和多器官衰竭或心血管衰竭导致的死亡。吸入直径在 1 至 $5\mu m$ 之间的气溶胶颗粒，可深入肺部并引起毒性。吸入后症状通常立即或在最初的 8 小时内出现，可能表现为咳嗽、呼吸困难、发热、肺和肺水肿，导致呼吸衰竭和死亡。注射后症状可能包括红斑、硬结、水疱形成、毛细血管渗漏以及局部坏死。

15. 阿布林

阿布林是一种从相思子（*Abrus precatorius*）种子中分离出来的有毒蛋白。阿布林作用机制与蓖麻毒素相似，它通过内吞作用进入细胞并抑制蛋白质合成。

阿布林是已知最强的植物毒素之一，阿布林可以通过雾化为干粉／液滴或通过添加到食物和水中作为污染物来武器化用于生物战。估计的致死剂量为每公斤体重摄入 0.1 至 1 微克。由于其稳定性、毒性和易于纯化等特点，阿布林被美国疾病控制与预防中心归类为 B 类潜在生物武器战剂。摄入种子或污染食物或水后会发生中毒，表现为腹痛、呕吐、腹泻、出血性胃炎和肾功能衰竭；吸入后会出现肺水肿，也可发生脑水肿、抽搐和中枢神经系统抑制，接触后短时间内可发生死亡。

16. 肉毒杆菌神经毒素

肉毒杆菌神经毒素是人类已知的纯化形式中毒性最强的物质之一，肉毒杆菌神经毒素由梭状芽孢杆菌属的革兰氏阳性、产生孢子、专性厌氧的细菌产生。2013 年，从一例人类婴儿肉毒杆菌中毒病例中分离出一种由肉毒梭菌产生的新毒素，与其他肉毒毒素相比，该毒素的效力较低且症状进展较慢。肉毒杆菌神经毒素是人类已知的最致命的毒素，美国疾病控制与预防中心将其归类为可用于生物恐怖主义的 A 类生物制剂。肉毒杆菌神经毒素可以通过多种途径部署，包括气溶胶或受污染的食物和水。值得注意的是，它也是无色无味的，非常适合无声攻击。

肉毒杆菌神经毒素中毒通常有食源性、婴儿、肠道、伤口、医源性和吸入性几种形式，其特征在于不同的暴露途径和潜伏期。食源性肉毒杆菌中毒通常是由摄入家庭保存的食物引起的，通常在最初的 4h 内出现。婴儿肉毒杆菌中毒是由 1 至 6 个月大的婴儿摄入孢子引起的，潜伏期为 5 至 30 天。肠道肉毒杆菌中毒是由多岁儿童和成人摄入孢子引起的，潜伏期不定。伤口肉毒杆菌中毒是由伤口中的孢子萌发引起的，潜伏期为 1 至 2 周。医源性肉毒杆菌中毒是由注射商业或未经批准的肉毒毒素制剂引起的，最初出现复视、吞咽困难、构音障碍，随后出现肋间呼吸肌和膈肌麻痹引起的呼吸困难，呼吸衰竭引发死亡。

17. 产气荚膜梭菌

产气荚膜梭菌毒素它是仅次于肉毒梭菌和破伤风梭菌神经毒素的第三强毒素，由产气荚膜梭菌产生。产气荚膜梭菌是一种革兰氏阳性、厌氧、产芽孢杆菌，已知可分泌 20 多种与人类和动物疾病相关的剧毒毒素。六种毒素，即 α 毒素、β 毒素、肠毒素（CPE）、坏死性肠炎 B 毒素（NetB）、ε 毒素和 i 毒素具有潜在毒性。产气荚膜梭菌毒素可以以雾化形式使用，可用作生物恐怖武器或分散在供人类食用的食物中，已被美国疾病控制与预防中心归类为可用于生物战的 B 类药剂。

目前产气荚膜梭菌与急性水样腹泻有关，导致全世界大量食物中毒病例。在食用受污染的食物后约 8 至 14 小时，表现为肠道痉挛、水样腹泻、无发热或呕吐。产气荚膜梭菌毒素中毒死亡率低，通常在 24h 内消退。

18. 河鲀毒素

河鲀毒素是在河鲀中发现的致命神经毒素，它的毒性大约是氰化物的 1200 倍，并且没有已知的解毒剂。它的作用是抑制钠离子通过肌肉和神经中的电压门控钠通道传输，阻止动作电位的传播并导致瘫痪。迄今为止，关于河鲀毒素的起源、生物合成或功能尚不清楚。河鲀毒素中毒的发生率很低，中毒主要发生在日本、孟加拉国等经常食用河鲀的国家和地区。人体摄入河鲀毒素的致死剂量为 0.5 至 2 毫克。由于它的致毒能力，它可以被武器化用于生物战。

在大多数情况下，症状会在摄入后 30 分钟到 6 小时之间开始出现。症状可能包括头痛、口周麻木、失去协调、恶心、呕吐、腹痛，严重时会出现低血压、心律失常、呼吸衰竭和死亡。

19. 神经毒剂

神经毒剂属于有机磷化合物，是已知毒性最强的物质之一。神经毒剂被广泛用作杀虫剂，对现代农业实践作出了巨大贡献。多年来，这些药剂的高毒性、易于合成和广泛使用使它们在化学战中被应用。神经毒剂与乙酰胆碱酯酶结合并形成复合物，抑制乙酰胆碱的水解，导致其积累并导致胆碱能危象。去除神经毒剂中官能团导致神经毒剂和酶之间的结合变得稳定，使其毒性加强更加致命。乙酰胆碱酯酶因此被不可逆地灭活，这被称为酶的老化。

肺和眼睛吸收神经毒剂的速度最快。临床表现通常是因为胆碱能过多，表现可能包括胸闷、膀胱失控、流涎、呕吐、出汗、腹痛和痉挛等。在严重的情况下，患者可能会出现昏迷、抽搐和呼吸困难。症状可能在暴露 24 小时前或 96 小时后出现，可能表现为肺炎、吸入性肺炎和呼吸衰竭。

二、新型生物武器威胁

新兴生物技术的发展，如基因组编辑和合成生物学，为生物恐怖和生物战铺平了道路，对人类造成新的威胁。一方面，基因组编辑的进步会促进科学挑战，另一方面，如果滥用它会造成很大的危险，因为它不需要复杂的技术，并且会给恐怖组织实施生物武器的研发带来便利。基因组编辑技术的发展赋予了科学家添加、移除或改变DNA的能力，这重新激活了武器化病原体的风险。例如，CRISPR-Cas9是一种更高效、更便宜的基因组编辑新机制，它激发了人们对生物战武器化的担忧。新兴生物技术的门槛和成本不断降低，这将使制造病原体的研究可以不需要准备实验室就能开展。因为很多病原体都源于自然界，因此，可以很容易地获得，并且利用新兴技术进行改造。甚至，还可以根据已知基因序列进行病原体的从头合成。

生物恐怖主义是一种恐怖主义，其有意释放诸如细菌、病毒等生物制剂，以引起动荡并在人们的脑海中灌输恐惧。随着世界各国生物技术领域能力的崛起，获得这些武器变得轻而易举，为生物战的发展提供了优势。用于生物战或生物恐怖主义的生物体是不可预测的，而且具有难以置信的弹性，有时抗生素或其他药物对它们不起作用。生物武器很容易传播，也很难控制，因此，生物武器有可能造成大规模破坏。考虑到实施生物恐怖主义的广泛范围，恐怖分子对生物战产生了浓厚的兴趣，生物技术领域的发展也为恐怖组织提供了机会。少量的生物制剂可以隐藏起来，便于运输，并且可以很容易地排放到弱势人群中。

控制需要能源和燃料发展的核武器的生产相对容易，与核武器不同，目前没有可靠的方法可以追踪任何国家生物武器的发展情况。各国甚至可以在小型实验室中制备生物武器，导致生物战和生物恐怖主义风险难以预先控制。此外，发展中国家和发达国家之间在生物武器问题上没有达成共识，也缺乏合作。使用生物武器开展生物恐怖和生物战的案例，在历史上已有很多。冷战期间气溶胶喷雾剂的发展就是生物战的一个例子。

第三节　生物军控和履约

一、生物军控及履约相关背景介绍

自古以来，在战争中使用毒药和病原体被认为是一种背信弃义的做法，这种行为受到国际宣言和条约的谴责，尤其是1907年针对陆上战争法律和惯例制定的海牙公约。1925年，在瑞士日内瓦由美、英等国签订《禁止在战争中使用窒息性、毒性或其他气体和细菌作战方法的议定书》（简称《日内瓦议定书》），主要目的为禁止使用窒息、有毒或其他气体，以及细菌学的作战方法。时至今日，生物武器已经不仅包括细菌，还包括病毒或立克次体等其他生物制剂，但这些在《日内瓦议定书》生效时还不为人知。

二战后不久，联合国呼吁销毁所有"适合大规模杀伤性"的武器，包括生物武器、化学武器、原子和放射性武器。20世纪50至60年代，在全面裁军提案的背景下关于大规模杀伤性武器禁令的辩论一直不断，但依然没有定论。在1968年十八国裁军委员会上，禁止化学和生物武器作为一个独立的问题出现。一年后，联合国发表了一份关于化学和生物战问题的有影响力的报告，使得大规模杀伤性武器的问题在联合国大会上受到了特别关注。此次联合国报告得出结论，某些化学和生物武器不受空间和时间的限制，一旦使用，会对人和自然造成不可逆转的后果。1970年世界卫生组织就化学和生物武器对健康的影响提出了一份报告，宣称这类武器对各国人民造成特殊威胁，使用这类武器的后果在很大程度上具有不确定性和不可预见性。

虽然国际社会多年来一直认为同时禁止化学武器和生物武器是必要的，但是一直到20世纪60年代末期，才普遍意识到这样的禁令是无法实现的。1969年，美国宣布单方面放弃生物武器，并决定销毁这类武器的储备。1970年，美国正式放弃了以战争为目的生产、储存和使用毒素，并声明有关生物试剂和毒素的军事计划将仅限于出于国防目的研制和开发。美国的做法对禁止生物武器国际公约的制定起到了重要的推动作用，在此之后，全球范围内禁止生物武器的谈判达成了一致。1971年，由裁军委员会大会（前身为十八国裁军委员会）拟定的公约文本得到了联合国大会的赞同。1972年，《禁止细菌（生物）及毒素武器的发展、生产及储存以及销毁这类武器的公约》（简称《禁止生物武器公约》）开放签署。包括苏联、英国和美国政府在内的22个签署国政府交存了批准书后，公约于1975年3月26日生效，截至2022年5月全球共有184个缔约国。

《禁止生物武器公约》是维护国际生物安全，加强生物安全治理的重要平台。自公约生效以来，在禁止生物武器、防止生物武器扩散和促进生物安全国际合作方面，《禁止生物武器公约》发挥了重要的推动作用。自《禁止生物武器公约》生效以来，每五年举行一次审计大会，审计大会期间还会举办专家会、缔约国会议等会间会，对上一次审计大会中的提案进行深入研讨。我国在1984年加入《禁止生物武器公约》，我国一贯支持加强公约有效性的多边进程，积极参加公约议定书的谈判及相关国际会议。我国的《科学家生物安全行为准则天津指南》（简称为《天津指南》）就是在《禁止生物武器公约》这个平台上诞生，并发展成为具有国际影响力的全球倡议。

二、军控履约主要进程和重点事件

缔约国大约每五年召开一次审议大会，审查和改进条约的执行情况。

1986年，第二次审议大会。为增强信任，促进缔约国之间的合作，第二次《禁止生物武器公约》审议大会上，成员国同意实施一系列建立信任措施。根据这些具有政治约束力的措施，各国应交换有关高封闭研究中心和实验室或专门从事与公约有关的允许生物活动的中心和实验室的数据；交流传染病异常暴发的信息；鼓励发表与《禁止生物武器公约》相关的生物学研究成果，并促进使用从这项研究中获得的知识；促进与公约有关的生物研究的科学联系。

1991年，第三次审议大会。《禁止生物武器公约》第三次审议大会上，将第一项措施的范围扩大到包括国家生物防御计划，并对第二项和第四项措施进行了轻微修改。此外，该列表中还增加了三项措施。各国应宣布与《禁止生物武器公约》有关的立法、法规和"其他措施"；宣布自1946年1月1日以来存在的进攻性或防御性生物研究和开发计划；宣布疫苗生产设施。1991年的审议大会还委托一组"政府专家"评估潜在的核查措施，该小组随后审议了21项此类措施，并于1994年向缔约国特别会议提交了一份报告。在该报告的基础上，该会议责成第二个机构，即特设小组，就一项对《禁止生物武器公约》具有法律约束力的议定书进行谈判加强公约。

1996年，第四次审议大会。特设工作组决定加强工作，以确保在2001年第五次审议大会召开之前完成相应工作。特设工作组未能就法律文书草案（议定书）完成磋商。特设工作组于 1995 年 1 月至 2001 年 7 月举行会议，目标是在 2001 年 11 月开始的第五次审议大会之前完成其工作。在谈判过程中，该小组制定了一项协议，设想各国向国际机构提交声明条约相关的设施和活动。该机构将对宣布的设施进行例行现场访问，并对可疑设施和活动进行质疑性检查。然而，一些基本问题（例如实地考察的范围和出口管制在该制度中的作用）被证明难以解决。2001 年 3 月，特设工作组的主席发布了一份协议草案，其中包含试图在有争议的问题上达成妥协的语言。但在 2001 年 7 月，在特设工作组的最后一次预定会议上，美国拒绝了该草案和任何进一步的议定书谈判，声称这样的议定书无助于加强对《禁止生物武器公约》的遵守，并可能损害美国的国家安全和商业利益。

2001 年，第五次审议大会。此次大会中，缔约国在某些关键议题上持续存在观点和立场分歧，于是决定休会，并决定于 2002 年 11 月在日内瓦复会。2002 年 11 月，第五次审议大会重新召开，通过了《最后报告》，其中包含一条决定，即在 2006 年第六次审议大会召开之前的三年内，每年召开一次缔约国年度会议和专家会议。

2006 年，第六次审议大会。第六次审议大会是自 1996 年以来第一次成功的就最终文件达成一致的审议大会。会议产生了一份每年举行的四项工作计划的清单，直到 2011 年的下一次审议大会。一些得到广泛支持的问题没有纳入工作计划。美国和俄罗斯反对改革建立信任措施的提议，理由是对现有机制的参与度很低。最终，缔约国通过了一份旨在推进普遍加入的详细计划，并决定更新和精简关于提交和分发建立信任措施的流程。同时缔约国通过了一项闭会期间综合方案，该方案将从 2007 年延续到 2010 年。第六次审议大会同意设立一个执行支助股（ISU），以协助缔约国履行《禁止生物武器公约》，这是此次审议大会取得的一个重要进步。

自 2006 年审议大会结束以来，执行支助股在预算和人员方面得到了加强。尽管美国最初表示反对，但欧盟提出的允许缔约国向执行支助股提供额外自愿捐款的提议在 2007 年年会上被接受。美国最初反对该提议，理由是这会增加执行支助股的责任。然而，通过一份声明解决了这个问题，该声明强调执行支助股只有三名工作人员，任何捐款都只是为了协助执行支助股完成其任务。在 2008 年缔约国会议期间，欧盟向执行支助股提供了 200 万美元的捐款，以支付随后两年额外两名工作人员的费用。这两名新工作人员被正式分配到联合国裁军事务厅，以避免因执行支助股的扩大而发生任何冲突。

2011 年，第七次审议大会。第七次审议大会最终宣言文件得出结论，"在任何情况下，《禁止生物武器公约》都禁止使用细菌（生物）和毒素武器，并声明缔约国决心谴责除和平目的以外，任何人在任何地方任何时候使用有毒生物、毒剂或毒素。"

2016 年，第八次审议大会。第八次审议大会中，缔约国同意在年底举行为期一周的缔约国会议，并将《禁止生物武器公约》执行支持小组延长五年。

2022 年，第九次审议大会。由于 Covid-19 大流行，第九次审议大会一再推迟，于 2022 年 11 月进行。

三、《科学家生物安全行为准则天津指南》的发展历程

《科学家生物安全行为准则天津指南》（以下简称《天津指南》）是我国在生物军控领域的典型成果。在 2019 年第九次审议大会中，李松大使给予《天津指南》高度评价，称其为"一项恰逢其时的国际公共产品，也是新冠疫情背景下各国科学家加强生物安全合作的精彩

故事"。以下内容将从天津指南的背景、内容以及国际影响力几方面来介绍《天津指南》的相关信息。

1.《天津指南》的形成背景

《天津指南》的形成归因于生物科技的加速发展，特别是具有两用性特征的生物技术的研发和应用，可能产生难以预见的负面影响。比如出于恶意目的故意生产毒素、操作失误造成病毒泄露等技术误用和谬用风险，加剧了生物安全风险，给全球生物安全治理带来挑战。生物科研人员身处生物科技发展第一线，也是防范生物科技误用、谬用的首道防线。提高生物科研人员生物安全意识，加强道德自律，是防范生物科技误用、谬用的关键环节。2006 年召开的《禁止生物武器公约》第六次审议大会在最后文件表示"认识到行为准则及自律机制对提高有关从业人员生物安全意识的重要性，呼吁缔约国支持并鼓励有关行为准则与自律机制的制定、公布与施行"。2015 年缔约国大会上，我国代表团提交了关于制定生物科学家行为准则范本的工作文件，随后我国迅速部署了生物科学家行为准则范本（草案）的起草工作。2016 年，第八次审议大会上，我国与巴基斯坦联合提交"生物科学家行为准则范本"工作文件。在这之后，中国天津大学生物安全战略研究中心、美国约翰斯·霍普金斯大学健康安全中心、国际科学院组织秘书处开展合作，深入探讨、补充和完善生物安全行为准则指南，达成了《科学家生物安全行为准则天津指南》。

2.《天津指南》的主要内容

生物科学领域的进步增进了人类福祉，但亦可能被滥用，特别是被用于发展和扩散生物武器。为弘扬负责任的文化，预防上述滥用，我们鼓励所有科学家、研究机构和政府部门将《科学家生物安全行为准则天津指南》的要素纳入其国家和机构的实践、程序和规章中。最终的目标是在不妨碍有益的生物科研成果产出的同时防止滥用，这既与《禁止生物武器公约》一脉相承，也有利于促进联合国可持续发展目标。

（1）道德标准　科学家应尊重人的生命和相关社会伦理。他们肩负着特殊的责任，要通过和平利用生物科学以造福人类，要弘扬负责任的生物科学文化，防止恶意地滥用科学，包括避免破坏环境。

（2）法律规范　科学家应了解并遵守与生物研究相关的适用的国内法律法规、国际法律文书及行为规范，包括禁止生物武器。鼓励科学家及专业机构为建立并进一步发展和加强相关立法作出贡献。

（3）科研责任　科学家应提倡科学诚信，努力防止在研究工作中的不当行为。他们应认识到生物科学有多种潜在用途，包括可能被用于开发生物武器。应采取措施，防止生物制品、数据、专业知识或设备被滥用并产生消极影响。

（4）尊重研究对象　科学家有责任保障人类和非人类研究对象的权利，并在充分尊重研究对象的前提下，应用最高的伦理标准开展研究活动。

（5）研究过程管理　科学家在追求生物研究和过程的效益时，应识别并管控潜在风险。在科学研究的所有阶段中，应考虑潜在的生物安全担忧。科学家及科研机构应建立预防、降低和应对风险的监督机制和操作规则，并致力于构建生物安全文化。

（6）教育培训　科学家应与其行业和学术协会一道，努力维持一个有良好教育背景、训练有素的科研人员团队。研究人员应精通相关法律、法规、国际义务和准则。各级职员的教育和培训应考虑包括社会和人类科学在内的多领域专家的意见，以便研究人员更深刻地理解生物研究的意义和影响。科学家应定期接受科研伦理培训。

（7）研究成果传播　科学家应意识到，他们的研究有可能被故意滥用，因而引发生物安全风险。科学家和科学期刊在传播研究成果时应平衡兼顾效益最大化和危害最小化，既要广泛宣传研究的益处，又要最大限度地减少发布研究成果的潜在风险。

（8）科学技术的公众参与　科学家和科学组织应发挥积极作用，促进公众对生物科技的理解和关心，包括了解生物科技的效益及风险。应向公众传达科学事实并排忧解惑，以保持公信力。科学家应倡导和平且合乎伦理的生物科学应用，并共同努力防止滥用生物学知识、工具和技术。

（9）机构的作用　科研机构，包括研究、出资及监管机构，应了解生物科研被滥用的风险，并确保专业知识、设备或设施在生物科研工作的任何阶段都不被用于非法、有害或恶意的目的。应建立适当的机制和程序，监测、评估并减轻研究活动及成果传播中潜在的薄弱环节和风险，并建立一个科学家培训体系。

（10）国际合作　鼓励科学家及科学研究机构开展国际合作，共同致力于生物科学的和平创新和应用。他们应推动学习与交流，分享生物安全最佳实践。应积极提供相关专业知识并协助应对潜在的生物安全威胁。

《科学家生物安全行为准则天津指南》遵循《禁止生物武器公约》的条文和规范，专注于防止生物科研被有意滥用，但对于无意伤害的预防也同等重要，而且两者密切交织。通过采纳和实施《科学家生物安全行为准则天津指南》中的要素，科研机构、专业组织和所有科学家都可提升其生物安全水平，将滥用和危害的风险降到最低。

上文中所指"科学家"是生物科学各领域从业人员，包括参与出资、教育与培训、研究与开发（包括公有和私有部门）、项目规划、管理、成果传播以及监督等环节的相关人员。

3.《天津指南》的国际影响

《天津指南》是第一个以中国地名命名、内容以中国倡议为主的生物安全国际倡议，涵盖了负责任生物科研的主要方面，提出了坚守道德基准、遵守法律规范、倡导科研诚信、尊重研究对象、加强风险管理、参与教育培训、传播研究成果、促进公众参与、强化科研监管、促进国际合作十大准则。自公布以来，《天津指南》获得全球科学界越来越多的关注与认同。2021年7月7日，《天津指南》得到国际科学院组织（IAP）的核可，国际科学院组织鼓励其生物安全协会成员科学院和其他科学组织积极传播《天津指南》，并确保将其纳入各个国家和机构生物安全和生物安保行为准则。此后，《天津指南》被翻译成六种联合国通用语言，为世界各国科学家广泛利用《天津指南》提供了便利条件，助力《天津指南》在世界范围内的推广与传播。2022年在荷兰莱顿举行的"2022欧洲科学开放论坛"（ESOF）上，天津大学、美国约翰斯·霍普金斯大学与国际科学院组织将指南的内容制作成更容易传播的图文格式进行展示。该论坛创立于2004年，是讨论当代科学和未来的突破及合作的一个国际平台。每两年召开一次会议，每次可汇集来自90多个国家/地区约4500多名前沿思想家、创新者、政策制定者、记者和教育界人士。2022年《禁止生物武器公约》第九次审议大会在日内瓦万国宫召开，天津大学生物安全战略研究中心与中国外交部在联合国欧洲总部日内瓦万国宫内共同举办《天津指南》主题边会，来自天津大学生物安全战略研究中心、美国约翰斯·霍普金斯健康安全中心、国际科学院组织专家从不同方面对《天津指南》做了详细的解读，获得国际广泛好评。

思考题

① 简述生物武器和生物恐怖的概念和内涵。
② 生物武器的种类有什么？其危害性有哪些体现？
③ 简述我国在生物军控方面的重要进展、成果及意义。

参考文献

[1] 谢敏敏. 乔治·桑塔亚纳对自然主义哲学的诗学实践 [J]. 外国文学研究，2020，42（4）：149-160.

[2] 周健. 生物武器 [J]. 科技术语研究，2001（4）：41-42.

[3] 郑涛. 生物安全学 [M]. 北京：科学出版社，2014.

[4] Pal M，Tsegaye M，Girzaw F，et al. An overview on biological weapons and bioterrorism [J]. American Journal of Biomedical Research，2017，5（2）：24-34.

第九章

生物安全的国内治理

生物安全关乎人民生命健康，关乎国家长治久安，关乎中华民族永续发展，是国家总体安全的重要组成部分，也是影响乃至重塑世界格局的重要力量。在当前复杂的国际新形势下，我国加强生物安全建设具有极大重要性和紧迫性。这要求我们要坚持贯彻总体国家安全观，落实《中华人民共和国生物安全法》，统筹发展和安全两个大问题。按照以人为本、风险预防、分类管理、协同配合的基本原则，加强国家生物安全风险防控和治理体系建设及提高国家生物安全保障能力，切实筑牢国家生物安全屏障。

目前，我国生物安全面临诸多威胁，如新发、突发、人与动物的传染病疫情、生物技术滥用、实验室生物安全事件、生物恐怖与生物武器、遗传资源流失、剽窃以及微生物耐药、生物入侵等。持续加强我国生物安全治理体系及提升我国生物安全能力尤为重要。一方面，我们需要在国内层面采取一系列必要措施保障人与环境安全及可持续发展；另一方面，我们需要在国际层面积极参与全球生物安全新秩序的构建，为保障我国国家安全与生物经济发展创造良好外部环境。本章专门阐述生物安全的国内治理，下一章阐述生物安全的国际治理。

生物安全国内治理中最具挑战的问题是：如何在充分发挥生物科技促进人类健康和社会繁荣的利益潜力下，有效管控其伴随的生物风险，并将其可能产生的损害最小化。既有的实践表明，生物安全治理是一个系统工程，需要所有利益攸关方积极参与，在国家、地方与机构层面建立完善的生物安全法治体系，明确各方权利义务，共同分担保障生物安全的责任。随着生物科技的发展，相关风险与可能损害会持续演变，相应的生物安全法规体系与机制需要及时调整，避免其滞后而影响有效性。

2021年4月正式实施的《中华人民共和国生物安全法》为我国生物安全法治体系构建奠定了良好基础，在国家层面建立了一系列生物风险的监测、预防、减缓、应急措施和协同机制，并对加强新发突发重大传染病防控、生物技术研发与应用、微生物实验室生物安全、人类遗传资源与生物资源保护、生物安全能力建设等重要领域工作做出了框架性规定。

第一节　生物安全风险防控体系

我国现已颁布了一系列与生物安全相关的法律、行政法规、部门规章及规范性文件。一般而言，法律是由全国人民代表大会常务委员会制定或修改，规定和调整涉及国家和社会生活某一方面关系的规范。行政法规是最高国家行政机关国务院根据宪法和相关法律制定的有关国家行政管理方面的规范。部门规章是国务院各部、委员会等具体管理部门在本部门权限范围内制定的规范性文件，作为其执行法律、行政法规的工具。

依据我国《中华人民共和国立法法》（以下简称《立法法》）规定，法律的效力高于行政法规；行政法规的效力高于部门规章；部门规章之间具有同等效力，在各自权限范围内施行。同一机关制定的法律、行政法规及部门规章，特别规定与一般规定不一致的，适用特别规定；新规定与旧规定不一致的，适用新规定。

我国生物安全领域现行有效的法律、行政法规及部门规章有近百项。包括传染病防控、实验动物管理延伸至微生物实验室安全管理、人类遗传资源和动植物资源利用与保护、动植物检疫、出入境检验检疫、两用物项和技术进出口管制、突发安全事件应急处置及外来入侵物种管理等诸多方面。相应的生物安全管理职责由国家卫生健康委员会（原卫生部）、科学技术部、农业农村部（原农业部）、生态环境部（原国家环保总局）、国家市场监管总局（原国家药品监督管理局、原国家质量监督检验检疫局）、国家林业和草原局、商务部等多个行政管理部门联合承担。

2021年4月15日，我国《生物安全法》正式实施。它是我国生物安全领域第一部基础性、综合性、系统性与统领性的法律，标志着我国生物安全进入依法治理的新阶段。这部法重点解决了两个方面的问题：一是建立生物安全风险防控体制，明确了行政管理部门、科研院校、医疗机构、企业事业单位、新闻媒体和社会公众在生物安全方面的权利义务；二是聚焦重大新发突发传染病疫情与动植物疫情、生物技术研发与应用、病原微生物实验室生物安全、人类遗传资源与生物资源安全、防范外来物种入侵、防范生物恐怖袭击、防御生物恐怖与生物武器威胁以及生物安全能力建设等重要领域的生物安全治理。第一节将具体阐释生物安全风险防控体系，第二节将阐释上述重要领域的生物安全治理问题。

维护生物安全需要在总体国家安全观下，统筹发展和安全两方面的重要工作，坚持以人为本、风险预防与分类管理、协同配合的基本原则。在生物安全风险防控体制方面，《生物安全法》规定在国家层面建立具体制度。

一、国家生物安全工作协调机制

《生物安全法》第十条明确规定中央国家安全领导机构负责国家生物安全工作的决策和议事协调，研究制定、指导实施国家生物安全战略和有关重大方针政策，统筹协调国家生物安全的重大事项和重要工作，建立国家生物安全工作协调机制。省、自治区、直辖市建立生物安全工作协调机制，组织协调、督促推进本行政区域内生物安全相关工作。

第十一条规定国家生物安全工作协调机制由国务院卫生健康、农业农村、科学技术、外交等主管部门和有关军事机关组成，分析研判国家生物安全形势，组织协调、督促推进国家生物安全相关工作。国家生物安全工作协调机制成员单位和国务院其他有关部门根据职责分工，负责生物安全相关工作。同时，第十二条要求国家生物安全工作协调机制设立专家委员会，为国家生物安全战略研究、政策制定及实施提供决策咨询。国务院有关部门组织建立相关领域、行业的生物安全技术咨询专家委员会，为生物安全工作提供咨询、评估、论证等技术支撑。第十三条要求地方各级人民政府对本行政区域内生物安全工作负责。

二、国家生物安全风险监测预警制度

国家生物安全工作协调机制单位应当根据对我国面临风险监测的数据、资料等信息，定期组织开展生物安全风险调查评估。《生物安全法》第十五条明确有下列情形之一，有关部门应当及时开展生物安全风险调查评估，依法采取必要的风险防控措施：

① 通过风险监测或者接到举报发现可能存在生物安全风险；
② 为确定监督管理的重点领域、重点项目，制定、调整生物安全相关名录或者清单；
③ 发生重大新发突发传染病、动植物疫情等危害生物安全的事件；
④ 需要调查评估的其他情形。

三、国家生物安全信息共享制度

《生物安全法》明确国家建立生物安全信息共享制度。为此，第十六条要求国家生物安全工作协调机制单位组织建立统一的国家生物安全信息平台，有关部门应当将生物安全数据、资料等信息汇交国家生物安全信息平台，实现信息共享。它旨在服务于国家整体生物安全工作需要。

四、国家生物安全信息发布制度

《生物安全法》明确国家建立生物安全信息发布制度。第十七条要求国家生物安全工作协调机制成员单位根据职责分工发布国家生物安全总体情况、重大生物安全风险警示信息、重大生物安全事件及其调查处理信息等重大生物安全信息；其他生物安全信息由国务院有关部门和县级以上地方人民政府及其有关部门根据职责权限发布。任何单位和个人不得编造、散布虚假的生物安全信息。

五、国家生物安全名录和清单制度

《生物安全法》第十八条明确国务院及其有关部门根据生物安全工作需要，对涉及生物安全的材料、设备、技术、活动、重要生物资源数据、传染病、动植物疫病、外来入侵物种等制定、公布名录或者清单，并动态调整。

六、国家生物安全标准制度

《生物安全法》明确国家建立生物安全标准制度，第十九条要求国务院标准化主管部门和国务院其他有关部门根据职责分工，制定和完善生物安全领域相关标准。国家生物安全工作协调机制组织有关部门加强不同领域生物安全标准的协调和衔接，建立和完善生物安全标准体系。

七、国家生物安全审查制度

《生物安全法》明确我国应建立国家生物安全审查制度。第二十条要求对影响或者可能影响国家安全的生物领域重大事项和活动，由国务院有关部门进行生物安全审查，有效防范和化解生物安全风险。

八、国家生物安全应急制度

《生物安全法》要求建立国家统一领导、协同联动、有序高效的生物安全应急制度。第二十一条要求国务院有关部门应当组织制定相关领域、行业生物安全事件应急预案，根据应急预案和统一部署开展应急演练、应急处置、应急救援和事后恢复等工作。县级以上地方人民政府及其有关部门应当制定并组织、指导和督促相关企业事业单位制定生物安全事件应急预案，加强应急准备、人员培训和应急演练，开展生物安全事件应急处置、应急救援和事后恢复等工作。中国人民解放军、中国人民武装警察部队按照中央军事委员会的命令，依法参加生物安全事件应急处置和应急救援工作。

九、国家生物安全事件调查溯源制度

《生物安全法》明确建立国家生物安全事件调查溯源制度。第二十二条要求对发生重大新发突发传染病、动植物疫情和不明原因的生物安全事件，国家生物安全工作协调机制应当组织开展调查溯源，确定事件性质，全面评估事件影响，提出意见建议。

十、国家生物安全进出口准入制度

《生物安全法》明确建立首次进境或者暂停后恢复进境的动植物、动植物产品、高风险生物因子国家准入制度。第二十三条要求进出境的人员、运输工具、集装箱、货物、物品、包装物和国际航行船舶压舱水排放等应当符合我国生物安全管理要求。海关对发现的进出境和过境生物安全风险，应当依法处置。经评估为生物安全高风险的人员、运输工具、货物、物品等，应当从指定的国境口岸进境，并采取严格的风险防控措施。

十一、境外重大生物安全事件应对制度

《生物安全法》明确国家建立境外重大生物安全事件应对制度。第二十四条境外发生重大生物安全事件的，海关依法采取生物安全紧急防控措施，加强证件核验，提高查验比例，暂停相关人员、运输工具、货物、物品等进境。必要时经国务院同意，可以采取暂时关闭有关口岸、封锁有关国境等措施。

《生物安全法》以及对上述具体制度的构建充分体现了我国以"预防为主"的生物风险控制方针。在一般生物风险不确定性的情况下，风险治理者可以通过预判有关预期危害，遵循比例原则采取预防措施；而在生物风险比较复杂的情况下，风险治理者并不能较准确预判有关预期危害，这时可能需要将风险会导致"最糟糕情形"出现作为确定采取预防措施的要求。在上述两种情况下，风险治理者都应尽可能实现以最小成本保护最大利益的规制目的。并且，治理者需要及时修正对危害预期及不确定性的认知，对预防措施进行动态调整。风险活动的行为者及其他相关利益方应随时证明其在被规制行为中所感知的风险，并据此要求调整防范措施，共同努力实现最低成本保护最大利益的风险治理目标。

《生物安全法》的正式实施是我国建立生物安全防控法治体系的重要一步。未来需要在该法规定的基础上，进一步细化上述制度的运行程序与决策规则，确保其在实践中真正发挥保障我国生物安全的效用。

第二节　重点领域的生物安全治理

一、防控重大传染病疫情

传染病是由各种病原体引起的能在人与人、动物与动物或人与动物之间相互传播的一类疾病。重大传染病疫情的客体是病原微生物，其传播性、致病性越高越危险。近 20 年来，全球发生的严重传染病不断增加，如 SARS、甲型 H_1N_1 流感、甲型 H_5N_1 流感、MERS、登革热、埃博拉病毒病、寨卡病等。新型的其他病毒株随时可能在自然界或实验室产生、传播并造成灾难性的传染病。国家加强对重大传染病风险的防控尤为重要。

《生物安全法》对我国防控重大新发突发传染病、动植物疫情提出了新要求。第二十七条明确规定"国务院卫生健康、农业农村、林业草原、海关、生态环境主管部门应当建立新发突发传染病、动植物疫情、进出境检疫、生物技术环境安全监测网络，组织监测站点布局、建设，完善监测信息报告系统，开展主动监测和病原检测，并纳入国家生物安全风险监测预警体系。"第三十条明确规定"发生重大新发突发传染病、动植物疫情，应当依照有关法律法规和应急预案的规定及时采取控制措施；国务院卫生健康、农业农村、林业草原主管部门应当立即组织疫情会商研判，将会商研判结论向中央国家安全领导机构和国务院报告，并通报国家生物安全工作协调机制其他成员单位和国务院其他有关部门。发生重大新发突发传染病、动植物疫情，地方各级人民政府统一履行本行政区域内疫情防控职责，加强组织领导，开展群防群控、医疗救治，动员和鼓励社会力量依法有序参与疫情防控工作。"

《生物安全法》颁布之前，我国制定了如下涉及防控重大传染病的重要法律与行政法规：《中华人民共和国传染病防治法》（1989 年通过）、《中华人民共和国突发事件应对法》（2007 年）、《中华人民共和国动物防疫法》（1998 年实施，2021 年第二次修订）、《中华人民共和国国境卫生检疫法》（2024 年最新修订）、《中华人民共和国疫苗管理法》（2019 年）等。它们应与《生物安全法》的相关规定协调适用，相辅相成。

1.《中华人民共和国传染病防治法》

该法旨在预防、控制和消除传染病的发生与流行，保障人的健康和公共卫生。它确立了我国对传染病实行"预防为主"的方针，以及采取"防治结合、分类管理、依靠科学、依靠群众"的原则。它将我国境内的传染病分为甲类、乙类和丙类三类（表9-1）并对各类防控措施作出具体规定。

表 9-1　我国法定传染病名录（截至 2022 年 7 月共 40 种）

法定类型	传染病名称
甲类传染病（2种）	鼠疫、霍乱
乙类传染病（27种）	新型冠状病毒感染、布鲁氏菌病、艾滋病、狂犬病、结核病、百日咳、炭疽、病毒性肝炎、登革热、新生儿破伤风、流行性乙型脑炎、人感染H$_7$N$_9$禽流感、血吸虫病、钩端螺旋体病、梅毒、淋病、猩红热、流行性脑脊髓膜炎、伤寒和副伤寒、疟疾、流行性出血热、麻疹、人感染高致病性禽流感、脊髓灰质炎、SARS
丙类传染病（11种）	感染性腹泻病、丝虫病、麻风病、黑热病、包虫病、流行性和地方性斑疹伤寒、急性出血性结膜炎、风疹、流行性腮腺炎、流行性感冒（流感）、手足口病

注：源自中国疾病预防控制中心网站。
上述分类以外的传染病，如果根据其暴发、流行情况和危害程度需要列入《传染病防治法》规定的乙类、丙类传染病，应由国务院卫生行政部门决定并予以公布。

按照《传染病防治法》对甲类传染病预防、控制措施的规定，这意味着：

① 在中华人民共和国领域内的一切单位和个人，必须接受疾病预防控制机构、医疗机构对病原体的调查、检验、采集样本、隔离治疗等预防、控制措施，如实提供有关情况。拒绝隔离治疗或者隔离期未满擅自脱离隔离治疗的，可以由公安机关协助医疗机构采取强制隔离治疗措施。

② 传染病病人、病原携带者和疑似传染病病人，在治愈前或者在排除患传染病可能前，不得从事法律、行政法规和国务院卫生行政部门规定禁止从事的易使该传染病扩散的工作。对被病原体污染的污水、污物、场所和物品，有关单位和个人必须在疾病预防控制机构的指导下或者按照其提出的卫生要求，进行严格消毒处理；拒绝消毒处理的，由当地卫生行政部门或者疾病预防控制机构进行强制消毒处理。

③ 任何单位和个人发现传染病病人或者疑似病人时，应当及时向附近的疾病预防控制机构或者医疗机构报告。任何个人违反相关规定，导致疫情进一步传播、流行，给他人人身、财产造成损害的，应当依法承担民事责任。

此外，依据《中华人民共和国刑法》规定，违反传染病防治法的规定，有下列情形之一，引起甲类传染病传播或者有传播严重危险的，处三年以下有期徒刑或者拘役；后果特别严重的，处三年以上七年以下有期徒刑。

依据《传染病防治法》，对于一个地方发生的不明原因群体性疾病，首先要确定其是否属于新的传染病。在确定新传染病的机制中，地方政府及其相关主管部门对早期的调查、防控工作有较大的自主权，可以影响工作的方向和进程，由此会导致防控工作被动滞后。在防控初期，一些地方又出现于法无据、管控过度的现象（如对外地人员一律劝返，禁止非本地户籍人员进入其租住房屋的小区等），从而带来不必要的经济社会发展损失。今后，如何合理有效地运用《传染病防治法》设立的传染病法定分类分级防控管理机制将是考验相关主管部门与地方政府的生物安全治理能力的一个重要方面。

2.《突发事件应对法》

我国是一个自然灾害、事故灾难等突发事件较多的国家，因而国家高度重视突发事件的应对法治建设。2007年11月1日起施行的《突发事件应对法》体现了我国重在预防突发事件并采取积极措施防患于未然的方针。它分为总则、管理与指挥体制、预防与应急准备、监测与预警、应急处置与救援、事后恢复与重建、法律责任和附则共八章一百零六条。该法与《传染病防治法》《突发公共卫生事件应急条例》《国家突发公共事件总体应急预案》《国家突发公共卫生事件应急预案》等共同形成了我国处理突发公共卫生事件的基础法律制度体系。

《突发事件应对法》将自然灾害、事故灾难、公共卫生事件分为特别重大、重大、较大和一般四级，确定国家建立统一领导、综合协调、分类管理、分级负责、属地管理为主的应急管理体制。它规定政府应对突发事件可以采取的各种必要措施。例如，疫情暴发不久，卫生部门启动了一级响应后，县级以上地方政府可以采取以下措施。

启动应急预案；责令有关部门、专业机构、监测网点和负有特定职责的人员及时收集、报告有关信息，向社会公布反映突发事件信息的渠道，加强对突发事件发生、发展情况的监测、预报和预警工作；组织有关部门和机构、专业技术人员、有关专家学者，随时对突发事件信息进行分析评估，预测发生突发事件可能性的大小、影响范围和强度以及可能发生的突发事件的级别；定时向社会发布与公众有关的突发事件预测信息和分析评估结果，并对相关信息的报道工作进行管理；及时按照有关规定向社会发布可能受到突发事件危害的警告，宣传避免、减轻危害的常识，公布咨询电话；责令应急救援队伍、负有特定职责的人员进入待命状态，并动员后备人员做好参加应急救援和处置工作的准备，准备调集应急救援所需物资、设备、工具，准备应急设施和避难场所，并确保其处于良好状态、随时可以投入正常使用；加强对重点单位、重要部位和重要基础设施的安全保卫，维护社会治安秩序；采取必要措施，确保交通、通信、供水、排水、供电、供气、供热等公共设施的安全和正常运行；及时向社会发布有关采取特定措施避免或者减轻危害的建议、劝告；转移、疏散或者撤离易受突发事件危害的人员并予以妥善安置，转移重要财产；关闭或者限制使用易受突发事件危害的场所，控制或者限制容易导致危害扩大的公共场所的活动；法律、法规、规章规定的其他必要的防范性、保护性措施。

与此同时，疫情防控时期，无论是单位还是个人均应承担不同于平常时期的法定义务，对此《突发事件应对法》作出了具体规定，主要内容有：

① 任何单位和个人不得编造、传播有关突发事件事态发展或者应急处置工作的虚假信息。

② 受到自然灾害危害或者发生事故灾难、公共卫生事件的单位，应当立即组织本单位应急救援队伍和工作人员营救受害人员，疏散、撤离、安置受到威胁的人员，控制危险源，标明危险区域，封锁危险场所，并采取其他防止危害扩大的必要措施，同时向所在地县级人民政府报告。突发事件发生地的其他单位应当服从人民政府发布的决定、命令，配合人民政府采取的应急处置措施，做好本单位的应急救援工作，并积极组织人员参加所在地的应急救援和处置工作。

③ 突发事件发生地的公民应当服从人民政府、居民委员会、村民委员会或者所属单位的指挥和安排，配合人民政府采取的应急处置措施，积极参加应急救援工作，协助维护社会秩序。

2024年6月28日，第十四届全国人民代表大会常务委员会第十次会议对《突发事件应对法》进行了修订。

3.《动物防疫法》

1997 年通过并在 2015 年和 2021 年修订的《动物防疫法》适用于我国境内的动物防疫及其监督管理活动。本法规定的动物包括家畜家禽和人工饲养、捕获的其他动物；动物防疫指动物疫病的预防、控制、诊疗、净化、消灭和动物、动物产品的检疫，以及病死动物、病害动物产品的无害化处理。本法确立了我国对动物防疫实行"预防为主，预防与控制、净化、消灭相结合"的方针。

依据动物疫病对养殖业生产和人体健康的危害程度，本法将动物疫病分为下列三类：

一类疫病，是指口蹄疫、非洲猪瘟、高致病性禽流感等对人、动物构成特别严重危害，可能造成重大经济损失和社会影响，需要采取紧急、严厉的强制预防、控制等措施的；

二类疫病，是指狂犬病、布鲁氏菌病、草鱼出血病等对人、动物构成严重危害，可能造成较大经济损失和社会影响，需要采取严格预防、控制等措施的；

三类疫病，是指大肠杆菌病、禽结核病、鳖腮腺炎病等常见多发，对人、动物构成危害，可能造成一定程度的经济损失和社会影响，需要及时预防、控制的。

国务院农业农村主管部门应根据动物疫病发生、流行情况和危害程度及时增加、减少或者调整一、二、三类动物疫病具体病种并予以公布。国家鼓励社会力量参与动物防疫工作。各级人民政府采取措施支持单位和个人参与动物防疫的宣传教育、疫情报告、志愿服务和捐赠等活动。

此外，进出境动物和动物产品的检疫应适用《进出境动植物检疫法》。

4.《国境卫生检疫法》

1986 年通过并在 2007 年、2009 年、2018 年和 2024 年修订的《国境卫生检疫法》旨在防止传染病由国外传入或者由国内传出而实施的国境卫生检疫。依据本法，我国国际通航的港口、机场以及陆地边境和国界江河的口岸（以下简称国境口岸），设立国境卫生检疫机关，实施传染病检疫、监测和卫生监督。入境、出境的人员、交通工具、运输设备以及可能传播检疫传染病的行李、货物、邮包等物品，都应当接受检疫，经国境卫生检疫机关许可，方准入境或者出境。国境卫生检疫机关发现检疫传染病或者疑似检疫传染病时，除采取必要措施外，必须立即通知当地卫生行政部门，同时用最快的方法报告国务院卫生行政部门，最迟不得超过 24 小时。在国外或者国内有检疫传染病大流行的时候，国务院可以下令封锁有关的国境或者采取其他紧急措施。

依据此法规定，我国缔结或者参加的有关卫生检疫的国际条约同本法有不同规定的，适用该国际条约的规定，但已声明保留的条款除外。我国边防机关与邻国边防机关之间在边境地区的往来，居住在两国边境接壤地区的居民在边境指定地区的临时往来，双方的交通工具和人员的入境、出境检疫，依照双方协议办理，没有协议的，依照我国有关规定办理。

《国境卫生检疫法实施细则》于 1989 年通过并在 2010 年、2016 年与 2019 年予以修订。它对疫情通报、卫生检疫机关职责、海港检疫、航空检疫、陆地边境检疫、卫生处理、检疫传染管理及罚则作出了更具体规定。

5.《疫苗管理法》

2019 年通过的《疫苗管理法》旨在加强我国疫苗管理，保证疫苗质量和供应，规范预防接种，促进疫苗行业发展，保障公众健康，维护公共卫生安全。本法对疫苗的研发、注册、生产、流通、预防接种、异常反应监测和处理、疫苗上市后管理、监督及法律责任予以规制。依据本法，国家对疫苗实行最严格的管理制度，坚持安全第一、风险管理、全程管控、科学监管、社会共治。国家支持疫苗基础研究和应用研究，促进疫苗研制和创新，将预防、控制重大疾病的疫苗研制、生产和储备纳入国家战略。国家制定疫苗行业发展规划和产业政策，支持疫苗产业发展和结构优化，鼓励疫苗生产规模化、集约化，不断提升疫苗生产工艺和质量水平。同时，国家实行疫苗全程电子追溯制度。国务院药品监督管理部门会同国务院卫生健康主管部门制定统一的疫苗追溯标准和规范，建立全国疫苗电子追溯协同平台，整合疫苗生产、流通和预防接种全过程追溯信息，实现疫苗可追溯。从事疫苗研制、生产、流通和预防接种活动的单位和个人，应当遵守法律、法规、规章、标准和规范，保证全过程信息真实、准确、完整和可追溯，依法承担责任，接受社会监督。

2022 年 7 月国家药品监督管理局发布了《疫苗生产流通管理规定》。它从持有人主体责任、委托生产、信息化管理和报告制度等方面为疫苗持有人和疫苗生产企业合法合规地开展疫苗生产活动提供了更明确的指引，落实《中华人民共和国药品管理法》和《中华人民共和国疫苗管理法》等法律法规要求，构建科学、有效的疫苗生产流通监督管理体系。

基于上述法律、行政法规，国务院及其职能部门还制定了《艾滋病防治条例》《血吸虫病防治条例》《结核病防治管理办法》等部门规章对特定重大传染病的防治作出更加具体的管理规定。

为满足新冠疫情防控的实践需要及与修改后的《传染病防治法》相衔接，2020 年通过的《中华人民共和国刑法修正案（十一）》对《中华人民共和国刑法》原第 330 条规定的妨害传染病防治罪进行了部分修正，原文中"引起甲类传染病传播或者有传播严重危险"的内容被修改为"引起甲类传染病以及依法确定采取甲类传染病预防、控制措施的传染病传播或者有传播严重危险"，这一修改扩大了妨害传染病防治罪的入罪条件范围，即该罪不再限定于传染病防治法中确定的鼠疫、霍乱这两类甲类传染病，也适用于根据疫情防控的需要对乙类传染病采取甲类传染病预防、控制措施的情形。此外，《中华人民共和国刑法》第 332 条还规定了违反国境卫生检疫规定，引起检疫传染病传播或者有传播严重危险的，构成妨害国境卫生检疫罪。第 409 条规定从事传染病防治的政府卫生行政部门的工作人员严重不负责任，导致传染病传播或者流行的，构成传染病防治失职罪。

在上述法律、行政法规之外，下列行政部门发布的规范性文件也适用于疾病防控的相关活动（截至 2023 年 1 月 20 日）。

《人间传染的病原微生物菌（毒）种保藏机构管理办法》

《危险化学品安全管理条例》

《不同生物安全水平下个体防护装备要求》

《实验动物管理条例》

《病原微生物实验室生物安全管理条例》

《微生物和生物医学实验室生物安全通用准则》

《实验室生物安全手册》

《兽医实验室生物安全要求通则》

《病原微生物实验室生物安全通用准则》

《人间传染的病原微生物目录》

《动物病原微生物分类名录》

明者防祸于未萌，智者图患于将来。传染病防控涉及防控、救治、保险、救助、应急管理等社会的诸多方面。我们务必要见微知著，增强忧患意识，运用系统思维继续建立健全我国的传染病防控法治体系，最大限度地保障人民群众的健康与安全。

二、生物技术研究、开发与应用安全

生物技术研究、开发与应用是指通过科学和工程原理认识、改造、合成、利用生物而从事的科学研究、技术开发与应用等活动。国家鼓励生物技术研究人员及其机构以全球化视野统筹资源和要素，持续突破前沿生物技术的边界，提升我国生命科学与前沿生物技术创新能力，使之成为健康、制造、农业、环境、安全等领域的高质量发展的有力支撑。为此，国家制定了《"十四五"生物经济发展规划》并在国家重点研发计划中启动了"前沿生物技术"的重点专项等一系列促进措施。但是，我们仍要预防、控制与减少与之相随的生物风险，平衡好该领域中发展与安全两大主题。

《生物安全法》第四章专门规定国家与从事生物技术研究、开发与应用机构、个人的责任。它要求在我国境内从事生物技术研究开发活动的自然人、法人和其他组织，应当遵守法律、行政法规，尊重社会伦理，不得损害国家安全、公共利益和他人合法权益，不得违反国家相关国际义务和承诺。主要内容如下。

① 国家加强对生物技术研究、开发与应用活动的安全管理，禁止从事危及公众健康、损害生物资源、破坏生态系统和生物多样性等危害生物安全的生物技术研究、开发与应用活动。从事生物技术研究、开发与应用活动，应当符合伦理原则。国家对生物技术研究、开发活动实行分类管理。根据对公众健康、工业农业、生态环境等造成危害的风险程度，将生物技术研究、开发活动分为高风险、中风险、低风险三类。生物技术研究、开发活动风险分类标准及名录由国务院科学技术、卫生健康、农业农村等主管部门根据职责分工，会同国务院其他有关部门制定、调整并公布。

② 从事生物技术研究、开发与应用活动的单位应当对本单位生物技术研究、开发与应用的安全负责，采取生物安全风险防控措施，制定生物安全培训、跟踪检查、定期报告等工作制度，强化过程管理。从事高风险、中风险生物技术研究、开发活动，应当由在我国境内依法成立的法人组织进行，并依法取得批准或者进行备案。从事高风险、中风险生物技术研究、开发活动，应当进行风险评估，制定风险防控计划和生物安全事件应急预案，降低研究、开发活动实施的风险。

③ 国家对涉及生物安全的重要设备和特殊生物因子实行追溯管理。购买或者引进列入管控清单的重要设备和特殊生物因子，应当进行登记，确保可追溯，并报国务院有关部门备案。个人不得购买或者持有列入管控清单的重要设备和特殊生物因子。从事生物医学新技术临床研究，应当通过伦理审查，并在具备相应条件的医疗机构内进行；进行人体临床研究操作的，应当由符合相应条件的卫生专业技术人员执行。

国务院有关部门依法对生物技术应用活动进行跟踪评估，发现存在生物安全风险的，应当及时采取有效补救和管控措施。

《生物安全法》颁布之前，科学技术部发布了《生物技术研究开发安全管理办法》，要求从事生物技术研究开发活动，应当遵守法律、行政法规，尊重社会伦理，不得损害国家安全、公共利益和他人合法权益，不得违反中华人民共和国相关国际义务和承诺。该《办法》按照生物技术研究开发活动与潜在风险程度，分为高风险、较高风险和一般风险3级别，并规定了分级管理的具体要求。

2019年科学技术部在《生物技术研究开发安全管理条例（征求意见稿）》中根据现实和潜在风险程度，将生物技术研究开发活动风险进一步调整为高风险、一般风险和低风险3个等级。高风险生物技术研究开发活动是指生物技术研究开发活动及其产品和服务，具有对人类健康、工农业及生态环境等造成严重负面影响、威胁国家生物安全、违反伦理道德的潜在风险的研究开发活动。一般风险生物技术研究开发活动是指生物技术研究开发活动及其产品和服务，具有对人类健康、工农业及生态环境等造成一定负面影响的潜在风险的研究开发活动。低风险生物技术研究开发活动是指生物技术研究开发活动及其产品和服务，对人类健康、工农业及生态环境等不造成或者造成较小负面影响的研究开发活动。国务院科学技术行政部门负责制定高风险和一般风险生物技术研究开发活动清单，对清单进行动态评估、适时修订并及时发布。

三、病原微生物实验室安全

我国境内实验室及其从事实验活动的生物安全管理应遵循《生物安全法》、国务院颁布的《病原微生物实验室生物安全管理条例》（2018年修订版）及相关规范。这里的病原微生物是指能够使人或者动物致病的微生物。实验活动是指实验室从事与病原微生物菌（毒）种、样本有关的研究、教学、检测、诊断等活动。

《生物安全法》第五章专门规定国家、机构与个人涉及病原微生物实验室安全的责任。概括而言，内容包括：

① 国家应加强对病原微生物实验室生物安全的管理，制定统一的实验室生物安全标准。病原微生物实验室应当符合生物安全国家标准和要求。国家根据病原微生物的传染性、感染后对人和动物的个体或者群体的危害程度，对病原微生物实行分类管理。根据对病原微生物的生物安全防护水平，对病原微生物实验室实行分等级管理。从事病原微生物实验活动应当在相应等级的实验室进行。低等级病原微生物实验室不得从事国家病原微生物目录规定应当在高等级病原微生物实验室进行的病原微生物实验活动。

② 机构与个人从事病原微生物实验活动，应当严格遵守有关国家标准和实验室技术规范、操作规程，采取安全防范措施。从事高致病性或者疑似高致病性病原微生物样本采集、保藏、运输活动，应当具备相应条件，符合生物安全管理规范。设立病原微生物实验室，应当依法取得批准或者进行备案。病原微生物实验室的设立单位应当制定生物安全事件应急预案，定期组织开展人员培训和应急演练。发生高致病性病原微生物泄漏、丢失和被盗、被抢或者其他生物安全风险的，应当按照应急预案的规定及时采取控制措施，并按照国家规定报告。个人不得设立病原微生物实验室或者从事病原微生物实验活动。

③ 企业对涉及病原微生物操作的生产车间的生物安全管理，依照有关病原微生物实验室的规定和其他生物安全管理规范进行。涉及生物毒素、植物有害生物及其他生物因子操作的生物安全实验室的建设和管理，参照病原微生物实验室的规定执行。

2004年国务院颁布了《病原微生物实验室生物安全管理条例》（2016年及2018年修订）。该《条例》规定国家对病原微生物实行分类管理，对实验室实行分级管理。对于高致病性病原微生物（指能够引起人类或者动物非常严重疾病的微生物以及我国尚未发现或者已经宣布消灭的微生物；或能够引起人类或者动物严重疾病，比较容易直接或者间接在人与人、动物与人、动物与动物间传播的微生物）的收集、运输与存储予以特别规定。

① 采集高致病性病原微生物样本的工作人员在采集过程中应当防止病原微生物扩散和感染，并对样本的来源、采集过程和方法等作详细记录。

② 运输高致病性病原微生物菌（毒）种或者样本，应当通过陆路运输；没有陆路通道，必须经水路运输的，可以通过水路运输；紧急情况下或者需要将高致病性病原微生物菌（毒）种或者样本运往国外的，可以通过民用航空运输。运输高致病性病原微生物菌（毒）种或者样本，应当经省级以上人民政府卫生主管部门或者兽医主管部门批准。在省、自治区、直辖市行政区域内运输的，由省、自治区、直辖市人民政府卫生主管部门或者兽医主管部门批准；需要跨省、自治区、直辖市运输或者运往国外的，由出发地的省、自治区、直辖市人民政府卫生主管部门或者兽医主管部门进行初审后，分别报国务院卫生主管部门或者兽医主管部门批准。承运单位应当与护送人共同采取措施，确保所运输的高致病性病原微生物菌（毒）种或者样本的安全，严防发生被盗、被抢、丢失、泄漏事件。

③ 保藏机构应对高致病性病原微生物菌（毒）种和样本设专库或者专柜单独储存。

④ 高致病性病原微生物菌（毒）种或者样本在运输、储存中被盗、被抢、丢失、泄漏的，承运单位、护送人、保藏机构应当采取必要的控制措施，并在 2 小时内分别向承运单位的主管部门、护送人所在单位和保藏机构的主管部门报告，同时向所在地的县级人民政府卫生主管部门或者兽医主管部门报告，发生被盗、被抢、丢失的，还应当向公安机关报告；接到报告的卫生主管部门或者兽医主管部门应当在 2 小时内向本级人民政府报告，并同时向上级人民政府卫生主管部门或者兽医主管部门和国务院卫生主管部门或者兽医主管部门报告。

国家实行统一的实验室生物安全标准。实验室的设立单位及其主管部门负责实验室日常活动的管理，承担建立健全安全管理制度，检查、维护实验设施、设备，控制实验室感染的职责。

2011 年科学技术部发布了《高等级病原微生物实验室建设审查办法》，它对三级、四级实验室建设审查程序进行了详细规定。

2020 年农业农村部发布《农业农村部办公厅关于进一步加强动物病原微生物实验室生物安全管理工作的通知》，强调病原微生物实验室生物安全是国家生物安全的重要组成部分。它要求各有关部门要切实增强做好病原微生物实验室生物安全管理的责任感和使命感，有效防范和化解实验室生物安全风险。

① 加强动物病原微生物实验室设立与备案管理。这包括做好新建、改建、扩建生物安全一级、二级实验室在内的动物病原微生物实验室（含第三方实验室）的备案管理以及做好新建、改建、扩建生物安全三级、四级实验室审查工作。

② 加强动物病原微生物实验活动监管。这包括规范实验活动行政许可，加强实验活动监督检查，加强相关科研成果发表管理。如需遵照科学技术部等六部门《科技部教育部农业部卫生部中科院中国科协关于加强我国病毒研究成果发表管理的通知》（国科发社〔2012〕921号）要求，加强对高致病性病原微生物研究成果发表的管理。

③ 加强动物病原微生物菌（毒）种保藏保存管理。这包括依据《病原微生物实验室生物安全管理条例》《动物病原微生物菌（毒）种保藏管理办法》等规定，国家对具有保藏价值的实验活动用动物病原微生物菌（毒）种和样本实行集中保藏。从事有关动物疫情监测、疫

病检测诊断、检验检疫和疫病研究等相关实验室及其设立单位要切实履行实验室生物安全管理主体责任，加强菌（毒）种和样本采集、运输、接收、使用、保存、销毁的全链条安全管理和对外交流管理。

④ 加强动物病料采集和使用监管。对于重大动物疫病或疑似重大动物疫病，应当由动物防疫监督机构采集病料。其他单位和个人采集病料的，应当具备《重大动物疫情应急条例》第二十一条第一款规定的相应条件。此外，2022 年 12 月我国重新修订了《中华人民共和国野生动物保护法》，加强对野生动物栖息地的保护并细化野生动物种群调控措施。新法于2023 年 5 月 1 日起施行。

⑤ 加强高致病性动物病原微生物科研项目审查管理。这要求实验室申报或者接受与高致病性动物病原微生物有关的科研项目应当符合科研需要和生物安全要求，具备相应生物安全防护水平。

四、人类遗传资源和生物资源安全

我国人类遗传资源和生物资源的采集、保藏与利用需遵循《生物安全法》《中华人民共和国人类遗传资源管理条例》等相关法律、行政法规及规范性文件。这里的人类遗传资源包括人类遗传资源材料和人类遗传资源信息。人类遗传资源材料是指含有人体基因组、基因等遗传物质的器官、组织、细胞等遗传材料。人类遗传资源信息是指利用人类遗传资源材料产生的数据等信息资料。

《生物安全法》从国家、机构与个人层面规定了其对人类遗传资源与生物资源安全的责任。具体而言：

① 国家对我国人类遗传资源和生物资源享有主权，应加强对我国人类遗传资源和生物资源采集、保藏、利用、对外提供等活动的管理和监督，保障人类遗传资源和生物资源安全。

② 机构与个人采集、保藏、利用、对外提供我国人类遗传资源的行为应当遵循相关法规与伦理原则，不得危害公众健康、国家安全和社会公共利益。从事下列活动，应当经国务院科学技术主管部门批准：

a. 采集我国重要遗传家系、特定地区人类遗传资源或者采集国务院科学技术主管部门规定的种类、数量的人类遗传资源；

b. 保藏我国人类遗传资源；

c. 利用我国人类遗传资源开展国际科学研究合作；

d. 将我国人类遗传资源材料运送、邮寄、携带出境。该规定不包括以临床诊疗、采供血服务、查处违法犯罪、兴奋剂检测和殡葬等为目的采集、保藏人类遗传资源及开展的相关活动。

境外组织、个人及其设立或者实际控制的机构不得在我国境内采集、保藏我国人类遗传资源，不得向境外提供我国人类遗传资源。国内机构与个人将我国人类遗传资源信息向境外组织、个人及其设立或者实际控制的机构提供或者开放使用的，应当向国务院科学技术主管部门事先报告并提交信息备份。利用我国人类遗传资源和生物资源开展国际科学研究合作，应当保证中方单位及其研究人员全过程、实质性地参与研究，依法分享相关权益。

2019 年国务院发布了《人类遗传资源管理条例》对采集、保藏、利用、对外提供我国人类遗传资源作出了更加具体的规定。

2022 年科学技术部公布《中国人类遗传资源保藏审批行政许可事项服务指南》进一步细

化人类遗传资源材料和人类遗传资源信息的具体内容。前者包括全血、血清、血浆、尿液、粪便、血细胞、脑脊液、骨髓、骨髓涂片、血涂片、组织切片及其他样本等。后者包括以下信息类型：

①临床数据，如人口学信息、一般实验室检查信息等；

②影像数据，如B超、计算机体层成像（CT）、正电子发射计算机体层成像（PET-CT）、核磁共振、X射线等；

③生物标志物数据，如诊断性生物标志物、监测性生物标志物、药效学/反应生物标志物、预测性生物标志物、预后生物标志物、安全性生物标志物、易感性/风险生物标志物；

④基因数据，如全基因组测序、外显子组测序、目标区域测序、人线粒体测序、全基因组甲基化测序、lnc RNA测序、转录组测序、单细胞转录组测序、small RNA测序等；

⑤蛋白质数据；

⑥代谢数据。

人类遗传资源相关信息属于国家秘密的，还应当依照《中华人民共和国保守国家秘密法》和国家其他有关保密规定实施保密管理。国家一直支持合理利用人类遗传资源开展科学研究、发展生物医药产业、提高诊疗技术，提高我国生物安全保障能力，提升人民健康保障水平。但上述活动必须遵守国家法律、行政法规、部门规章等要求。

生物科技的迅速发展会持续给人类遗传资源治理带来新的挑战。目前一个颇具争议的问题是基因序列数据的开放与惠益共享问题。该术语的确切范围仍含糊不清（例如是否可能包含蛋白质序列或代谢物信息）。它在广义上是指遗传基因序列数据和潜在的其他相关数据。目前全球开放的序列数据库主要有国际核苷酸序列数据库协作，以及由GenBank、欧洲核苷酸档案馆和日本DNA数据库运营的三个相同的数据库。它们将数据传送到750个下游序列数据库，然后再连接到另外1000个更专业的数据库。

许多《生物多样性公约》缔约国担心基因序列的公开可用性会破坏《公约》设置的生物资源获取和利益分享机制。有些国家认为该数据超出了《生物多样性公约》的规制范围，因此目前仍不存在获取和使用序列数据的利益分担义务；还有些国家则直接通过国内法律对基因序列进行监管。如果对基因序列利用进行限制的国际规则形成，这些数据库将被迫关闭或必须付费才能访问；或者它们将不再包含所有数据，而只包含某些访问不受国家监管的数据。

基因序列的可用性为生命科学研究和创新提供了动力，这是通过接近统一的访问条款和允许跨数据库通用实现的。这种模式通过最大限度地减少科学界在访问和重用这些数据时所经历的交易和其他成本，将基因序列数据共享作为全球公共利益进行维护。新型冠状病毒大流行表明了快速共享公共卫生和科学信息、生物样本和遗传序列数据的关键重要性。但目前各国没有法律义务共享物理病原体样本或相关数据。迄今为止，研究人员常本着科学开放的精神共享这些资源。例如，2020年1月10日，中国科学家公开上传了第一个严重急性呼吸综合征基因序列——冠状病毒2。两天后中国与世界卫生组织分享了病毒的序列数据。该数据早期可用性使世界各地的实验室能够迅速开始开发诊断测试试剂盒并启动对抗病毒药物和疫苗的研究。从那时起，来自全球的数千个新冠病毒2序列已上传到GenBank和全球流感数据共享倡议组织（GISAID）等在线数据库。这些基因序列有助于追踪新冠病毒2的传播，确定哪些遏制策略已经成功，并监测病毒基因组中适应性突变的出现。

基因序列技术与大数据科学和人工智能并行发展的速度意味着获取大型数据集已成为尖端合成生物学、医学研究以及保护、生态系统恢复和可持续农业等领域的关键。在许多情况下，开放科学实践可能可以提高我们应对生物威胁的能力。鉴于生物安全和生物安保事件的许多令人担忧的例子，不能忽视所有行为者越来越容易获得和使用科学研究所带来的潜在威胁。这迫切需要解决与某些开放科学实践相关的意外风险，鼓励负责任地共享和获取。基于这一目的，未来可行的基因序列治理方案要求澄清若干重要事项，如是否将基因序列纳入《公约》适用范围、利益分享的触发因素、要分享的利益数额、利益分配方法、受益人、可接受的资金使用以及补充性非货币利益分享方式。

五、防范生物恐怖与生物武器

生物恐怖与生物武器威胁的客体都是病原微生物或其产生的毒素。《生物安全法》明确国家采取一切必要措施防范生物恐怖与生物武器威胁。这包括：

（1）禁止开发、制造或者以其他方式获取、储存、持有和使用生物武器　禁止以任何方式唆使、资助、协助他人开发、制造或者以其他方式获取生物武器。中国是《禁止生物武器公约》及《禁止化学武器公约》缔约国，负有履行相关武器防扩散的国际法义务。

为此目的，国务院有关部门应：①制定、修改、公布可被用于生物恐怖活动、制造生物武器的生物体、生物毒素、设备或者技术清单，加强监管，防止其被用于制造生物武器或者恐怖目的；②加强对可被用于生物恐怖活动、制造生物武器的生物体、生物毒素、设备或者技术进出境、进出口、获取、制造、转移和投放等活动的监测、调查，采取必要的防范和处置措施；③负责组织遭受生物恐怖袭击、生物武器攻击后的人员救治与安置、环境消毒、生态修复、安全监测和社会秩序恢复等工作；④有效引导社会舆论科学、准确报道生物恐怖袭击和生物武器攻击事件，及时发布疏散、转移和紧急避难等信息，对应急处置与恢复过程中遭受污染的区域和人员进行长期环境监测和健康监测。

（2）调查　国家需组织开展对我国境内战争遗留生物武器及其危害结果、潜在影响的调查。国家组织建设存放和处理战争遗留生物武器设施，保障对战争遗留生物武器的安全处置。

《出口管制法》是维护国家安全和利益、履行武器防扩散等国际义务的一项有效措施。它是国家对从中国境内向境外转移管制物项，以及中国公民、法人和非法人组织向外国组织和个人提供管制物项，采取的禁止或者限制性措施。我国管制物项可主要为：核及两用品相关技术，生物两用品及相关设备和技术，化学品及相关设备和技术，导弹及相关物项和技术，易制毒化学品，商用密码，军品，其他两用物项与技术和特殊民用物项。

国家主要通过制定管制清单、管控名单，以及实施出口许可管理制度来对管制物项、主体、行为进行监督和管理。

① 管制清单。此类管制清单主要包括《两用物项和技术进出口许可证管理办法》《军品出口管理清单》以及临时管制清单。除《中华人民共和国军品出口管理条例》外，其他物项清单基本上被归并入《两用物项和技术进出口许可证管理目录》，该目录列明了相关物项对应的海关商品编码，有助于企业对照筛查。

② 管控名单。进口商或最终用户违反国家关于最终用户或最终用途管理要求、可能危害国家安全和利益、将管制物项用于恐怖主义目的，可能会被出口管制管理部门依法列入管控名单。管控名单制度是国家针对进口商、最终用户采取的出口管制措施。进口商和最终用户一旦被列入管控名单，其有关管制物项的交易可能会受到禁止或限制，有关管制物项出口可能会被责令中止。此外，出口管制法也规定了管控名单的移出程序，即列入管控名单的进口商、最终

用户经采取措施，不再有相应情形的，可以向国家出口管制管理部门申请移出管控名单。

③ 出口许可证。国家对管制物项的出口实行许可制度，出口经营者出口的货物、技术、服务以及相关数据资料等，如果落入管制清单、临时管制清单，或者可能存在规定风险的，需要在出口前向国家出口管制管理部门申请许可，并在货物通关时向海关提交相关许可证件。

上述三种制度的法律依据如下：

2020 年 10 月 17 日《中华人民共和国出口管制法》颁布并自同年 12 月 1 日起施行。该法首次在法律层面确立了我国出口管制制度体系，规范了管制物项类型、确立了管制清单 / 管控名单制度、明确了对出口管制合规的态度、增加了反制措施等相关规定。第 48 条规定"任何国家或者地区滥用出口管制措施危害中华人民共和国国家安全和利益的，中华人民共和国可以根据实际情况对该国家或者地区对等采取措施。"

我国商务部、海关总署等部门积极贯彻落实《出口管制法》相关要求，更新了配套的《两用物项和技术进出口许可证管理目录》，发布了《商务部关于两用物项出口经营者建立出口管制内部合规机制的指导意见》《两用物项出口管制内部合规指南》以及《关于做好两用物项和技术进出口许可无纸化工作的通知》等文件。2022 年 4 月 22 日，商务部发布了《两用物项出口管制条例（征求意见稿）》，在《出口管制法》的基础上进行了细化，且对现行的出口管制行政法规相关内容进行了调整和优化。2023 年 1 月 28 日，商务部发布了《中国禁止出口限制出口技术目录（征求意见稿）》，用于人的细胞克隆和基因组编辑技术、CRISPR 基因组编辑技术、合成生物学技术等多项生物医药技术进入禁止或限制出口技术条目。

相关机构及其人员在进出口实验物项之前必须遵循我国相关出口管制法律法规。如在生物制剂及相关技术出口之前，需要核查其是否属于《出口管理法》及相关清单中受控物项。如果属于，需提前告知所在机构的合规部门并遵循法定的审批程序。如果因研究目的需要获取此类生物制剂及相关技术，需遵循法定的审批流程。在进口之前，需了解某些生物制剂及相关技术是否由国家监管进口或限制跨境转移。

六、国家生物能力建设

《生物安全法》设有专章阐释国家应加强生物安全能力建设，提高应对生物安全事件的能力和水平。这包括：

① 采取措施支持生物安全科技研究，加强生物安全风险防御与管控技术研究，整合优势力量和资源，建立多学科、多部门协同创新的联合攻关机制，推动生物安全关键核心技术和重大防御产品的成果产出与转化应用，提高生物安全的科技保障能力。

② 加强生物基础科学研究人才和生物领域专业技术人才培养，推动生物基础科学学科建设和科学研究。

③ 加强重大新发突发传染病、动植物疫情等生物安全风险防控的物资储备。如国家加强生物安全应急药品、装备等物资的研究、开发和技术储备。国务院有关部门根据职责分工，落实生物安全应急药品、装备等物资研究、开发和技术储备的相关措施。

④ 加强对从事高致病性病原微生物实验活动、生物安全事件现场处置等高风险生物安全工作人员管理，要求对其提供有效的防护措施和医疗保障。

加强生物安全建设能力是一项长期而艰巨的任务。在建立上述法律法规体系的基础上，加强生物安全关键技术研究是提升国家生物安全能力不可替代的重要举措，因而必须鼎力前行。虽然获得新技术可能使新的生物威胁得以工程化，但它们可能产生新的应对措施来管理疾病及其他生物威胁。同时，滥用这些技术可能对大量人口和生态系统产生毁灭性影响。当前我国生物安全领域需要加强研究的问题有：

①围绕两用生物技术甄别与应对的研究。如针对重要高致病性病原体不同途径感染后与机体互动动态过程，揭示动物和细胞水平的结构动态变化规律，鉴定病原体致病过程的关键事件和关键因子，解析其分子机制，提升生物安全相关病原体危害效应甄别技术能力。

②针对外来入侵物种种群灾变机制及生态恢复研究。如研究关键复合生态因子、生物因子对入侵种种群扩散中的耦合作用，探明物种多样性对外来入侵种的抵御功能与机制，揭示外来入侵物种对生态系统功能稳定性的影响机制和多物种协同阻抗外来物种入侵的机理，探明关键生物网络节点；针对受损生态系统，创建正向的多样性阻抗与抵御、生物网络调控与生境修复、入侵的土壤微生境改良与修复等持久性环境友好型替代修复技术。

③针对保护我国重要战略生物资源的研究。如研究重要战略生物资源安全风险评估技术体系，识别驱动资源流失的风险点，预测重要战略生物资源潜在的流失风险，建立安全风险预警模型，编制重点关注资源名单。

④智能化高等级生物安全实验室关键技术与装备研究。

⑤跨境传播的动物源人兽共患传染病传染机制及防控技术研究。

⑥传染病传播的决定因素与相互关系跨学科研究。如：病原体的传播受气候等环境因素的影响；自然宿主的种群动态和遗传；病原体、病媒或宿主物种生物学的生理或行为如何影响传播动态；生态传播与进化动态之间的反馈；病原体传播的文化、社会、行为和经济因素等。

《生物安全法》是生物安全领域的基础性法律，规定的是主要原则和制度。这部法律的全面有效实施需要通过行政法规、部门规章等不同层级的规范性文件加以细化，也需加强生物安全技术研究，持续提升我国生物安全科技支撑能力。国家生物安全能力建设涉及非常复杂的内容，需要科学筹划。国家卫生健康委员会应当与包括科学技术部、教育部、农业农村部、生态环境部和国防部在内的其他部委以及其他主要利益攸关方合作，在地方和国家层面评估生命科学构成的风险，并确定适当的风险缓解措施，以加强对生物风险和双重用途研究的治理。我国还应加快推进生物科技创新和产业化应用，推进生物安全领域科技自立自强，健全生物安全科研攻关机制，促进生物技术健康发展。

第三节　违反《生物安全法》的法律责任

《生物安全法》第九章规定了违反本法的法律责任。它设定了一系列行政处罚措施、民事责任与刑事责任。为了与其他法律衔接，如本法未规定法律责任，其他有关法律、行政法规有规定的，依照其规定。例如，为了有效强化人类遗传资源与生物资源监管，《中华人民共和国刑法修正案（十一）》（以下简称《刑法修正案（十一）》）与《中华人民共和国民法典》（后简称《民法典》）都有相关规定与《生物安全法》进行衔接。

《刑法修正案（十一）》增加了非法采集人类遗传资源、走私人类遗传资源材料罪，非法植入基因编辑、克隆胚胎罪，非法引进、释放、丢弃外来入侵物种罪等3项"新罪"。据此修改后的《中华人民共和国刑法》第334条明确规定"违反国家有关规定，非法采集我国人类遗传资源或者非法运送、邮寄、携带我国人类遗传资源材料出境，危害公众健康或者社会公共利益，情节严重的，处三年以下有期徒刑、拘役或者管制，并处或者单处罚金；情节特别严重的，处三年以上七年以下有期徒刑，并处罚金。"就外来物种入侵的生物安全问题，《中华人民共和国刑法》第344条明确规定"非法引进、释放或者丢弃外来入侵物种，情节严重的，处三年以下有期徒刑或者拘役，并处或者单处罚金。"

《民法典》将宪法人格权转化为可直接在民事主体间主张的权利。该概念内核是自然人对其紧密人格领域予以自主和自我决定并排除他人干扰的权利。第1034条规定："自然人的个人信息受法律保护。"此处"个人信息"包括个人的"生物识别信息"与"健康信息"。个人信息处理的方式方法包括收集、储存、使用、加工、传输、提供、公开等。2021年，最高人民法院发布司法解释进一步明确信息处理者处理人脸信息有下列情形之一，人民法院应当认定属于侵害自然人人格权益的行为并结合具体情况要求行为人承担侵害自然人人格权益的民事责任：

①在宾馆、商场、银行、车站、机场、体育场馆、娱乐场所等经营场所、公共场所违反法律、行政法规的规定使用人脸识别技术进行人脸验证、辨识或者分析；

②未公开处理人脸信息的规则或者未明示处理的目的、方式、范围；

③基于个人同意处理人脸信息的，未征得自然人或者其监护人的单独同意，或者未按照法律、行政法规的规定征得自然人或者其监护人的书面同意；

④违反信息处理者明示或者双方约定的处理人脸信息的目的、方式、范围等；

⑤未采取应有的技术措施或者其他必要措施确保其收集、存储的人脸信息安全，致使人脸信息泄露、篡改、丢失；

⑥违反法律、行政法规的规定或者双方的约定，向他人提供人脸信息；

⑦违背公序良俗处理人脸信息；

⑧违反合法、正当、必要原则处理人脸信息的其他情形。

《民法典》第1009条明确规定"从事与人体基因、人体胚胎等有关的医学和科研活动，应当遵守法律、行政法规和国家有关规定，不得危害人体健康，不得违背伦理道德，不得损害公共利益。"这是我国首次在法律层面对人体基因、人体胚胎有关的医学和科研活动作出明确规定。违反这些规定将承担相应的法律责任。在此之前，相关问题都是通过法律位阶较低的《人胚胎干细胞研究伦理指导原则》《干细胞临床研究管理办法（试行）》《涉及人的生物医学研究伦理审查办法》等部门规章的形式进行规范。随着相关生物技术的发展，提高规制的位阶有利于应对其带来的巨大社会影响。

第四节　生物安全与科技伦理

科技伦理是开展科学研究、技术开发等科技活动需要遵循的价值理念和行为规范，也是促进科技事业健康发展的重要保障。当前，我国科技创新快速发展，面临的科技伦理挑战日益增多，而科技伦理治理仍存在体制机制不健全的问题，难以适应科技创新发展的现实需要。这一现象在快速发展的生物科技领域尤为突出。

2022 年，为加快构建中国特色科技伦理体系，塑造科技向善的文化理念，健全多方参与、协同共治的科技伦理治理体制机制，实现科技创新高质量发展和高水平安全良性互动，中共中央办公厅、国务院办公厅发布了《关于加强科技伦理治理的意见》，对我国科技伦理治理进行了体系性构建。

一、科技伦理治理基本要求与原则

该《意见》对我国科技伦理治理提出了五点基本要求。

① 伦理先行。加强源头治理，注重预防，将科技伦理要求贯穿科学研究、技术开发等科技活动全过程，促进科技活动与科技伦理协调发展、良性互动，实现负责任的创新。

② 依法依规。坚持依法依规开展科技伦理治理工作，加快推进科技伦理治理法律制度建设。

③ 敏捷治理。加强科技伦理风险预警与跟踪研判，及时动态调整治理方式和伦理规范，快速、灵活应对科技创新带来的伦理挑战。

④ 立足国情。立足我国科技发展的历史阶段及社会文化特点，遵循科技创新规律，建立健全符合我国国情的科技伦理体系。

⑤ 开放合作。坚持开放发展理念，加强对外交流，建立多方协同合作机制，凝聚共识，形成合力。积极推进全球科技伦理治理，贡献中国智慧和中国方案。

该《意见》进一步明确了科技伦理治理应遵循如下原则。

① 增进人类福祉。科技活动应坚持以人民为中心的发展思想，有利于促进经济发展、社会进步、民生改善和生态环境保护，不断增强人民获得感、幸福感、安全感，促进人类社会和平发展和可持续发展。

② 尊重生命权利。科技活动应最大限度避免对人的生命安全、身体健康、精神和心理健康造成伤害或潜在威胁，尊重人格尊严和个人隐私，保障科技活动参与者的知情权和选择权。使用实验动物应符合"减少、替代、优化"等要求。

③ 坚持公平公正。科技活动应尊重宗教信仰、文化传统等方面的差异，公平、公正、包容地对待不同社会群体，防止歧视和偏见。

④ 合理控制风险。科技活动应客观评估和审慎对待不确定性和技术应用的风险，力求规避、防范可能引发的风险，防止科技成果误用、滥用，避免危及社会安全、公共安全、生物安全和生态安全。

⑤ 保持公开透明。科技活动应鼓励利益相关方和社会公众合理参与，建立涉及重大、敏感伦理问题的科技活动披露机制。公布科技活动相关信息时应提高透明度，做到客观真实。

二、科技伦理治理社会组织体系

推行科技伦理治理需要有一个健全的科技伦理治理社会组织体系。近年来，我国成立了国家科技伦理委员会负责指导和统筹协调推进全国科技伦理治理体系建设工作。高等学校、科研机构、医疗卫生机构、企业等单位为履行科技伦理管理主体责任，也应成立科技伦理（审查）委员会开展对科技活动的科技伦理审查、监督与指导，坚持科学、独立、公正、透明原则。科技类社会团体应促进行业自律，开展科技伦理知识宣传普及，提高社会公众科技伦理意识。科技人员需主动学习科技伦理知识，在自身与团队研究实施全过程中促进创新与防范风险相统一、制定规范与自我约束相结合，严谨审慎，坚守科技伦理底线。

三、科技伦理审查和监管

在我国境内开展科技活动应进行科技伦理风险评估或审查。涉及人、实验动物的科技活动，应当按规定由本单位科技伦理（审查）委员会审查批准，不具备设立科技伦理（审查）委员会条件的单位，应委托其他单位科技伦理（审查）委员会开展审查。

高等学校、科研机构、医疗卫生机构、社会团体、企业等应完善科技伦理风险监测预警机制，跟踪新兴科技发展前沿动态，对科技创新可能带来的规则冲突、社会风险、伦理挑战加强研判、提出对策。

财政资金设立的科技计划（专项、基金等）应加强科技伦理监管，监管全面覆盖指南编制、审批立项、过程管理、结题验收、监督评估等各个环节。

加强对国际合作研究活动的科技伦理审查和监管。国际合作研究活动应符合合作各方所在国家的科技伦理管理要求，并通过合作各方所在国家的科技伦理审查。对存在科技伦理高风险的国际合作研究活动，由地方和相关行业主管部门组织专家对科技伦理审查结果开展复核。

严肃查处科技伦理违法违规行为。高等学校、科研机构、医疗卫生机构、企业等是科技伦理违规行为单位内部调查处理的第一责任主体，应制定完善本单位调查处理相关规定，及时主动调查科技伦理违规行为，对情节严重的依法依规严肃追责问责；对单位及其负责人涉嫌科技伦理违规行为的，由上级主管部门调查处理。各地方、相关行业主管部门按照职责权限和隶属关系，加强对本地方、本系统科技伦理违规行为调查处理的指导和监督。

任何单位、组织和个人开展科技活动不得危害社会安全、公共安全、生物安全和生态安全，不得侵害人的生命安全、身心健康、人格尊严，不得侵犯科技活动参与者的知情权和选择权，不得资助违背科技伦理要求的科技活动。相关行业主管部门、资助机构或责任人所在单位要区分不同情况，依法依规对科技伦理违规行为责任人给予责令改正，停止相关科技活动，追回资助资金，撤销获得的奖励、荣誉，取消相关从业资格，禁止一定期限内承担或参与财政性资金支持的科技活动等处理。科技伦理违规行为责任人属于公职人员的依法依规给予处分，属于党员的依规依纪给予党纪处分；涉嫌犯罪的依法予以惩处。

四、科技伦理教育和宣传

重视科技伦理教育与培训是推进科技伦理治理的重要举措。教育青年学生与科研人员树立正确的科技伦理意识，遵守科技伦理要求。同时，完善科技伦理人才培养机制，加快培养高素质、专业化的科技伦理人才队伍。鼓励相关单位积极开展面向社会公众的科技伦理宣传，推动公众提升科技伦理意识，理性对待科技伦理问题，共同有效防范科技伦理风险。

依据《中华人民共和国国民经济和社会发展第十四个五年规划和 2035 年远景目标纲要》，我国制定了《"十四五"生物经济发展规划》，明确提出：坚持系统观念，更好统筹发展和安全，加强战略性、前瞻性研究谋划，充分发挥我国生物经济发展优势，推动生物技术赋能经济社会发展，加快构建现代生物产业体系，有序推进生物资源保护利用，着力做大做强生物经济，加强国家生物安全风险防控和治理体系建设，提高国家生物安全治理能力，切实筑牢国家生物安全屏障。

从总体上，我国生物安全管理法律制度顶层设计已经形成，相关法律法规、规范性文件的内容覆盖了生物安全管理的主要领域。但与生物技术快速发展带来风险相比，具体管理制度及法律责任等方面仍需不断定期评估与更新，以确保它们有效解决现有和未来持续出现的生物风险，支撑生物科技创新与产业经济发展。

各级政府及其有关部门应当加强生物安全法律法规和生物伦理宣传普及工作，引导基层群众性自治组织、社会组织开展生物安全法律法规和生物安全知识宣传，促进全社会生物安全意识的提升。相关科研院校、医疗机构以及其他企业事业单位应当将生物安全法律法规和生物伦理纳入教育培训内容，加强学生、从业人员生物安全意识和伦理意识的培养。新闻媒体应当开展生物安全法律法规和生物安全知识公益宣传，对生物安全违法行为进行舆论监督，增强公众维护生物安全的社会责任意识。任何单位和个人有权举报危害生物安全的行为，接到举报的部门应当及时依法处理。

保障生物安全人人有责，每个人与单位都应从自身出发，增强生物安全和国家安全意识，遵守相关国家法律、行政规章、规范性文件及相关伦理原则，共同行动筑牢国家生物安全防线，实现人与自然和谐共生。

思考题

① 您所在学校/单位微生物实验室的安全管理体系能有效防控风险吗？哪些方面应改善？

② 如何有效管控"自己动手做"（DIY）带来的生物威胁？

③ 如何处理好两用技术进出口管制与自由贸易？

④《生物安全法》中有哪些条文规定了个人责任？

⑤ 科技伦理在生物安全治理中的功能及局限有哪些？您所在学校/单位生物实验伦理审查程序与效果如何？哪些方面应改善？

参考文献

[1] 白春礼. 为全面提升国家生物安全治理能力提供有力科技支撑 [J]. 旗帜，2020（8）：43-45.

[2] Klunker I，Richter H. Digital sequence information between benefit-sharing and open data [J]. JL & Biosciences，2022，9：1.

[3] 苏宇. 风险预防原则的结构化阐释 [J]. 法学研究，2021，43（1）：35-53.

[4] 国家发展和改革委员会."十四五"生物经济发展规划 [EB/OL].（2021-12-20）[2023-12-20]. http://www.gov.cn/zhengce/zhengceku/2022-05/10/content_5689556.htm.

第十章

生物安全全球治理

生物安全没有国界。地球人类是一个命运休戚与共的共同体，病毒侵袭人类不分种族、阶层、年龄与性别。各国必须本着相互尊重、求同存异的精神，形成全面平衡、普遍接受的行动方案，共同应对生物安全这一全球性问题。当前，全球地缘政治局势紧张，生物科技迅猛发展，呈现许多新特点和新趋势。全球生物安全治理面临全新挑战，同时蕴藏重要机遇。

相比于生物安全的国内治理，生物安全的全球治理存在更复杂的不确定性。一方面，它存在生物安全国内治理中同一问题，即既有法律与机制往往滞后于生物科技的发展，伴随着新的生物风险与威胁层出不穷。另一方面，由于各国生物安全治理能力及政策优先项不同，导致彼此之间治理规范与机制存在很多步调不一致的情形。解决全球生物风险这一"双重步调"问题，需要多方利益攸关人积极参与，同时推进双边与多边合作机制。

中国积极致力于加强全球生物安全治理，主张各国在提高国内监管措施的同时，开展广泛的国际合作，推进全球生物安全共治共享的治理体系，使生物科技最大可能地惠泽人类福祉。唯有坚持共治共享的全球治理观，践行生物安全命运共同体理念，才能推动更加公正合理的全球生物安全治理体系，构建符合人类命运共同体理念的全球生物安全新秩序。

全球生物安全的共治性。在兼顾各国不同国情的情况下，以构建人类安全共同体为最终目标，尊重并鼓励各国及其人民参与全球生物安全治理，共同承担生物安全的责任。这对于防止全球性传染病和大规模战争给国际社会和人类发展带来消极影响具有重要作用。

全球生物利益的共享性。在构建全球生物安全体系的进程中，要确保各国人民能够公平公正地分享生物资源及相关科技发展带来的惠益，免于各种生物风险带来的损害和恐惧。为此，任何国家的任何个人都不能把自身的安全利益凌驾于各国人民共同的安全利益之上，也不能以维护少数人的安全利益为借口损害世界多数人民的安全利益，更不能掠夺、利用他国生物资源而拒绝分享所产生的惠益。国际社会中仍存在霸权主义、强权政治、单边主义、保护主义等，这需要各国共同努力进一步消除对弱势群体的欺凌行为，推进形成更加公平公正的国际环境，以实际行动促进全球安全与发展。

本章重点阐述全球生物安全治理中的两个核心问题：一是全球生物安全风险管控的主要

国际条约与机制；二是全球生物资源惠益共享的国际条约与机制。这是各国在既竞争又合作的生物安全治理领域开展工作特别关切的问题。

第一节　全球生物安全风险

当前生物安全在全球安全治理中的地位愈加凸显，各国在享受生物技术发展收益的同时，也都面临着生物技术误用和滥用、生物技术武器化、生物恐怖主义等严峻挑战。各国必须基于普遍认同的价值和原则，运用足够的资源以及透明和包容的方式加强全球生物安全领域的合作，在促进生物科技发展的同时，合理管控生物风险与威胁，共同应对这场希望与危险并存的生物科技变革。

一、全球生物安全风险概述

生物安全风险具有传统安全与非传统安全风险的特点。一是引发生物风险的主体日渐多元化。从国家、科研机构到私主体都可以从事相关生物科研活动，许多具有潜在生物风险的两用技术往往最先由私主体实验开发出来，能随时引发误用或谬用的风险。二是生物安全客体的源头难以追溯。由于生物风险演变机理错综复杂，在很多时候风险源头无法追溯是人为恶意、无意导致，是自然界生物互相作用导致还是介于两者之间。三是生物风险如果没有管控好而导致实际发生会造成大面积、难以控制的损害。如重大传染病疫情，生物武器使用及生物恐怖主义活动。

一般而言，生物风险的管控的效果取决于：①直接参与的研究人员负责任科研行为；②相关机构对生物安全和实验室生物安全风险的有效管理与监督；③其他利益攸关者积极介入履行其责任。

生物风险管控（图10-1）需要全过程、全链条的努力。它包括如下多个环节：风险评估；监测、监控与诊断；确保人员安全；确保环境安全；预备、减缓及应急措施。

① 风险评估：获取潜在威胁的相关数据、分析其事故发生的风险与确定应采取的额外防范措施。这包括激发研究人员的双重用途意识，确定研究中潜在的双重用途方面以及如何谨慎处理。例如研究使用的病原体是否在高危病原体名单上。目前有欧盟出口管制清单（欧盟第2021/821号条例）、澳大利亚集团清单和美国特定毒素清单。植物病原体列在植物病原体检疫清单上。除这些国际清单外还可能存在国家清单。如您正在研究的病原体尚未分类或未列入上述列表，但仍可能被认为是高风险病原体。研究人员应咨询本机构负责生物安全和安保的组织人员。监管部门应监测两用技术的发展和贸易；查明对生物恐怖主义感兴趣的个人和团体的情报行动。

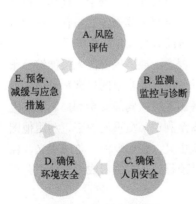

图10-1　生物风险管控流程

②监测、监控与诊断：监测和调查自然、意外与人为的疾病暴发，包括建立监测与诊断人、动物及农作物部门传染病的能力；当不寻常的疾病被检测到，相关信息要与公共卫生部门及政府间分享。

③确保人员安全：确保仅合适人员才能接触病原体且他们不能滥用其权限，这需要对实验室人员背景审查，监管生物实验（尤其是两用技术领域），教育及培训科学家使其理解其研究对生物安全的影响。

④确保环境安全：禁止未经核准移除材料。这包括未经授权不得获取相关材料以及对危险病原体转移的控制。

⑤预备，减缓与应急措施：规划在预防措施失败时如何应对疾病暴发和流行病。这包括：制定政策，详细说明决策程序以及相关机构和执法实体在紧急情况下的作用和责任；建立有效的通信系统；确保充分提供诊断实验室；制定治疗方案。

除了生物技术自身的快速发展，人工智能、纳米技术、微型化、机器人和量子计算等领域的发展和创新也出现了显著的激增。生物、物理和数字世界的边界重叠将对人类生存产生巨大的潜在变化，这被称为"第四次工业革命"。世界经济论坛创始人兼执行主席克劳斯·施瓦布指出，与之前的革命一样，第四次工业革命有可能提高全球收入水平，提高世界各地人民的生活质量。在未来，技术创新也将带来供给侧奇迹，长期提高效率和生产力。运输和通信成本将下降，物流和全球供应链将变得更加有效，贸易成本将降低，所有这些都将打开新的市场并推动经济增长。

例如，表 10-1 中说明了三种创新方法在生命科学的几个研究领域（免疫、脑神经、生殖、农业和传染病）中所产生的潜在影响，给医学、农业和生态解决方案带来深刻的影响和显著的创新。

表 10-1　新兴技术对生物安全的潜在影响

领域/技术	DNA合成	微纳技术	人工智能
免疫	工程免疫缺陷或自身免疫	靶向免疫系统成分的纳米载体	预测敏感性
脑神经	体内神经编辑	神经靶向纳米武器	精神控制
生殖	生殖系基因缺失或添加	特定精子选择	生育算法
农业	工程作物病害	工程传感器作物检测	用于害虫预测和分析的无人机
传染病	创造嵌合生物	用于早期检测感染的纳米机器人	大流行病病毒遗传学

DNA 编辑、纳米技术和大数据/人工智能的持续发展及其在上述领域的应用可能会对促进生物技术衍生产品的创造、生产和交付产生深远影响。这些技术存在风险和不确定性。相关事故确实发生在世界各地。这些技术也可能加剧更广泛的社会问题，可能导致更大的不平等、传染病的传播和与发展生物武器有关的新的潜在的威胁。例如，修改病原体的基因组可能会创造出感染或在人类之间传播能力增强或改变的生物体。例如，2011 年，两个实验室修改了高致病性禽流感毒株以研究决定宿主范围的基因序列。实验的目的是收集序列信息，以帮助流感追踪者识别潜在的大流行性禽流感毒株。重组后的流感毒株没有直接在人类身上进行测试，但被证明会感染雪貂，雪貂是人类感染的一个既定实验模型。与这类工作相关的高度传染性病原体的逃逸、盗窃或释放风险引发了生物安全和生物安保问题。

从生物安全视角看，对一项技术能力的安全性关切程度影响因素有：①技术适用性，发展速度，消除适用，适用障碍及与其他技术合成情况；②作为武器的适用性，生产与运输，致命范围以及结果预测程度；③行为人，获取经验，获得资源以及组织机构要求；④震慑与阻止能力，辨识攻击的能力，归因能力以及结果管理能力。例如，病原体研究对医学、生物和农业发展至关重要，其发展速度迅速；相关知识和技术可能被滥用于开发生物武器，或构成对公众健康和环境的其他威胁。此类两用技术的管控需要建立一系列法规与机制。在实践中评估其风险程度并据此制定风险管控措施（图10-2）。

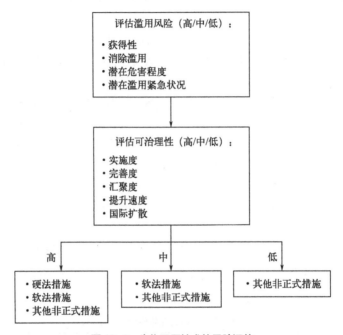

图10-2　生物两用技术的风险评估

上述分析过程中需要权衡技术的益处、规制的成本以及利益关系人的态度，如政治利益、产业意愿及安全关切，并在此基础上选定合适的生物风险管控措施。

但与此同时，在全球层面国际区域性冲突持续、动荡不断。新兴大国在持续调整自身产业政策、外交策略与经济规划，与既有大国在网络、太空、海洋与前沿科技领域形成竞争博弈，随时会诱发全球生物安全变局。因此，生物安全全球治理面临诸多不确定性。在此过程中，我们迫切需要加强生物安全的既有国际条约、机制的功效，并基于共同的价值与原则，新发展必要的法律、政治与外交机制解决共同面临的生物风险与威胁。

二、生物安全风险管控的价值与原则

各国生物科技发展阶段、监管环境、风险承受能力各不相同，因而，它们在生物安全风险管控方面的能力与政策优先项也不同。在此领域难以采用放之四海而皆准的治理方法。2021年世界卫生组织发布了《人类基因组编辑：治理框架》提出了生物风险治理应遵循的基本价值与原则（表10-2）。这些共同的价值和原则的总体目标是确保生命科学研究和开发服务于改善人类和地球的生物多样性、生态系统和环境。它们反映了国际社会对生物安全风险管控的一些共识。实践中，各国政策制定者需要权衡不同价值与原则的实用性与优先性，可以将它们合理地纳入其既有的生物风险分析与决策过程。

在上述价值与原则指导下，各国可以发展使用自身需要的有效生物风险治理体系，维护相关的多重政策目标、积极引导多方利益相关者参与及发展多种治理工具和机制。

表10-2　生物风险管控的基本价值与原则

价值与原则	应对承诺
健康与安全	利用生命科学基础研究及应用研究的知识、原料和技能服务于和平目的与促进人类健康及环境的改善 采取适当措施阻止生命科学的知识、原料和技能制造损害 将保护生物多样性作为促进健康与安全的一项措施与内在价值
负责任的科学	追求严谨、循证的基础和应用生命科学研究，以产生用于和平目的的知识、数据、产品或技术，改善生物多样性与生态系统 追求基础和应用生命科学研究应谨慎，尽量减少健康、安全和安保风险 通过多学科审查程序识别、管理及减少生命科学基础和应用研究引发的潜在危害，识别出的风险与研究的潜在收益成正比，必要时修改研究设计、传播和出版计划 制定和支持适用于生命科学基础和应用的政策（包括法律法规、标准、指南、最佳实践、道德规范、研究审查过程、培训和教育），使其反映社区价值观、优先事项和风险承担策略 制定和支持科技伦理（关注行为意图、诚信和利益冲突问题），使生命科学基础和应用的过程和结果与社会价值观、需求和期望一致 随时了解安全和负责任的生命科学基础和应用研究的政策和相关最佳实践并对利益相关者进行教育，以及改进相关政策和实践 激励和奖励应符合这些价值和原则
诚信	通过负责任地交流高质量信息维护科研诚信。这些信息应足够详细、可以被复制及同行评审识别和有效减轻生物安全风险 打击错误信息的传播，特别注意作者身份及数据的捏造和伪造 向相关当局报告可能存在的非法、不道德或不安全的生命科学研究
公平	确保在进行生命科学基础和应用时的公平，包括利益共享（如共享研究利益和能力） 制定和实施相关机制对可能存在的非法、不道德或不安全的生命科学基础和应用研究进行报告、调查及追求公平结果
透明、诚实与负责	通过透明、诚实与负责的程序与利益相关人共享生物安全风险的信息：科学界（项目负责人、资助者、编辑和出版商）；生物安全官员、监管机构和其他当局；公民社会网络 科学信息应易于获取以及时应对健康挑战。在极少数情况下，如评估可能得出结论认为广泛传播（包括出版）会构成安全威胁，在这种情况下需做出限制广泛传播的决定，如原稿可能必须在出版前修改或不完整出版（在出版物中适当注明此信息） 科学家和科学界应对生命科学基础和应用的设计和实施负责并仔细考虑研究的潜在后果 定期审查，确保生物安全风险管控政策行之有效
包容与合作	不同社会、文化和宗教信仰、伦理价值观、组织部门、经验知识和技能融入生命科学基础和应用研究的设计与实施中 国际视野，包括与其他国家和更广泛的国际社会协商、分享、谈判、协调和相关形式的积极参与
社会公正	考虑所有人的需求并确保不同群体能够充分和公平地获得生命科学基础和应用研究的潜在惠益 提供中低收入国家科学家公平获得研究培训和能力建设的机会 确保中低收入国家科学家参与生命科学基础和应用研究及治理
代际公正	保护和促进人类、非人类动物、植物和农业以及环境的健康与安全，造福子孙后代。这包括追求对子孙后代有潜在益处的科研；尽可能保护生物多样性与生态系统
教育、参与与赋权	平衡竞争性影响和需求，就生命科学基础和应用研究的潜在利益与危害、局限性对公众进行教育 让公众参与讨论生命科学基础和应用未来可能用途与潜在风险 加强参与式治理和增强公众的权能，促进信任并加强健康与安全领域的全球团结

资料来源：《负责任使用生命科学的全球指导框架：减轻生物风险、治理两用研究》。

① 多重目标：包括及早发现、减少生物安全漏洞与事故并作出及时反应；减少未来恶意滥用研究成果的机会；加强生物安全信息交流和学习，最大限度地减少不当负担和成本；明确管理责任和声誉风险；增强对生命科学的信心等。

② 多方利益相关者：包括最有能力实现多重目标的利益相关者，如政府、科学家、技术人员、学术机构、公共卫生和医学微生物学研究机构、商业公司、标准制定者、研究资助者、保险公司、编辑、出版商和科学协会等。

③ 多种治理工具和机制：包括实现不同的目标及吸引不同利益相关者参与的工具和机制，如法律、法规、标准、指南、最佳实践、道德规范、研究审查流程、提高认识活动、培训和教育。它们在法律约束力、激励程度和执行力度方面会有所不同，以适用多重目标实现和多方利益相关者参与。具体情景下选择的工具和机制将取决于特定的目标与利益相关者，但各种工具与机制之间应该是相辅相成的，确保各方利益相关者既能各司其职又能协调合作。

三、全球生物风险的管控机制

目前，国际社会已经开发了多种生物风险管控机制。它们可以分为两大类：一是具有法律约束力的国际条约机制；二是不具有法律约束力，但是旨在引导与激励各利益攸关方从事负责任的生物科研之软法，包括指南、行为准则、伦理框架等。前者包括《不扩散核武器条约》、《禁止生物武器公约》、《禁止化学武器公约》、联合国安理会第 1540 号决议等国际法律文件，后者包含世界卫生组织发布的一系列生物安全治理框架等，它们在很大程度上取决于具体国家或区域机构自行裁定如何实施。

例如，欧盟出口管制反映了对澳大利亚集团、瓦森纳协定、核供应国集团和导弹及其技术控制制度等多边出口管制制度中达成的承诺。欧盟第 2021/821 号条例管理着其出口管制制度，其中包括：通用出口管制规则，包括一套通用的评估标准和通用类型的授权（个人、全球和一般授权）；欧盟两用物品共同清单；对未列明物品的最终用途管制的共同规定，例如可用于大规模毁灭性武器方案或侵犯人权；对两用物品及其在欧盟过境的中介和技术援助进行管制；出口商将采取的具体控制措施和遵守情况，如记录保存和登记，以及规定建立一个主管当局网络，支持在整个欧盟范围内交换信息、一致实施和执行控制。

在某些情况下，出于公共安全或人权考虑，欧盟成员国可能会对未列入清单的两用物品实行额外的管制。两用物品可在欧盟内自由交易，但一些特别敏感的物品除外，这些物品在欧盟内的转让仍需事先授权。该法规直接适用于整个欧盟。欧盟成员国需要采取国内措施来执行其中一些规定，例如执法和处罚。2023 年《欧盟两用物项出口管制共同清单》将生物制剂界定为指"病原体或毒素，经选择或修饰（如改变纯度、保质期毒性、传播特性或抗紫外线辐射能力），导致人或动物伤亡、设备退化或损害作物或环境。"它列出了出口管制的 59 种人畜病原体、21 种细菌、19 种病毒、2 种真菌以及诸多植物病原体。

美国在涉及国家安全、外交政策、供应短缺、核不扩散、导弹技术、化学和生物武器、区域稳定、犯罪控制或恐怖主义问题的某些情况下，需要双重用途出口许可证。许可证要求取决于物品的技术特征、目的地、最终用途和最终用户以及最终用户的其他活动。在装运产品之前，当事人需了解美国双重用途的概念和基本出口管制条例，包括最终用户和基于最终用途的管制。例如，在出口任何生物制剂之前，请首先核查相关出口物项是否属于《国际武器贸易条例》（ITAR）第十四类规定的毒物清单；然后核查是否属于《出口管理条例》（EAR）规定的病原体和毒素清单，并依法进入相关出口许可申请程序。

第二节　重要领域的全球治理

全球生物安全治理涉及诸多领域的问题，本节重点阐释全球公共卫生安全、生化武器、生物多样性三个重要领域的治理情况（表10-3）。它们既包括正式机制（如国际法、国家立法和条例以及授权的国家和机构监督），也包括非正式机制（如自治、提高科学家的认识、行为守则、机构监督和国际指导）。目前，国际社会已确立了一系列基于国际条约的生物安全多边治理机制，且也正在酝酿新的国际条约与合作机制。

表10-3　生物安全领域主要国际条约与治理机制

主要领域	国际条约/机制
公共卫生安全	《国际卫生条例》
生化武器	《日内瓦议定书》
	《禁止化学武器公约》
	联合国安理会第1540号决议
	联合国秘书长关于使用生化武器指控的调查机制
	《国际刑事法院罗马规约》
生物多样性	《生物多样性公约》
	《卡塔赫纳生物安全议定书》
	《名古屋议定书》

一、全球公共卫生安全

《2020年世界卫生组织统计》显示，2000年以来世界人口不仅寿命增加，而且生活更健康。确保健康的生活方式，促进各年龄段人群的福祉是联合国可持续发展目标之一。与此同时，国际社会对预防和控制新发突发重大传染病及非传染病方面的能力仍存在不足，特别是在中低收入国家。这些问题是其卫生系统的巨大挑战。

1.《国际卫生条例》

世界卫生组织成立于1948年，旨在谋求各民族希望达到卫生之最高可能水准。世界卫生大会是世卫组织的最高决策机构，主要职能是决定世卫组织的政策、任命总干事、监督财政政策以及审查和批准规划预算方案。该大会一般于每年5月在瑞士日内瓦召开。1946年世界卫生大会通过的《世界卫生组织组织法》序言中规定所指的"健康"不仅为疾病或羸弱之消除，而系体格、精神与社会之完全健康状态；享受最高能获得的健康标准是人之基本权利；而各民族之健康为获得和平和安全之基本，须依赖个人间与国家间之通力合作。它提出了世界卫生组织一贯严格遵循的工作原则（表10-4）。

表 10-4　世界卫生组织基本工作原则

原则
健康不仅为疾病或羸弱之消除，而系体格、精神与社会之完全健康状态。
享受最高能获得健康标准，为人人基本权利之一。不因种族、宗教、政治信仰、经济或社会情境各异，而分轩轾。
各民族之健康为获和平与安全之基本，须赖个人间与国家间之通力合作。
任何国家促进及保护健康之成就，全人类实利赖之。
各国间对于促进卫生与控制疾病，进展程度参差不齐，实为共同之危祸。而以控制传染病程度不一为害尤甚。
儿童之健全发育实属基要。使能在演变不息之整体环境中融洽生活，对儿童之健全发展实为至要。
推广医学、心理学及有关知识之利益于各民族，对于健康之得达完满，实为至要。
一般人民之卫生常识与积极合作，对人民卫生之改进，极为重要。
促进人民卫生为政府之职责；完成此职责，唯有实行适当之卫生与社会措施

资料来源：《世界卫生组织组织法》。

《世界卫生组织组织法》授权世界卫生大会通过《预防疾病于国际蔓延之环境卫生与检疫之必需条件及其方法》的规章。这些规章经卫生大会通过并通知各会员国后即发生效力。基于《世界卫生组织组织法》此条款制定的《国际卫生条例》是一项重要国际卫生文书。

《国际卫生条例》最初于 1969 年由世界卫生大会通过，涵盖 6 种检疫疾病，随后于 1973 年和 1981 年进行修订，把涵盖的疾病数从 6 种减少到 3 种（黄热病、鼠疫和霍乱）。考虑到国际旅行和贸易的增加以及新的国际疾病威胁和其他公共卫生风险的出现和重现，第四十八届世界卫生大会在 1995 年要求对 1969 年通过的《条例》进行重大修订。第五十八届世界卫生大会在 2005 年 5 月 23 日通过了《国际卫生条例》于 2007 年 6 月 15 日生效。《国际卫生条例（2005）》目的和范围是"以针对公共卫生风险，同时又避免对国际交通和贸易造成不必要干扰的适当方式，预防、抵御和控制疾病的国际传播，并提供公共卫生应对措施"。它的范围不只限于任何特定疾病或传播方式，而是涵盖"对人类构成或可能构成严重危害的任何病症或医疗状况，无论其病因或来源如何。"它要求国家应建立归口单位和世界卫生组织联络点供缔约国和世卫组织之间就紧急情况进行沟通，尤其是会员国需向世界卫生组织通报根据规定的标准可能构成国际关注的突发公共卫生事件。总干事在考虑突发事件委员会的意见之后确定"国际关注的突发公共卫生事件"并发布相关临时建议。

该《条例》主要内容有：

（1）《条例》执行原则　本《条例》的执行应充分尊重人的尊严、人权和基本自由。应广泛适用以保护世界上所有人民不受疾病国际传播目的为指导。根据《联合国宪章》和相关国际法原则，缔约国具有根据其卫生政策立法和实施法规的主权权利。但在这样做时应遵循本《条例》之目的。

（2）信息和公共卫生应对　这是《条例》的核心内容，具体包括如下几个方面。

① 能力建设。《国际卫生条例》鼓励缔约国应尽快发展、加强和保持其发现、评估、通报和报告事件的能力。应缔约国要求，世界卫生组织应该帮助缔约国发展、加强和保持上述能力。

② 信息通报。各缔约国应在评估本国领土内发生的公共卫生事件信息后 24 小时内，以现有最有效的通信方式，通过《国际卫生条例》国家归口单位向世界卫生组织通报境内有可能构成国际关注的突发公共卫生事件的所有事件，以及为应对这些事件所采取的任何卫生措施。通报后，缔约国应该继续及时向世界卫生组织报告它得到的关于所通报事件的确切和充分详细的公共卫生信息。

③ 国际关注的突发公共卫生事件（PHEIC）。它是《国际卫生条例》创建的全球突发

公共卫生事件警报机制。宣布 PHEIC 意味着出现重大公共卫生危机，全球进入响应期。PHEIC 的定义是概括性与开放性，具体判断要结合实际情况。根据《条例》第 10 条，缔约国有义务在 24 小时内核实、答复世卫组织从其他来源获知的潜在 PHEIC 信息。

附件 2 提供了一张决策流程图，作为一份帮助缔约国发现、评估和报告可能具有公共卫生意义事件的决策文件。按指引的步骤，对四个问题只要有两个"是"，就需要向世卫组织通报。如果缔约国向世卫组织通报了潜在 PHEIC，或世卫组织主动提出询问要求，PHEIC 的评估就进入世卫组织层面，涉及考虑因素、程序要求与直接后果三个方面。

第一，考虑因素。根据《条例》总干事宣布 PHEIC 应该考虑五个因素，包括缔约国提供的信息；附件 2 所含的决策文件；突发事件委员会的建议；科学原则以及现有的科学依据和其他有关信息；以及对人类健康危险度、疾病国际传播风险和对国际交通干扰危险度的评估。

第二，程序要求。根据《条例》，总干事评估后，如认为 PHEIC 正在发生，第一步是与发生事件的缔约国磋商；如果该国同意，总干事仅需就临时建议征求《条例》下突发事件委员会的意见；如果经磋商 48 小时意见不一致，总干事应成立和召集委员会讨论，考虑是否做出宣布 PHEIC 的决定。

第三，直接后果。根据第 12 条经与有关缔约国磋商后，如果世界卫生组织确定国际关注的突发公共卫生事件正在发生，除本条第 3 款所示的支持外，它还可向缔约国提供进一步的援助，其中包括评估国际危害的严重性和控制措施是否适当。这种合作可包括建议动员国际援助以支持国家当局开展和协调现场评估。当缔约国提出要求时，世界卫生组织应该提供支持此类建议的信息。 在世界卫生组织的要求下，缔约国应该尽最大可能对世界卫生组织协调的应对活动提供支持。当有要求时，世界卫生组织应该应要求向受到国际关注的突发公共卫生事件影响或威胁的其他缔约国提供适宜的指导和援助。

如果总干事经与本国领土上发生国际关注的突发公共卫生事件的缔约国磋商后，认为一起国际关注的突发公共卫生事件已结束，总干事应该根据规定的程序作出决定。

（3）临时与长期建议 如果根据《国际卫生条例》第 12 条确定国际关注的突发公共卫生事件正在发生，世界卫生组织总干事应该根据第 49 条规定的程序发布临时建议。临时建议实际上就是对公共卫生事件的应急管理建议，以减少在面对正在出现的公共卫生威胁时各国的措施前后不一、缺乏协调的情形。此类临时建议可酌情修改或延续，包括在确定国际关注的突发公共卫生事件结束后，根据需要发布旨在预防或迅速发现其再次发生的其他临时建议。

临时建议内容包括遭遇国际关注的突发公共卫生事件的缔约国或其他缔约国对人员、行李、货物、集装箱、交通工具、物品和（或）邮包应该采取的卫生措施，其目的在于防止或减少疾病的国际传播和避免对国际交通的不必要干扰。 临时建议可根据第 49 条规定的程序随时撤销，并应在公布三个月后自动失效。临时建议可修改或延续三个月。临时建议至多可持续到确定与其有关的国际关注的突发公共卫生事件之后的第二届世界卫生大会。

世界卫生组织还可根据第 53 条提出关于常规或定期采取适宜卫生措施的长期建议。缔约国可针对正发生的特定公共卫生危害对人员、行李、货物、集装箱、交通工具、物品和（或）邮包采取以上措施，以防止或减少疾病的国际传播和避免对国际交通的不必要干扰。

临时与长期建议都应基于科学原则以及现有的科学证据和信息，并兼顾有直接关系的缔约国的意见以及突发事件委员会或审查委员会的建议，且对国际交通和贸易的限制和对人员的侵扰不超过可适度保护健康的合理范围。

（4）入境口岸　缔约国应当明确本国领土上各指定入境口岸的管理机构并确保规定的监测能力。当为应对特定的潜在公共卫生风险提出要求时，尽量切实可行地向世界卫生组织提供有关入境口岸有可能导致疾病的国际传播的污染源，包括媒介和宿主的相关资料。应有关缔约国的要求，世界卫生组织可以经适当调查后，组织对其领土内符合本《条例》要求的机场或港口进行认证。

（5）公共卫生措施　基于适用的国际协议和本《条例》规定，缔约国可因公共卫生目的要求到达或离境时对旅行者、行李、货物、交通工具等采取一定的卫生措施。

如通过本《条例》规定的措施或通过其他手段取得的证据表明存在公共卫生风险，缔约国对嫌疑或受染旅行者可在逐案处理的基础上采取能够实现防范疾病国际传播的公共卫生目标的侵扰性和创伤性最小的医学检查等额外卫生措施。对旅行者施行涉及疾病传播危险的任何医学检查、医学操作、疫苗接种或其他预防措施时必须根据既定的国家或国际安全准则和标准，并且应该以尊重其尊严、人权和基本自由的态度对待旅行者，尽量减少此类措施引起的任何不适或危险。根据缔约国的法律和国际义务，未经旅行者本人或其父母或监护人的事先知情同意，不得进行本条例规定的医学检查、疫苗接种、预防或卫生措施，但第31条（2）款不在此列。

对交通工具及其运营者的卫生措施参见第24～28条规定；对货物等的卫生措施参见第33～34条规定。

（6）卫生文件　一般而言，除本《条例》或世界卫生组织发布的建议所规定的卫生文件外，在国际航行中不应要求其他卫生文件。但这不适用于申请临时或长期居留的旅行者，也不适用于根据适用的国际协议有关国际贸易中物品或货物公共卫生状况的文件要求。主管当局可要求旅行者填写符合本《条例》第23条所规定要求的通信地址表和关于旅行者健康情况的调查表。

目前《国际卫生条例》一项结构性缺陷是缺乏可强制执行的制裁措施。如果一个国家不能解释为何采用了比世卫组织的建议更具限制性的交通和贸易措施并不会产生什么法律后果。《国际卫生条例》第56条规定可将争端提交世卫组织总干事或根据加订的特别协议提交有约束力的仲裁，但该条款在实践中尚未被援用过。在新冠病毒大流行开始之前发生的艾滋病、埃博拉、H_1N_1、H_1N_9 及中东呼吸综合征危机中，相关国家责任之要求未被提出。病毒未来可能在任何一个国家出现，设置国家责任的规则或会反噬规则制定者，缔约国如何处理此问题尚未达成一致意见。

世卫组织是负责全球性公共卫生事务的联合国专门机构。它仍将扮演全球卫生治理核心组织的角色，同时也面临诸多困境。PHEIC 的实施在现实中遇到了缔约国与世卫组织互为因果的困境；《条例》的相关规则在应对新冠疫情的全球行动中受到了挑战。完善全球卫生治理规范是世卫组织缔约国的共同责任。

2.《大流行病协议》

新冠疫情凸显了保护人类免受大流行病的全球体系中的诸多缺陷：如最脆弱的人没有足够疫苗接种；抗疫卫生工作者没有必要的装备保障来开展救治工作；"以我为先"的思维阻碍了主要国家应对疫情威胁所需的全球团结。为此，2021 年世界卫生大会决定根据《世界卫生组织组织法》第19条起草和谈判一项公约、协定或其他国际文书（以下简称"协议"），以加强大流行预防、防范和应对。

《世界卫生组织组织法》第19条规定世界卫生大会有权就世卫组织职权范围内的任何事项通过公约或协定。迄今为止，根据第19条制定的唯一文书是《世界卫生组织烟草控制框架公约》，该公约自2005年生效以来迅速为保护人们免受烟草危害做出了重大贡献。

依据大会决定，政府间谈判机构在2022年3月1日前举行第一次会议商定工作方式和时间表，在2022年8月1日前举行第二次会议讨论工作草案的进展情况。它还举行公开听证会，通报其审议情况；向2023年第七十六届世界卫生大会提交进展报告；并将结果提交2024年第七十七届世界卫生大会审议。

同时，世界卫生组织《大流行病协议》和《国际卫生条例》之间的对应关系是谈判进程中的关键议题之一。这两项法律文书的目的都是（部分）解决新冠疫情大流行所出现的问题。《国际卫生条例》的适用范围很窄（主要侧重于报告），缺乏有效的执法控制机制且需要加强世卫组织、成员国及其他利益相关人的沟通。世界卫生组织根据美国提交的修订提案，于2022年1月启动了《国际卫生条例（2005）》修订进程。该提案提出了一些关键修改议题，如建立集中的"预警"系统，更快地共享病原体基因序列数据，缩短报告和应对新出现威胁的期限；允许世界卫生组织区域主任宣布区域关注的公共卫生紧急情况并成立合规委员会，监督和报告全球《国际卫生条例》的执行情况。目前世界卫生组织成员国可以提交其对《国际卫生条例》的修改意见。未来这两份文件将对世界卫生组织成员国同时适用，成员国需要确保《大流行病协议》和《国际卫生条例》修正内容应互为补充。

生物科技的快速进步预示着未来人类将有可能有方法抵御疾病，解决粮食不安全和环境不稳定等重大生存问题。与此同时，旅行、贸易、恐怖主义和技术的全球趋势正在增加蓄意或意外的高后果生物事件的风险。如更便宜的DNA合成以及广泛使用基因组编辑工具使得更广泛的参与者可以操纵生物制剂和系统改造。生物科技进步的速度往往超过各国政府提供有效监督的速度，出现科技发展与监督不同步的现象。这要求科学界加强自我管理，有意识地减少科技发展带来的潜在风险。世界卫生组织正在与全球利益相关者合作并已发布了一系列指导性软法文件，以减少生物技术的滥用，并尽可能降低导致严重后果或灾难性生物事件的实验室事故风险。

二、禁止生化武器

国际人道法对战争中使用的武器予以了限制。它要求战争中武器的使用要避免造成不必要的痛苦；各方必须保护没有参与战斗的人（如平民、医务人员或援助工作者）或不再有能力作战的人（如伤兵或俘虏）；战争中使用生物、化学武器将严重违反国际法，相关行为人可能被追究战争罪的责任。

生物武器传播微生物或毒素以使人、动物或植物生病或死亡。一般由两部分组成：一是武器化的病原体。这类病原体可以是引起疾病的微生物（如细菌、病毒或真菌）或源自活生物体的化学物质（如朊病毒和毒素）。二是输送系统。它的范围从非常简单的设备（如信封、刷子、基本注射系统或食物和水污染）到复杂的设备（如气溶胶喷雾设备、炸弹和导弹）。

据史料记载，近现代历史上涉及生物武器的国家有日本、德国、美国等。

第二次世界大战期间，日本731部队被发现实施了生物武器计划。他们对细菌炸弹、细菌战剂及细菌战术进行大规模野外实验，对鼠疫、霍乱、伤寒等多种细菌开展实验研究，研制生产 2000 多枚细菌炸弹。日军各生物战部队实施的细菌战遍及中国浙江、湖南、云南等地。1945 年日本投降前夕，731 部队轰炸其位于哈尔滨的细菌工厂。美国国家档案馆保存的《汤普森报告》等对 731 部队研发生物武器进行了较为全面的介绍。2018 年 1 月 21 日，日本 NHK 电视台播出纪录片《731 部队——人体实验是这样展开的》，详细揭露了日本 731 部队在中国东北地区秘密进行人体实验，研发细菌武器的罪行。这反映了 NHK 作为媒体敦促日本政府真诚反思历史的良好愿望。日本于 1982 年加入了《禁止生物武器公约》。

第一次世界大战期间，德国被发现进行了抗牲畜和抗作物病原体的研究。二战期间，其对生物武器进行了有限的研究。

第一次世界大战期间，美国开始研究蓖麻毒素。第二次世界大战和冷战初期，美国制定了生物武器计划。美国于 1975 年加入了《禁止生物武器公约》。

这一历史不能重演。各国需要共同努力彻底解决生物武器的威胁。国际社会已制定了多项条约、机制禁止此类武器的发展、生产、储存、取得、保有与转让。它们主要有：1925 年《日内瓦议定书》禁止使用窒息性、有毒或其他气体以及细菌作战方法。1972 年《禁止生物武器公约》进一步明确禁止国家发展、生产、储存、取得、保有和转让生物武器（包括其发射系统）并要求销毁已有的此类武器。1993 年《禁止化学武器公约》将《日内瓦议定书》对化学武器使用的禁令扩展到发展、生产、储存、取得、保有和转让这类武器（包括其发射系统）并要求销毁已有的此类武器。

1.《日内瓦议定书》

1925 年在日内瓦签署的《禁止在战争中使用窒息性、毒性或其他气体和细菌作战方法的议定书》（简称《日内瓦议定书》）。它明确提出，鉴于在战争中使用窒息性、毒性或其他气体以及使用一切类似的液体、物体或器件受到文明世界舆论的正当的谴责且世界上大多数国家缔结的条约中已经宣布禁止这种使用，缔约国如果尚未缔结禁止这种使用的条约，均接受这项禁令；缔约国同意将这项禁令扩大到禁止使用细菌作战方法，并同意缔约国之间的关系按照本宣言的条款受到约束。

该《议定书》对每一签署国自该国交存批准书之日起生效。1952 年周恩来作为外交部长发表了关于承认 1925 年"关于禁用毒气或类似毒品及细菌方法作战议定书"的声明，认为该《议定书》有利于国际和平与安全的巩固并且符合人道主义原则，决定予以承认，并在各国对于该《议定书》互相遵守的原则下予以严格执行。

2.《禁止生物武器公约》

《禁止发展、生产、储存细菌（生物）及毒素武器和销毁此种武器公约》（简称《禁止生物武器公约》或《生物及有毒武器公约》）是历史上第一个旨在彻底消除发展、生产以及储存一整类大规模毁灭性武器的多边裁军条约。

《禁止生物武器公约》于 1972 年 4 月 10 日开放签署并于 1975 年 3 月 26 日生效。截至 2022 年 12 月已有 184 个缔约国。公约对于国际社会禁止和销毁生物武器、防止生物武器扩散发挥了重要作用。

《公约》缔约国的核心义务如下：

条款 I：在任何情况下，永不得取得及持有生物武器。

条款 II：销毁生物武器，或改以和平目的，并结合资源及财力。

条款Ⅲ：不转让，或以任何方式援助、鼓励、诱使其他国家取得或持有生物武器。

条款Ⅳ：采取国际必要措施以履行生物武器公约。

条款Ⅴ：解决有关本公约的目标所引起的或在本公约各项条款的应用中所产生的任何问题时，彼此协商和合作。

条款Ⅵ：任何缔约国如发现另一缔约国违反了《公约》规定的义务，应向联合国安全理事会提出申诉。

条款Ⅶ：援助遭受违反生物武器公约国家所威胁的国家。

条款Ⅹ：遵守以上所有条款，并以和平的方式使用生物科技。

公约规定，各国应进行双边或多边合作，以解决履约问题。如果缔约国认为另一个国家违反条约，也可以向联合国安理会提出申诉。然而，《禁止生物武器公约》没有执行机构负责调查及追责公然的违约行为。目前，每五年举行一次的缔约国审查会议负责审查公约的执行情况及制定建立信任措施。

自 1986 年第二次审议大会以来，缔约国确立了一系列建立信任措施。缔约国承诺递交符合约定格式的年度报告，就有关《禁止生物武器公约》的特定活动汇报情况。报告内容包括：研究中心和实验室的数据，疫苗生产设施的资料，国家生物防御研究与发展方案的资料，关于以往在进攻性和 / 或防御性生物研究与发展方案中的活动的说明，关于突发传染病和毒素引起的类似情况的资料，关于发表有关成果、促进知识利用和促进联系的情况，关于立法、规章和其他措施的资料。1996 年举行的《禁止生物武器公约》缔约国第三次审议大会通过的《最后宣言》中，缔约国同意实施一种新的建立信任措施，以改善和平细菌（生物）活动领域的国际合作。其中包括：交换符合极高国家或国际安全标准的研究中心和实验室的数据；交换国家生物防御研究和开发计划的信息，包括生物防御研究与开发计划；交换似乎偏离正常模式的毒素引起的传染病暴发和类似事件信息；鼓励发表与公约直接相关的生物研究成果，并促进将本研究中获得的知识用于许可用途；积极促进科学家和从事与《公约》直接相关的生物研究设施的其他专家之间的接触；立法、法规和其他措施声明，包括根据公约出口和 / 或进口致病微生物。

实践显示，生物技术的快速发展对《禁止生物武器》公约的实施具有重要影响。例如，虽然第 1 条的范围是全面的，但生物技术的发展扩展了生物武器范围，远远超出对生物武器的传统理解的范围。国家及非国家行为人对生物数据的数字化以及 DNA 编辑与合成的能力不断增强，给第 3 条现有的出口管制制度带来了巨大的无形挑战。诸多生物技术引起了相当大的伦理、生物安全和生物安保问题。因此，一些国家可能需要重新评估它们是否确实依据第 4 条在采取"任何必要措施来禁止和防止发展、生产和储存"生物武器。其中一些技术，特别是大数据和 DNA 测序技术，提供了第 5 条规定的更广泛的可能证据，以证实或否认违反《生物武器公约》的指控的有效性。生命科学若干领域的进展正在从根本上提高应对自然疾病暴发的速度和效力。同样的技术在向因违反《禁止生物武器公约》而面临危险的国家提供援助方面也很重要。根据第 7 条提供援助的能力增强也可能削弱生物武器的影响。

《公约》全面禁止生物武器，但并不禁止生物研究。这给具有两用属性的相关生物技术研究及应用带来了争议。例如：2016 年，美国政府资助一项研究计划培育携带病毒的昆虫，大量释放这些昆虫可以帮助农作物抵御害虫、干旱或污染等威胁。这项投资 4500 万美元、为期 4 年的研究计划名为"昆虫同盟"（Insect Allies）。2018 年德国马克斯·普朗克研究所、弗赖堡大学和法国国家科学研究中心的研究人员在《科学》上发表文章，指出美国此项昆虫同盟项目可能被视为开发一种潜在的生物武器（利用携带病毒的昆虫袭击），违反了《禁止生物武器公约》。美国国务院提出该项目是利用昆虫保护美国食物供应免受干旱、作物病害和生物恐怖主义等威胁。这个项目是出于和平目的并未违反《禁止生物武器公约》。科学家们仍担忧这些病毒和携带它们的昆虫在多大程度上能被完全控制而不引发意外结果。尽管这项技术开发的初始目的是保护作物，但它的两用属性使其很容易被武器化。这个项目突显了人们需要更多地讨论这类开发技术在监管和伦理方面的问题。

目前《公约》包含了缔约国可以诉诸的若干措施，以解决对其他国家的生物武器相关活动的疑虑或怀疑情况。例如：在《公约》第五条协商与合作框架内建立缔约国年度信息交流机制。缔约国必须申报其领土内相关设施和活动的信息供所有《禁止生物武器公约》缔约国查阅，以防止或减少发生歧义、疑虑和猜疑。同时，在《公约》第五条的框架内，缔约国制定了"澄清模棱两可和未解决事项"的程序，包括召开正式协商会议来审议这些事项。《公约》第六条规定缔约国如发现任何其他缔约国的行为违反由本公约各项条款所产生的义务时，应向联合国安全理事会提出控诉。如果安理会同意可以根据收到的投诉启动调查。迄今为止《公约》第六条从未被启用过。2022年俄罗斯代表在联合国大会第一委员会上曾呼吁启动《禁止生物武器公约》第六条规定的联合国安全理事会机制调查美国在乌克兰的生物军事活动。美国在世界各地有336个生物实验室，其中在乌克兰有近20个。俄罗斯国防部公布了从乌克兰生物实验室工作人员处获得的文件。这些文件显示美国及其北约盟国在乌克兰进行的生物研究，包括研究通过候鸟传播传染性极强的禽流感病毒，以及研究可从蝙蝠传播给人类的细菌和病毒等病原体。随后，安理会未通过俄罗斯提出的调查美国与乌克兰是否遵循《禁止生物武器公约》下的义务开展调查的决议。5个常任理事国中，美国、法国、英国投票反对，俄罗斯与中国投票赞成。10个非常任理事国全部投弃权票。俄罗斯德米特里-波利安斯基对投票结果表示遗憾，谴责西方国家的态度，这些国家"已经证明规则不适用于他们"。美国琳达-托马斯-格林菲尔德回答说："美国对这项决议投了反对票，因为俄罗斯议案是基于错误的信息、不诚实、不真诚和完全不尊重安全理事会。"尽管未能启动调查，这些实验室如何运作以及从事何种研究仍值得国际社会关切。

《公约》缔约国利用现有的协商与合作程序仍未能有效解决生物武器相关的问题，建立正式履约核查机制是确保军控、裁军领域各项条约权威性、有效性的最佳实践。自1991年以来，诸多缔约国一直在努力谈判一项核查议定书，以加强《禁止生物武器公约》监测缔约国履约情况的国际机制。美国曾阻挡《禁止生物武器公约》核查议定书的谈判进程，理由是生物领域不可核查，国际核查"可能威胁美国国家利益和商业机密"。这严重影响了《禁止生物武器公约》的宗旨和目标实现。2022年12月召开的《禁止生物武器公约》第九次审议大会对全球生物安全形势和公约执行情况进行了全面审议，通过了成果文件，决定设立工作组，通过研究制定具有法律约束力的措施等方式进一步加强公约的有效性，促进全面遵约。最终缔约国能够达成何种具有法律约束力的核查机制尚待观察。新冠疫情背景下，促进生物科技和平利用的重要性、紧迫性更加突出。2021年第76届联大通过了"在国际安全领域促进和平利用国际合作"决议，提出在联大框架下开展开放、包容、公正的对话，平衡处理防扩散与和平利用的关系，切实保障发展中国家在生物等领域和平利用的权利，全面实现公约宗旨和目标，不断促进生物科技的和平利用及普惠共享。这一要求与《禁止生物武器公约》内容密切相连，诸多缔约国已对此深表关切。这需要缔约国继续坚持平衡、全面原则，在广泛吸收各方意见基础上凝聚共识。

　　1984 年 11 月 15 日加入公约以来，中国一直坚持全面禁止和彻底销毁包括生物武器和化学武器在内的一切大规模杀伤性武器，始终维护《公约》的权威性和有效性，积极推动核查机制的建立。2002 年 12 月，中国颁布实施了《中华人民共和国生物两用品及相关设备和技术出口管制条例》及其管制清单，并于 2006 年 7 月修订了管制清单。2020 年 10 月，中国进一步颁布实施《出口管制法》，对出口管制体制、管制措施及国际合作等作出明确规定。2021 年 4 月 15 日，《生物安全法》开始实施。该法既包括禁止开发、制造、或以其他方式获取、储存、持有和使用生物武器，防范生物恐怖，也包括参与并加强生物安全领域的国际合作。

　　2016 年在《公约》审议会框架下，中国与巴基斯坦提出"生物防扩散出口管制与国际合作机制"与"制定生物科学家行为准则范本"两个倡议。2018 年 6 月制定"生物科学家行为准则"国际研讨会在天津举行并不断推进准则的制定工作。2022 年中国、巴基斯坦共同向《禁止生物武器公约》第九次审议大会提交了《天津指南》工作文件，鼓励各国参与联署，共同推动审议大会核可该指南并鼓励所有利益攸关方自愿将《天津指南》的内容纳入其相关实践、章程和法规中积极予以推荐。《天津指南》旨在弘扬负责任的文化，最终的目标是在不妨碍生物科研成果产出的同时防止滥用，这既与《禁止生物武器公约》一脉相承，也有利于促进联合国可持续发展目标。《天津指南》涵盖了负责任生物科研的主要方面，提出了坚守道德基准、遵守法律规范、倡导科研诚信、尊重研究对象、加强风险管理、参与教育培训、传播研究成果、提升公众参与、强化科研监管、促进国际合作十大准则，涵盖生物科研全流程、全链条，将对促进生物科技发展、防止生物科技的误用滥用发挥重要作用。该指南是中国为推进《公约》进程贡献的智慧与方案之一，体现了中国作为《公约》维护者和建设者的角色。

　　2020 年 10 月，中国代表团在第 75 届联大关于生化武器问题的专题发言时进一步强调要尽快重启《禁止生物武器公约》核查议定书谈判，补齐公约长期缺乏核查机制和监督机构的短板。2021 年 10 月，在联合国大会裁军与国际安全委员会举行一般性辩论期间，中俄两国外长共同发表了关于加强《禁止生物武器公约》的联合声明，呼吁《公约》缔约国制定相关执行标准、技术指南及程序，完善调查使用生物武器事件的机制。

3.《禁止化学武器公约》

　　1997 年 4 月 29 日《关于禁止发展、生产、储存和使用化学武器及销毁此种武器的公约》（简称《禁止化学武器公约》）生效。它与《禁止生物武器公约》具有一样的目标：切实促进严格和有效国际监督下的全面彻底裁军，包括禁止和消除一切类型的大规模毁灭性武器。这标志着由禁止化学武器组织（禁化武组织）领导的国际化学武器裁军制度的诞生。该组织致力于履行《公约》的任务，终止化学武器的研发、生产、储存、转让和使用；防止化学武器再次出现；确保消除现有的化学武器库存；通过这些做法使世界变得安全，免受化学战的威胁。

　　《公约》对化学武器的定义如下：①有毒化学品及其前体，但拟用于《公约》未禁止的目的的除外；②弹药和装置，专门设计用于通过第①项所述有毒化学品的毒性造成死亡或其他伤害并因使用此类弹药和装置而释放；③专门设计用于直接使用②项规定弹药和装置的任何设备。

　　有毒化学品被用作战争工具已有数千年的历史。第一个限制化学武器使用的国际协定可追溯到 1675 年，当时法国和德国在斯特拉斯堡签署了一项禁止使用有毒子弹的协定。将近 200 年之后，1874 年，诞生了第二个这样的协定，即《布鲁塞尔战争法规和惯例公约》。该《公约》禁止使用毒物或有毒武器，禁止使用武器、射弹或材料造成不必要的痛苦，但它从未生效实施。在 19 世纪结束前，出现了第三个协定。20 世纪的化学裁军努力植根于 1899 年的海牙和平会议。1899 年《海牙公约》缔约国宣布同意"放弃使用唯一目的是扩散窒息性气体或有毒气体的射弹"。1907 年的新的《海牙公约》重申了之前对使用毒物或有毒武器的禁令。尽管采取了这些措施，第一次世界大战期间，全世界仍目睹了有毒化学品在战争中史无前例的使用，导致近一百万人在战场上失明、毁容或受伤。化学战的恐怖令世人感到震惊与憎恶，由此推动在一战结束后谈判并达成了《关于禁止在战争中使用窒息性、毒性或其他气体和细菌作战方法的议定书》（又称 1925 年《日内瓦议定书》）。《日内瓦议定书》禁止在战争中使用化学和细菌（生物）武器，但不禁止研发、生产或持有化学武器。许多国家在签署协定时还作出保留，允许它们对尚未加入该协议的国家使用化学武器或在受到化学武器攻击时用化学武器还击。1925 年《日内瓦议定书》是国际人道法的一个里程碑。更具体的法律文件还包括 1972 年《禁止生物武器公约》和 1993 年《禁止化学武器公约》。

《化学武器公约》共有 24 项条款，规定缔约国的义务主要内容如下：

① 缔约国不得发展、生产、以其他方式获取、储存或保留化学武器，或直接或间接向任何人转让化学武器；不使用化学武器；不从事使用化学武器的军事准备工作；不得协助、鼓励或诱使任何人从事公约禁止缔约国从事的任何活动。

② 缔约国都必须销毁其拥有或位于其管辖或控制的任何地方的所有化学武器和化学武器生产设施，以及在《公约》生效后不迟于 10 年或在缔约国批准或加入《公约》超过 10 年的情况下尽快销毁其遗留在另一缔约国领土上的化学武器。各缔约国还承诺不使用防暴剂作为战争手段。

《公约》根据有毒化学品和前体在化学武器应用方面的潜力和工业应用的程度，对其进行识别和分类。《公约》附表 1 列出了具有高潜在武器效用和很少或没有工业效用的化学品。《公约》附表 2 列出了具有一定程度商业应用和重大武器使用潜力的化学品。《公约》附表 3 化学品通常大量生产用于工业目的，并具有一定的化学武器应用潜力。声明和核查要求对《公约》附表 1 最为严格，对《公约》附表 3 最为宽松。核查是通过对申报地点的报告和例行现场视察相结合的方式进行的。为了确保执行《公约》的规定，禁止化学武器组织于《公约》生效（1997 年 4 月 29 日）时成立。除了例行核查和诉诸协商、合作和事实调查程序之外，每个缔约国都有权要求对任何其他缔约国的任何设施或地点进行现场质疑性检查，以澄清和解决有关可能不遵守的问题。检查组由禁止化学武器组织总干事指定并派出。禁止化学武器组织可以采取的遵守措施包括：要求缔约方在特定时期采取措施纠正局势；限制或中止一方的权利和特权；向缔约国建议具体措施，包括制裁；要求国际法院提供咨询意见；或将严重违规行为提交联合国大会和安全理事会。它对遵守《禁止化学武器公约》的激励措施包括：援助和防止攻击；经济和技术利益，包括尽可能充分地交流化学信息和技术，取消贸易和其他限制。《公约》向缔约国提供防止化学武器的保护，并在发生化学攻击时提供援助。缔约国承诺促进尽可能充分地交流与为《公约》不禁止的目的开发和应用化学有关的化学品、设备和科学技术信息。缔约国有义务提供关于表列化学品进出口以及设施和化学品生产的数据。对向非《公约》缔约国转让《公约》附表 1 和《公约》附表 2 化学品的限制分别于 2000 年 4 月 29 日和《公约》生效时生效。《公约》附表 3 所列的转让将被视为在《公约》生效五年后生效。每个缔约国都必须颁布国家执行立法，除其他外，禁止在其管辖或控制下的个人从事《公约》禁止的活动。每个缔约国有义务指定或设立一个国家当局，作为与禁止化学武器组织和其他缔约国联络的联络点。

为更好实现上述两项公约的目的，澳大利亚集团专门服务于协调成员国生化武器相关的出口管制问题。它的 43 个成员国都是《禁止生物武器公约》与《禁止化学武器公约》的缔约国，包括美国、澳大利亚、阿根廷、英国、法国、德国、加拿大、韩国、日本等。在该集团下，虽然他们并不承担任何额外具有法律约束力的义务，但依据各自对不扩散生化武器的共同承诺及其各自所采取的相应措施，彼此协调出口许可措施。澳大利亚集团进一步帮助成员国间建立相互促进的生物安全监管措施，以期提升国际生物安全协作与参与国生物安全能力建设。集团每年举行例会，探讨如何通过提高成员国的出口许可措施的有效性来防止潜在的扩散导致相关行为人获得研制生化武器所需的各种原料。

4. 联合国安全理事会第 1540 号决议

联合国安理会认识到，核武器、化学武器和生物武器及其运载工具的扩散是对国际和平与安全的威胁，而国际社会中的任何国家都不能免受其全球性后果的影响。为此，联合国安全理事会根据《联合国宪章》第七章一致通过第 1540 号决议，声明核武器、化学武器和生物武器及其运载工具的扩散是对国际和平与安全的威胁。该决议设置了对所有国家具有约束力的义务，具体要求有：

① 各国不得以任何形式支持非国家行为者开发、获取、制造、拥有、运输、转移或使用核生化武器及其运载工具。

② 各国应通过立法建立国内管制，以防止核生化武器及其运载工具的扩散，包括在衡算和保安、实物保护、边境管制和执法出口以及转口等领域对相关材料建立适当管制。

③ 鼓励各国增强国际合作。该决议中规定的国家各项义务均不得抵触或改变《不扩散核武器条约》《禁止化学武器公约》《禁止生物武器公约》缔约国的权利和义务，或者改变国际原子能机构或禁止化学武器组织责任。

联合国第 1540 委员会是安全理事会的一个附属机构，由安理会十五名现任成员组成以辅助各国执行第 1540（2004）决议的义务。自 2006 年，安全理事会通过多次决议将 1540 委员会的任期延长，以继续进行和完成对第 1540 号决议执行情况的全面审查，并向安理会提交审查结论报告。总体上看，安理会第 1540 号决议补充了现有相关多边条约和公约的内容，要求所有国家履行该决议中概述的义务，而不论其是否相关条约和公约的缔约国。

非国家行为人实施的生物攻击是历史现实。在 2001 年 9·11 袭击发生后，美国发生了邮寄给新闻编辑室和政府办公室的炭疽孢子事件，导致 5 人死亡。虽然一些事件可能失败，但为未来可能更致命的袭击做好准备似乎是明智的。在这一领域，公共和私营部门之间的协作正在增加。国际基因工程机器（iGEM）大赛中学生充当"白帽生物黑客"，帮助生物技术公司检测其系统中的弱点。

5. 联合国秘书长关于使用生化武器指控的调查机制

20 世纪 80 年代末两伊战争背景下，应会员国的请求建立了此项联合国秘书长机制对可能使用化学、细菌（生物）及毒素武器的指控进行立即调查。它授权秘书长启动调查，包括派遣事实调查小组对受指控地区实地调查，确保以客观科学的方式对是否违反 1925 年禁止使用生化武器的《日内瓦议定书》或其他相关的国际习惯法规定进行核查，然后向联合国全体会员国报告。

会员国向联合国提供的专家和实验室名单以及调查准则和程序是秘书长机制的重要组成部分。目前，联合国裁军事务厅与会员国共同合作，更新专家和实验室名单以及准则和程序附录技术方面的内容，以全面应对生化领域的迅猛发展。当前准则和程序规定，任何成员国均可向秘书长推荐相关专业培训或课程给符合资格的专家，支持他们或将代表秘书长对可能使用生化及毒素武器的指控进行调查。为加强合作，提高针对使用生化武器指控调查的技术能力，联合国与世卫组织签署了《关于世卫组织向调查指控使用生化及毒素武器的秘书长机制提供支持的谅解备忘录》。

叙利亚化武问题：依据安理会第 2235 号决议，经过与《禁止化学武器公约》组织总干事尤祖姆居的磋商和协调后，2015 年 9 月 15 日潘基文秘书长宣布成立了一个"禁止化学武器组织 - 联合国联合调查机制"对叙利亚境内使用氯气等化学武器的指控展开调查。秉持公正、客观、专业原则，通过对话与合作查明事件真相。不能出于地缘政治需要，把叙利亚化武问题工具化以挑动对抗。

确保生化武器调查机制的独立性和中立性至关重要。使用生化武器事件联合国秘书长调查机制的成立有独特历史背景，一些国家对该机制的授权内容、启动门槛、调查的客观性和公正性等一直存有关切，提出在确保调查有效性的同时，应保护被查国的正当利益，即调查应以最小入侵性方式进行；该项机制也不应取代、削弱或重复现有多边生化军控核查机制的工作。生物科学与化学的迅速发展带来促进人类福祉的好处，也可能带来了灾难性后果，如改变现有疾病使其更具有危害性，从合成材料中制造新病毒，或研制可以改变人的意识、行为或生育的化学制剂。这意味着警惕科技进步被滥用于发展生化武器的威胁仍然至关重要。

在上述禁止国家使用生化武器之外，违法涉及生化武器的个人应承担法律责任。例如，诸多国家的国内刑法将使用生化武器犯罪化（纳入战争罪）；在国际层面，《国际刑事法院罗马规约》旨在惩罚"国际社会关注的最严重罪行"。化学武器和生物武器的使用可能构成该《规约》下的相关罪行。

此外，为减少生物科技被滥用于制造生物武器，国家、非政府间国际机构及行业协会也参与制定了相关指导性文件。2010 年，美国发布了《合成双链 DNA 供应商的筛查框架指南》，以筛选客户和基因序列订单。2009 年国际基因合成联盟（IGSC）制定了一项统一的筛选方案，可由各公司实施，防止在没有合法使用基因序列的情况下将编码致病过程或毒素的双链基因输送给邪恶行为者和其他人。目前这些软法措施基于行为人的自愿遵守。非 IGSC 成员公司的筛选实践在很大程度上是未知的，这就降低了整个行业的最佳实践标准。目前，美国 NTI（降低核威胁倡议组织）正在努力开发一个全球的、成本有效和可持续的共同机制来防止非法 DNA 合成和滥用，从而在全球范围内扩大合成 DNA 管控的实践。该机制将推动制定全球规范，防止滥用基因合成技术制造病原体或毒素基因。

在既有的国际法框架下，国家仍应加强自身的生物防御能力。强有力的生物防御计划与适当的公共卫生措施相结合可以帮助一个国家最大限度地减少生物攻击的影响。具体措施如下。

① 保护：防护服、避难所、衣服和防毒面具可以在发生攻击时保护个人，也可以阻止意识到他们可能无法实现预期目标的潜在攻击者。保护措施对军事人员和急救人员特别有用，他们的职责增加了接触病原体或感染者的可能性。如果在攻击前接种疫苗，可用的话，可以

提供保护。

②检测：检测和诊断生物攻击或自然暴发的能力对于限制其潜在后果的规模至关重要，因为它能够治疗受感染者并为未受感染的人留出时间。国际社会发起了多项举措，以加强全球卫生监测。然而，许多发展中国家缺乏资源或基础设施来支持检测和诊断即使是众所周知的疾病，更不用说新出现的疾病了。检测系统可能需要几小时到几天的时间来检测生物武器暴露情况，而生物技术的进步可能会提高它们的效率。

③医疗对策：使用抗生素、抗病毒药和抗毒素可以提高感染者的生存概率。一些传染性病原体无法使用抗生素或抗病毒药，因为此类药物不存在或供应不足，或者因为已对病原体进行操纵以增加其对对抗措施的抵抗力。为了有效，医疗对策需要一个强大的公共医疗保健系统，该系统可以快速诊断和管理适当的药物——世界上许多地方都缺乏这种资产。

④去除污染：大多数生物制剂一旦传播就不会存活很长时间。一些病原体，如炭疽杆菌（炭疽）孢子，具有持久性，可以长时间污染区域。消毒和去污方法通常依赖于化学品、热或紫外线。

三、保护生物多样性

生物多样性指地球上各种生命的多样性，涵盖所有生命形式，从基因、细菌到所有生态系统。我们今天见到的生物多样性是地球经过45亿年进化的结果。生物多样性提供了人类赖以生存的生命之网——食物、水、药物、稳定的气候、经济增长等。依据联合国统计，全球一半以上的GDP依赖于大自然；超过10亿人依靠森林谋生；土地和海洋吸收了碳排放总量的一半以上。然而，生物多样性正在逐渐丧失，一方面是日益受到人类过度利用、污染的影响。人类活动已经改变了地球70%以上的无冰土地。当土地被开垦为农业用地时，一些动植物物种可能会因此失去其栖息地并面临灭绝。另一方面是受到气候变化的影响。气候变化已经改变了全世界的海洋、陆地和淡水生态系统并导致地方物种减少，疾病增多，动植物大规模死亡的概率增高。气温每升高一度，物种灭绝的风险便增加一分。气温升高已经迫使诸多动物和植物向更高的海拔或纬度迁移，这也对整个生态系统产生了深远的影响。

地球生物多样性继续丧失将直接威胁到所有生物的生存。保护地球生物多样性已成为人类必须关切并合作解决的一个重要问题。目前，国际社会通过两个不同的国际协议来处理气候变化和生物多样性问题——《联合国气候变化框架公约》和《生物多样性公约》。2015年，许多国家在《联合国气候变化框架公约》的框架下达成了具有历史意义的《巴黎协定》。与之相似，2022年《生物多样性公约》的缔约方努力达成了《昆明-蒙特利尔全球生物多样性框架》，指引人们共同努力遏制并扭转全球生物多样性丧失，让生物多样性走上恢复之路，惠及全人类。

以下重点介绍《生物多样性公约》、两个议定书以及《昆明-蒙特利尔全球生物多样性框架》。

1.《生物多样性公约》

《生物多样性公约》是一项具有法律约束力的国际条约。它在1993年12月29日生效。截至2024年4月底，共有196个缔约方。此公约中"生物多样性"指所有来源的生物体，包括陆地、海洋和其他水生生态系统及其所构成的生态综合体，涵盖物种内部、物种之间与生态系统的多样性。

《生物多样性公约》的总体目标是鼓励建设可持续性保护生物多样性的未来行动。它重申，依据《联合国宪章》和国际法原则，各国对自己的生物资源拥有主权权利，但各国亦有责任保护自己的生物多样性，并以可持久的方式利用自己的生物资源。

《生物多样性公约》第 1 条明确三个具体目标：依照有关条款从事保护生物多样性、持续利用生物多样性的组成部分以及公正合理分享遗传资源利用所产生的惠益。实施手段包括遗传资源的适当取得及有关技术的适当转让，但需顾及对这些资源和技术的一切权利，以及提供适当资金。具体而言：

（1）保护生物多样性　此《公约》第 3 条明确提出"依据《联合国宪章》和国际法原则，各国具有按照其环境政策开发其资源的主权权利，同时亦负有责任确保在它管辖或控制范围内的活动不致对其他国家的环境或国家管辖范围以外地区的环境造成损害。"

（2）可持续利用生物多样性　此《公约》第 10 条提出缔约国应尽可能在国家决策过程中考虑生物资源的保护和持久使用；采取使用生物资源的措施，避免或尽量减少对生物多样性的不利影响；保障及鼓励按照传统符合保护或持久使用生物资源的习惯方式；在生物多样性已减少的退化地区支助地方居民规划和实施补救行动；鼓励政府及私营部门合作制定生物资源持久使用方法。第 14 条要求缔约国应按照其特殊情况和能力，为保护和持久使用生物多样性制定国家战略、计划或方案以及必要措施，如尽可能采取适当程序，对可能对生物多样性产生严重不利影响的拟议项目进行环境影响评估，以避免或尽量减轻这种影响，并酌情允许公众参加此中程序。

（3）公正合理分享由利用遗传资源所带来的惠益　此《公约》第 15 条要求缔约国应采取一切可行措施，赞助和促进提供遗传资源的其他缔约国，特别是其中的发展中国家，在公平基础上优先取得基于其提供资源的生物技术所产生成果和惠益。

缔约国会议是《公约》的最高权力机构。缔约国会议每两年举行一次，审查《公约》的实施情况、确定优先事项和落实工作计划。此《公约》秘书处位于加拿大蒙特利尔，主要职能是协助各国政府落实《公约》及其工作方案、组织会议、起草文件、与其他国际组织进行协调及收集和传播信息。

2.《卡塔赫纳生物安全议定书》

为进一步落实《生物多样性公约》，2000 年缔约国通过了《卡塔赫纳生物安全议定书》，并于 2003 年 9 月 11 日生效。该《议定书》是《生物多样性公约》的补充协议，因而只有已是《生物多样性公约》缔约方的国家或区域经济一体化组织方可成为《卡塔赫纳生物安全议定书》缔约方。截至 2024 年 4 月，该《议定书》的缔约方有 173 个。中国于 2005 年 4 月 27 日核准加入。

《卡塔赫纳生物安全议定书》旨在确保在安全转移、处理和使用凭借现代生物技术获得的、可能对生物多样性的保护和可持续使用产生不利影响的改性活生物体领域内采取充分的保护措施，同时顾及对人类健康所构成的风险并特别侧重越境转移问题。它适用于解决可能对生物多样性的保护和可持续使用产生不利影响的所有改性活生物体的越境转移、过境、处理和使用及对人类健康构成的风险问题。重要的规定如下：出口缔约国应在拟有意向进口缔约方的环境中引入改性活生物体的首次有意越境转移之前启动知情同意程序，即通知或要求出口者确保以书面形式通知进口缔约方的国家主管部门。进口缔约方应于收到通知后九十天内以书面形式向发出通知者确认已收到通知。进口缔约方可随时根据对生物多样性的保护和可持续使用的潜在不利影响方面的新科学资料，并顾及对人类健康构成的风险，审查并更改其已就改性活生物体的有意越境转移作出的决定。出口缔约方可依法定情形对其决定提出复审要求。

该《议定书》要求，因在其管辖范围内发生的某一事件造成的释放导致了或可能会导致改性活生物体的无意越境转移，从而可能对上述国家内生物多样性的保护和可持续使用产生重大不利影响，同时亦可能对这些国家的人类健康构成风险。缔约方应在知悉上述情况时立即向受到影响或可能会受到影响的国家、生物安全资料交换所并酌情向有关的国际组织发出通报。《议定书》规定建立生物安全资料交换所，以便交流有关改性活生物体的科学、技术、环境和法律诸方面的信息资料和经验，以及协助缔约方履行本议定书。为实现《议定书》目标，各缔约方应开展合作，尤其要协助发展中国家和经济转型国家缔约方特别是其中最不发达国家和小岛屿发展中国家逐步建立和 / 或加强生物安全方面的人力资源和体制能力，包括生物安全所需的生物技术。缔约国还应促进和开展关于安全转移、处理和使用改性活生物体的公众意识及教育活动和参与。对于违反其履行本《议定书》的非法越境转移改性活生物体行为，缔约方应在其国内采取适当措施予以防止、惩处；受到影响的缔约方可要求起源缔约方酌情以运回本国或以销毁方式处置有关的改性活生物体，所涉费用自理。

3.《名古屋议定书》

《关于获取遗传资源和公正公平分享其利用所产生惠益的名古屋议定书》（简称《名古屋议定书》）于 2014 年 10 月 12 日生效，截至 2024 年 4 月有 141 个缔约方。

《名古屋议定书》旨在有效落实《生物多样性公约》第三项目标，即通过提供透明的法律框架，促进公平合理地分享利用遗传资源所产生的惠益。它规定缔约方的核心义务在于就遗传资源的获取、惠益分享和合规问题采取措施。为进一步提高遗传资源提供者和使用者的法律权益义务，它设置了获取遗传资源可预测性的条件；且当遗传资源离开提供遗传资源的国家时帮助确保惠益分享。国家层面的惠益分享措施旨在与提供遗传资源的缔约方公平合理地分享利用遗传资源所产生的惠益。利用包括对遗传资源的遗传或生化构成的研究和开发，以及随后的应用和商业化。分享应按照共同商定的条件进行。惠益可能是经济或非经济形式，例如权益费和研究结果分享。在为符合提供遗传资源的缔约方的国家立法或法规要求提供支持方面的具体义务，以及共同商定的条件中体现的合同义务，是《名古屋议定书》为实现《生物多样性公约》目标的创新措施。具体而言，缔约方将在其管辖范围内利用的遗传资源经事先知情同意后已被获取，并且共同议定的条件已经确立的情况下，按照另一缔约方的要求采取措施；在被指违反另一缔约方要求的情况下给予配合；鼓励在共同商定的条件中加入有关解决争端的合同条款；确保在就共同商定的条件发生争端时有机会依照其法律制度进行追索；在司法援助方面采取措施；采取措施监控遗产资源在离开某个国家之后的利用情况，包括在价值链的任何阶段（研究、开发、创新、预商业化或商业化）指定有效的检查点。

通过帮助确保公平公正的惠益分享，《名古屋议定书》激励缔约方对遗传资源加强保护和可持续利用，从而从总体上提高生物多样性对人类福祉的贡献。它要求缔约国应与提供遗产资源的原产国或根据《公约》已获得遗传资源的其他缔约国分享利用遗传资源以及随后的应用和商业化产生的惠益，以及以公正和公平的方式分享时应遵循共同商定条件。同时，各缔约国应根据有关地方社区对遗传资源的既定权利的国内立法，酌情采取立法、行政或政策措施，与有关社区公正和公平地分享利用由其持有遗传资源所产生的惠益。依照该《议定书》第 14 条设立了获取和惠益分享信息交流平台，也是依照公约第 18 条第 3 款设立的公约信息交换所的组成部分。

整体上看，《议定书》推进了《生物多样性公约》的目标实现，为进一步增进生物多样性、可持续利用其组成部分做出了贡献，但在该《议定书》实施过程中各国政策制定者仍在努力应对许多挑战。目前一个核心问题是如何解决遗传资源序列数据的获取予以惠益共享问题。

1992 年《生物多样性公约》是一个保护地球迅速减少的生物多样性的国际法律文书。它确认了国家对遗传资源的主权并建立了与遗传资源的收集、共享和使用相关的利益共享和公平框架。基于各国对其生物多样性和相关遗传资源的主权权利并倾向于利用这些资源的经济收益，为生物多样性保护创造奖励并为其提供资金，ABS（获取和利益共享）交易旨在促进提供遗传资源和相关传统知识的各方与希望利用这些资源进行研究和开发的各方之间的"公平关系"获取与惠益分享。直到 2010 年，一个实施利益共享目标的机制最终与《名古屋议定书》一起付诸实施，《名古屋议定书》为实施 ABS 提供了更详细的机制，并更明确地将《生物多样性公约》的三个目标：保护、可持续利用和公平的利益分享联系起来。尽管承认多边方法的潜力，但这两项协议都嵌入了 ABS 的双边方法，《名古屋议定书》规定了一种双边机制，根据该机制，遗传资源的潜在使用者必须事先获得同意，才能从提供者处获取遗传资源，然后就遗传资源的使用条件和随后的利益分享以双方商定的条款进行谈判。迄今为止，该《议定书》缔约国有 141 个，不包括美国、俄罗斯与加拿大。ABS 的目标在国际外交领域得到了广泛的支持，通过 ABS 创造生物多样性保护奖励的创新方法（如果未经验证）也得到了广泛支持。但根据《生物多样性公约》进行的交易尚未为保护带来实质性利益。国内政治强制措施通常将利益分享重点放在有限的经济发展上，而不是保护。即使是简化的非商业研究方法，也需要大量的时间、资金和能力投入，以便在法律和行政结构不明确的国家获得许可或签署 ABS 协议。

近年来，随着《生物多样性公约》和其他进程开始探索纳入基因序列数据，与 ABS 政策相关的担忧已经扩大并变得更加迫切。ABS 的政策侧重于物理材料的收集和交换，而在很大程度上忽视了生物技术的发展，生物技术除了遗传资源的物理样本外，还严重依赖于基因序列数据和信息的使用术语，DSI 本身仍然是一个协商的占位符术语，其含义和范围存在争议。科学家最常使用术语核苷酸序列数据（NSD），包括从 DNA 和 RNA 生成的数据。用户可以简单地通过数字化遗传资源和使用公开可访问的 DSI 合成所需的核酸片段来回避利益共享任务。许多具有 ABS 经验的科学界人士担心 DSI 可能会被当前必须导航以获取物理样本的复杂 ABS 政策所限制，他们强调开放、透明、网络和自由交换。

《生物多样性公约》缔约方大会第十四届会议审议了利用遗传资源数字序列信息对《公约》三个目标的潜在影响（第 14/20 号决定）。《名古屋议定书》缔约方会议的缔约方大会第三次会议也审议了对其《名古屋议定书》目标的潜在影响（第 NP-3/12 号决定）。根据第 14/20 号和第 NP-3/12 号决定，2020 年后全球生物多样性框架不限成员名额工作组拟定遗传资源数字序列信息的范围如表 10-5 所示。

表10-5　遗传资源数字序列信息的范围

类别	与遗传资源有关的信息			
	遗传和生物化学信息			相关信息
	第1类	第2类	第3类	
高阶描述	DNA和核糖核酸	第1类+蛋白质+外遗传改变	第2类+代谢物和其他大分子	—
细分专题举例	读取的核酸序列；与读取的核酸相关的数据；非代码核酸序列；遗传作图（例如基因分型、微卫星分析、SNP等）；结构注释	氨基酸序列；基因表达信息；功能注释；遗传外改变（例如甲基化形态和乙酰化）；蛋白质分子结构；分子相互作用网络	基因资源的生物化学构成信息；大分子（除DNA、核糖核酸和蛋白质之外）；细胞代谢物（分子结构）	与遗传资源相关的传统知识；与第1、2和3类数字序列信息相关的信息（例如环境中或与生物体相关的生物和非生物因素）；与遗传资源或是其利用相关的其他类型的信息

资料来源：《遗传资源数字序列信息执行秘书的说明》。

对于以上考虑的每个类别，专家讨论的相关问题有：①不同类型信息的可追溯性；②通过在生命科学研究和创新过程中使用数字序列信息而使得数字序列信息和技术的运用成为可能；③涉及国际核苷酸序列数据库合作联盟（INSDC）的与公开交换和使用数字序列信息有关的问题；④对获取、惠益分享和履约进行管理的措施。所有这些问题的解决与缔约方能力建设密切相关，包括建设各国相关科研能力以及识别、了解、监测和管理本国生物多样性的监管能力。

目前，已经有若干惠益共享方案在讨论中。这些政策选项对不同利益攸关群体的重要性不同。各缔约方承诺致力于通过一个基于科学和政策的进程努力解决分歧，以期加强实现《公约》的第三个目标。另一方面，一些缔约方已在本国采取措施，规制遗传资源数字序列信息的获取和使用。从国际层面规范资源数字序列信息的获取遗传和惠益共享需要缔约方进一步通过友好协商解决。

此外，《国际卫生条例》规定了"公共卫生信息"的共享。一些人将"公共卫生信息"一词解释为应包含病原体基因序列数据，即国家应当共享这一类信息。《国际卫生条例》并未对此进行明确规定，可以理解为它不包括病原体的物理样本。这造成了目前没有任何国际法律手段可以迫使各国在公共卫生紧急情况下共享病原体物理样本。如果没有法律义务共享病原体物理样本，很难迫使或制裁那些选择不共享的国家。一些国家会进一步限制这些资源的获取，将其变成通过谈判公平、公平地获取相关诊断、治疗和疫苗等研发成果的筹码之一。如果各国不愿分享病原体物理样本，国际社会只有通过传统的外交和经济激励措施促进相关国家分享病原体物理样本。

4.《昆明－蒙特利尔全球生物多样性框架》

2021年，《生物多样性公约》第十五次缔约方大会（COP15）领导人峰会在昆明举行，习近平主席发表重要讲话指出："中国将率先出资15亿元人民币，成立昆明生物多样性基金，支持发展中国家生物多样性保护事业。"大会通过的"昆明宣言"，是联合国多边环境协定框架下首个体现生态文明理念的政治文件，为全球保护生物多样性注入政治推动力。

COP15第二阶段会议通过约60项决定，达成《昆明－蒙特利尔全球生物多样性框架》

（以下简称《框架》）。《框架》及相关决定历史性地纳入了遗传资源数字序列信息的落地路径，历史性地决定设立《框架》基金，历史性地描绘了2050年"人与自然和谐共生"的愿景，为未来10年全球生物多样性保护设定目标与路径。中国提出三大设想：一是《框架》应平衡体现《生物多样性公约》确定的生物多样性保护、持续利用和惠益分享三大目标；二是《框架》应兼具雄心和务实，既要为未来提供高瞻远瞩的指导，同时又要在借鉴"爱知目标"经验基础上，确保目标的科学性、合理性和可执行性；三是《框架》应照顾发展中国家关切，加强对发展中国家支持。这些设想展现了中国智慧，有助于形成更加公正合理、各尽所能的全球生物多样性治理体系。

其他公私伙伴关系模式：科学家们在实际解决方案上进行合作，例如 GISAID 等倡议，在解决获取病原体和利益分享的重要问题上比 NP 走得更远。

中国是世界上生物多样性最丰富的国家之一，保护生物多样性面临诸多挑战。2021年中共中央办公厅与国务院办公厅发布了《关于进一步加强生物多样性保护的意见》以深入贯彻习近平生态文明思想，坚持生态优先、绿色发展，提高保护能力和管理水平，将生物多样性保护理念融入生态文明建设全过程。它提出了未来的重点任务。①加快完善生物多样性保护政策法规。这包括将生物多样性纳入各地、各有关部门中长期规划；制定和完善生物多样性保护的监管法规政策。②持续优化生物多样性保护空间格局。这包括落实就地保护体系；推进重要生态系统保护与修复；完善生物多样性迁地保护体系。③构建生物多样性保护监测体系。持续推进生物多样性调查监测、信息分享平台及完善生物多样性评估体系。④提升生物安全水平。这包括加强生物技术环境安全监测管理、提升外来入侵物种防控管理。⑤创新生物多样性可持续利用机制。这包括依法加强生物资源开发和可持续利用技术研究、规范生物多样性经营活动。⑥加强执法和监督检查工作。严格落实责任追究制度。⑦深化国际合作与交流。积极参与全球生物多样性治理并建立多元化生物多样性保护伙伴关系。⑧推动公众参与。加强生物多样性重要性的宣传教育，完善社会公众保护生物多样性的参与机制。

负责任的生物科研对于降低生物安全风险、促进生物科学造福人类具有重要意义。除了上述具有约束力的义务，所有利益攸关方应自愿加强负责感。

5.《粮食和农业植物遗传资源国际条约》

它是成员国之间为保护、利用和管理全球粮农植物遗传资源达成的重要国际协议。它于2001年11月3日由联合国粮食及农业组织（粮农组织）第三十一届大会通过，截至2023年01月01日，有150个缔约方。与《生物多样性公约》一致，该《国际条约》旨在保护和可持续利用所有粮食和农业植物遗传资源，并公正且公平地分享利用这些资源所产生的惠益，从而促进农业可持续性和粮食安全。它将最重要的64种作物（共占我们从植物所获食物的80%）纳入易于获取的全球遗传资源库，供《条约》缔约国的潜在用户免费用于规定用途。《条约》防止遗传资源接收方因接收资源而声称对其具有知识产权，并确保受国际产权保护的遗传资源的获取途径符合国际和国家法律。《条约》创建并管理一个独特的全球系统，便于各国通过获取和惠益分享多边系统相互交换亟需的植物遗传材料。通过多边系统获取遗传材料者同意通过《条约》规定的四个惠益分享机制分享其使用所产生的任何惠益，确保所有人粮食安全，促进可持续发展目标。

第三节　全球生物安全的软法治理

生物安全是所有利益攸关人的共同责任。诸多国际机构试图在此领域发挥指导作用，促使生命科学的发展服务于改善人类福祉，同时预测和减轻这些发展带来的风险。因其自身职能范围的限制，它们通过发布指南、建议或治理框架等国际软法来提升生物安全的治理环境。

一、世界卫生组织

世界卫生组织已发布了《实验室生物安全手册》（第 4 版）。2021 年 1 月 28 日，针对冠状病毒病实验室安全，它还发布了与其相关的实验室安全临时指导文件。

2022 年 9 月 13 日，世卫组织发布了《关于负责任地使用生命科学的全球指导框架》，呼吁成员国和其他利益攸关方管控生命科学发展带来的诸多风险，尤其是在释放由生命科学和相关技术带来的能改善全球健康的新方法的巨大潜力时，管控其被滥用以致危害人类、其他动物、农业和环境的风险。该框架着眼于如何管理生命科学领域日益加快的前进步伐，概述了对预期性和响应性治理机制的需求，包括前瞻性方法，以参与性和多学科方式来探索趋势、新变化、系统性影响和对另类未来的设想。它提出生物风险管理有赖于三个核心支柱：生物安全、实验室生物安保以及对双重用途研究的监督。考虑到不同的背景、资源和优先事项，该框架旨在由会员国和其他利益攸关方根据各自需求和观点进行调整。这是第一个全球性生物技术和规范的框架，可为成员国制定管控生物风险的国家措施提供参考。

世卫组织还积极推动成员国开展密切的国际合作，确保及时共享流行病学和临床数据以及生物材料。2019 年，冠状病毒病大流行和其他疫情和流行病凸显了快速共享病原体，以帮助全球科学界评估风险，制定诊断、治疗和疫苗等方面对策的重要性。2021 年 5 月，世卫组织在瑞士启动储存、共享和分析病原体的全球生物中心，用于生物材料的安全接收、测序、储存和制备，以分发给其他实验室，为风险评估提供信息，并维持对这些病原体的全球防范。

抗生素和其他抗微生物药物是现代医药成功发挥疗效的关键所在。然而，抗生素过度使用和误用导致疗效降低，使病原体能够耐受原本用于杀灭病原体的抗微生物药物环境。当抗微生物药物不再对细菌、病毒、真菌和寄生虫有效时，抗微生物药物耐药性随之产生，导致治疗难度加大，或是无法进行治疗，疾病传播、加重和导致死亡的风险加大。为全球合作应对不断蔓延的抗微生物药物耐药性问题，联合国粮食及农业组织、联合国环境署、世界卫生组织和世界动物卫生组织组成"抗微生物药物耐药性多利益相关方伙伴关系平台"，应对抗微生物药物耐药性问题对人类、动植物、生态系统和生计构成的威胁。

二、联合国教科文组织

自 20 世纪 70 年代，该组织一直在倡导普遍的生物伦理规范和原则，并协助各国将这些原则转化为科技伦理领域的具体政策。1993年联合国教科文组织建立了生物伦理学项目。它主要由秘书处的两个咨询部门负责：国际生物伦理学委员会（IBC）（由36名独立专家组成）和政府间生物伦理委员会（IGBC）（由36名成员国代表组成）。这些委员会合作提出意见、推荐和提案，然后分别提交给教科文组织领导机构审议。

教科文组织生物伦理计划将三个关键工作领域联系在一起。

①标准制定：这一领域的三项宣言，它们已成为许多区域和国家法律文书的蓝图。它们是《世界人类基因组与人权宣言》（1997年），《世界生物伦理与人权宣言》（2005年）。《世界人类基因组与人权宣言》第20条强调需要促进生物伦理学教育。《世界生物伦理与人权宣言》第23条鼓励各国在各级促进生物伦理教育和培训，并鼓励传播方案。道德教育是实施《宣言》规定的有效和有吸引力的方式。

②全球反思：国际生物伦理委员会，指导决策者解决复杂的伦理问题。

③能力建设：利用生物伦理委员会的教育和技术援助，协助成员国建立健全其国家生物伦理委员会及相关立法与国家标准。同时，促进生物伦理教育和提高认识。在大学层面，教科文组织生物伦理教席促进了大学与教科文组织在生物伦理教育方面的区域合作。教科文组织还促进提供生物伦理教育的大学间的交流，特别是通过与医学伦理教育机构网络建立联系。

目前，它在推动的一个项目是大脑神经研究的伦理问题。发展人的神经技术可以为某些神经或精神疾病提供治疗方案，但当有人掌握了能够记录和传输神经数据的神经技术就有可能获取人类大脑中存储的信息。如医疗部门乃至工业、营销行业和游戏产业越来越多地使用这些数据，这必会导致未经同意擅自利用人类大脑数据的行为。联合国教科文组织国际生物伦理委员会提出了多项建议并倡导确立一系列新的人权，名为"神经权利"。由于儿童和青少年的大脑仍处在发育阶段，具有可塑性，应对这部分群体给予特别关注。我们已经建立起保护个人隐私和消费者的法律实际上对此问题存在一个真空地带。如何确保只有在相关个人明确表示知情同意的情况下，才能使用、发布和交换收集到的大脑数据？联合国教科文组织正在领导国际社会开展讨论，以制定路线图，为全球神经技术治理框架奠定基础。

三、世界动物卫生组织

该组织成立于1924年，2003年开始改名为世界动物卫生组织。目前，它有182个成员国，总部设在巴黎。作为一个政府间国际组织，它致力于协调全球应对动物卫生紧急情况、预防人畜共患病、促进动物健康和福利，以及更好地获得动物卫生保健。2015年OIE发布了《兽医研究中的负责任行为准则：识别、评估和管理双重用途研究》，旨在提高人们对兽医环境中双重用途研究的风险意识。

通过收集、分析和传播兽医科学信息，OIE鼓励国际团结一致控制动物健康风险。近年来，它积极推进跨国界合作，促进"一个健康"方针，帮助人们认识到动物、人类和环境的健康是相互依存的。"一个健康"是应对我们社会面临的复杂健康挑战的主要方法，如生态系统退化、食品系统故障、传染病和抗微生物药物耐药性。2019年5月，OIE正式发布《兽医研究中的负责任行为准则：识别、评估和管理双重用途研究》，以提高人们对兽医环境中双重用途研究潜力的认识，为兽医专业人士、研究人员和其他利益相关者提供支持，以有效地识别、评估和管理双重用途研究风险。

2022 年 10 月，联合国粮食及农业组织、联合国环境规划署（UNEP）、世界卫生组织和世界动物卫生组织联合发起了一项新的"全健康"联合行动计划，以整合系统和能力共同更好地预防、预测、检测和应对健康威胁。这项计划旨在改善人类、动物、植物和环境的健康，同时促进可持续发展。这个五年计划（2022—2026 年）侧重于支持和扩大六个领域的能力：卫生系统的一个卫生能力、新出现和再次出现的人畜共患病、地方性人畜共病、被忽视的热带和病媒传播疾病、食品安全风险、抗微生物性和环境。本技术文件以证据、最佳实践和现有指南为依据。它涵盖了一系列努力在全球、区域和国家各级推进"全健康"的行动。这些行动特别包括为各国、国际伙伴和民间社会组织、专业协会、学术界和研究机构等非国家行为者制定即将实施的实施指南。该计划规定了业务目标，其中包括：为集体和协调行动提供框架，以在各级将"全健康"方法纳入主流；提供上游政策和立法咨询和技术援助，帮助制定国家目标和优先事项；促进多国、多部门、多学科的合作、学习和知识、解决方案和技术的交流。它还促进合作和分担责任、多部门行动和伙伴关系、性别平等和包容性的价值观。

四、红十字国际委员会（ICRC）

2015 年，在红十字国际委员会的协助下，世界医学会（WMA）、国际军事医学委员会（ICMM）、国际护士理事会（ICN）和国际药学联合会（FIP）通过了"武装冲突和其他紧急情况下的医疗保健伦理原则"，这是第一个为这些主要国际卫生保健组织提供共同核心的道德规范。在武装冲突和其他紧急情况下，医护人员经常被迫违反医疗道德。该文件重申尊重卫生保健道德原则对充分执行国际人道主义法和保护卫生保健的重要性。它列举了指导患者和医护人员之间关系的原则，并考虑了歧视、滥用特权、保密和酷刑等问题。这种关系的基本原则适用于武装冲突和其他紧急情况，从而有助于在战时应用道德规范。

五、世界银行

2021 年，世界银行建立了一个基于赠款的卫生应急准备和响应伞式计划，以在其他资金来源尚不可用的情况下快速筹集资金支持包括应对新冠疫情的国家和地区。2022 年，世界银行宣布启动大流行基金，主要重点投资领域包括：①加强国家在预防、检测和应对领域的能力，特别是最需要支持的低收入和中等收入国家；②建设区域和全球预防、准备和应对能力；③支持同行交流、有针对性的技术援助以及系统监测预防、准备和应对方面的能力支出。

六、国际风险管理理事会

国际风险管理理事会（International Risk Governance Council，IRGC）是位于瑞士的国际组织，主要由各国政府官员、科学家及相关专业人士组成，旨在提高人们对造成人类健康、社会与环境等重大风险的识别、理解与管理协调。它发布了一系列生物风险管控指南，为各国政府提供监管策略参考。

第四节　美欧生物安全治理

此部分介绍美国与欧盟近年采取的生物安全治理措施，以资借鉴。

一、美国

作为一个经济、科技与军事大国，美国将生物安全作为其国家安全的重要组成部分。在生物领域定期发布国家生物防御战略，并建立了具有较强实用性、适应性的监管体系，针对特定环境下的生物风险持续投入资金与人力开展专项部署，及时调整强化监管与促进科技创新的互动关系。

（一）国家生物安全战略

2018 美国首次发布了应对各种生物安全威胁的系统性国家级战略——《国家生物防御战略》。此战略明确了美国生物防御的五个目标：增强生物防御风险意识；提高生物防御单位防风险能力；做好生物防御准备工作；建立迅速响应机制与促进生物事件之后的恢复工作。同时，它提出两项重点工作领域为：加强生物防御的情报搜集与监测；加强生命科学与生物技术企业发展。2019 年，美国卫生与公众服务部更新了卫生安全领域的国家战略，发布了《国家卫生安全战略 2019—2022》。

2022 年美国推出《国家生物防御战略与实施计划》，旨在"有效评估、预防、准备、应对和恢复"自然发生、意外和蓄意造成的所有生物威胁，且更加重视遏制生物武器威胁。它做出从早期预警、提前准备、迅速应对和加快恢复四方面应对生物威胁的规划。①加快开发和部署快速检测新病原体的新技术，改善传染病早期预警。②为流行病和其他生物事件做好准备。该战略根据 2021 年白宫推出的《美国大流行准备计划：转变我们的能力》项目，提出未来 5～10 年改善其对疫情的预防和准备措施。③加强美国应对重大生物事件的准备。这包括在确定国内或国际重大生物事件后的 14 天内启动联邦综合研究议程，并在确定可行对策后的 14 天内启动临床试验基础设施，以快速评估疫苗、疗法和诊断策略。④提高从大流行病或生物事件中恢复能力。

（二）生物安全监管体系

美国建立了生物安全、生物遏制和生物安全监管系统，旨在保护实验室工作人员、公共卫生、农业、环境和国家安全。该系统建立在联邦法规、指导方针和政策的基础上，这些法规、指导原则、政策的范围和具体目的各不相同，但都是服务于确保生物风险得到及时识别、评估和适当缓解。

美国实验室生物安全监督最直接相关的联邦法规是《选定试剂条例》（SAR）、职业安全与健康管理局（OSHA）条例以及美国农业部（USDA）和疾病控制与预防中心（CDC）的许可条例。其他法规包括交通运输部（DOT）关于运输生物材料的法规和商务部（DOC）关于出口管制的法规。还有其他一些政策和准则也阐明了对生物研究机构进行生物安全监督的要求。

1. 生物两用技术研究监管

生命科学研究对公共健康和安全具有巨大的价值和益处，但出于合法目的进行的某些类型的研究可用于有害目的。关注的两用研究是生命科学研究一部分，即根据目前的理解可以合理地预期，该研究提供的信息、技术或产品可能被直接误用并对公共健康和安全、农业作物和其他植物、动物、环境或国家安全带来较大威胁。为减少此类威胁，美国政府发布了两项监督两用研究的政策。一是《美国政府对生命科学两用性研究监管政策》（2012年）。它要求对联邦支持的研究进行定期审查，确定两用研究，评估其潜在风险和收益，并适当降低风险。二是补充性的《美国政府生命科学双重用途研究机构监督政策》（2014年发布，2015年生效）。它适用于接受联邦生命科学研究资助并在政策范围内开展研究的国内机构，即使研究本身不受联邦基金支持。接受联邦资金涉及表10-6中15种药剂和毒素中的一种或多种的研究的外国机构也应遵守该政策。

表10-6　生物两用技术研究政策之一：15种药剂和毒素的管控

中文	英文
禽流感病毒（高致病性）	avian influenza virus（highly pathogenic）
马尔堡病毒	Marburg virus
炭疽芽孢杆菌	*Bacillus anthracis*
重组1918流感病毒	*reconstructed 1918 influenza virus*
肉毒杆菌神经毒素	botulinum neurotoxin
牛瘟病毒	*rinderpest virus*
鼻疽伯克霍尔德氏菌	*Burkholderia mallei*
肉毒杆菌产毒素菌株	toxin-producing strains of *Clostridium botulinum*
类鼻疽伯克霍尔德氏菌	*Burkholderia pseudomallei*
Variola主要病毒	Variola major virus
埃博拉病毒	Ebola virus
细小天花病毒	Variola minor virus
口蹄疫病毒	foot-and-mouth disease virus
鼠疫耶尔森菌	*Yersinia pestis*
土拉热弗朗西斯菌	*Francisella tularensis*

资料来源：US Biological Select Agents and Toxins。

这15种试剂和毒素中的任何一种的拥有、使用和转移也受到联邦法律的监管，即联邦选择试剂计划的《生物选择试剂和毒素》。

2. 涉及潜在大流行病原体研究监督

这些研究依据合理预计会产生、转移或使用传播力或毒性增加的潜在的大流行病原体。

2016 年美国国家生物安全科学咨询委员会（NSABB）发布了《功能获得研究的评估和监督建议》的报告，它提出有一小部分功能获得研究会带来很大风险，需要额外的监督，即除了研究的科学价值外，还应考虑法律、道德、公共卫生和社会价值。监管这一小部分研究需要联邦和机构的监督、增强意识和合规，以及所有利益相关者对安全的承诺。NSABB 建议在确定此类研究是否可接受资助之前，需要对其进行额外的多学科审查；如果获得资助，此类项目应接受联邦和机构层面的持续监督。

2017 年白宫科技政策办公室（OSTP）发布了《部门制定潜在大流行性病原体护理和监督审查机制的政策指南》。该《政策指南》为联邦部门提供了审查拟议研究的要求。同时它涉及的"增强的潜在大流行病原体"应符合两个条件：一是它可能具有高度传播性并可能在人群中广泛且不可控地传播；二是它可能具有很强的毒性并可能导致极高的人类发病率和 /或死亡率。

根据 OSTP《政策指南》，美国卫生与公众服务部于 2017 年 12 月发布了卫生与公众服务部《关于加强潜在大流行性病原体拟议研究的资助决策指导框架》（HHS P3CO 框架）提出了一个多学科、资金前审查程序，考虑了潜在的科学和公共卫生益处、生物安全风险，以及有助于为机构决策提供信息的适当风险缓解策略。HHS P3CO 框架中增强的潜在大流行病原体不包括在自然界中循环或已从自然界产生的病原体，无论其大流行潜力如何。

3. 出口管制

2020 年 2 月 2 日，白宫发布了新一轮的新兴技术清单，其中核酸和蛋白质合成技术、基因组和蛋白质设计技术、针对功能表型的多组学及其他生物计量学、生物信息学、预测建模和分析工具、多细胞系统设计技术、病毒及病毒传递系统设计技术以及生物制造和生物加工技术等均在列。这份清单后续将作为美国政府制定技术竞争和国家安全战略的重要参考，也将成为美国政府出口管制执法的重点关注领域。

美国出口管制法设置了实体清单和未经核实清单，此外美国贸易管制还设置了军事最终用户清单、SDN 清单、中国军事工业综合体企业清单（CMIC 清单）等"黑名单"以限制特定物项的出口。

（1）实体清单　实体清单同样也是 EAR 项下基于最终用户管控的"黑名单"制度，企业被列入实体清单的原因主要为美国商务部产业安全与管制局（BIS）认为其参与严重违反美国国家安全和 / 或外交政策利益的活动。实体被列入实体清单后，其他任何企业在没有获得 BIS 颁发的许可证时均不得向其出口、再出口或国内转移任何受 EAR 管辖的物项，且许可证政策为"推定拒绝"。受 EAR 管辖的物项范围较广，不仅包括美国原产或经美国转运的物项，也包括部分因为"最低比例原则"或者"直接产品原则"而受 EAR 管辖的中国制造物项。因此，一旦企业被列入实体清单，其生产、制造、销售等各项业务均可能受到实质性阻碍。

（2）未经核实清单　未经核实清单是美国《出口管制条例》（EAR）项下基于最终用户管控的黑名单。实体被列入未经核实（UVL）清单的主要原因为 BIS 无法完成对该实体的最终用途核查以确认该实体作为涉 EAR 管辖物项的交易主体的合法性和可靠性。造成 BIS 无法完成最终用途核查的原因有多种，包括该实体无法证明受 EAR 管辖物项的处置情况，BIS 无法根据出口文件中的地址和联系方式与该实体取得联系，或东道国不配合 BIS 的最终用途核查请求等。

美国出口管制法具有长臂管辖效力。受 EAR 管辖的产品范围非常广泛，包括：

① 所有位于美国的产品；

② 通过美国转运的产品；

③ 在美国境外制造但包含超过"最低比例"（针对中国为 25%）美国成分的产品；

④ 在美国境外制造的符合条件之一的产品：包括直接利用特定美国原产技术或软件生产的特定产品或软件，或美国境外生产该产品或软件的机器设备或部件是特定美国原产技术或软件的直接产物。

受 EAR 管辖的物项不包括公开出版物、基础研究或专利技术，但包括非专利技术。

2023 年 1 月 17 日，美国商务部产业安全与管制局（BIS）在联邦纪事上发布公告，执行澳大利亚集团 2021 年 11 月和 2022 年 3 月虚拟执行会议以及 2022 年 7 月全会的决议，再次修改《商务部管制清单》，对海洋毒素、植物病原体和生物设备实施管制，纳入管制清单，并消除霍乱病毒。

4. 生物伦理

美国总统生物伦理问题研究委员会提出评估并考虑新兴技术社会影响的五项基本伦理原则：①公益，②负责任的管理，③知识自由和责任，④民主审议，⑤公正和公平。委员会认为，虽然许多新兴技术具有两用性存在可能被用来制造伤害的风险，但这些风险的存在本身应不足以证明限制学术研究自由的正当性。它适用监管简约的原则，即实施能确保公正、公平、安全和公共利益所必需的监管。这意味着对学术研究的审查需要特别具体的理由，如研究的具体结果如果传播不当可能会给参与者或整个社会带来危险。

二、欧盟

为了保障生物安全和防御生物威胁，欧盟先后制定了多个战略及重大计划，涉及公共卫生与健康、转基因安全、食品安全等方面，还制定了世界上最为严格的转基因安全管理办法。

（一）生物安全战略

2003 年，欧盟通过首个安全战略文件"更美好世界中的欧洲安全"，重点指出生物武器扩散和疾病传播等对全球安全构成长期威胁。2007 年，欧盟实施《第七个框架研发计划》，将卫生与健康、安全列为两大主题，以应对包括新出现的传染病在内的全球健康问题和关注具有跨国影响力的威胁为目标。2009 年 6 月，欧盟委员会通过关于化学、生物、放射性和核安全（CBRN）的一揽子政策，发布《反对 CBRN 威胁欧盟行动计划》，以加强保护欧盟公民免于这些威胁。2011 年 8 月，欧盟委员会宣布启动《预测全球新型流行病暴发》（ANTIGONE）项目，重点是开发能预防未来流行病的方法，应对新的疾病暴发。

（二）生物安全监管体系

欧盟生物安全法规可分为两类：一类是横向系列法规，包括基因修饰微生物的封闭使用指令、基因修饰生物的有意释放指令、基因工程工作人员劳动保护指令；另一类是产品系列法规，包括基因修饰生物机器产品进入市场的指令、基因修饰生物与病原生物体运输的指令、饲料添加剂指令、医药用品指令和新食品指令等。总体而言，欧盟的生物安全管理特别注重风险防范，对现代生物技术相关活动和产品的管制日趋严格。

"预防原则"是欧洲生物安全治理的重要特征。它要求具有"技术大范围内应用前，严重危害不能发生，或者能得到控制"的证据说明。与美国、加拿大等国不同，欧盟进行转基因生物安全管理的逻辑起点是认定现代生物技术具有"潜在的危险性"，因此只要与重组DNA相关的活动，均应进行安全性评价并接受管理。

1. 转基因安全

它对转基因安全管理主要以过程为基础，采取单独立法的形式建立转基因生物安全管理法规体系。欧盟对转基因生物安全立法以 2000 年为节点，2000 年以前对转基因食品的立法主要以指令为主，2000 年以后主要以条例为主。具体包括：《基因技术在农业应用的保存、定性、收集和使用条例》《转基因生物有意环境释放安全管理指令》《新颖食品和新颖食品成分管理条例》《转基因生物越境运输条例》《转基因食品和饲料管理条例》《转基因生物、饲料、食品追踪与标示管理条例》《食品安全管制原则与成立欧盟食品安全管理局条例》《转基因生物技术业者的环境责任指令》等。

此外，欧洲议会和欧洲委员会通过了针对《关于获取遗传资源和公正公平分享其利用所产生惠益的名古屋议定书》的用户所制定的遵守制度的第 511/2014 号欧盟法规。

2. 出口管制

近年来，欧盟出口管制是生物安全治理的重点领域，积极参与由美国主导的多边出口管制机制。2004 年马德里和 2005 年伦敦运输爆炸等一系列恐怖袭击，欧盟成员国越来越关注来自非国家行为体生物安全的威胁。

除欧盟统一的法规外，各成员还有各自的生物安全管理法规体系，各国国内法一方面随着欧盟法规的变化而进行相应修订和调整，同时也根据具体情况，制定适于本国国情和利益的生物安全管理法规、程序和要求。

随着疫情在欧洲的不断蔓延，欧盟在生物安全，尤其是防控新型疫情中暴露出诸多问题。一是各成员国自顾不暇，难以满足不同利益诉求。欧盟在跨国卫生威胁应对方面已经制定了一套完备的法律体系，比如《马斯特里赫特条约》和《跨界卫生威胁决议》法案等。但当疫情发生初期，各国首要任务是保护本国人民安全，因此发生禁止医疗物资出口甚至强占他国物资等现象。二是边界管制对欧盟赖以存在的根本原则构成挑战。欧洲疾控中心仅具有协调的职能，具体防疫政策制定仍由各成员国做主。因此，部分国家在疫情危机前首先选择自保和封锁边境，对欧盟长期坚持的单一市场和人员自由流动原则造成巨大冲击，加剧了欧盟内部协调与应对的混乱。三是欧盟生物技术先进的优势并没有得到充分体现。疫情暴发初期，欧盟对新冠病毒检测能力相当有限，严重制约欧盟新冠疫情的防控工作。

3. 生物伦理

欧盟关于合成生物学伦理原则：尤其针对两用技术研究，强调尊重人的尊严；安全原则；持续性；公平；预防措施；研究自由；比例原则；透明度。

在全球生物威胁日益严重的背景下，加强全球生物安全治理与国际合作迫在眉睫。全球生物安全治理必须解决"由谁来治理""根据什么理念进行治理""如何治理"等重大问题。结合现行国际体系，提升全球生物安全治理绩效需要厘清各国政府、相关国际组织和面向市场的生物类企业的权责关系，发挥好各类行为主体的生物安全治理优势；在治理规则方面，以人类命运共同体理念引领各个主体之间的合作，打破利益藩篱，达成可被国际社会广泛认可的规范；在国际合作领域方面，根据应对生物威胁的规律形成全链条的生物安全治理机制。只有发挥治理主体的作用、运用先进的治理理念和找到合理的治理路径，才能有效地应对即将出现的生物安全大变局。

生命科学中的多种技术正在进步和融合，为社会、全球经济和子孙后代带来巨大的潜在利益。然而，同样的技术也存在相当大的安全和安保问题。随着时间的推移，生命科学进步带来的挑战不会变得更容易解决。它需要各国和其他利益攸关方在更广泛的安全背景下开展对话，更好地理解生物技术进步的积极和消极影响，同时采取积极行动，动员科学家追求科学技术的许多和平利益，同时尽量减少第四次工业革命引发的伦理、安全和安保问题。

思考题

① 请运用图10-2生物两用技术的风险评估对您所在学校/单位涉及的两用技术进行风险评估，并提出合理的预防措施建议。

② 如何理解世界卫生组织《负责任生命科学全球治理框架指南：减少生物风险和两用研究治理》中提出的"负责任生命科学"理念？它涉及哪些利益攸关方？各自责任是什么？

③《国际卫生条例》鼓励缔约国应"尽快发展、加强和保持其发现、评估、通报和报告事件的能力"。您对我国加强这一领域的能力建设有什么建议？

④ 人工智能对缔约国履行《禁止生物武器公约》义务有什么影响？请举例。

⑤《生物多样性公约》框架下，缔约国如何公正合理分享遗传资源利用所产生的惠益？请举例说明。

参考文献

[1] Bowman K，Husbands J L，Feakes D，et al. Assessing the risks and benefits of advances in science and technology：exploring the potential of qualitative frameworks [J]. Health Security，2020，18（3）：186-194.

[2] World Health Organization. Global guidance framework for the responsible use of life sciences：mitigating biorisks and governing dual-use research[R]. Geneva：WHO，2022.

[3] 联合国毒品和犯罪问题办公室（UNODC）. 打击化学、生物、放射性和核恐怖主义的国际法律框架 [R]. 2017年中文版.

[4] 王小理. 生物安全时代：新生物科技变革与国家安全治理 [J]. 中国生物工程杂志，2020，40（9）：95-109.

案 例 研 讨

保障生物安全是一个系统社会工程。无论在国内或国际层面上，建立强有力的生物安全治理体系都需政府、科研机构、研究人员、资助者、伦理审查委员会、出版界及公众的共同努力。对各类生物风险的管控亦需要多方利益者各司其职，共同承担相应责任，合作构建安全、健康与和平的人类生存环境。

本章内容旨在将上述生物安全治理理念融入具体的情境中。其研讨的案例情形源自现实生物安全事件或其简约版。每个案例主要从识别最相关的生物风险、遵循共同价值和原则、关键利益相关者应关切的安全问题以及管控所涉生物风险可能的工具和机制等方面予以分析。同时，在分析时尽可能融入我国现行有效的相关法律、伦理与指南等规范性要求，以更有效地引导读者关注自己在日常工作实践中所面临的生物风险并采取适当应对措施。

第一节　DNA合成病毒研究

随着DNA合成技术及基因组编辑技术的发展，人类编写生物基因组已成为现实。一方面，编辑基因组可以作为研究手段探索基因的功能；另一方面，可以获得新的生命体用于疾病治疗、药物生产等。新生命体系的从头合成不仅需要合成组成基因组的小片段DNA，还需要通过后续的组装与拼接获取完整的合成基因组，随后还涉及合成基因组往宿主细胞的转移及功能分析。这是一项两用技术，在很大范围内具有被误用、谬用带来的巨大生物风险。我们迫切需要完善相关微生物实验室安全保障措施及DNA供应商的风险管理机制。

一、案例情景

A大学生物系的学生王浩是李教授实验室的研究生。王浩专注于了解对猴痘的免疫反应，李教授很支持他的研究并希望这项基础科学研究最终能为新疫苗的开发提供有价值的信息。王浩想先研究 BR-203 毒力蛋白，认为它可以帮助病毒防止宿主细胞在复制前死亡。 他俩将编码 BR-203 蛋白的 *BR-203* 基因插入黏液瘤病毒骨架中。黏液瘤对兔子具有很高的致死率，但尚不清楚它是否会感染人类。为了进行这项研究，他们与 A 大学的生物安全人员沟通，签订了开展这项研究的《生物安全协议》。实施研究过程中，李教授同意王浩可以从 DNA 从头合成供应商处订购 *BR-203* 基因且两侧都有部分黏液瘤的基因组。考虑价格便宜，他们准备选择不是国际基因合成联盟成员的供应商，但最终此项订购单未完成。

五年后，李教授实验室的新研究生刘明对王浩留下的研究工作很感兴趣。他发现了之前王浩从 DNA 从头合成的订购信息。他准备订购黏液瘤 BR-203 直系同源物 M-T4，它的两侧都有部分猴痘基因组且更容易将该基因插入实验室的猴痘主链。 刘明在订购前没有与李教授核实此项计划。随后，刘明成功将黏液瘤病毒 *M-T4* 基因插入猴痘主链，该主链取自李教授实验室猴痘病毒原种。刘明在冰箱中发现了王浩的旧构建体并重建用于其原始实验的嵌合病毒以比较免疫反应。刘明意识到合成可以用来创建嵌合病毒，他决定订购更多的 DNA 片段并将基因组混合在一起，观察黏液瘤病毒在什么时候可以感染猴子。为此，他利用了在实验室其他体内试验中使用过且他可以接触到的猴子。刘明成功地创建了一种对猴子具有高度传染性的黏液瘤病毒。李教授发现了刘明的实验项目，考虑可能的生物风险问题，要求其立即停止。

二、识别及评估风险

通过 DNA 从头合成技术改造病毒使其具有感染新宿主物种的能力是一项功能增益性实验。一些国家（例如澳大利亚、加拿大和美国）认为猴痘病毒是一种潜在的安全风险并管制对该病原体的获取。猴痘病毒基因组也包含在由国际基因合成联盟的基因合成公司开发的协调筛选方案中。该方案要求基因序列提供者成员筛选序列订单信息并确保客户对 DNA 从头合成有合法的需求。根据国际基因合成联盟网站信息，全球约 20% 的基因合成供应商尚未成为该联盟的成员，他们所在国家也可能没有要求其对此类进行订单筛选，以减少相关的生物风险。

本案例中，研究生刘明利用猴痘基因制造出能够感染猴子的黏液瘤病毒，使实验室环境具有可能感染人类及使人患病的黏液瘤病毒的风险。李教授实验室原先用于保护工作人员免受感染的相关技术设备和个人防护用品可能不足以应对由此新产生的病毒。同时，由于缺乏认知和事前告知，李教授实验室的工作人员可能根本没有意识到更高生物安全风险已出现在身旁。他们随时可能会在无意中将自己暴露在被这项危险病原体感染环境中。如果感染发生，由于对新的病毒认识不足，会导致感染诊断得太晚并从实验室工作人员传播到实验室外的人群中。因此，刘明在李教授实验室合成出一种新型嵌合病毒感染可能会给自己、实验室工作人员及更大范围的其他人员带来感染的风险，如果不及时制止并采取有效应对措施可能会暴发严重损害他们健康的生物实验室安全事件。

三、利益攸关人应关切的问题

本案例中，王浩、李教授、刘明、实验室里的其他人员、大学生物安全部门负责人及 DNA 供货商是与上述生物风险有密切联系的利益相关人。他们应当充分意识到 DNA 从头合成具有危险性的病原体所带来的风险，应负责任地行事，以最大可能地管控实验室生物风险。具体而言。

研究生王浩应关切的问题有：是否在研究工作开始前进行了风险评估？是否应该进行这个实验或者是否有更安全的方法来实现自己的研究目标？自己需要了解哪些生物安全信息才有资格在实验室进行此类实验？订购 DNA 片段需要获什么许可？应如何安全储存订购信息及这项工作是否存在生物安全风险？如果创造出嵌合痘病毒，其风险、未来潜在后果及如何应对？

实验室负责人李教授应关切的问题：是否应该在实验室里允许学生进行这个实验，或者是否有更安全的方法来实现此项研究目标？实验室是否制定了批准订购 DNA 从头合成的程序并告知了进入实验室的所有人员？是否对实验室工作人员和学生进行了足够的生物安全培训？如果在实验室里产生了嵌合痘病毒，其风险、潜在后果及如何应对？这项实验及其结果导致被滥用或导致意外事件发生的可能性有多大以及如何避免？订购 DNA 从头合成片段是否需要机构审查委员会批准？是否对实验室中的订购材料及相关信息、访问程序或利用设置了权限与审批程序？如何防止在负责人不知情的情况下进行订购 DNA 从头合成片段及其他相关材料？实验室是否遵循了所有国家法规以及所在机构的安全要求？

学生刘明应关切的问题：是否接受了足够的生物安全培训并有资格在实验室做本案例中的实验？在订购 DNA 片段或重新使用旧结构之前是否遵循了实验室的规章制度并获得相应的许可？获得猴痘这种生物安全级别更高的病原体需要谁的许可？这项工作存在怎样的生物安全风险及应提前采取什么预防措施？自己在实验室创建嵌合痘病毒的风险、未来潜在后果及应对措施？

实验室其他成员应关切的问题：学生王浩和刘明的研究是否在实验室会议上讨论过或与他们沟通交流过？实验室动物和病毒库存是否都按规定进行了有效管理？如果实验室的其他成员发现了学生刘明在未经授权的情况下订购了 DNA 片段材料、合成了嵌合病毒并使用了实验室的动物，是否向负责人报告了此行为，并协助采取了必要的安全预防措施？

A 大学生物安全部门监管人员：本实验室负责人李教授和研究人员（包括学生）是否接受了充分的生物安全培训？如何发现机构在进行的实验中发生了与《生物安全协议》规定的不同风险，这些变化可能会改变风险评估的结果，甚至导致实验被归类为需要采取更高级别的生物安全保障措施？由于风险评估发生变化，实验室技术设备和个人防护应相应提高以保护实验室工作人员。该机构是否对受限病原体或具有更高生物安全风险的实验有特殊的安全规定，如何确保这些规定在实践中得到有效执行？

DNA 从头合成供应商：在尚未加入国际基因合成联盟的情况下，自己对订购 DNA 从头合成的个人和机构是否有合法需要进行了合理审查和安全处理？所订购的 DNA 片段是否构成生物安全风险，如有风险应采取哪些预防措施？例如是否需要在发货前寻求适当的许可，以在销售阶段就管控好可能引发的相关风险？

四、研究应遵循的价值与原则

此项研究遵循的价值与原则至少应包括：

一是负责任的科学。负责任的科学研究强调以严谨和循证的方式开展生命科学基础和应用研究对于改善人类、生物多样性与生态系统的重要性。负责任的研究人员应通过多学科审查程序识别、管理和减轻其研究中可预见的潜在有害后果并应在规划和开展研究时谨慎行事，使用适当的生物安全设施来最大程度地减少健康、安全风险。

二是科研诚信。研究人员应诚信开展其研究工作。这包括严格遵守微生物实验室相关生物安全法规、规章及指导性文件要求。在没有适当监督的情况下不得私下开展不安全的实验，这样做不仅可能违反上述法规、规章及指导性文件，也可能违背职业伦理，尤其是当它可能给研究人员及其他人带来风险时。最后，为确保安全，研究人员应及时向相关机构报告其同事可能存在的不法、不道德或不安全行为，共同维护实验室的安全环境。

五、管控风险的工具与机制

本案例涉及微生物实验室安全工具与机制至少包括。

一是病原微生物实验室安全管理。依据国家相关法律、行政规章与其他规范性文件，实验室应建立健全微生物安全规章制度。我国《生物安全法》第 42 条要求从事病原微生物实验活动，应当严格遵守有关国家标准和实验室技术规范、操作规程，采取安全防范措施。第 43 条规定从事高致病性或者疑似高致病性病原微生物样本采集、保藏、运输活动，应当具备相应条件，符合生物安全管理规范。附录将具体阐明我国现行《病原微生物实验室生物安全通用准则》对微生物实验室安全的要求。

二是实验室安全的教育与培训。本案例凸显了项目负责人、学生和实验室其他工作者了解生物安全关切的重要性。这种教育应在研究开始之前提供并定期更新。通过教育与培训，他们应及时了解自己从事生命科学实验中应承担的责任义务；知晓与自己工作相关的生物风险问题如何处理，尤其是在合理预见传染性病原体危害性及传播性被改变的情况下应在实验开始之前充分预备应对措施。《生物安全法》第 7 条明确要求相关科研院校、医疗机构以及其他企业事业单位应当将生物安全法律法规和生物安全知识纳入教育培训内容，加强学生、从业人员生物安全意识和伦理意识的培养。

三是实验室安全的管理与监督。实验室负责人应鼓励学生和实验室其他工作人员意识到他们日常工作中涉及的实验室生物安全问题并营造开放的氛围对遇到的问题进行讨论，共同应对解决。实验室负责人应与学生和实验室其他工作人员保持密切联系，及时了解他们的实验室正在进行哪些实验并予以适当指导监督。实验室所在机构应指派生物安全人员负责监管机构中进行的实验。他们还应对实验室安全进行定期检查和审计，确保机构要求和国家法规都得到严格遵守。《生物安全法》第 48 条规定病原微生物实验室的设立单位负责实验室的生物安全管理，制定科学、严格的管理制度，定期对有关生物安全规定的落实情况进行检查，对实验室设施、设备、材料等进行检查、维护和更新，确保其符合国家标准。病原微生物实验室设立单位的法定代表人和实验室负责人对实验室的生物安全负责。

案例中，实验室负责人似乎没有对学生进行足够的生物安全风险教育，使得学生及实验室其他工作人员对此问题缺乏认知与行动。同时，该实验室的安全管理措施欠缺，使得学生刘明很容易就能接触到实验室的动物实验、危险的传染源和遗传物质。在获取王浩之前的订单信息与旧构造时，刘明也没有受到任何权限控制，似乎也不需要机构审查委员会批准就能够在实验室进行此项实验。

缺乏意识和培训以及对受限材料的访问监管不足导致刘明创造出具有高致病性的嵌合病毒。本案例中涉及的生物安全风险可以从几个关键干预点管控。实验室负责人李教授和生物安全人员应该在学生刘明成功创建嵌合病毒之前就与其交谈，讨论这项工作的潜在生物安全风险并决定是否允许其开展研究。实验室的其他工作人员很可能已注意到刘明的不当行为，他们应该进行干预。此外，如果提供猴痘遗传物质的基因合成供应商在完成订单之前与相关机构或负责人李教授核实是否是获得授权的人下达的订单，这种情况可能也会被避免。附录一展示了我国《病原微生物实验室生物安全通用准则》的相关要求，读者可以对照相关条文内容以提升所在实验室安全的管理。

第二节　危险病原体研究

近年来，涉及危险病原体的生命科学研究引发了争议。科学界的一些人认为，我们需要此类实验来理解基因或突变与病原体特定生物学特性之间的因果关系，以便为新出现的病原体制定更好的医疗对策和监测机制。在大多数情况下，没有其他方法可以提供与此类实验类似的有力证据。因此，此类研究在传染病研究中是绝对必要的；尽管替代方法可能非常有用，但这些方法永远不能被完全替代。他们还认为，这项研究可以通过适当的生物安全措施负责任地进行。另外一些人则认为，对危险病原体的研究风险大于任何潜在的好处，应该考虑其他实验。

依据世界卫生组织，这类研究可以称为"关切的双重用途研究"。它包括"旨在造福人类的生命科学研究，但很容易被误用造成危害"。此类研究确实有助于预防大流行和帮助国际社会迅速发现、应对和恢复生物威胁，无论此类威胁是自然发生的、偶然的还是蓄意的。然而，因其具有两种用途属性，开展此类研究存在生物安全风险，必须充分考虑这些风险并采取适当的预防措施。

2011—2012 年，围绕美国国立卫生研究院资助的一系列关于高致病性禽流感病毒 H_5N_1 呼吸道传播的研究引起了人们对此类研究安全问题的担忧。该病毒可能会在哺乳动物中产生传播力更强的新病毒，且对 H_5N_1 或 H_5 血凝素（HA）重组病毒的研究已经表明在雪貂中可传播。当时，争论的焦点是发表这些研究结果的安全风险，以及考虑意外释放的风险是否应该允许此类研究继续进行。支持者认为，不进行 H_5N_1 功能增强研究将损害科学界和公共卫生界准备和应对自然发生的潜在流感大流行以及故意滥用引起的潜在流感流行的能力。反对者则担忧该类研究带来的风险。鉴于是否以及如何开展和传播功能增益研究的辩论所提出的重要问题悬而未决，流感研究界曾于 2012 年 1 月开始自愿暂停使用 H_5N_1 病毒的研究。国际科学界和决策者呼吁应从多学科角度探讨这类研究的未来方向，包括生命科学、公共卫生、生物安全、法律和政策等领域。

一、案例情景

2011 年，荷兰伊拉兹马斯医学中心罗恩·富希耶（Ron Fouchier）小组和美国威斯康星大学麦迪逊分校河冈义裕（Yoshihiro Kawaoka）小组分别在实验室研发出人造致命性禽流感病毒 H_5N_1。前者研究的基因突变只包含 H_5N_1 型基因，后者则涉及 2009 年禽流感大暴发后兼具 H_5N_1 型和 H_1N_1 型基因的一种混种病毒。他们分别改造了 H_5N_1 禽流感病毒使其能在雪貂之间传播。雪貂是研究流感的常用实验动物，它们受流感病毒影响的方式与人类相似，因此研究人员最终获得的病毒也可能具备人际传播能力。这一研究结果引起了美国国家生物安全科学顾问委员会警觉。该委员会专家担心此类研究可能引发致命的流行病（如可能会被利用制造出可以在人际传播的高致病性流感病毒），要求其删减禽流感病毒如何更容易传播的数据，但遭到论文投稿的《自然》与《科学》杂志的拒绝。2012 年 5 月，Kawaoka 的论文在英国《自然》杂志上发表。在长达数月关于是否公开 Fouchier 论文中一些数据的争议后，《科学》杂志在"H_5N_1 型禽流感病毒"特别专题中发表评论，认为发表论文为的是让人们对 H_5N_1 型禽流感病毒的潜在威胁提高警惕，相关数据的公开则有利于降低这一病毒引发人际传播的可能性，激发病毒监控和防治方面的新研究，这将有助于世界变得更安全。

虽然针对这两篇论文是否可以发表的辩论已结束，但如何对此类研究的安全进行监管仍待进一步解决。

二、识别与评估风险

本案例中涉及的传播能力更强的病毒如遭泄漏可能导致人类面临巨大的安全风险。人们尤其担心的是科学家的研究可能被恶意行为者用于制造伤害。有效地管控这一风险需要所有利益攸关人的积极参与，识别与评估研究风险，并最大可能地减少风险。

三、利益攸关人应关切的问题

该项研究涉及的主要利益攸关人有从事研究的科学家及其研究机构、资助者、期刊审稿人、编辑与出版社、政府监管部门。

科学家：需要更多地了解他们研究带来的潜在风险并采取充分的安全防御措施，以最大程度地减少有害的社会影响。

研究机构：科学家是否接受过足够的生物安全教育与培训，使他们能够识别和合理评估此类研究的生物风险？该机构是否向其研究人员提供支持生物安全检查机制？是否与科学家沟通恶意滥用其研究成果的危险并准备将风险降至最低的方法？

科学协会：协会是否发挥了积极作用引导科学家会员们意识到此类研究的潜在风险并预备应对手段？

研究资助者：被资助者是否经过了严格的生物安全审查程序评估风险及准备应对风险的措施？

期刊审稿人与编辑：审阅的论文如果出版是否可能被恶意行为者利用？审稿期间，这类风险应与谁沟通及应该如何处理？论文被滥用的风险是否严重到值得特别审查的程度？发表的收益是否足以抵消相关风险？如何在发表此类论文的同时将潜在风险降到最低程度？是否应该推迟或删除部分内容才予以发表？

出版社：是否应采用特定审查程序以识别文稿中数据、方法和信息的潜在风险？出版社可以采取哪些措施来最大程度地降低此类生物风险？

政府监管部门：是否已制定了完备的法律、行政规章或其他规范性文件来管控生命科学研究成果发表引发的潜在风险？风险管控机制是否涵盖所有利益相关者，包括公共和私人研究机构、资助者和科学家等？监管机构如何了解此类研究的潜在风险并纳入最佳实践，以最大程度地减少有害的社会影响？

基于上述情况，美国监管部门最先进行了一系列监管行动。2013 年，为了解决改变高致

病性禽流感 H_5N_1 病毒哺乳动物传播性的研究引起的担忧，HHS 制定了一个监管框架，用于指导 HHS 对涉及特定属性的 H_5N_1 研究的个人提案的资助决策，以确保在做出考虑提案的科学和公共卫生益处的资助决定之前，对研究提案进行有力审查，包括与提案相关的生物安全和生物安保风险以及所需的风险缓解措施。在此监管框架下，这些申请需接受额外的机构审查以及部级审查以确定其是否可接受 HHS 资助。在对科学价值和双重用途研究进行审查后，HHS 机构需确定该申请在合理预期范围内是否会产生通过呼吸道飞沫在哺乳动物中传播的具有高传染性的 H_5N_1 病毒。如果是，机构审查需进一步确认该申请是否符合相关标准。如果一项申请符合这些标准，它将被提交到 HHS 部级审查。部级审查将提供多学科专业知识，包括公共卫生、科学、安全、情报、应对措施以及准备和应对措施以评估这些建议。部级审查将确定所需的任何额外风险缓解措施并确定给定的方案是否可用于 HHS 资金。通过部门级审查确定不可接受 HHS 资助的提案不符合资助机构支持的资格。

2014 年 10 月白宫科技政策办公室（OSTP）发布了《美国政府职能增益审议与研究基金》，暂停了涉及流感、MERS 和 SARS 病毒的选定功能增益研究。最初的暂停影响了 18 个联邦资助的研究项目和合同（其中 7 人随后获得了暂停的豁免）。美国国家科学院也举办了两次研讨会探讨此问题。在权衡了收益与风险之后，2017 年 1 月 OSTP 发布了新的政策指南——《潜在流行病病原体看护和监查机制政策指南》（简称《政策指南》），阐述了联邦机构对预计会产生、转移或使用具有大流行潜力的增强病原体的联邦资助研究应进行额外监督审查和报告。2017 年 12 月，美国国立卫生研究院据此要求发布了《关于涉及增强的潜在流行病病原体资助决策指导框架》（简称《指导框架》）。它要求对已通过正常科学审查程序、已被确定为科学合理的研究申请，如果合理预计会产生、转移或使用增强的潜在大流行病原体则需要经过一项额外的、独立的部级级别的审查程序确定：研究是否科学合理；该病原体被认为是未来潜在人类大流行的可靠来源；与对社会的潜在利益相比，潜在风险是合理的；没有可行的替代方法来以风险较小的方式解决同一问题；调查人员已证明有能力和承诺安全可靠地开展研究；期望负责任地传达研究结果；该研究将受到持续的联邦监督；这项研究在伦理上是合理的等问题。根据这一审查结论，审查委员会资助机构（即 NIH）报告研究是否可接受、不可接受、在修改某些实验的条件下可接受，或在联邦和机构层面采用某些风险缓解措施的条件下是否可接受。资助机构决定项目是否获得资助后，必须向 HHS 和 OSTP 报告其决定。

基于《指南框架》，HHS 宣布终止从 2014 年对功能增益研究的暂停决定。目前，除了《指南框架》之外，针对生命科学研究的资助和监督的多项联邦政策和指南也涵盖功能增益研究（表 11-1）。

表 11-1　美国生命科学研究的相关政策 / 指南

联邦政策/指南	主要内容
NIH重组或合成核酸分子研究指南	概述了创建和处理重组和合成核酸分子以及含有此类分子的生物和病毒的基于科学的安全实践，尤其是阐明了机构、调查人员和机构生物安全委员会的职责
HHS合成双链DNA供应商筛选框架指南	旨在降低合成DNA被故意滥用以制造危险生物的风险
美国政府生命科学双用研究机构监督政策	解决两用研究的机构监督，包括政策、实践和程序，以确保识别双重用途研究（DURC）并实施风险缓解措施（如适用）
联邦特定制剂计划	监督占有，使用和转移可能对公众、动物或植物健康或动物或植物产品造成严重威胁的生物制剂和毒素

2017 年 HHS《关于涉及增强潜在大流行病原体的拟议研究的指导资助决策框架》（HHS P3CO 框架）旨在进一步指导 HHS 针对使用病原体在人类中的传播力或毒力增强所产生的 PPP

［增强的 PPP（潜在大流行病原体）］研究申请的资助决策，尤其是细化了部级审查的标准：

① 该研究已经过独立的专家评审过程（无论是内部还是外部）进行评估并已确定其科学合理性；

② 合理判断研究所预期产生、转移或使用的病原体必须是未来潜在人类大流行的可信来源；

③ 对与研究相关的总体潜在风险和收益的评估确定，与对社会的潜在收益相比，潜在风险是合理的；

④ 没有可行的、同样有效且风险比拟议方式小的替代方法来解决同一科学问题；

⑤ 研究人员和开展研究的机构具有安全可靠地开展研究的能力和承诺，并有能力快速应对、降低潜在风险及采取纠正措施应对实验室事故、协议和程序失误以及潜在的安全漏洞；

⑥ 预计能按照适用的法律、法规和政策以及任何资助条件，负责任地传达研究结果以实现其潜在利益；

⑦ 该研究将通过资助机制得到支持，该机制允许对风险进行适当管理，并在整个研究过程中对研究的各个方面进行持续的联邦和机构监督（图 11-1）；

⑧ 这项研究在伦理上是合理的。这些伦理价值观包括不作恶、慈善、正义、尊重人、科

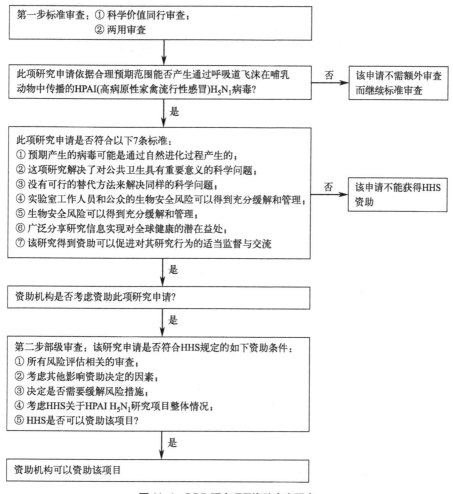

图 11-1 PPP 研究项目资助审查程序
资料来源——HHS指导资助决策的框架

学自由和负责任的管理。

这一新的标准是响应白宫科技政策办公室于 2017 年 1 月 9 日发布的《部门制定潜在大流行性病原体护理和监督审查机制的建议政策指南》并取代之前的《卫生与公众服务部关于涉及可能产生通过呼吸道液滴在哺乳动物中传播的高致病性禽流感 H_5N_1 病毒的研究提案的资助决策指导框架》。该新框架的采用促使美国政府同意废止之前发布的关于暂停资助涉及流感、MERS 和 SARS 病毒的功能获得研究的决定。

目前，HHS 资助机构考虑资助的所有拟议研究需被独立的内部或外部审查程序视为在科学上有价值的研究，并且资助机构已确定合理预期将创建、转让或使用增强的 PPP 的拟议研究必须提交给 HHS 部级的额外审查。HHS P3CO 部级审查小组包括科学研究、生物安全、生物安保、医疗对策、法律、道德、公共卫生准备和应急公共卫生政策方面的专家，审查涉及对拟议研究的评估包括考虑风险 / 效益分析、风险缓解计划和其他相关因素。对合理预计用于创建、转让或使用增强型 PPP 的拟议研究的部门级审查将基于以下标准：该研究已由独立的专家评审过程（无论是内部还是外部）进行评估，并已确定其科学合理性；必须合理判断研究所预期产生、转移或使用的病原体是未来潜在人类大流行的可信来源；对与研究相关的总体潜在风险和收益的评估确定，与对社会的潜在收益相比，潜在风险是合理的；没有可行的、同样有效的替代方法来解决同一问题，其风险比拟议方法小；研究人员和开展研究的机构具有安全可靠地开展研究的能力和承诺，并有能力快速应对、降低潜在风险并采取纠正措施应对实验室事故、协议和程序失误以及潜在的安全漏洞；预计将按照适用的法律、法规和政策以及任何资助条款和条件，负责任地传达研究结果，以实现其潜在利益；该研究将通过资助机制得到支持，该机制允许对风险进行适当管理，并在整个研究过程中对研究的各个方面进行持续的联邦和机构监督；这项研究在伦理上是合理的。在决定是否资助时，多学科审查过程应考虑的伦理价值观包括不作恶、慈善、正义、尊重人、科学自由和负责任的管理。部级审查结果向资助机构提出建议，说明拟议研究是否可接受 HHS 资助，如果可接受，是否应修改某些实验或采用某些风险缓解措施。

在上述决策程序中，尽管 HHS 对具体提案的资助前审查是不公开的（为了保密并允许对个别提案进行坦率的批评和讨论），但有关所有 NIH 支持的研究项目的信息，一旦授予将在 NIH Reporter 上公开。HHS 还打算在其科学、安全和安保网站上链接有关根据 HHS 框架审查后最终获得资助的项目的信息，以进一步实现其对提高此类研究审查透明度的承诺。

2023 年 1 月，NSABB 发布了《关于监督涉及增强潜在大流行病原体和生命科学双重用途研究的建议草案》，协助美国政府审查这一研究领域的政策并提出改进建议，包括适当扩大监管病原体研究范围及全过程监管。

除了各国政府监管部门的努力，有关国际组织也正在发挥提升危险病原体研究风险管制的影响力，如世界卫生组织。同时，联合国系统其他机构以及《禁止生物武器公约》和《禁止化学武器公约》组织亦可以继续帮助缔约国、研究机构、科学协会、期刊和其他利益相关者减少此类研究带来的生物风险。

我国《病原微生物实验室生物安全通用准则》相关要求参见附录一。我国对危险病原体研究的规范性要求参见附录二。

四、研究应遵循的价值与原则

病原体研究相关的生物安全风险包括实验室事故以及故意滥用所产生的信息或产品，特别是有可能提高病原体造成伤害能力的研究。这类研究可能有助于确定人类与病原体相互作用的基本性质，从而能够评估新出现的传染性病原体的大流行潜力，为公共卫生和准备工作提供信息，并促进医疗对策的发展。对此类研究的风险进行适当评估和适当缓解并且确保此类研究的预期科学和社会效益足以证明其风险的合理性是至关重要的。这类研究需遵循的价值和原则如下。

一是负责任的科学。参与科学的每个人都有责任防止科学造成伤害。这种责任包括对风险进行自我教育，考虑他们的工作如何有益于更广泛的社会。在研究生命周期的每个阶段，负责任的研究人员应通过多学科审查程序识别、管理和减轻其研究中可预见的潜在有害后果并应在规划和开展研究时谨慎行事，使用适当的生物安全措施以最大程度地减少健康、安全风险。各类利益相关者都有机会进行干预以降低生物风险。

二是社会公正。在考虑如何平衡功能获得性研究的风险和潜在利益时，所有利益攸关者应考虑研究被滥用的方式，这是管控风险的一个重要组成部分。滥用技术的后果可能对中低收入国家或其弱势群体的影响比其他人更大，但这些人群可能无法参与研究的决策过程并发挥影响力。

五、管控风险的工具和机制

一是病原微生物实验室安全管理。病原微生物实验室安全是生物安全的重要部分，涉及后果严重的病原体的分离和繁殖、运输、储存和处置，其中每一步或每一阶段都有不同的风险状况。此类病原体如果无意暴露于或释放到环境，会带来种种严重后果。涉及此项研究的实验室应严格遵循国际及所在国关于病原微生物学实验室安全的规范，包括设置高防护安全措施，阻止病毒泄漏；工作人员要穿防护服、注射疫苗以防传染并防止他人试图在没有安全防范措施的情况下复制高致病性病毒。实验室中使用的微生物和病毒已成为一个重大的全球公共卫生问题。世界卫生组织成员国通过了关于加强实验室生物安全的 WHA68.29 号（2005）决议，敦促会员国全面审查安全做法，实施具体提升规划并推广适用。与不同利益攸关方进行广泛和透明的协商后，2020 年世卫组织发布了《实验室生物安全手册》（第四版）（表 11-2），进一步界定和设定生物安全趋势的实际全球标准，帮助各国提升安全和可靠的实验室操作，预防自然、意外或蓄意的释放。注意到各国实验室生物安全的保障进展和现状存在着不同程度的不均衡（即生物安全和生物保障程度与国民收入之间相互关联，高收入国家往往保障程度较高，而低收入国家的情况正好相反），世界卫生组织发布了《世卫组织在生物医学实验室实施生物安全和生物保障监管要求指南——一种阶梯式方法》，支持在该领域能

表 11-2 《实验室生物安全手册》（第四版）

世卫组织《实验室生物安全手册》（第四版）可以作为各国提高其病原微生物实验室安全规范和监督机制的补充指南，尤其是在评估、控制和审查相关风险方面。该《手册》主要涵盖以下方面的问题：
- 风险评估、控制和审查；
- 生物安全的核心要求；
- 加强控制措施的选择；
- 对极高风险操作采取最大限度的遏制措施；
- 传染性物质的转移和运输；
- 生物安全计划管理；
- 实验室生物安全；
- 国家和国际生物安全监督

力有限的国家制定生物安全和生物保障管理条例，将范例国家目前采用的最佳做法作为一种阶梯式政策方案予以实施。新型冠状病毒病疫情暴发后，世卫组织出版了《SARS-CoV-2 实验室生物安全指南》，为全球受众提供了重要的实验室生物安全指导和推荐做法。最高防护实验室（生物安全 4 级）为用户、样品和环境提供最高级别的生物安全和保障设施。世界卫生组织就生物安全 4 级实验室主题曾组织了一次全球会议，推荐全球最佳做法、标准和协作机会。

在上述努力基础上，各国需制定适合本国国情的国家生物安全和生物保障政策及监管框架，提供充足资金和培训，明确所有利益攸关方的作用、义务与责任授权。这包括继续加强病原微生物实验室安全，以确保越来越多的高防护和最高防护设施安全运行。同时，开展双边和多边协作，以实现全球病原微生物实验室安全可靠运行这一共同目标。世卫组织将继续在协调和指导方面发挥重要作用。

二是教育和培训。通过充分及时的生物安全教育与培养，帮助科学家、研究机构、资助者、审稿人、编辑及出版社等对危险病原体功能获得性研究的潜在后果有清醒认知，并运用专业知识，在日常工作中尽可能地降低风险，无论是针对具体实验还是对更广泛领域内的相关问题。具体而言，高等院校与研究机构需要对科学、技术、工程、艺术和数学专业的学生进行生物风险管理方面的教育；将生物风险管理理念和技能纳入课程教育；为科学界的所有成员提供继续教育，包括两用研究方面的风险培训。科学协会在对成员进行与该领域研究相关的风险以及滥用或不安全做法的历史的教育方面可以发挥积极作用。依据本国国情，各国政府应为生物风险教育和培训提供充足资源，尤其是涉及双重研究的风险问题，并制定相关法律、行政规章和指南等措施进行有效监管。

第三节　国际合作研究的风险管理

全球合作对生物科技的发展至关重要。例如对病原体国际合作研究有助于及时全面地了解病毒的进化途径，进而为监测、检测和治疗开发提供科学信息，但生物研究的国际合作也会带来更高的风险，如出现因跨境危险病原体感染的实验室工作人员以及更广泛的公共卫生威胁。因此，国家对此类危险病原体的国际合作研究应予以支持且应进行有效的监管。科研人员必须以负责任与诚信的方式展开国际合作研究，尽可能将潜在的跨境生物风险降到最低程度。

一、案例情形

A 国的 X 团队和 B 国的 Y 团队都有兴趣研究一种流感病毒亚型的进化潜力。该研究在 X 所在的 A 国被认为是值得关注的两用生物技术研究，因为它可能会导致产生更具传染性或致病性的流感毒株。A 国制定了相关两用技术研究的指南，要求研究人员在研究之前进行风险评估并对实验进行严格的监控和报告。B 国几乎没有专门旨在减少与两用生物技术研究相关的指南。X 团队与 Y 团队决定合作研究此种流感的进化潜力。X 团队拥有病毒储备并且在对他们国家的两用生物技术研究政策未涵盖的其他病毒进行类似研究方面具有经验。Y 团队过去曾研究过其他流感亚型对病毒的免疫反应。两个团队共同制定了研究病毒潜在进化途径的策略。计划中的实验包括在不同环境中传代病毒以了解不同压力的影响；通过增加或减少其他流感亚型的传播性或致病性的突变对储备病毒进行基因改造；用通过传代或直接基因改造产生的不同病毒感染动物模型以评估体内传播性和致病性的差异。X 团队在其 A 国的实验室中进行体外研究，该类实验室的报告要求少于对体内研究的要求。一旦团队产生了变异病毒，他们会将这些病毒发送给 B 国的 Y 团队进行体内研究，而无需向 A 国当局报告任何此部分研究的细节。工作过程中，合作研究团队创造了比原始菌株更具致病性的新流感病毒株。当研究团队试图在顶级期刊上发表他们的发现时，他们收到了一封期刊编辑的电子邮件，称他们的研究已被认为需要额外生物安全审查。

二、识别与评估风险

在合作中 X 团队和 Y 团队创造了比他们最初的流感病毒储备更具致病性的流感病毒株。如果 X 团队的体内研究是故意安排在 B 国进行以避免 A 国更严格的监管要求，这将被视为违反伦理的研究。此种行为被称为"道德倾销"（ethical dumping），即研究人员为绕开本国限制性监管要求而在外国进行研究。随着全球化和研究人员流动性的增加，道德倾销尤其体现在来自高收入国家的研究人员把一些不道德的研究转移到低收入国家/地区。2018 年欧盟发布了《在资源贫乏地区开展研究活动的全球行动准则》，它旨在通过以下方式抵制道德倾销：大力支持高收入与低收入地区之间建立公平、尊重、关怀和诚实科研合作关系，反对在科研中实施双重标准。

此外，运输传染病样本（尤其是跨境运输）会增加风险且必须遵守出口管制规范。A 国和 B 国都不知道这项研究的进展情况且两国监管此类研究规范差异可能导致监管差距。在这种情况下，样本到达 B 国后，A 国和 B 国的政府可能都不知道合作者正在进行的工作及需要采取的防护措施。

三、利益攸关人应关切的问题

工作过程中，这些团队创造了比自然出现的毒株更具致病性的新流感毒株。X 团队和 Y 团队的成员应当考虑：这项研究的潜在好处是什么，风险是什么？是否进行了风险评估，收益是否大于风险？这些实验会导致病毒发生什么变化？团队将如何监控这些变化？如果团队发现了更具传播性或致病性的新菌株，他们将如何防控风险？团队应该向谁报告产生了更具传播性或致病性的病原体？所有团队成员是否都经过充分培训以具备安全执行此项具有较高风险研究的能力？

X 团队与 Y 团队所在机构：本机构内的研究人员进行的研究是否符合道德规范及相关的国际、国家或地方监管要求？

A 国和 B 国：本国境内机构正在进行哪些研究？国家对生物研究的监督是否存在漏洞？是否有潜在危险的研究被输出/输入到具有不同监管规范的国家？如果存在，监管机构应展开协调管控跨境风险，包括问责和信息共享。

四、国际合作应遵循的价值与原则

一是负责任的科学。生命科学研究应在具有适当的生物安全保障措施下进行，以促进人类和环境的健康和改善。在开始任何可能对人或环境构成威胁的研究之前，研究人员及机构必须识别和评估与研究相关的风险并采取必要缓解措施，以确定风险与潜在收益是否成比例。

二是包容与合作。无论研究行为发生在哪个国家，都应采用风险评估和适当的生物安全保障措施。如果与在 A 国进行的工作风险相同，那么在 A 国使用的相同生物安全保障措施也应用于 B 国。X 团队和 Y 团队应该妥善处理此项风险并签署他们在 B 国研究阶段的生物安全协议，即使 B 国监督部门不要求做出此类努力。

三是透明与安全。科学家及科学界应对生命科学基础和应用的设计和实施负责并仔细考虑研究的潜在后果；积极主动地减少任何可能引发实验室安全隐患的风险。

五、管控风险的工具与机制

国际组织应为负责任的生命科学研究制定国际指南。监督生命科学研究的国际最低标准适用于每个国家的生物安全风险管控问题。采用国际最低标准还可以帮助各国简化与其他国家的治理机制不同，为科研人员及其机构创造更便利的监管规范。

机构和研究负责人（PI）：所有团队成员都应接受有关如何评估研究风险、适当实施缓解措施以及安全可靠地开展工作的全面培训。X 团队与 Y 团队研究负责人需确保所有从事该项目的团队成员都接受过生物安全和生物安保方面的培训，无论其所在机构如何。

A 国和 B 国政府：为安全可靠的生命科学研究提供指导，尤其是具有潜在高后果病原体的研究（基于生命科学研究监督的国际最低标准）。此类研究的指南，包括 A 国的双重用途指南，应定期审查监督漏洞，并根据需要进行修订。一旦发现潜在的高后果工具正在出口到另一个国家，各国政府应共同努力解决监管方面的任何漏洞。

W 团队和 X 团队机构及生物安全官员：确保其研究人员开展的工作符合所有国际、国家和地区法规。帮助团队进行风险评估并实施缓解措施。这些机构也应该了解这种合作。W 团队所在机构应确保他们与 X 团队的合作和向 X 团队出口样品不被 A 国或 B 国的法律禁止。

W 团队和 X 团队成员：对新型流感病原体进行研究。他们负责了解与工作相关的风险以及为减轻风险而制定的生物安全和生物安保协议。他们还负责以合乎道德和法律的方式进行研究。

教育科研人员提高生物风险意识、培养负责任的研究行为。我们需要强有力的国际合作机制来鼓励各国支持负责任的生物研究，避免研究人员有意规避严格监管或导致一种规制竞赛状态，即各国试图积极推动在这一领域研究而不想管控有风险的研究，因为担心其他国家会领先。

第四节　基因驱动应用

基因驱动是一种基因工程技术，通过添加、删除、破坏或修改基因等手段将特定的基因在整个种群中传播，从而控制其种群的遗传状况。基因驱动具有较多潜在益处，如可以进行害虫管理、控制入侵物种或传播疾病媒介。例如，研究人可以利用基因驱动消灭携带疟疾的蚊，但是基因驱动可能引发意外生态后果，甚至直接或间接影响目标物种或其他物种。并且有些带有基因驱动的生物个体具有跨国传播的潜能。在被传入的国家缺乏适当、明确的监管策略的情况下，这一潜能带来的风险更难以管控。

目前，一些国家在立法中明确了转基因生物，而很少有国家在立法中提到"基因驱动"的概念及实施规范。基因驱动是一种相对较新的生物技术。国际上也尚未形成对基因驱动研究或应用协调机制。这需要决策者评估此项可能导致物种灭绝和改变整个生态系统的技术传播的风险和好处，包括加强研究检测含有基因驱动和其他修饰的生物体以及限制基因驱动传播的技术，潜在的生物恐怖分子如何将基因驱动武器化；基因驱动生物意外释放的可能性及对策。这些方法包括阻断基因组编辑或"反基因驱动"的化学物质，它们可以逆转基因修饰或免疫未改变的野生生物，从而使它们对基因驱动产生抵抗力。此外，科学家建议建立一个全球基因驱动释放登记系统，协调研究、收集数据以监测和评估潜在的生态影响并促进与社区利益相关者和公众的透明沟通，但也表达了通过登记共享信息的担忧，如登记意味着向利益相关者公开有关实验性生物技术或医学治疗的信息。

一、案例情形

科学家 Y 是一名生态学家，想开发一种基因驱动来控制黑鼠种群数量。他设计的此种基因驱动理论上可以在 3 年内消灭目标种群中 98% 的黑鼠。在阅读了一篇关于黑鼠在另一个国家造成的严重问题的文章后，科学家 Y 开始计划在那个国家释放他们设计的基因驱动并在那里建立一个二级实验室。经过基因驱动的建模和初步研究，科学家 Y 准备制造完整的基因驱动产品并在二级实验室的黑鼠身上进行测试。科学家 Y 不确定在进行该实验之前需要获得哪些批准以及获得谁的批准，他联系了负责管理其实验室所在国家的入侵物种监管机构。该机构的官员不确定他们对科学家 Y 的提议的责任，也无法告诉他在测试基因驱动之前他必须与谁协调。

二、识别与评估风险

基因驱动作为一项生物技术可以释放到野外后控制目标群体的遗传情况。如果基因驱动最终被释放到环境中，根据其设计可能在环境中自我传播。这对寄主物种、生态系统和环境的影响可能无法预测并且影响可能会持续几代。即使在释放后能召回基因驱动，也不太可能有效或很难控制这种基因驱动在野外传播的范围。因为基因驱动不同于其他基因工程生物，它们的设计使其以超过孟德尔的速率来传播其携带的任何基因。在超孟德尔遗传中，子代从各个亲本获得 2 套不同的染色体，但所有或大部分幸存的子代将携带并表达基因驱动，并以这种方式通过连续繁殖实现自我传播。实现这种效果有多种机制，有的在自然界被发现，有的在实验室中被开发。例如，归巢驱动（homing drive）是最简单、最普遍的基于 CRISPR 的驱动系统。通常归巢驱动通过 CRISPR/Cas9 技术在特定位点携带该驱动的染色体上进行自身复制，并复制到细胞中其他相同的染色体上。以这种方式，无论染色体的哪个拷贝会被传递给子代，子代都将获得该基因驱动。其他类型的驱动，例如，利用产毒素的基因来抑制种群数量或通过性别偏好系统来降低能够繁殖的个体数量。这些基因驱动系统只是降低了染色体中不具有驱动基因拷贝的个体存活率，而不是将驱动进行染色体到染色体的复制。

因此，基因驱动和类似技术的潜在后果以及此类后果的严重性存在很大的不确定性。对于动物或昆虫的基因驱动实验，必须采取适当的生物安全措施，因为这项工作的风险通常高于细胞培养工作。现场测试比实验室环境更不受控制，这些措施尤其重要。

由于基因驱动技术、宿主物种、潜在应用案例以及释放环境之间的显著差异，每一个可释放的基因驱动的影响都是独一无二的。因此，基因驱动的风险与收益应进行逐案分析，将每个基因驱动作为一种产品，而不是将基因驱动作为一项技术进行全面而个体化的风险与收益评估。这种风险评估应考虑以下因素：

基因驱动的基因组成分，包括驱动成分和靶标基因；

根据计算模型和实验数据确定基因驱动在目标种群中的预期动力学；

宿主物种在基因驱动基因组位点的遗传多样性；

潜在的脱靶效应；

宿主物种和相关物种之间的杂交潜能；

主要和次要生态影响，包括食物网分析；

反向基因驱动或其他缓解策略的有效性。

三、利益关系人应关切的问题

科学家 Y：如何最恰当地评估基因驱动的风险？例如，同一栖息地中是否有可能与基因驱动大鼠杂交的物种，可能造成基因驱动的无意传播？是否存在黑鼠可能发挥作用的生态网络？用于计划释放的区域是否合适？例如，不同种群之间交换有限的区域（例如小岛）将有助于限制重组动物的传播。基因驱动是否稳定，如果不稳定，对可能的后代有何影响？如何防止实验室中的转基因老鼠逃跑？

政府：如何最恰当地评估基因驱动的风险？需要哪些法规或指南来确保安全可靠地完成工作——无论是在实验室（受控环境）还是最终在任何发布地点？该技术是否需要出口管制？研究人员的政府、基因驱动将被释放的国家的政府以及可能受到影响的其他国家的政府之间需要达成什么协议？是否已适当通知有关此申请的当地主管当局——例如《卡塔赫纳生物安全议定书》和《生物多样性公约》。

政府监管部门：是否设置了对基因驱动的合理监管措施？相关风险评估是否合理？潜在危害的预防措施是否充分到位？

公众：是否有关于研究和潜在影响的公开信息？不同公众成员是否有表达担忧、辩论并可能决定是否释放基因驱动的选项？采取了哪些安全保障措施来最大限度地降低研究期间意外释放的风险？谁将负责应对基因驱动释放后的潜在后果并资助任何必要的补救措施？谁对可能发生的任何意外后果负责？有其他风险较低的方法来控制这种入侵物种被尝试过？这种基因驱动的释放会如何影响土著居民？是否征求过他们的意见？

四、研究应遵循的价值与原则

一是负责任的科学。由于基因驱动研究相对较新，目前将此类产品释放到野外具有不可预知的潜在后果。科学家及相关人员必须考虑其近期或远期的潜在环境和生态影响，尽可能确保实施此类技术的安全性。《生物多样性公约》框架下《卡塔赫纳生物安全议定书》规定了安全转移、处理和使用改性活生物体（LMO）的规定以及对这些 LMO 进行风险评估所需的信息要求应适用于基因驱动生物体。然而，并非所有国家都是该《公约》或《议定书》的签署国，这使得国家之间对基因驱动和类似技术的监督方面存在较大差距。鉴于有些基因驱动的潜在后果可能是跨越国界的，因此一些国家缺乏政策和监督将对所有国家都是一种风险。

二是代际公正。在考虑可能改变生态系统的技术时，代际公正可以作为评估风险和开展工作的一部分考量因素尤为重要。人类、非人类动物、植物和农作物的健康、安全和保障以及子孙后代的环境将广泛受到这些技术的影响，且影响的后果难以预知。当代人负有保护和促进人类、非人类动物、植物和农作物以及环境的健康与安全，造福子孙后代的责任。这包括应尽可能追求对子孙后代有潜在益处的科研；尽可能保护生物多样性与生态系统。

三是公众赋权。公众是所有生命科学研究的利益攸关者。基因驱动和相关技术具有在野外传播而不是被限制在单一封闭空间的巨大潜力。科学家、资助者、机构和政府有责任让公众了解所有相关基础和应用生命科学的潜在益处和危害、局限性以及能力，尤其是自我繁殖的基因工程制剂以及确保公众有权对此类实验做出回应。所有参与者都必须对社区回应予以尊重，包括土著居民。

五、管控风险的工具与机制

基因驱动作为一项新兴技术应用值得研究。各利益攸关方应积极参与，各司其职，共同承担责任将其置于适当的生物安全风险评估与全过程监管控制之下。具体而言：

科学家：仔细评估风险和危害。他们应该考虑拟定基因驱动研究的实际需求、社会价值以及风险与可能的危害，并应制定谨慎的应对措施，例如首先在实验室实施，在获取实验数据并进行合理风险与收益分析后，再将基因驱动产品释放到尽可能可控的野外环境中。在承诺通过特定技术开发产品之前，请考虑是否存在风险或不确定性较低的替代技术或方法。进行社区咨询并向公众提供明确的实验措施及其风险与收益分析，以及尽早通知当地政府并在此过程早期寻求必要的授权。

政府监管部门：建立监督机制，定期检查。监控并考虑研究人员和资助机构或机构有哪些保证，以及有哪些机制可以确保保有资金用于补救或处理可能的问题。作为治理途径，考虑有关转基因生物的法规。此类法规将涵盖携带基因驱动的生物体；然而，基因驱动具有其他转基因生物所没有的风险。国家立法应包括对基因驱动和类似技术的具体规定。可以为基因驱动的治理制定其他国家政策和监督机制。设立一个监督系统（链接到一个全球框架，例如《生物多样性公约》与《卡塔赫纳生物安全议定书》）。根据一个国家对转基因生物领域的监管程度以及它是否批准了《卡塔赫纳生物安全议定书》，有关适用法规（包括转基因生物越境转移）的信息可以通过生物安全信息交换所统计的国家概况获得，这是一个交换改性活生物体信息的在线平台和促进执行《卡塔赫纳生物安全议定书》的工具。未签署《卡塔赫纳生物安全议定书》的国家可以考虑实施自己的注册和法规来管理此类技术。在发布任何基因驱动之前，进行彻底的社区咨询。在进行任何田间试验或完全释放基因驱动之前，应咨询社区并获得社区授权，并应寻求适当的监管和伦理批准。在进行此类研究之前，协议和监督系统应该到位。开发这些程序是研究人员、资助机构和机构的责任和义务，这一点从一开始就应该明确。驱动项目登记制度可以提高监督和公共透明度，但是实施存在潜在障碍。

科研机构和资助机构：要求对涉及潜在生态风险的基因驱动研究的所有科学家进行教育和培训；要求研究人员在部署基因驱动前进行个体化风险与收益的风险评估。

基因驱动可能是其他方式无法或难以解决的健康和商业问题的有力解决方案，例如疟疾、其他媒介传播疾病和入侵物种等。然而，基因驱动一旦被释放，它将如何表现具有不确定性，因此基因驱动有潜在风险。各国应加强对基因驱动应用的监管。这些复杂技术的监管存在很多挑战，需要采取一些具体的管理步骤来实现风险的最小化，同时也允许充分开发潜在的应用效益。这些步骤尤其包括国家法律和具体规定的更新，从而专门为基因驱动进行监管并责任明确，可以纳入现有转基因生物法规或建立新的法规。

目前，只有三个立法机构对特定的基因驱动做出表述：欧盟、巴西和乌干达。欧盟的一次法庭决定中，明确声明基因驱动改造的有机体将属于转基因生物范畴，因此必须符合所有相关的转基因生物法规。巴西 2018 年制定了一项决议，明确了获得基因驱动研究认可的流程，清晰地告知研究者获得指定监管机构国家生物安全委员会的批准所需承担的职责，即使基因驱动技术在法律上尚未被明确为转基因生物。乌干达的基因工程监管法案对基因驱动技术进行了清晰的表述，包括在研究中如何维持安全性的细节，明确了基因驱动技术负面影响责任相关的内容；立法中明确的基因驱动相关表述有助于给出明确的风险管理流程。

各国政府应通过立法明确阐述基因驱动应用的监管措施。这包括在任何基因驱动释放到环境中或实地释放之前，进行独立的风险评估；要求参与国家分级注册；开发针对初始驱动的反向驱动；在释放到环境之后，建立基因驱动的定期监测机制。考虑到跨国界传播潜能，尽管国家政府已经开始独立解决这些问题，有必要进行国际合作并开发协调部署的机制。国家之间基因驱动相关立法存在差异，特别是具有共同边界的国家，这可能会造成争议，尤其是基因驱动传播到对基因驱动管理更严格的国家，或者对这种传播应对能力较低的国家。因此，需要在国际水平协调各个国家。例如，通过技术进出口管制、专利法和入侵物种管理条例等管理措施治理基因驱动的应用。

由于技术原因，基因驱动 - 释放团队之间的协调也是必不可少的，特别是当多个基因驱动释放到相同的宿主群体时。此外，有些基因驱动应用很可能产生跨国界的传播效果，需要协调多个国家的监管框架，联合治理。这需要建立针对基因驱动项目的单独、统一的国际注册机制，包括注册现有的和已完成的项目，便于及时查询相关信息。

此外，有学者提出《禁止生物武器公约》的禁令不仅限于有机体或毒素，还包括制剂。基因驱动也可以看作是一种生物制剂。因此，携带基因驱动的宿主有机体可以被认为是生物制剂。任何被创造出来的，"不用于预防、保护或其他和平理由"的基因驱动被认为可归于该《公约》管辖的范围之内。基于该《公约》的规定，此类基因驱动应当被禁止。由于基因驱动实际上是一种通过种群引入基因变化的机制，包括引入潜在的有害基因，它也可归入联合国安全理事会第 1540 号决议管辖的范围。

第五节　人类遗传资源研究

人类遗传资源研究涉及此类资源的采集、保藏、利用、对外提供等相关活动。目前应适用的法律至少包括：《人类遗传资源管理条例》（2019）；《生物安全法》（2020）中对人类遗传资源的管理和监督规定；《刑法修正案（十一）》（2020）中新增的人类遗传资源相关犯罪规定；以及《民法典》（2021）中对于人体临床试验、人体基因、人体胚胎等有关的医学和科研活动的规定。这些法律对外方单位和中方单位均规定了相关监管要求，并且监管重点不尽相同。其中对人遗材料的出境设置了严格限制。从《人类遗传资源管理暂行办法》到《人类遗传资源管理条例》，再到《生物安全法》和《刑法修正案（十一）》，国家层面在不断增强对于人遗材料出境的监管和法律责任。如相关项目涉及人遗材料出境，应严格遵照执行《人类遗传资源管理条例》的规定，依法办理出境审批，凭科学技术部出具的人类遗传资源材料出境证明办理海关手续。人遗材料的出境审批分为两种情况：国际合作科研审批，以及其他特殊情况确需将人遗材料运送、邮寄、携带出境的（以下简称"特殊情况人遗材料出境"）。对于国际合作科研审批中涉及人遗材料出境的，可以单独提出申请，也可以一并申请由科学技术部合并审批。对于特殊情况人遗材料出境的，行为人也应当结合自身业务开展情况，根据科学技术部的指南，取得科学技术部出具的人类遗传资源材料出境证明。

一、案例情景

目前，我国科学技术部在其网站里公布了 8 起人类遗传资源管理行政处罚案例。针对各自不同的违规行为，作出了相应的行政处罚（表 11-3）。具体如下：

表 11-3　人类遗传资源管理行政处罚案例

年份	单位	违规行为	处罚
2020	百时美施贵宝（中国）投资有限公司	委托方的相关业务人员伪造公章和法人签字，向中国人类遗传资源管理办公室提交虚假国际合作活动的行政许可材料	停止受理其涉及我国人类遗传资源国际合作活动申请六个月
2020	爱恩康临床医学研究（北京）有限公司	负责人类遗传资源行政许可申请的业务人员，伪造公章和法人签字，向中国人类遗传资源管理办公室提交虚假申请材料	停止受理其涉及我国人类遗传资源国际合作活动申请一年
2018	昆皓睿诚医药研发（北京）有限公司	未经许可接收阿斯利康投资（中国）有限公司567管样本并保藏。违反了《人类遗传资源管理暂行办法》第四条和第十一条规定	给予警告并没收并销毁违规利用的人类遗传资源材料
2018	厦门艾德生物医药科技股份有限公司	未经许可接收阿斯利康投资（中国）有限公司30管样本，拟用于试剂盒研发相关活动。违反了《人类遗传资源管理暂行办法》第四条和第十一条规定	给予警告并没收并销毁违规利用的人类遗传资源材料
2018	阿斯利康投资（中国）有限公司	未经许可将已获批项目的剩余样本转运至厦门艾德生物医药科技股份有限公司和昆皓睿诚医药研发（北京）有限公司，开展超出审批范围的科研活动。违反了《人类遗传资源管理暂行办法》第四条和第十一条规定	给予警告并没收并销毁违规利用的人类遗传资源材料；撤销国科遗办审字〔2015〕83号、〔2016〕837号两项行政许可；自本决定书送达之日起停止受理其涉及中国人类遗传资源国际合作活动申请，整改验收合格后，再进行受理
2016	苏州药明康德新药开发股份有限公司	未经许可将5165份人类遗传资源（人血清）作为犬血浆违规出境。违反了《人类遗传资源管理暂行办法》第四条、第十六条规定	给予警告并没收并销毁该项目中人类遗传资源材料；自本决定书送达之日起，科技部暂停受理其涉及我国人类遗传资源的国际合作和出境活动的申请，整改验收合格后，再予以恢复
2015	深圳华大基因科技服务有限公司	未经许可与英国牛津大学开展中国人类遗传资源国际合作研究，且未经许可将部分人类遗传资源信息从网上传递出境。违反了《人类遗传资源管理暂行办法》第四条、第十一条、第十六条规定	接到本决定书之日起立即停止该研究工作的执行；销毁该研究工作中所有未出境的遗传资源材料及相关研究数据；停止其涉及我国人类遗传资源的国际合作，整改验收合格后，再行开展
2015	复旦大学附属华山医院	未经许可与英国牛津大学开展中国人类遗传资源国际合作研究，且未经许可将部分人类遗传资源信息从网上传递出境	接到本决定书之日起立即停止该研究工作的执行；销毁该研究工作中所有未出境的遗传资源材料及相关研究数据；自本决定书送达之日起停止华山医院涉及我国人类遗传资源的国际合作，整改验收合格后，再行开展

二、识别与评估风险

研究人员及机构在开发人类遗传资源时应熟悉我国相关法律规范，识别与评估违规风险。我国高度重视国际合作中对人遗资源的保护和利用工作。《人类遗传资源管理暂行办法》（1998）对于人遗资源的管理体制、开展国际合作和出境活动的审批程序均作出了规定。《人类遗传资源管理条例》（2019）进一步明确采集、保藏、利用、对外提供我国人遗资源不得危害我国公众健康、国家安全和社会公共利益。它对国际合作中的人类遗传资源进行保护，并加强了违规的处罚力度。根据《人类遗传资源管理条例》第 33 条和第五章"法律责任"的规定，科技部和省级科技部门应加强对人遗资源活动各环节的监督检查，对于违法的企业及相关责任人员（包括法定代表人、主要负责人、直接负责的主管人员以及其他责任人员）可处罚款和从业禁令。从业禁令可以同时适用于企业及相关责任人员，情节特别严重的，永久禁止其从事采集、保藏、利用、对外提供我国人遗资源的活动。《刑法修正案（十一）》规定了非法采集人遗资源或者人遗材料非法出境的刑事责任："违反国家有关规定，非法采集我国人类遗传资源或者非法运送、邮寄、携带我国人类遗传资源材料出境，危害公众健康或者社会公共利益，情节严重的，处三年以下有期徒刑、拘役或者管制，并处或者单处罚金；情节特别严重的，处三年以上七年以下有期徒刑，并处罚金。"当事人在收到行政处罚决定书之日起六十日内可以向科技部申请复议，或在六个月内向有管辖权的人民法院提起诉讼。复议和诉讼期间本决定不停止执行。科技部于 2020 年开展了人遗资源管理的专项检查，检查范围覆盖开展涉及人遗资源相关活动的各类行为主体。生物安全已经上升到国家安全的新高度，从事人类遗传资源的企事业单位必须重视人遗资源合规管理，避免触及法律规定的红线。

三、利益攸关人应关切的问题

研究团队严格遵守国家相关法律法规和生命伦理原则规范。他们应关切所开展的研究是否事前获得了人类遗传资源所有人的知情同意书，并告知其风险及应对措施？是否核实样本与数据的使用已经获得相关部门的批准？只有基于知情同意书取得的样本及数据科研使用许可才能进行相关人类遗传资源的研究合作。例如华大科技在 2015 年收到该行政处罚后，立即停止该研究工作的执行，并销毁了该研究工作中所有未出境的遗传资源材料以及相关研究数据，且第一时间快速推进了整改工作，对相关合作的资质要求、合作流程、效果评价均进行了重新规范和全面整改。2018 年，华大科技系华大基因下属控股子公司，与牛津大学及国内多家医院开展"中国女性单相抑郁症的大样本病例对照研究"，旨在对抑郁症的遗传基础进行全面系统研究。该项目共分为前后两部分，华大科技参与的是第二部分基因组学分析的工作，在深圳执行建库、测序和分析，并将部分完成的检测数据交付给项目合作方。该项目的样本及数据保留在深圳国家基因库，全部分析均在境内由中国科研团队完成，不存在遗传资源数据出境的情况，深圳国家基因库生物样本库建设已获科技部批准。因此，上述合作符合《人类遗传资源管理暂行办法》等相关法律法规的规定，数据采集行为合法合规。

四、研究应遵循的价值与原则

一是负责任的科学。从事人类遗传资源研究的机构与个人应当遵守所在国家的法律、行政规章、伦理标准、行为准则等要求，使其研究的过程及结果与社会价值观、需求和期望一致。

二是科研诚信。从事人类遗传资源研究的机构与个人与政府监管部门交流时应提供负责任的、高质量的信息维护其科研诚信，有效减少生物安全风险。不得向监管部门提供非法、不道德或不负责任的信息。

五、管控风险的工具与机制

研究机构与工作人员：他们应及时了解、熟悉我国关于人类遗传资源管理的法律、行政规章、指南等规范性文件，并定期教育与培训相关工作人员使其行为符合上述规范性要求。

政府监管部门：继续加强对人类遗传资源管理的监督机制，包括开展定期检查并对违规行为及时处理，以震慑其他行为人，有效减少生物安全风险。

我国对人类遗传资源管理的相关规定参见附录三。

思考题

① 订购 DNA 合成过程中有哪些安全隐患？如何采取措施减少这些隐患而又不妨碍实验人员的合理需要？

② 为何对微生物实验室实行分级管理？您所在学校实验室最高级别为几级？相应的生物安全防护要求有哪些？

③ 人们对高危病原体研究的安全关切是什么？我国对此类研究的最新规范、标准与指南有哪些？

④ 科研人员发表研究成果的伦理责任是什么？这些伦理责任如何有效落实？

⑤ 世界卫生组织《实验室生物安全手册》第四版主要涵盖哪些内容？这与您所在学校/单位相关实验室生物安全手册有何异同？

参考文献

[1] 卢俊南，罗周卿，姜双英，等 . DNA 的合成、组装及转移技术 [J]. 中国科学院院刊，2018，33（11）：1174-1118.

[2] Johns Hopkins Center for Health Security. Gene drives：pursuing opportunities，minimizing risk[R]. Washington D.C.: Johns Hopkins Center for Health Security，2020.

[3] World Health Organization.Global guidance framework for the responsible use of the life sciences：mitigating biorisks and governing dual-use research[R]. Geneva：WHO，2022.

附　录

附录一:《病原微生物实验室生物安全通用准则》相关要求

我国《病原微生物实验室生物安全通用准则》（WS 233—2017）对病原微生物危害程度进行分类，并对应了实验室生物安全防护水平以及风险评估与控制、实验室设施和设备要求。这些标准适用于开展微生物相关的研究、教学、检测、诊断等活动实验室。

原文是：病原微生物危害程度分类，根据病原微生物的传染性、感染后对个体或者群体的危害程度，将病原微生物分为四类：①第一类病原微生物，是指能够引起人类或者动物非常严重疾病的微生物，以及我国尚未发现或者已经宣布消灭的微生物；②第二类病原微生物，是指能够引起人类或者动物严重疾病，比较容易直接或者间接在人与人、动物与人、动物与动物间传播的微生物；③第三类病原微生物，是指能够引起人类或者动物疾病，但一般情况下对人、动物或者环境不构成严重危害，传播风险有限，实验室感染后很少引起严重疾病，并且具备有效治疗和预防措施的微生物；④第四类病原微生物，是指在通常情况下不会引起人类或者动物疾病的微生物。第一类、第二类病原微生物统称为高致病性病原微生物。

1. 实验室分级分类

根据实验室对病原微生物的生物安全防护水平，并依照实验室生物安全国家标准的规定，将实验室分为一级（biosafety level 1，BSL-1）、二级（BSL-2）、三级（BSL-3）、四级（BSL-4）。①生物安全防护水平为一级的实验室适用于操作在通常情况下不会引起人类或者动物疾病的微生物。②生物安全防护水平为二级的实验室适用于操作能够引起人类或者动物疾病，但一般情况下对人、动物或者环境不构成严重危害，传播风险有限，实验室感染后很少引起严重疾病，并且具备有效治疗和预防措施的微生物。按照实验室是否具备机械通风系统，将 BSL-2 实验室分为普通型 BSL-2 实验室、加强型 BSL-2 实验室。③生物安全防护水平为三级的实验室适用于操作能够引起人类或者动物严重疾病，比较容易直接或者间接在人与人、动物与人、动物与动物间传播的微生物。④生物安全防护水平为四级的实验室适用于操作能够引起人类或者动物非常严重疾病的微生物，我国尚未发现或者已经宣布消灭的微生物。上述级别的实验室设计原则和基本要求要符合国家相关规定。实验室应配备足够的人力资源以满足实验室生物安全管理体系的有效运行，并明确相关部门和人员的职责。

此外，实验室的设立单位应成立生物安全委员会及实验动物使用管理委员会（适用时），负责组织专家对实验室的设立和运行进行监督、咨询、指导、评估（包括实验室运行的生物安全风险评估和实验室生物安全事故的处置）。生物安全三级、四级实验室应具有从事相关活动的资格。实验室负责人为实验室生物安全第一责任人，全面负责实验室生物安全工作。负责实验项目计划、方案和操作规程的审查；决定并授权人员进入实验室；负责实验室活动的管理；纠正违规行为并有权做出停止实验的决定。指定生物安全负责人，赋予其监督所有活动的职责和权力，包括制定、维持、监督实验室安全计划的责任，阻止不安全行为或活动的权力。实验室设立单位的法定代表人负责本单位实验室的生物安全管理，建立生物安全管理体系，落实生物安全管理责任部门或责任人；定期召开生物安全管理会议，对实验室生物安全相关的重大事项做出决策；批准和发布实验室生物安全管理体系文件。实验室生物安全管理责任部门负责组织制定和修订实验室生物安全管理体系文件；对实验项目进行审查和风险控制措施的评估；负责实验室工作人员的健康监测的管理；组织生物安全培训与考核，并评估培训效果；监督生物安全管理体系的运行落实。

2. 实验室人员、样本及设施与设备安全

该《通用准则》特别强调人员、样本与设施与设备的安全。

（1）人员安全 实验室应保证工作人员充分认识和理解所从事实验活动的风险，必要时应签署知情同意书。应建立实验室人员（包括实验、管理和维保人员）的技术档案、健康档案和培训档案，定期评估实验室人员承担相应工作任务的能力；临时参与实验活动的外单位人员应有相应记录。实验室设立单位应该与具备感染科的综合医院建立合作机制，定期组织在医院进行工作人员体检，并进行健康评估，必要时，应进行预防接种。实验室工作人员出现与其实验活动相关的感染临床症状或者体征时，实验室负责人应及时向上级主管部门和负责人报告，立即启动实验室感染应急预案。由专车、专人陪同前往定点医疗机构就诊。并向就诊医院告知其所接触病原微生物的种类和危害程度。

（2）样本安全 实验室菌（毒）种及感染性样本保存、使用管理，应依据国家生物安全的有关法规，制定选择、购买、采集、包装、运输、转运、接收、查验、使用、处置和保藏的政策和程序。实验室应有 2 名工作人员负责菌（毒）种及感染性样本的管理。实验室应具备菌（毒）种及感染性样本适宜的保存区域和设备。保存区域应有消防、防盗、监控、报警、通风和温湿度监测与控制等设施；保存设备应有防盗和温度监测与控制措施。高致病性病原微生物菌（毒）种及感染性样本的保存应实行双人双锁。保存区域应有菌（毒）种及感染性样本检查、交接、包装的场所和生物安全柜等设备。保存菌（毒）种及感染性样本容器的材质、质量应符合安全要求，不易破碎、爆裂、泄漏。保存容器上应有牢固的标签或标识，标明菌（毒）种及感染性样本的编号、日期等信息。菌（毒）种及感染性样本在使用过程中应有专人负责，入库、出库及销毁应记录并存档。实验室应当将在研究、教学、检测、诊断、生产等实验活动中获得的有保存价值的各类菌（毒）种或感染性样本送交保藏机构进行鉴定和保藏。高致病性病原微生物相关实验活动结束后，应当在 6 个月内将菌（毒）种或感染性样本就地销毁或者送交保藏机构保藏。销毁高致病性病原微生物菌（毒）种或感染性

样本时应采用安全可靠的方法，并应当对所用方法进行可靠性验证。销毁工作应当在与拟销毁菌（毒）种相适应的生物安全实验室内进行，由两人共同操作，并应当对销毁过程进行严格监督和记录。病原微生物菌（毒）种或感染性样本的保存应符合国家有关保密要求。

（3）设施设备安全　实验室应有对设施设备（包括个体防护装备）管理的政策和运行维护保养程序，包括设施设备性能指标的监控、日常巡检、安全检查、定期校准和检定、定期维护保养并建立设施设备档案等。

3. 实验室活动安全

实验活动应在与其防护级别相适应的生物安全实验室内开展。实验室应有计划、申请、批准、实施、监督和评估实验活动的制度和程序确保所有活动的安全，包括应急预案和意外事故的处置。应急预案应至少包括组织机构、应急原则、人员职责、应急通信、个体防护、应对程序、应急设备、撤离计划和路线、污染源隔离和消毒、人员隔离和救治、现场隔离和控制、风险沟通等内容。实验室负责人应定期组织对预案进行评审和更新。实验室发生意外事故，工作人员应按照应急预案迅速采取控制措施，同时应按制度及时报告，任何人员不得瞒报。实验室的设立单位及其主管部门应当加强对实验室日常活动的管理，定期对有关生物安全进行监督检查。它要求实验室应建立并维持风险评估和风险控制制度，应明确实验室持续进行风险识别、风险评估和风险控制的具体要求。

4. 风险评估与风险控制

当实验活动涉及致病性生物因子时，应识别但不限于以下所述的风险因素。

① 实验活动涉及致病性生物因子的已知或未知的特性，如：a. 危害程度分类；b. 生物学特性；c. 传播途径和传播力；d. 感染性和致病性：易感性、宿主范围、致病所需的量、潜伏期、临床症状、病程、预后等；e. 与其他生物和环境的相互作用、相关实验数据、流行病学资料；f. 在环境中的稳定性；g. 预防、治疗和诊断措施，包括疫苗、治疗药物与感染检测用诊断试剂。

② 涉及致病性生物因子的实验活动，如：a. 菌（毒）种及感染性物质的领取、转运、保存、销毁等；b. 分离、培养、鉴定、制备等操作；c. 易产生气溶胶的操作，如离心、研磨、振荡、匀浆、超声、接种、冷冻干燥等；d. 锐器的使用，如注射针头、解剖器材、玻璃器皿等。

③ 实验活动涉及遗传修饰生物体时，应考虑重组体引起的危害。

④ 涉及致病性生物因子的动物饲养与实验活动：a. 抓伤、咬伤；b. 动物毛屑、呼吸产生的气溶胶；c. 解剖、采样、检测等；d. 排泄物、分泌物、组织 / 器官 / 尸体、垫料、废物处理等；e. 动物笼具、器械、控制系统等可能出现故障。

⑤ 感染性废物处置过程中的风险：a. 废物容器、包装、标识；b. 收集、消毒、储存、运输等；c. 感染性废物的泄漏；d. 灭菌的可靠性；e. 设施外人群可能接触到感染性废物的风险。

⑥ 实验活动安全管理的风险，包括但不限于：a. 消除、减少或控制风险的管理措施和技术措施，及采取措施后残余风险或带来的新风险；b. 运行经验和风险控制措施，包括与设施、设备有关的管理程序、操作规程、维护保养规程等的潜在风险；c. 实施应急措施时可能引发的新的风险。

⑦ 涉及致病性生物因子实验活动的相关人员：a. 专业及生物安全知识、操作技能；b. 对风险的认知；c. 心理素质；d. 专业及生物安全培训状况；e. 意外事件 / 事故的处置能力；f. 健

康状况；g.健康监测、医疗保障及医疗救治；h.对外来实验人员安全管理及提供的保护措施。

⑧ 实验室设施、设备：a.生物安全柜、离心机、摇床、培养箱等；b.废物、废水处理设施、设备；c.个体防护装备，包括：A.防护区的密闭性、压力、温度与气流控制；B.互锁、密闭门以及门禁系统；C.与防护区相关联的通风空调系统及水、电、气系统等；D.安全监控和报警系统；E.动物饲养、操作的设施设备；F.菌（毒）种及样本保藏的设施设备；G.防辐射装置；H.生命支持系统、正压防护服、化学淋浴装置等。

⑨ 实验室生物安保制度和安保措施，重点识别所保藏的或使用的致病性生物因子被盗、滥用和恶意释放的风险。

⑩ 已发生的实验室感染事件的原因分析。

病原微生物活动实验风险评估内容至少包括实验活动（项目计划）简介、评估目的、评估依据、评估方法/程序、评估内容、评估结论。实验人员提交的相关《病原微生物活动实验分享评估表》需包含实验活动描述、病原微生物生物特征、病原微生物实验活动评估、设施设备因素安全评估、参与人员评估等要素并经实验室负责人、生物安全委员会及单位负责人签字批准。依据风险评估结论采取相应的风险控制措施。采取风险控制措施时宜优先考虑控制风险源，再考虑采取其他措施降低风险。

5. 实验室生物安全保障制度

实验室设立单位应建立健全安全保卫制度，采取有效的安全措施，以防止病原微生物菌（毒）种及样本丢失、被窃、滥用、误用或有意释放。根据实验室工作内容以及具体情况，进行风险评估，制定生物安全保障规划，进行安全保障培训；调查并纠正实验室生物安全保障工作中的违规情况。从事高致病性病原微生物相关实验活动的实验室应向当地公安机关备案，接受公安机关对实验室安全保卫工作的监督指导。应建立高致病性病原微生物实验活动的相关人员综合评估制度，考察上述人员在专业技能、身心健康状况等方面是否胜任相关工作。建立严格的实验室人员出入管理制度与相应的保密制度。《病原微生物实验活动审批表》申报实验是否涉及动物实验、病原微生物名称、危害程度类别、所需生物安全等级、传播途径与方式、关键设备与个人防护、所需实验室设施、防范措施、操作人员是否经过上岗培训、风险评估意见等要素，并经申请人部门及实验室负责人签字批准。

附录二：我国对危险病原体研究的规范性要求

1.《人间传染的病原微生物目录》（卫科教发〔2023〕24号）

依据其危害程度，该《目录》将160种人间传染的病原微生物（病毒）分为四类，明确规定了每一类病毒培养、动物感染实验、未经培养的感染材料操作、灭活材料的操作、运输包装类别。在保证安全的前提下，对临床和现场的未知样本检测操作可在生物安全二级或以上防护级别的实验室进行，涉及病毒分离培养的操作，应加强个体防护和环境保护。要密切注意流行病学动态和临床表现，判断是否存在高致病性病原体，若判定为疑似高致病性病原体，应在相应生物安全级别的实验室开展工作。

关于使用人类病毒的重组体：在国家卫生健康委员会发布有关的管理规定之前，对于人类病毒的重组体（包括对病毒的基因缺失、插入、突变等修饰以及将病毒作为外源基因的表达载体）暂时遵循以下原则：①严禁两个不同病原体之间进行完整基因组的重组；②对于对人类致病的病毒，如存在疫苗株，只允许用疫苗株为外源基因表达载体，如脊髓灰质炎病毒、麻疹病毒、乙型脑炎病毒等；③对于一般情况下即具有复制能力的重组活病毒（复制型重组病毒），其操作时的防护条件应不低于其母本病毒；对于条件复制型或复制缺陷型病毒可降低防护条件，但不得低于 BSL-2 的防护条件，例如来源于 HIV 的慢病毒载体，为双基因缺失载体，可在 BSL-2 实验室操作；④病毒作为表达载体，其防护水平总体上应根据其母本病毒的危害等级及防护要求进行操作，但是将高致病性病毒的基因重组入具有复制能力的同科低致病性病毒载体时，原则上应根据高致病性病原体的危害等级和防护条件进行操作，在证明重组体无危害后，可视情况降低防护等级；⑤对于复制型重组病毒的研究和制备事先要进行风险评估，并得到所在单位生物安全委员会的批准。对于高致病性病原体重组体或有可能制造出高致病性病原体的操作应经国家病原微生物实验室生物安全专家委员会论证。

未列出的病毒和实验活动，由各单位的生物安全委员会负责危害程度评估，确定相应的生物安全防护级别。如涉及高致病性病毒及其相关实验的应经国家病原微生物实验室生物安全专家委员会论证。

2.《人间传染的病原微生物菌（毒）种保藏机构管理办法》（2009）

为加强人间传染的病原微生物菌（毒）种（以下称菌（毒）种）保藏机构的管理，保护和合理利用我国菌（毒）种或样本资源，防止菌（毒）种或样本在保藏和使用过程中发生实验室感染或者引起传染病传播，依据《中华人民共和国传染病防治法》《病原微生物实验室生物安全管理条例》（以下称《条例》）的规定制定本办法。本办法所称的菌（毒）种是指可培养的，人间传染的真菌、放线菌、细菌、立克次体、螺旋体、支原体、衣原体、病毒等具有保存价值的，经过保藏机构鉴定、分类并给予固定编号的微生物。

本办法所称的病原微生物样本（以下称样本）是指含有病原微生物的、具有保存价值的人和动物体液、组织、排泄物等物质，以及食物和环境样本等。菌（毒）种的分类按照《人间传染的病原微生物目录》（以下简称《目录》）的规定执行。

菌（毒）种或样本的保藏是指保藏机构依法以适当的方式收集、检定、编目、储存菌（毒）种或样本，维持其活性和生物学特性，并向合法从事病原微生物相关实验活动的单位提供菌（毒）种或样本的活动。

保藏机构是指由国家卫生健康委指定的，按照规定接收、检定、集中储存与管理菌（毒）种或样本，并能向合法从事病原微生物实验活动的单位提供菌（毒）种或样本的非营利性机构。保藏机构以外的机构和个人不得擅自保藏菌（毒）种或样本。必要时，国家卫生健康委可以根据疾病控制和科研、教学、生产的需要，指定特定机构从事保藏活动。国家病原微生物实验室生物安全专家委员会卫生专业委员会负责保藏机构的生物安全评估和技术咨询、论证等工作。菌（毒）种或样本有关保密资料、信息的管理和使用必须严格遵守国家保密工作的有关法律、法规和规定。信息及数据的相关主管部门负责确定菌（毒）种或样本有关资料和信息的密级、保密范围、保密期限、管理责任和解密。各保藏机构应当根据菌

（毒）种信息及数据所定密级和保密范围制定相应的保密制度，履行保密责任。未经批准，任何组织和个人不得以任何形式泄漏涉密菌（毒）种或样本有关的资料和信息，不得使用个人计算机、移动储存介质储存涉密菌（毒）种或样本有关的资料和信息。

3.《动物病原微生物分类名录》

该《名录》依据动物病原微生物的传染性、感染后对个体或者群体的危害程度将其分为四类。按照《病原微生物实验室生物安全管理条例》第七条、第八条的要求，各类动物病原微生物的采集、运输、保藏、相关实验活动需符合该《条例》规定的生物安全防护级别管理要求，各级政府卫生主管部门、兽医主管部门依照各自分工，履行相应的监管职责。

附录三：我国对人类遗传资源管理的相关规定

我国对人类遗传资源的法规监管始于 1998 年的《人类遗传资源管理暂行办法》（以下简称《暂行办法》）。2015 年 7 月，中华人民共和国科学技术部（以下简称"科技部"）发布了《人类遗传资源采集、收集、买卖、出口、出境审批行政许可事项服务指南》（以下简称《服务指南》），细化了相关行政许可事项的办理流程和要求，进一步加强了国家对人类遗传资源的监管。2017 年 12 月，科技部发布《科技部办公厅关于优化人类遗传资源行政审批流程的通知》，公布了针对未获得相关药品和医疗器械在我国上市许可，利用我国人类遗传资源开展国际合作临床试验的优化审批流程。2019 年 7 月，《人类遗传资源管理条例》（以下简称《条例》）出台，进一步明确了人类遗传资源的保护制度和要求。2020 年 1 月，科技部下属的中国人类遗传资源管理办公室发布了《关于对部分行政审批项目实施简化审批流程的通知》；2020 年 8 月，人遗办又发布了《关于进一步扩大简化审批流程实施范围的通知》，对部分审批流程进行了简化。2020 年 10 月通过的《生物安全法》专章规定人类遗传资源的保护，使其首次上升至国家法律的层面。2022 年 3 月 4 日，人遗办发布了《关于更新人类遗传资源管理常见问题解答的通知》，针对行政许可 / 备案流程中的常见问题给予了解答；2023 年 5 月 26 日，科技部又发布了《人类遗传资源管理条例实施细则》，对《条例》中一些较为笼统和原则性的规定进行了明确和细化。该实施细则特别强调国际合作问题，第 14 条规定利用我国人类遗传资源开展国际科学研究合作，应当保证中方单位及其研究人员全过程、实质性地参与研究，依法分享相关权益。国际科学研究合作过程中，利用我国人类遗传资源产生的所有记录以及数据信息等应当完全向中方单位开放，并向中方单位提供备份。

申请人类遗传资源国际科学研究合作行政许可，应当通过合作双方各自所在国（地区）的伦理审查。外方单位确无法提供所在国（地区）伦理审查证明材料的，可以提交外方单位认可中方单位伦理审查意见的证明材料。

第三十二条 为取得相关药品和医疗器械在我国上市许可，在临床医疗卫生机构利用我国人类遗传资源开展国际合作临床试验、不涉及人类遗传资源材料出境的，不需要批准，但应当符合下列情况之一，并在开展临床试验前将拟使用的人类遗传资源种类、数量及其用途向科技部备案：

①涉及的人类遗传资源采集、检测、分析和剩余人类遗传资源材料处理等在临床医疗卫生机构内进行；②涉及的人类遗传资源在临床医疗卫生机构内采集，并由相关药品和医疗器械上市许可临床试验方案指定的境内单位进行检测、分析和剩余样本处理。前款所称临床医疗卫生机构是指在我国相关部门备案，依法开展临床试验的医疗机构、疾病预防控制机构等。为取得相关药品和医疗器械在我国上市许可的临床试验涉及的探索性研究部分，应当申请人类遗传资源国际科学研究合作行政许可。

第三十五条 取得国际科学研究合作行政许可或者完成国际合作临床试验备案的合作双方，应当在行政许可或者备案有效期限届满后六个月内，共同向科技部提交合作研究情况报告。合作研究情况报告应当载明下列内容：

① 研究目的、内容等事项变化情况；

② 研究方案执行情况；

③ 研究内容完成情况；

④ 我国人类遗传资源使用、处置情况；

⑤ 研究过程中的所有记录以及数据信息的记录、储存、使用等情况；

⑥ 中方单位及其研究人员全过程、实质性参与研究情况以及外方单位参与研究情况；

⑦ 研究成果产出、归属与权益分配情况；

⑧ 研究涉及的伦理审查情况。

第六十七条 拟给予行政处罚的案件，科技部和省级科技行政部门在作出行政处罚决定之前，应当书面告知当事人拟作出的行政处罚内容及事实、理由、依据，并告知当事人依法享有陈述、申辩的权利。拟作出的行政处罚属于听证范围的，还应当告知当事人有要求听证的权利。

当事人行使陈述、申辩权或者要求听证的，应当自告知书送达之日起五个工作日内书面提出，逾期未提出的，视为放弃上述权利。

科技部和省级科技行政部门不得因当事人陈述、申辩或者听证而给予更重的处罚。